瓦斯地质与瓦斯治理

(2020—2021)

——中国煤炭学会瓦斯地质学术年会论文集

王兆丰　宋党育　张明杰　编

中国矿业大学出版社
·徐州·

内容摘要

《瓦斯地质与瓦斯治理(2020-2021)》是中国煤炭学会瓦斯地质专业委员会2021年学术年会主要学术成果。该书收录了41篇学术论文,内容涵盖了瓦斯地质基础、瓦斯(煤层气)抽采技术和瓦斯灾害防治方法,不仅体现了瓦斯赋存与运移规律等基础瓦斯地质内容,同时体现了生产矿井井下与地面瓦斯抽采技术及瓦斯灾害防治相关技术、装备及其应用。

本书可供从事瓦斯地质、煤层气地质、矿井地质、安全工程、采矿工程等专业或学科方向的科研、教学及现场技术人员参考使用。

图书在版编目(CIP)数据

瓦斯地质与瓦斯治理 : 中国煤炭学会瓦斯地质学术年会论文集 : 2020-2021 / 王兆丰,宋党育,张明杰编. -- 徐州 : 中国矿业大学出版社,2021.7

ISBN 978-7-5646-5080-3

Ⅰ. ①瓦… Ⅱ. ①王… ②宋… ③张… Ⅲ. ①瓦斯煤层—地质学—文集②煤矿—瓦斯爆炸—防治—文集 Ⅳ. ①TD712—53

中国版本图书馆 CIP 数据核字(2021)第 143428 号

书　　名 瓦斯地质与瓦斯治理(2020-2021)
编　　者 王兆丰　宋党育　张明杰
责任编辑 李士峰　潘俊成
出版发行 中国矿业大学出版社有限责任公司
(江苏省徐州市解放南路　邮编 221008)
营销热线 (0516)83885105　83884995
出版服务 (0516)83995789　83884920
网　　址 http://www.cumtp.com　**E-mail:** cumtpvip@cumtp.com
印　　刷 江苏凤凰数码印务有限公司
开　　本 787 mm×1092 mm　1/16　**印张** 22　**字数** 549 千字
版次印次 2021年7月第1版　2021年7月第1次印刷
定　　价 98.00元

前　言

煤矿瓦斯是危害煤矿安全生产的主要灾害之一，从地质角度研究瓦斯的形成、赋存与运移是瓦斯灾害防治的根本所在。瓦斯地质学作为研究煤层瓦斯地质基础理论的一门交叉学科，在矿井瓦斯灾害防治和瓦斯（煤层气）资源开发与利用中发挥了重要作用。

2001年以来，中国煤炭学会瓦斯地质专业委员会每年组织召开全国瓦斯地质学术年会。与瓦斯地质相关的高校、科研院所以及煤炭生产企业的科研与技术人员积极撰写学术论文并参会交流，通过学术会议交流瓦斯地质基础理论的发展前沿、瓦斯灾害防治与瓦斯（煤层气）抽采的新技术与新装备。在总结瓦斯地质研究进展与瓦斯防治成果的基础上，瓦斯地质专业委员会相继出版了《瓦斯地质基础与应用研究》《瓦斯地质研究进展》《瓦斯地质与瓦斯防治》和《瓦斯地质研究进展与应用》等一系列论文集。这些学术著作丰富了瓦斯地质基础理论，介绍了瓦斯灾害防治技术与瓦斯（煤层气）抽采新方法、新装备，对瓦斯赋存规律与运移机理等基础理论的发展及瓦斯灾害防治技术的推广与应用起到了积极作用。

根据中国煤炭学会第六届瓦斯地质专业委员会的工作安排，在中国煤炭学会的大力支持下，2021年将召开第六届瓦斯地质委员会第二次全国瓦斯地质学术年会。第六届瓦斯地质专业委员会从2020年和2021年提交的参会论文中遴选出优秀学术论文41篇，形成《瓦斯地质与瓦斯治理（2020—2021）》文集，并由中国矿业大学出版社出版。文集内容由瓦斯地质基础和瓦斯防治方法与技术两部分构成，涵盖了瓦斯地质基础理论、瓦斯（煤层气）抽采技术和瓦斯灾害防治方法等方面的最新进展，可供从事瓦斯地质、煤层气地质、矿井地质、安全工程、采矿工程等专业或学科方向的科研、教学及现场技术人员参考。

《瓦斯地质与瓦斯治理（2020—2021）》由王兆丰、宋党育、张明杰主编，河南理工大学对本书的出版给予了大力支持与资助，在此深表感谢。

由于时间仓促，书中不足之处敬请读者批评指正。

中国煤炭学会
瓦斯地质专业委员会
2021年7月

目 录

瓦斯地质基础篇

瓦斯防治方法与技术篇

瓦斯地质基础篇

急倾斜储层煤层气排采过程中上倾与下倾方向渗透率差异演化模拟

傅雪海,康俊强
(中国矿业大学煤层气资源与成藏过程教育部重点实验室,江苏徐州,221116)

摘　要:为深入理解急倾斜储层煤层气排采过程中渗透率的动态变化规律,本文基于Eclipse数值模拟软件研究了急倾斜储层煤层气排采过程中渗透率的变化特征,对比了急倾斜储层上倾和下倾方向渗透率演化差异,总结了急倾斜储层渗透率动态变化的一般规律。结果表明,急倾斜储层煤层气排采过程中排采初期在较高的储层压力下,急倾斜储层上倾和下倾方向的渗透率变化没有显著差异。随着储层压力的降低,急倾斜储层上倾和下倾方向渗透率的变化呈相互交替变化的现象,该现象随着储层倾角增大而更加明显。这是在重力和压差作用下,急倾斜储层上倾和下倾方向的储层压力和含气量变化整体上呈现交替变化的特征,最终导致渗透率变化也呈现出上倾方向增加、下倾方向下降的交替现象。

关键词:煤层气;急倾斜;渗透率;数值模拟

0　引言

渗透率是影响煤层气产出的重要因素[1],煤层气排采过程中渗透率的变化规律是优化煤层气产出的重要依据。目前研究多是集中在近水平或缓倾斜储层,如储层倾角为5°～15°的沁水盆地[2],15°～35°的西南四川盆地区[3]等,而对急倾斜储层煤层气排采过程中渗透率的变化研究较少。作为低阶煤储层煤层气最富集的准噶尔盆地[4],由于多期的构造运动,形成大量断层和褶皱(图1),导致储层倾角较大,多为超过45°的急倾斜储层(图2)。急倾斜储层排采过程中由于上倾与下倾方向埋深的差异,导致储层物性和应力存在差异[5],造成急倾斜储层煤层气产出不同于近水平或缓倾斜煤储层。因此,深入了解急倾斜储层煤层气开发过程中渗透率的变化规律,有利于该地层条件下的煤层气高效开发。

近年来,准噶尔盆地南缘急倾斜煤层气开发引起了广泛重视,前人对不同倾角储层的煤层气产出曲线、储层压力和含气量的变化特征进行了研究[5,8-11]。急倾斜储层煤层气排采过程中由于重力、浮力和物性差异等原因,储层上倾和下倾方向煤层气产出存在差异[5,8]。一般来说,急倾斜储层煤层气排采过程中由于重力效应,煤层气井上部储层(上倾方向)的储层压力下

基金项目:国家自然科学基金面上项目(42072190,41772158);国家科技重大专项(2016ZX05043－004－005)。

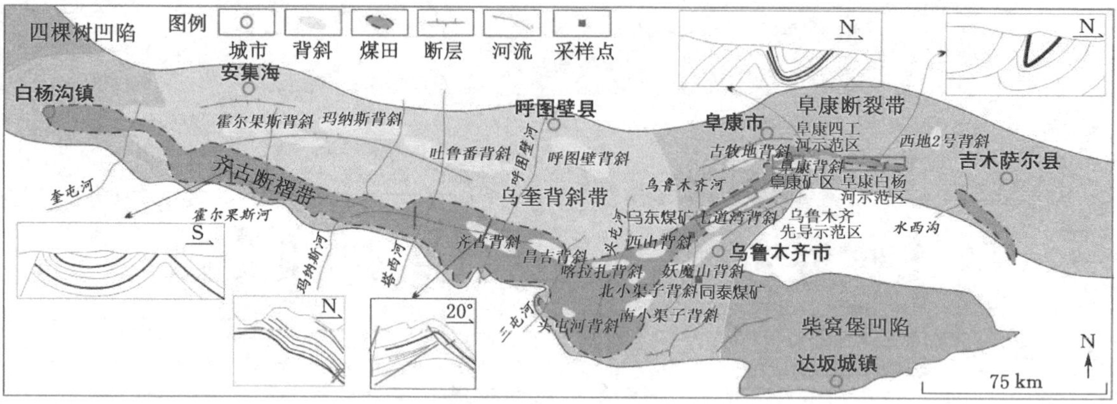

图 1　准噶尔盆地南缘地质构造特征[6-7]

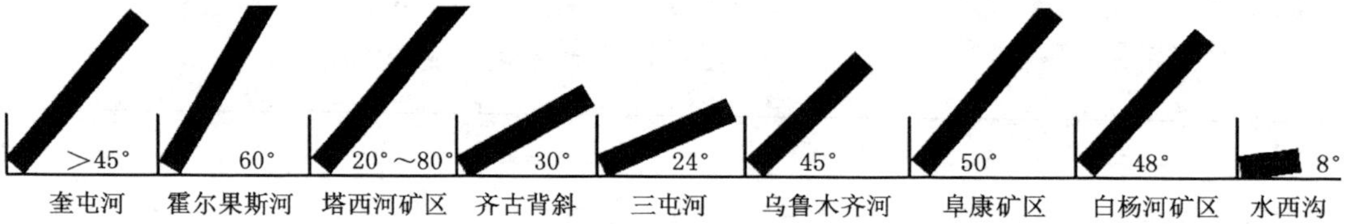

图 2　准噶尔盆地南缘不同地区煤储层倾角大小

降速率相对于下部储层(下倾方向)更快,而随着排采的进行,在压力变化和物性差异的引导下,上倾方向和下倾方向储层压力变化呈略微交替的现象[12]。储层压力的变化控制煤层气的解吸[13],所以急倾斜储层压力的变化差异也导致储层上倾方向和下倾方向含气量的变化也存在差异。煤层气排采过程中,渗透率主要受生产水引起的有效应力增大负效应和煤层气解吸引起的基质收缩正效应,即对急倾斜储层煤层气产出,上倾方向和下倾方向排采过程中的储层压力和含气量的变化差异均会影响渗透率的动态变化规律。急倾斜储层由于储层埋深差异较大,初始储层渗透率大小也显著不同,这也加剧了储层上倾方向和下倾方向的物性变化尺度,而当前针对于此的研究较少。

本文利用 Eclipse 数值模拟软件模拟了不同倾角储层的煤层气产出过程,基于 P&M 渗透率演化模型分析了不同倾角储层渗透率变化特征,为急倾斜储层煤层气井排采提供指导。

1　数值模拟参数设置

采用 Eclipse 油藏数值模拟软件来进行不同倾角煤储层的产出曲线研究。Eclipse 被广泛应用于油气开发,包括煤层气和页岩气等非常规储层[12,14-16]。Eclipse 软件模拟煤层气开发遵循以下四个假设:一是双孔单渗模型。在数值模型中孔隙和裂隙将分别纳入不同的网格,而渗透率只存在裂隙网格中,煤基质无渗透率。二是初始化平衡。由于地质条件的差异,储层压力可能超压或者欠压,在此模拟中所有流体压力遵循静压平衡状态,压力梯度属于静水压力梯度,确定井底压力之后,其他位置的储层压力则基于当前储层的埋深与流体参数自动赋值。三是遵循 P&M 渗透率变化模型。数值模拟过程中渗透率随储层压力的变化遵循 P&M 渗透率变化方程：

$$K = K_0 \left\{1 + \frac{(1-2v)(1+v)}{E(1-v)\varphi_0}(p-p_0) + \frac{1}{\varphi_0}\left[\frac{1}{3}(\frac{1+v}{1-v}) - 1\right]\left(\frac{\varepsilon\beta p}{1+\beta p} - \frac{\varepsilon\beta p_0}{1+\beta p_0}\right)\right\}^3$$

式中，φ_0为初始孔隙率；p 为储层压力；p_0为初始储层压力；ε 和 β 为煤层气解吸引起的变形参数；E 为杨氏模量；v 为泊松比。四是吸附遵循朗缪尔单分子层吸附和基质内的 Fick 扩散定律。急倾斜储层由于在较小的空间范围储层埋深的差异使许多储层特征参数存在差异性。但对煤层气产出影响较大的参数是储层压力、渗透率和含气量，且这三个参数也是受地层倾角影响较大的参数[12]。所以在模拟过程中这三个参数将随埋深的不同而不同(倾角的差异可以通过不同的埋深表征)，而其他的参数设置为统一的数值。

利用 Eclipse 建立了一个 300 m×300 m 的数值网格(图 3)，网格数量为 40×40。根据新疆科林思德新能源有限责任公司煤层气勘探开发区块——阜康西区实际的测试成果，可以获得储层压力、含气量和渗透率分别与埋深之间的关系(表 1)。储层压力梯度约为 1.0 MPa/100 m，说明储层压力与静水压力接近，也说明软件采用的初始平衡模式是合理的。基于拟合的含气量、渗透率与埋深的变化方程可以计算不同埋深下对应的含气量与渗透率，用来为急倾斜储层初始含气量和渗透率赋值，其中 X 方向渗透率与 Y 相同，Z 方向渗透率为 Y 的十分之一。其他参数基于阜康西区 CS18 井煤层气产气、水曲线通过历史拟合得出(表 2)[12]。基于此，本研究模拟了倾角分别为 0°、10°、20°、30°、40°、50°、60°、70°、80°煤储层的煤层气排采。井底压力按照实际排采过程中的变化输入，超出 CS18 井排采时间的井底压力按照变化曲线延伸(图 4)。

表 1　渗透率、储层压力和含气量与埋深的拟合方程

参数	方　程	相关系数
渗透率/10^{-3} μm^2	渗透率=196.75×exp(−0.008×埋深)	0.78
储层压力/MPa	储层压力=0.01×埋深−1.044 3	0.79
含气量/(m^3/t)	含气量=0.003 2×埋深−5.825	0.45

表 2　数值模拟基本参数

参数	单位	数值	参数	单位	数值
埋深	m	1143	井径	cm	10
煤厚	m	17.6	表皮系数		0.5
孔隙率	%	0.01	朗缪尔压力	MPa	3.29
X 方向渗透率 VS 埋深	mD	K_x=19 675×e−0.008×H	朗缪尔体积	m^3/t	15.71
井底压力	MPa	11.8	泊松比		0.25
储层压力梯度	MPa/100 m	1	杨氏模量	MPa	4 000
井底含气量	m^3/t	9.61	吸附应变		0.012 26
含气量梯度	(m^3/t)/100 m	0.32	吸附应变压力	MPa	3

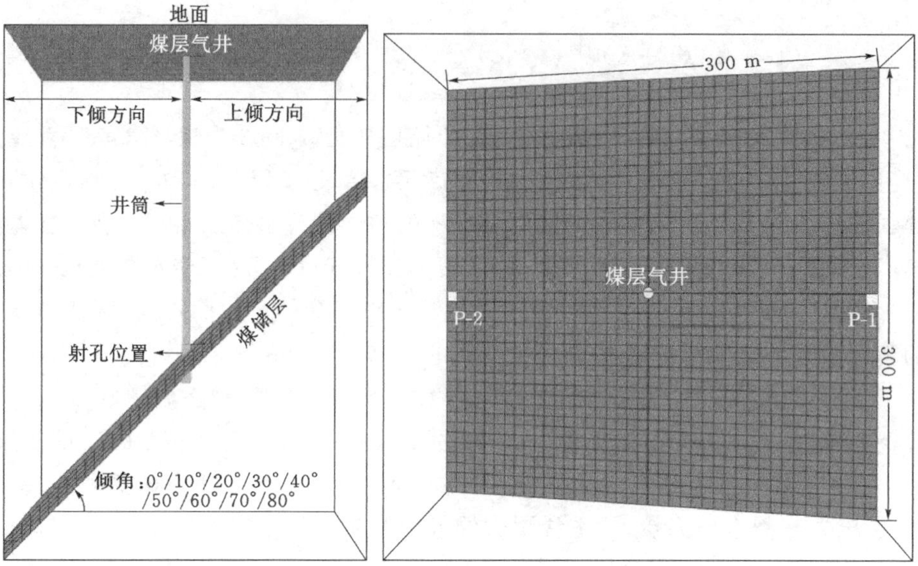

图 3　急倾斜储层煤层气数值模拟网格模型示意图[5]

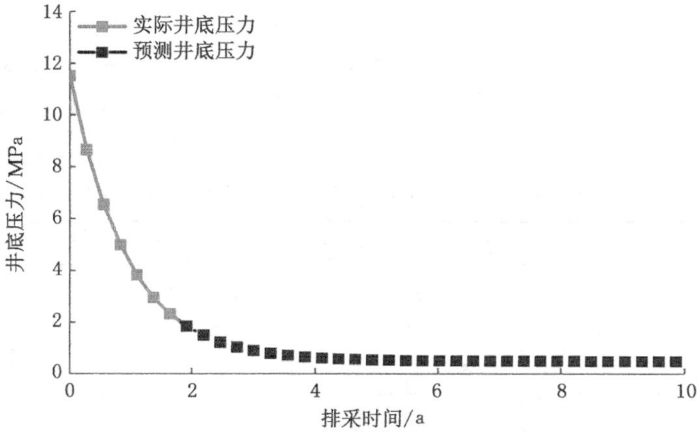

图 4　模拟采用的井底压力随排采时间的变化曲线

2　上倾和下倾方向储层渗透率动态变化规律

渗透率是影响煤层气产出的重要参数,判断急倾斜储层排采过程中渗透率的变化有利于煤层气产出优化措施的施行。下文通过数值模拟对比分析储层上倾方向和下倾方向两个局部点的渗透率变化,定量对比急倾斜储层煤层气排采过程中渗透率的变化差异,阐明急倾斜储层煤层气排采过程中渗透率变化的一般规律。为精确表征上倾和下倾方向渗透率差异,分别选择上倾和下倾方向边界中心点的两个位置 P-1 和 P-2 作为检测点定量分析渗透率的变化特征(图 3)。由于埋深不同,初始渗透率大小不同,所以采用变化率来表征渗透率的变化:

$$p_i = \frac{x_i}{x_0} \times 100\%$$

$$d_i = \frac{x_{i+1} - x_i}{x_0} \times 100\%$$

式中，P_i为在时间点 i 的百分比，%；d_i为在时间点 i 的变化率，%；x_i和 x_i+1 为在时间点 i 和 $i+1$ 的值；x_0为初始值。

2.1 急倾斜储层排采过程中渗透率变化数值模拟

选择倾角为 50°的急倾斜储层模拟排采过程中渗透率的变化，结果表明上倾方向和下倾方向渗透率变化呈非对称型（图 5）。在排采前（排采 0 年），均一化的渗透率百分比均为 100%［图 5(a)］，排采一年后上倾方向渗透率百分比大于下倾方向［图 5(b)］，说明此时上倾方向渗透率下降较慢，而下倾方向渗透率率下降较快；排采至第二年，上倾方向渗透率有所提升，最大值由 70%增至 80%，而下倾方向大部分仍然呈下降趋势，最小值为由 64%降至 62%［图 5(c)］；排采至第三年上倾方向渗透率继续上升，而下倾方向渗透率也开始逐渐增大［图 5(d)］，随后上倾和下倾方向的渗透率均逐渐增大［图 5(e)～(k)］。

渗透率变化切面图可以更直观地表征急倾斜储层煤层气产出过程中上倾方向和下倾方向渗透率的变化特征。排采第一年上倾方向和下倾渗透率均显著下降，而下倾方向渗透率降幅更大［图 6(a)］。排采至第二年上倾方向渗透率上升，而下倾方向渗透率依然下降并持续至第三年才逐渐上升。这种差异是上倾方向和下倾方向储层压力和含气量变化差异的综合反映。储层压力下降引起渗透率下降，而煤层气解吸引起煤基质收缩导致渗透率上升[17-18]。在排采初期煤层气井上倾方向大量产水导致储层压力下降即有效应力增大[19]，引起渗透率下降，但同时煤层气解吸也导致渗透率上升。下倾方向在重力的阻碍下水产出较少，储层压力下降较少，使渗透率更多受有效应力负效应的影响，下降幅度高于上倾方向。随着储层压力降至煤层气临界解吸压力以下，煤层气解吸并引起基质收缩[20]，导致渗透率降幅减小并逐渐上升。由于上倾方向储层压力下降较快使煤层气比下倾方向解吸更早，从而出现上倾方向渗透率上升而下倾方向继续下降的现象。当下倾方向储层压力降至临界解吸压力以下，煤层气解吸使下倾方向渗透率开始上升。从排采 10 年的渗透率变化来看，排采过程中下倾方向的渗透率变化率在渗透率下降时，降幅大于上倾方向；而在渗透率上升时，渗透率变化率小于上倾方向［图 6(b)］，导致上倾方向渗透率相对下倾方向变化更大，有利于上倾方向水和煤层气的产出，进而使上倾方向和下倾方向的差异更加显著。

2.2 不同倾角储层排采过程中上倾和下倾方向渗透率对比

选择 P-1 和 P-2 两点对比分析排采 10 年间上倾方向和下倾方向渗透率的变化规律。随储层倾角增大上倾方向和下倾方向渗透率差异越来越大（图 7）。以倾角为 0°、40°和 80°为例。倾角为 0°时 P-1 和 P-2 渗透率变化完全重合［图 7(a)］，呈随时间增大先降低后上升的趋势；当储层倾角增大至 40°时 P-1 渗透率下降幅度和上升幅度都更加显著，而下倾方向变化更小［图 7(e)］；当倾角增大至 80°时 P-1 和 P-2 渗透率的差异变得更加显著［图 7(i)］。

P-1 点储层压力降低引起的渗透率下降和煤层气解吸引起的渗透率上升都随倾角逐渐增大，但幅度不明显，呈略微上升［图 8(a)］；P-2 点储层压力下降引起的渗透率下降更多，煤层气

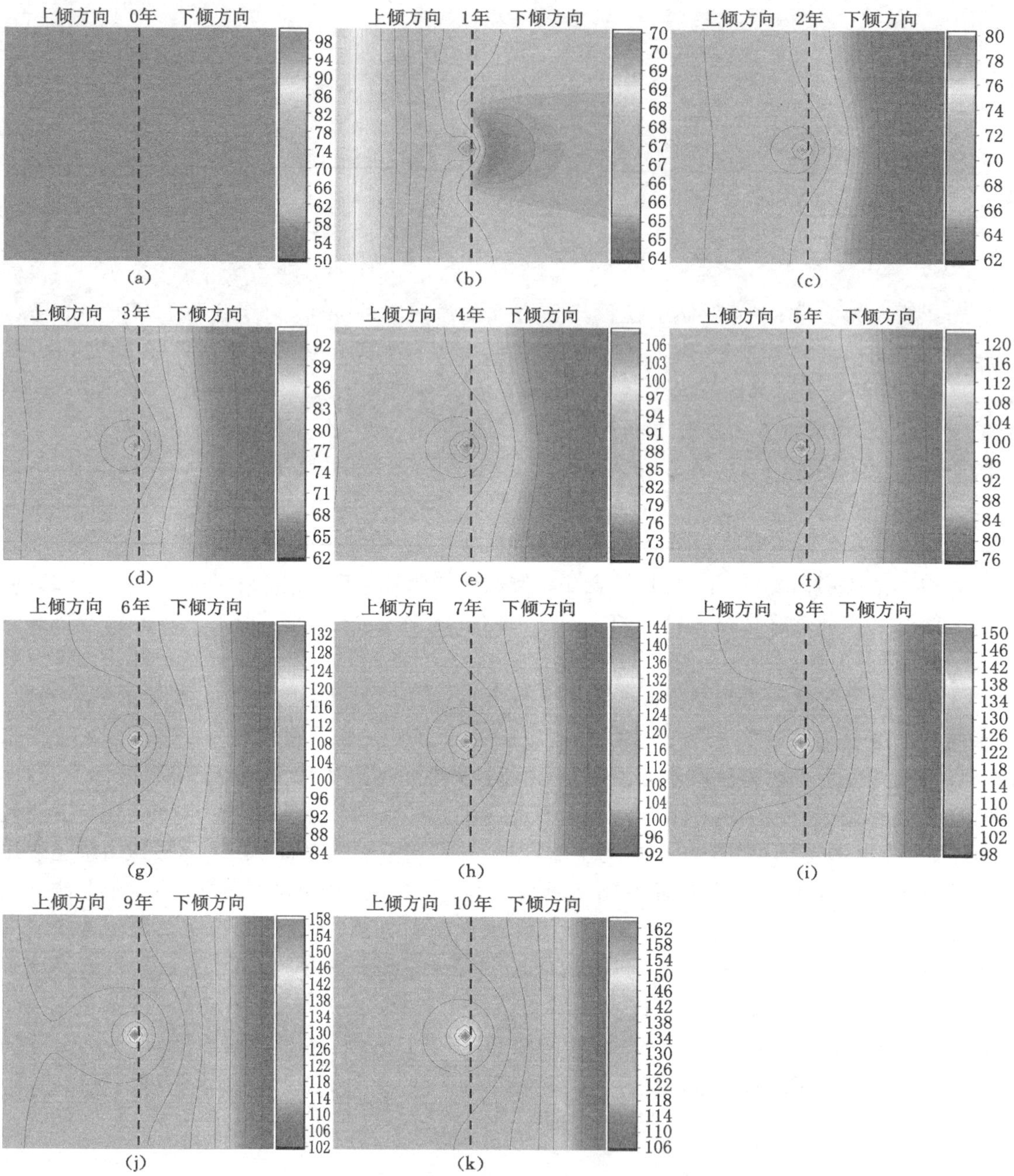

图5　50°急倾斜储层煤层气排采过程中渗透率平面变化

解吸引起的渗透率上升随倾角的增大大幅下降[图8(b)]。对上倾方向来说倾角增大在重力的促进作用下储层压力可以快速降低，从而渗透率随储层倾角的增大逐渐增大[5]。但是储层压力的快速降低使煤层气也开始快速解吸产出[21]，使渗透率开始上升。所以在储层压力和煤层气解吸的综合作用下随储层倾角的增大渗透率在排采初期下降幅度逐渐增大，而进入排采后期倾角的增大更加有利于煤层气的产出，渗透率增幅也增大。对于下倾方向随倾角增大排水降压所需的时间更长，煤层气解吸速率更慢，所以其引起的渗透率上升速率降低。

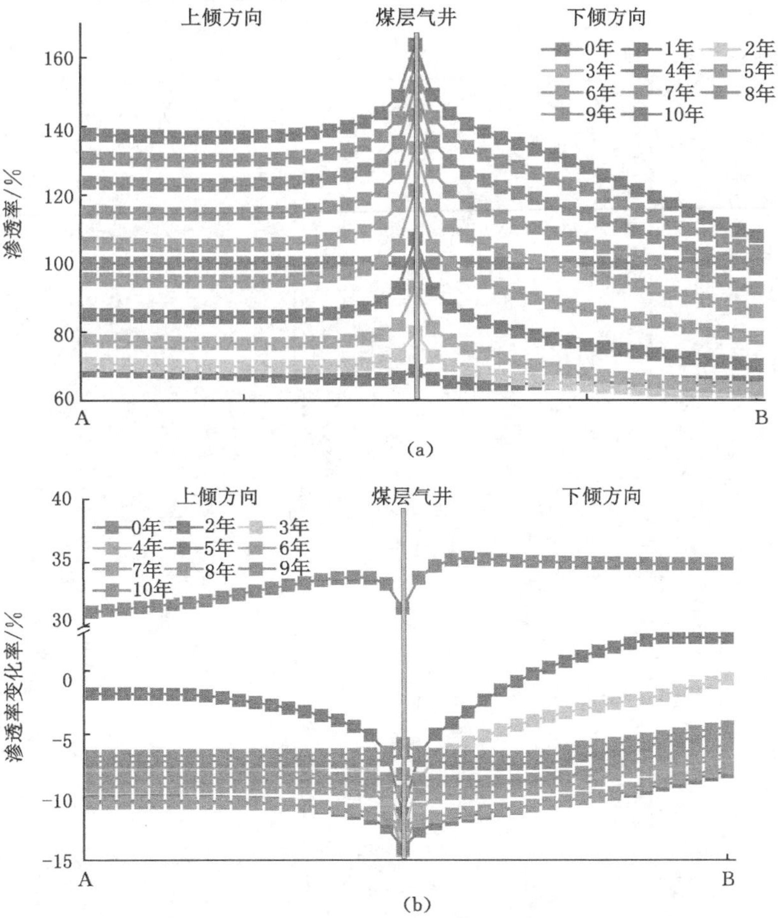

图 6 50°急倾斜储层煤层气排采过程渗透率沿煤层气井切面变化

P-1 和 P-2 点的渗透率变化率可以反映上倾方向和下倾方向的差异。随储层倾角增大 P-1和 P-2 渗透率变化率曲线形态差异化更加明显，P-1 点逐渐由“单峰”向“双峰”型转换，而 P-2 无显著变化，仅变化率逐渐下降(图 9)。渗透率变化率随时间变化的规律与煤层气解吸的变化规律相似[5]，因为储层压力降低，煤层气开始大量产出，渗透率的变化主要受煤层气解吸的影响。

2.3 急倾斜储层排采过程中渗透率演化规律

上述研究表明，随储层倾角增大，煤层气产出曲线逐渐由“单峰”向“双峰”型过渡，即产气曲线在稳产阶段后再次出现一个产气上升段。基于此，将稳产阶段重新划分为一次稳产阶段和二次稳产阶段[5](图 10)。

由于急倾斜储层煤层气井上倾方向与下倾方向气、水流动产出的不同，导致储层上倾方向和下倾方向所受有效应力和煤基质收缩效应存在明显差异，结合先前的研究[5]，将上倾方向和下倾方向储层渗透率变化划分为三个阶段(图 11)。第一阶段为排采阶段和气、水产出阶段，在该阶段储层大量产水少量产气，渗透率主要受有效应力负效应控制，渗透率逐渐降低。随着

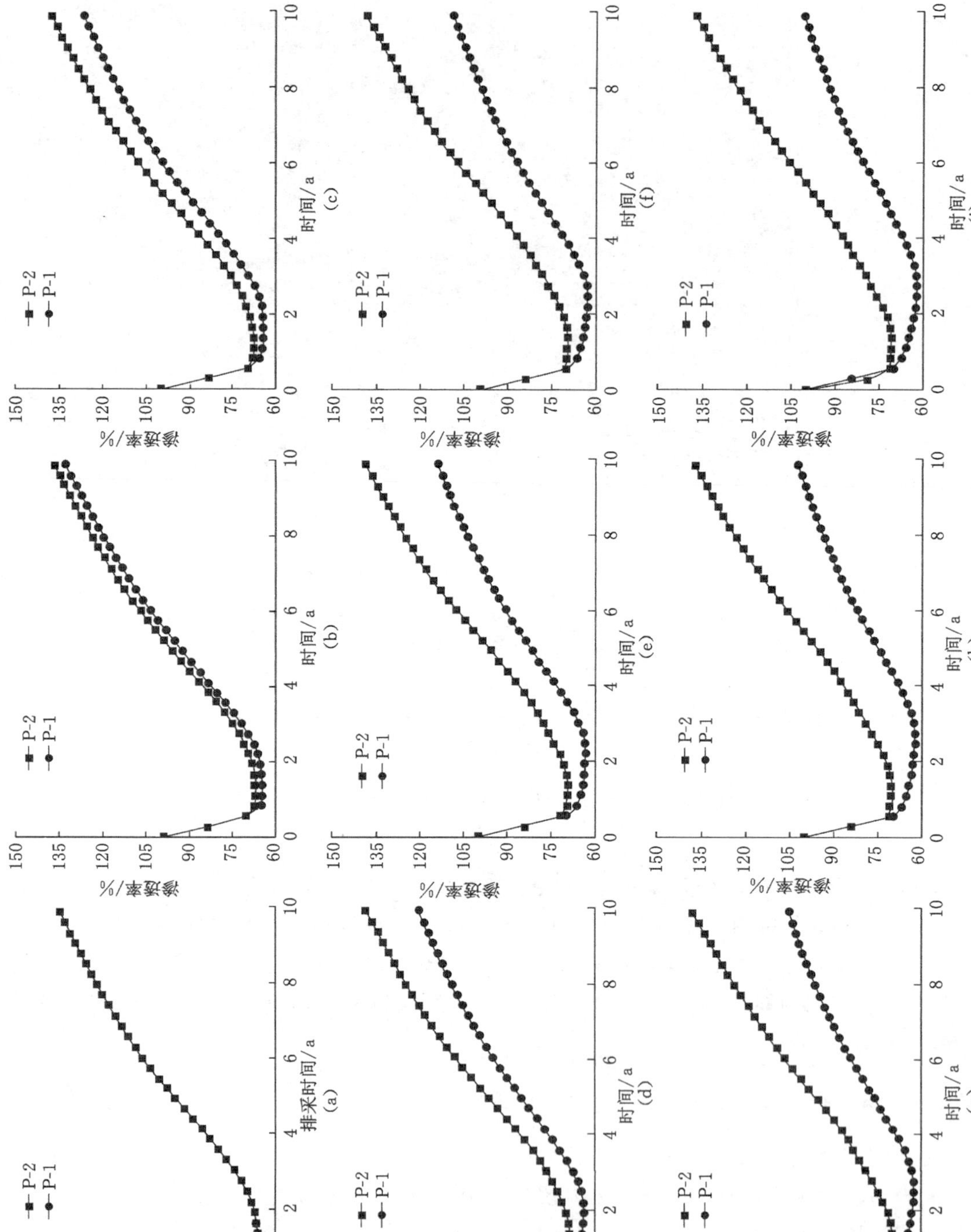

图7　不同倾角煤储层的P-1和P-2的渗透率随时间变化

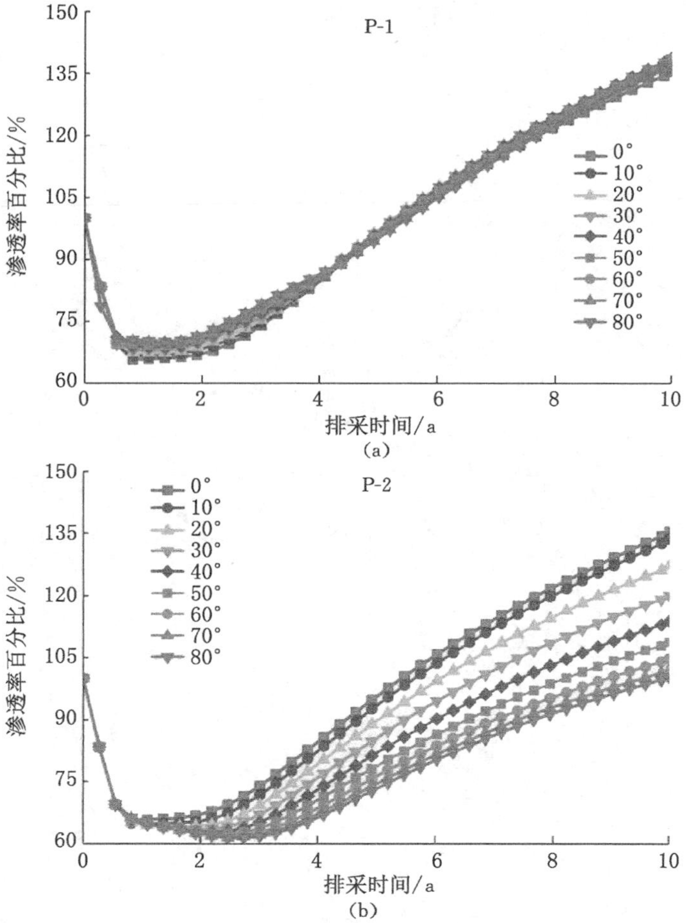

图 8　P-1 和 P-2 点不同倾角渗透率随时间变化

煤层气逐渐解吸，渗透率下降速率逐渐减缓；第二阶段为一次稳产阶段和二次稳产阶段，此时煤层气开始大量解吸，基质收缩更加显著。产水和储层压力下降速率的降低导致有效应力变化幅度小，渗透率开始逐渐上升，并在二次稳产阶段渗透率增速略有增大。第三阶段进入衰减阶段，日产气量和日产水量开始降低，渗透率变化开始减慢。由于气体滑脱效应，渗透率有轻微上升[11]。上倾方向渗透率最低值出现在水产出结束阶段。下倾方向储层从排水阶段到一次稳产阶段由于煤层气未发生大量解吸，渗透率主要受有效应力负效应控制，渗透率逐渐降低。进入二次稳产阶段，由于下倾方向的煤层气大量解吸，煤质收缩效应开始显现，渗透率开始上升。到衰减阶段，渗透率变化开始变缓。上倾方向和下倾方向的产出差异主要体现在第二阶段。第二阶段由于下倾方向储层压力较高，煤层气解吸相对上倾方向滞后，导致下倾方向渗透率下降的同时上倾方向渗透率上升。第二阶段后上倾和下倾方向渗透率均开始上升。在第一阶段和第三阶段上倾方向和下倾方向渗透率变化存在差异，但不显著。因为第一阶段储层压力较大，上倾方向和下倾方向的水产出较多，渗透率均显著下降，而第三阶段由于进入衰减阶段，产出缓慢，两者的差异降低。

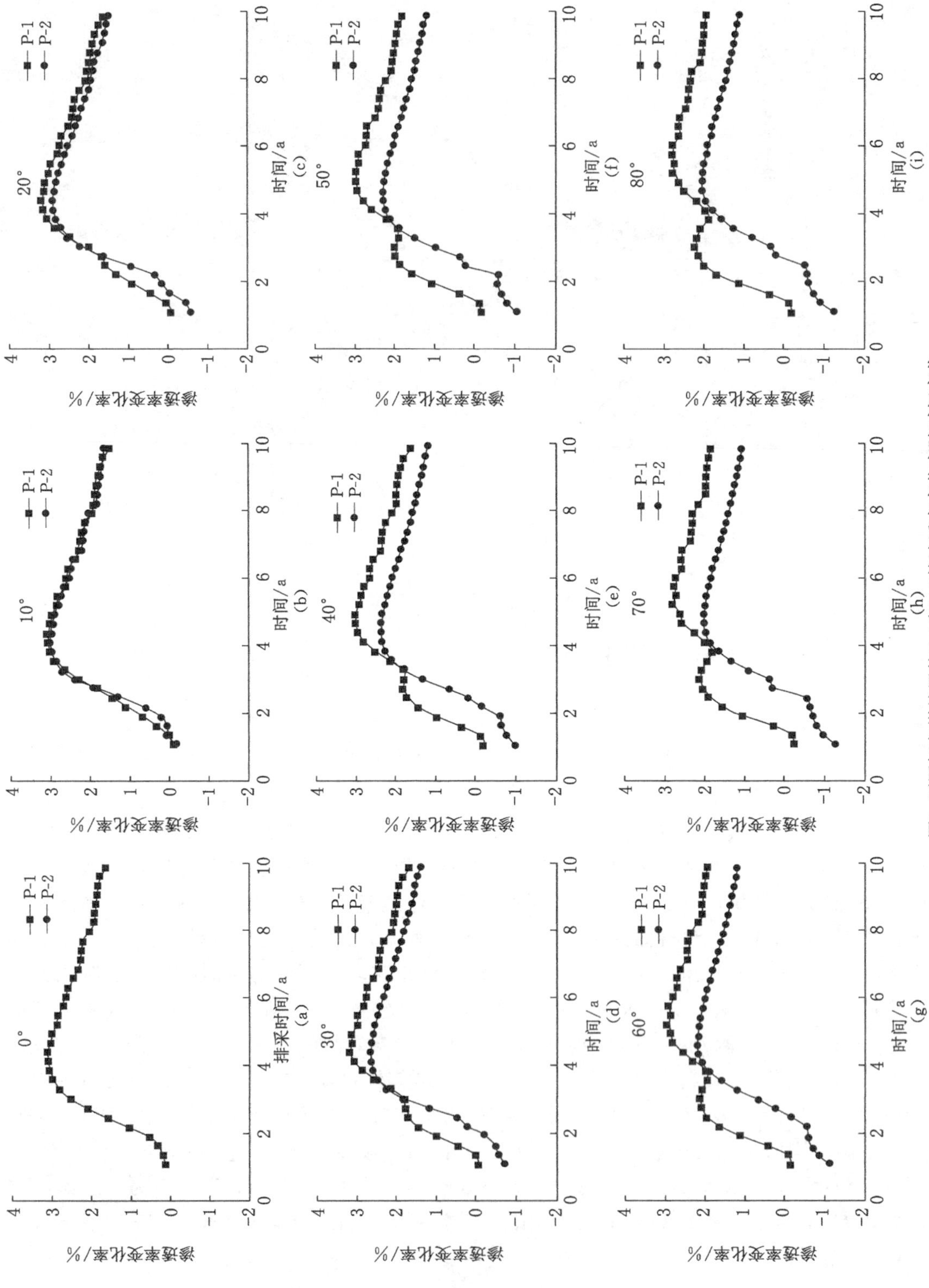

图9 不同倾角煤储层的P-1和P-2的渗透率变化率随时间变化

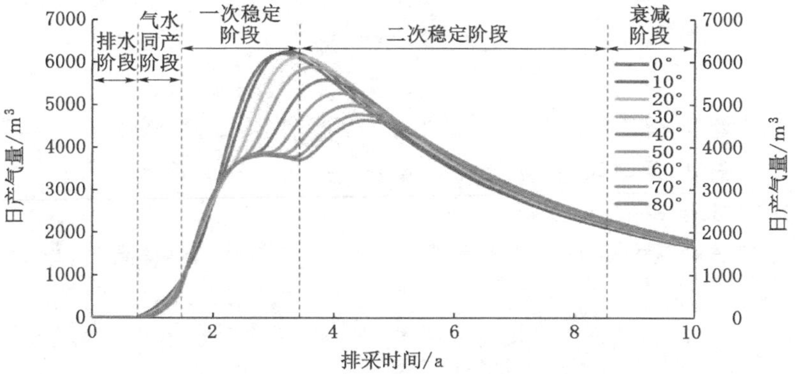

图 10　不同倾角煤储层下的煤层气井产气和产水曲线[5]

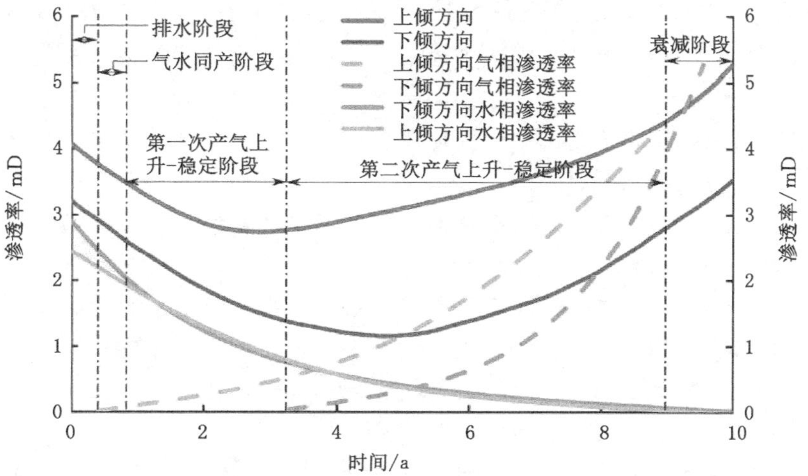

图 11　急倾斜储层排采过程中渗透率变化示意图

3　结论

(1) 上倾方向和下倾方向储层渗透率变化差异随储层倾角增大而增大，这是由于储层重力和物性差异引起的储层压力和含气量变化差异导致的。

(2) 将急倾斜储层渗透率变化划分三个阶段。第一阶段为排采阶段和气/水产出阶段，渗透率主要受有效应力负效应控制；第二阶段为一次稳产阶段和二次稳产阶段，基质收缩更加显著。第三阶段为衰减阶段，渗透率变化开始减慢。

(3) 急倾斜储层上倾方向和下倾方向渗透率变化差异主要体现在第二阶段，上倾方向和下倾方向的产出不同步导致上倾方向渗透率上升的同时下倾方向渗透率逐渐下降。

参考文献

[1] 万玉金,曹雯.煤层气单井产量影响因素分析[J].天然气工业,2005,25(1):124-126.

[2] 冯树仁,张聪,张建国,等.沁水盆地南部郑庄区块高煤阶煤层气成藏模式[J].天然气地球科学,2021,32(1):136-144.

[3] 舒兵. 筠连地区二叠系乐平统宣威组成煤环境与聚煤规律研究[D].成都:西南石油大学,2016.

[4] 庚勐,陈浩,陈艳鹏,等.第4轮全国煤层气资源评价方法及结果[J].煤炭科学技术,2018,46(6):64-68.

[5] KANG J Q,FU X H,LIANG S,et al.A numerical simulation study on the characteristics of the gas production profile and its formation mechanisms for different dip angles in coal reservoirs[J].Journal of Petroleum Science and Engineering,2019,181:106198.

[6] 李勇,曹代勇,魏迎春,等.准噶尔盆地南缘中低煤阶煤层气富集成藏规律[J].石油学报,2016,37(12):1472-1482.

[7] 蒲一帆,汤达祯,唐淑玲,等.大倾角地质耦合条件下煤层气开发效果与地质评价[J].煤炭科学技术,2020,48(8):191-199.

[8] 王生维,王峰明,侯光久,等.新疆阜康白杨河矿区急倾斜煤层的煤层气开发井型[J].煤炭学报,2014,39(9):1914-1918.

[9] 蒋睿,王永清,李海涛,等.煤层倾角对煤层气水平井产能影响的数值模拟[J].煤炭学报,2015,40(S1):151-157.

[10] 曹运兴,石玢,田林,等.大倾角厚煤层煤层气开发水平井方位优化和实践:以新疆阜康矿区为例[J].煤田地质与勘探,2018,46(2):90-96.

[11] 陈振胜.阜康西区煤储层排采过程中物性动态变化规律[D].徐州:中国矿业大学,2019.

[12] 傅雪海,康俊强,梁顺,等.阜康西区急倾斜煤储层排采过程中物性及井型优化[J].煤炭科学技术,2018,46(6):9-16.

[13] 杜严飞,吴财芳,邹明俊,等.煤层气排采过程中煤储层压力传播规律研究[J].煤炭工程,2011,43(7):87-89.

[14] 陈振宏,陈艳鹏,杨焦生,等.高煤阶煤层气储层动态渗透率特征及其对煤层气产量的影响[J].石油学报,2010,31(6):966-969.

[15] 郭春华,周文,孙晗森,等.考虑应力敏感性的煤层气井排采特征[J].煤田地质与勘探,2011,39(5):27-30.

[16] 付利,申瑞臣,乔磊,等.煤层气开采井组合方案设计与分析[J].石油钻探技术,2012,40(2):87-92.

[17] 陈金刚,秦勇,傅雪海.高煤阶煤储层渗透率在煤层气排采中的动态变化数值模拟[J].中国矿业大学学报,2006,35(1):49-53.

[18] 刘大锰,姚艳斌,蔡益栋,等.煤层气储层地质与动态评价研究进展[J].煤炭科学技术,2010,38(11):10-16.

[19] 吴晓东，师俊峰，席长丰.煤层渗透率敏感性及其对煤层气开发效果的影响[J].天然气工业，2008，28(7)：27-29.

[20] 周军平，鲜学福，姜永东，等.考虑有效应力和煤基质收缩效应的渗透率模型[J].西南石油大学学报(自然科学版)，2009，31(1)：4-8.

[21] 姜伟，吴财芳，姜玮，等.吸附势理论在煤层气吸附解吸研究中的应用[J].煤炭科学技术，2011，39(5)：102-104.

鸡西盆地煤层气富集地质因素及增产排采模式研究

刘江,桑树勋,周效志
(中国矿业大学资源与地球科学学院,江苏徐州,221116)

摘　要: 鸡西盆地煤层气资源丰富,但煤层气富集因素研究较少,煤层气井排采方式单一,产气效果欠佳。为了提高鸡西盆地煤层气井产气效益,本文基于该区煤层气勘探试采工作,分析煤层气富集地质因素和适配性增产排采技术。研究表明:鸡西盆地的地质构造特征、沉积环境和水文地质条件是造成该区域局部地区出现高含气量的主要地质因素。通过数值模拟研究与实际生产井的产气量对比分析,发现多煤层合层排采技术能够显著提高该区域煤层气井日产气量和产气能力,能够实现煤层气井的高产与稳产,对该区域后期煤层气井排采模式的选择有重要指导意义。

关键词: 煤层气;含气量;渗透率;合层排采

0　引言

鸡西盆地位于黑龙江省东南部,东西长约 135 km,南北平均宽约 25 km,面积约 3 375 km^2,煤炭储量 53 亿 t[1],煤层气资源量 1 747×10^8 m^3[2],煤层气资源丰度为 0.32×108 m^3/km^2,开采潜力巨大。由于该区域煤层气勘探开发较晚,煤层气勘探开发尚处于起步阶段,到目前为止,该区域仅仅只有少量的几口煤层气井能够实现短暂的高产与稳产,总体而言煤层气井产气量仍处于较低水平,远低于贵州、四川和沁水盆地等地区的煤层气井产量。“十二五”以来,鸡西盆地煤层气勘探开发进入高峰期,龙煤集团等公司先后在梨树、平岗等施工了约 13 口煤层气参数井与试验井,其最高日产气量为 2 741 m^3/d[3]。广大学者也对鸡西盆地煤层气的勘探、评价与开发做了深入研究,张培河等[4]分析了鸡西盆地地质条件和煤储层特征,并根据其地质条件提出直井开采方式;周加佳等[2]对鸡西盆地进行了煤层气资源评价并提出了垂直井为主丛式井为辅的开采模式;蔡益栋等[1]研究了鸡西盆地的煤层气储层特征和地质控制作用,优选了煤层气开发有利区;张丁亮[5]比较分析了不同开采模式的经济效益与地质条件的需求,提出丛式井是梨树井田最优煤层气开发模式。由于鸡西盆地煤层气勘探开发工程资料较少,煤层气富集地质因素研究仍然不充分,煤层气富集地质规律尚不明确,而且该区域煤层气井大多数都是采用单井排采方式,煤层气井产气量不稳定,难以实现长时间的高产与稳产,因此研究煤层气富集地质因素,分析与其相适配的煤层气排采技术,对增强煤层气井产量和产气效率具有重要借鉴意义,对该区后期煤层气井排采模式的选择具有指导意义。

1 地质概况与煤层气储层特征

1.1 地质概况

鸡西盆地位于黑龙江省东南部，东南部以敦化一密山断裂为界(图 1)，西部到西麻山，东抵密山，北到基盘，是一个大体上呈东西向展布的菱形盆地。该区断裂发育[6]，地堑、地垒和阶梯状正断层广泛分布，受中部恒山隆起和平麻断裂的影响，将整个盆地分为南北两个区域[7]，南北两区分布大量规模各异的褶皱，地质条件复杂。鸡西盆地发育地层较为完整，受构造运动影响局部地区三叠系和侏罗系地层缺失。研究区地表水资源丰富，穆棱河贯穿全区，又汇集了黄泥河、哈达河、滴道河等支流，地表水流量较大，下部构造裂隙带中存在着大量封闭的地下水。含水层分布空间差异明显，盆地北部分布含水性较好的岩浆岩类裂隙含水层和松散岩类裂隙含水层[8]，盆地南部岩浆岩类裂隙含水层和弱含水的变质岩类裂隙含水层交替分布，水文地质条件相对复杂。

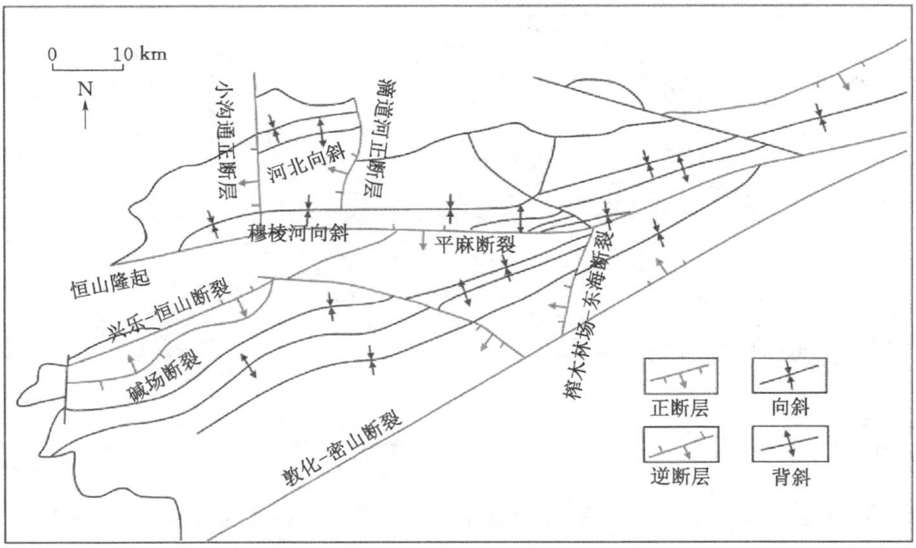

图 1 鸡西盆地构造纲要图[10]

1.2 煤层气储层特征

全区可采煤层主要分布在城子河组与穆棱组，可采煤层 30～56 层，累计厚度为 0.7～17.23 m，单煤层厚度为 0.5～2.4 m，属于典型的薄一中厚度煤层，煤层埋深 500～1 500 m，大部分煤层都分布在正常～稍欠压地区，极少量煤层分布在局部应力集中的高超应力区，属于超压煤储层[9]。该区域宏观煤岩成分以亮煤为主，镜煤和暗煤次之，煤体多为薄层状和条带状结构，裂隙较为发育；宏观煤岩类型主要为半亮型煤，局部地区为半暗型煤和光亮型煤[10]。煤岩显微组分以镜质组为主，含量为 65.6%～96.1%，平均为 83%，惰质组次之，含量为 1.99%～19.28%，平均为8.1%，壳质组含量最低，为 0.15%～6.69%，平均为 3.2%，显微煤岩类型以微镜惰煤和微三合煤为主。受构造应力的影响,该区煤体结构以原生结构煤为主,碎裂煤、糜棱煤次之,煤层内生裂隙较为发育[11]。煤类以气煤和肥煤为主,变质程度较低[12]。鸡西盆地南北坳陷含气量差异较大,北部坳陷含气量变化范围 6~20 m^3/t,甲烷体积分数高达 90%,含气饱和度为 56%~113%,煤层气富集程度较高,南部坳陷含气量变化范围为 6~14 m^3/t,含气饱和度为 62%~93%,略低于北部坳陷(图 2)。

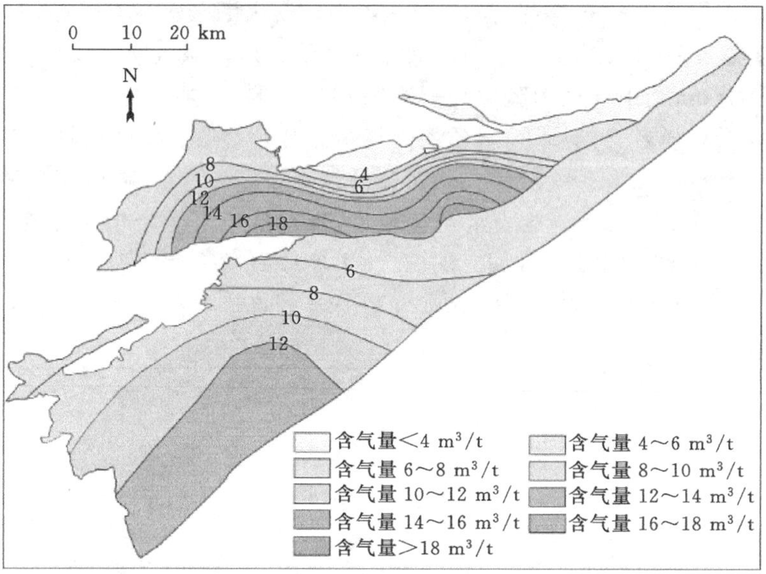

图 2 鸡西盆地煤层气等值线图[10]

2 煤层气富集地质因素分析

2.1 地质构造

鸡西盆地在地质构造演化阶段发生多次地层抬升与沉降,形成大断裂与褶皱,从而形成了多个煤层群和煤层气藏。中部恒山隆起在构造演化过程中主要以抬升、扩张为主,导致中部的煤层气向南北逸散,煤层气在南北坳陷富集。平麻逆冲断裂在盆地沉积过程中上盘持续下降,在中一新生代受到太平洋板块的挤压,下盘发生翻转,形成了大量封闭性较好的凹陷,而区内的煤层在挤压揉皱过程中煤体被压实,孔裂隙开始闭合,煤层渗透率降低,形成了良好的煤层气富集区。该区煤层在平麻断裂带附近受到强烈的构造破坏,发育了大量的碎裂结构煤和糜棱结构煤,在南北坳陷中,构造运动影响较小,煤体结构比较完整,煤层内生裂隙 6~10 条/5 cm,外生裂隙 2~3 条/5 cm,显微裂隙呈网状结构发育[13],平均密度为 72 条/9 cm^2,孔隙连通性较差,煤层渗透率较低,有利于煤层气的存储。

2.2 沉积环境

鸡西盆地可采煤层主要分布在城子河组和穆棱组,在沉积初期受到恒山隆起的影响,南北坳陷为聚煤环境较好的三角洲沉积相[14]，大量有机质的沉积为煤层的形成奠定了物质基础；在沉积中期和后期，三角洲沉积相的聚煤中心进一步扩大，形成了以湖湾沼泽相为主的新的聚煤中心，该时期是煤层形成的主要时期，在此期间大量的沉积物在煤层上部堆积，形成了巨厚的泥岩覆盖层，减缓了剥蚀作用和氧化作用对煤层的影响，煤层在深部地层中变质程度逐渐升高，煤层生气能力提升。在沉积过程中，煤储层上部形成了封盖性优良的泥岩、页岩、粉砂岩盖层，阻止了煤层气向上逸散；煤层下部形成了低渗透率、低孔隙率的沉积岩基底，阻止了煤层气向其他底层的扩散，实现了煤层气的聚集。

2.3 水文地质条件

鸡西盆地发育地层中有多个含水层，从上至下分别为第四系孔隙含水层、古近系孔裂隙含水层、东山组裂隙含水层、含煤地层基底裂隙含水层[15]，其中，对煤层气起影响作用的为东山组裂隙含水层组、含煤地层基底裂隙含水层。岩浆岩类裂隙含水层组以及变质岩类裂隙为矿区南部坳陷含水层组主要通道，在盆地南部敦化—密山断裂带附近，含水层富水性强，含水层与煤层有较强的水力联系，地下水在运动过程中携带着煤层气向北运移扩散，所以南部坳陷煤层气含气量低于北部地区[16]。在穆棱组附近断裂带发育较差，煤层上部存在较厚的泥岩与粉砂岩隔层，煤系含水层主要为砂岩裂隙含水层，几乎与地表含水层没有水力联系，含水性弱，渗透率低[17]，煤层气受水力封闭而富集。北部坳陷总体上为一大型不对称向斜，北翼缓，南翼陡，地下水向深部运动，封堵了煤层气的逸散通道，有利于煤层气的富集。

3 煤层气井增产排采技术研究

3.1 研究区煤层气井排采现状

鸡西盆地煤层气开发起步较晚，在21世纪以后才开始出现少量煤层气井，但开采效果不佳，在2012年以后，该区煤层气井的排采效果才得到了较大的突破。2012年梨树矿区施工了1口煤层气参数井——LS01井。该井深899 m，共排采了593 d，累计产气量36.999×10^4 m^3，最高日产气量突破了2 000 m^3/d。2014年在梨树矿区又开展了丛式井煤层气开发试验项目，该丛式井(LS02井组)由1口直井和3口定向井组成，该井组共排采了620 d，累计产气量为140.776 2×10^4 m^3，三口产气井单井最高日产气量分别为2 178 m^3、1 260 m^3、2 470 m^3(图3)。鸡西盆地煤层气井大多采用单井排采方式，煤层气井的产气量一般不高，低于贵州、四川等地的煤层气井。随着煤层气井排采经验的增加，该区域开始大量使用丛式井、水平井进行煤层气生产，产气量稍有提高，但是仍然存在高产时间短、产气量不稳定、产气效率总体偏低的问题。

3.2 合层排采原则及产层优选

鸡西盆地煤层单层厚度小，煤层分布较为集中，层间距相对较小。由于该盆地主要沉积相为三角洲沉积相，煤层上部覆盖较厚的泥岩与砂岩，煤层下覆低渗透率、低孔隙率的沉积岩基底，煤层气赋存条件好。该区域主要可采煤层埋深一般在800 m以下，水文地质条件相对简单，与外部水源水力联系较弱，适合进行合层排采。在合层排采之前应该选择含气性好，储层

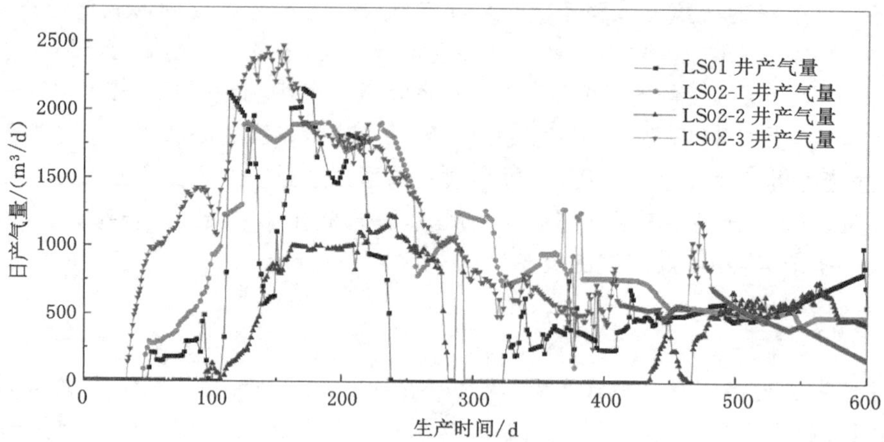

图 3　鸡西地区煤层气井排采曲线图

压力和临界解析压力接近，厚度适中、煤体结构较为完整的煤储层进行储层改造，增加煤层的渗透率，提高产气率[18-20]。经过对鸡西盆地煤层特征的统计与分析，本文优选了 4 个可以作为合层排采的煤层，其特征参数见表 1。该 4 层煤层厚度均小于 5 m，属于中等—薄煤层范畴，含气量和含气饱和度相对较高，储层压力相差较小，煤体结构主要以原生结构煤为主，煤体相对完整，适合进行合层排采。

表 1　鸡西盆地合层排采优选煤层储层特征

煤层	煤层埋深 /m	单层煤层厚度 /m	储层压力 /MPa	渗透率 /10^{-3} μm²	含气量 /(m³/t)	含气饱和度 /%
3#	550～680	0.29～2.72	4.25～6.32	0.001～0.21	8.19～15.3	50.09～113.91
6#	600～820	0.9～2.9 m	4.10～6.22	0.003 4～0.096	10～17	69.32～94.85
7#	690～960	0.5～2.5 m	4.05～5.82	0.005～0.43	6～16 m	65.33～86.65
14#	700～1 200	0.16～4.56	6.06～7.3	0.1～0.67	10.49～19	86.86～99.25

3.3　合层排采的数值模拟结果及分析

为了研究合层排采模式在鸡西盆地的适用情况，本文利用 COMET3 软件进行合层排采模拟实验，模拟对象为产气效果相对较好的 LS01 井和 LS02-3 井，模拟结果见图 4。该两口井都位于梨树矿区，主要开采煤层为 14# 煤层。此次模拟排采共有两个压裂层段，第一个压裂层段为 3# 煤和 6# 煤，第二个压裂层段为 7# 煤和 14# 煤，煤储层参数见表 1，使用典型的“五段三压”式排采控制措施进行为期 600 d 的合层排采数值模拟。

模拟结果表明，两口井通过合层排采产气量明细提升，LS01 井最高产气量达到了 3 500 m³/d，LS02-3 井最高产气量超过了 5 000 m³/d，而高产时间由原来的 200 d 增长到 400 d，产气效果更好。研究表明：单层开采方式只注重目标煤层，对上下临近煤层储存的煤层气开采不够，产气效果欠佳，合层排采能够实现分段分压合采，实现煤层气井的最优使用率，能够明显提升鸡西盆地的煤层气开采效率。

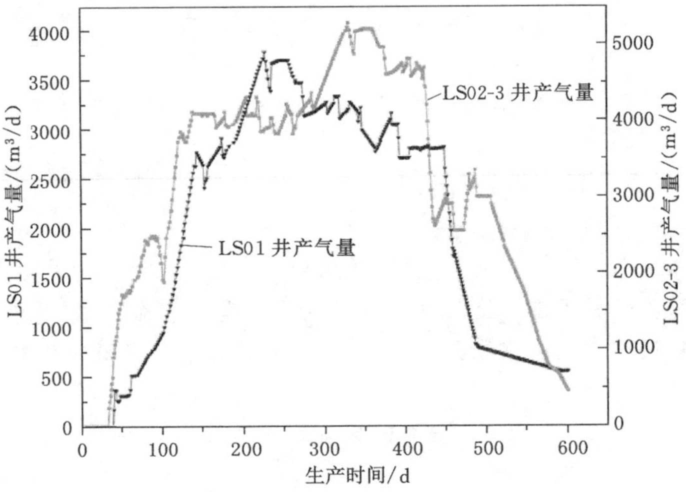

图 4　LS01 井和 LS02-3 井模拟结果

4　结论

(1) 鸡西盆地地质构造、沉积环境和水文地质条件是煤层气富集的主要地质因素。地质构造活动产生了大量的褶皱和坳陷区,煤体结构完整,裂隙不发育,有利于煤层气的存储;三角洲和湖湾沼泽沉积相提供了封盖性优良的泥岩、页岩、粉砂岩盖层,阻止了煤层气的逸散;特殊的水文地质条件和地下水运动方式在部分聚煤区造成了水力封堵,进一步堵塞了煤层气逸散通道,利于煤层气的富集。

(2) 鸡西盆地质构造特征、沉积环境和水文地质条件等煤层富集地质因素为合层排采技术的使用提供了有利条件。通过数值模拟研究发现两口井在使用合层排采技术后,最高产气量均突破了 3 500 m^3/d,高产时间超过 400 d,远远高于原来的产气量,产气效果提升明显,表明该合层排采方式是能够显著提升该区域煤层气井生产效益的先进技术。

参 考 文 献

[1]　蔡益栋,刘大锰,姚艳斌,等.鸡西盆地煤层气控气地质特征及有利区分布[J].吉林大学学报(地球科学版),2014,44(6):1779-1788.

[2]　周加佳,姜在炳,李彬刚.鸡西盆地煤层气资源开发潜力分析与评价[J].煤炭科学技术,2015,43(9):110-116.

[3]　李林.鸡西盆地梨树煤矿煤层气储量计算及经济评价[J].煤炭科学技术,2017,45(5):205-210.

[4]　张培河,张明山.煤层气不同开发方式的应用现状及适应条件分析[J].煤田地质与勘探,2010,38(2):9-13.

[5]　张丁亮.鸡西矿区梨树井田煤层气开发方式的适应性分析[J].资源与产业,2015,

17(4):39-43.

[6] 王宇航,王有智.煤储层特征及其对吸附能力的影响:以鸡西盆地城子河组为例[J].中国煤炭地质,2016,28(8):33-37.

[7] 毕彩芹,张家强,单衍胜.基于鸡西盆地JMC1井的煤层气储层特征分析[J].煤矿安全,2017,48(3):152-155.

[8] 周加佳.鸡西井田地面煤层气开发工艺技术研究与应用[J].石油化工应用,2013,32(7):12-16.

[9] 白优.鸡西地区煤层气井储层改造技术研究[J].中国煤炭地质,2018,30(9):33-36.

[10] 贾彤.鸡西矿区煤层气富集规律及有利区优选[D].徐州:中国矿业大学,2018.

[11] 李林.鸡西煤田梨树煤矿地面煤层气抽采潜力[J].煤田地质与勘探,2017,45(1):67-70.

[12] 刘金霖,李怀滨,张雪冰,等.鸡西盆地煤储层孔隙特征及主控因素[J].石油实验地质,2018,40(5):691-698.

[13] 官兵,李士斌,高溯,等.鸡西盆地梨树镇坳陷城子河组煤岩物理力学特性实验研究[J].中国煤炭地质,2015,27(5):28-31.

[14] 席亚文.鸡西盆地城子河组沉积相与煤层气勘探潜力研究[D].北京:中国地质大学(北京).2017.

[15] 李桂芬.鸡西盆地永庆勘查区井田含水层特征分析[J].煤炭技术,2011,30(8):173-174.

[16] 李婷婷,许承武,胡慧婷.黑龙江省煤层气勘探前景分析:以鸡西、勃利盆地为例[J].科学技术与工程,2011,11(18):4355-4359.

[17] 李士斌,王晓明,张立刚,等.鸡西盆地梨树镇坳陷煤层渗透率展布特征[J].煤田地质与勘探,2015,43(6):45-48.

[18] 王少雷,王有坤,张祝平,等.煤层气合层排采井产能影响因素分析[J].煤炭科学技术,2019,47(9):126-131.

[19] 杨兆彪,张争光,秦勇,等.多煤层条件下煤层气开发产层组合优化方法[J].石油勘探与开发,2018,45(2):297-304.

[20] 彭龙仕,乔兰,龚敏,等.煤层气井多层合采产能因素影响[J].煤炭学报,2014,39(10):2060-2067.

煤的润湿性对甲烷吸附/解吸的影响

马东民[1,2,4]，滕金祥[1]，陈跃[1,4]，李卫波[3]，李国富[2]，杨甫[4]，仮雨松[1]

（1. 西安科技大学地质与环境学院，陕西西安，710054；2. 国家能源煤与煤层气共采技术国家重点实验室，山西晋城，048000；3. 陕西省地质科技中心，陕西西安，710054；4. 自然资源部煤炭资源勘查与综合利用重点实验室，陕西西安，710021）

摘　要：为研究煤的润湿性对甲烷吸附/解吸特征的影响，采集大佛寺矿4号煤层样品，选用亲水剂非离子表面活性剂6501、阴离子表面活性剂LAS和疏水剂G502对煤样进行润湿性改造，基于润湿性实验和吸附/解吸实验结果，分析了活性剂作用下煤吸附势能变化和润湿过程能量变化，探讨了煤润湿性对甲烷吸附/解吸的影响。结果表明：(1) 不同活性剂溶液测得的煤-水界面接触角大小关系为G502＞地层水＞蒸馏水＞LAS＞6501，G502使煤的润湿性反转，6501最有利于增强煤的亲水性。(2) 煤的润湿性越强，吸附甲烷能力越弱，甲烷最大吸附量关系为G502＞平衡水＞干燥样＞6501＞LAS，G502增强了煤的疏水性，促进甲烷吸附，而6501和LAS增强煤的亲水性，抑制甲烷吸附。解吸滞后现象普遍存在，三种表面活性剂的作用都使滞后更加显著。(3) 吸附特性曲线显示，G502增大了同等吸附势所对应的吸附空间，吸附量因此增加。(4) 表面自由能的大小关系为：G502＞干燥样＞6501＞平衡水＞LAS，表面自由能随压力的增大而增大，增长率随压力增大而减小；自由能与压力的关系曲线反映了煤对甲烷的吸附能力，当自由能不再随压力增大而变化时，吸附趋于饱和。

关键字：吸附/解吸；润湿性；解吸滞后；表面自由能；吸附势

0　引言

表面活性剂压裂液体系具有携砂能力强、成本低、对储层伤害小等优点，日益成为煤层气井增产的有效手段[1-5]。

目前，各学者的研究重点主要在表面活性剂作用下煤的润湿规律及润湿机理。煤的润湿性受煤自身特征和外界环境的影响。李相臣[6]研究了酸碱性环境对煤润湿性的影响，通过测试表面电位发现随着pH增大，电位由正电变为负电，润湿性变好。程卫民[7]根据红外光谱的实验结果分析认为煤自身的无机矿物质官能团、含氧官能团，有机大分子结构对润湿性影响较

基金项目：国家自然科学基金项目(41902175)；山西省揭榜招标项目(20201101002)；自然资源部煤炭资源勘查与综合利用重点实验室开放课题(KF2019－2)；陕西省自然科学基金项目(2019JQ－245；2020JQ－1000)。

大,前两者含量越高,润湿性越好;碳含量越高则润湿性越差。陈跃[8]通过研究低阶煤的润湿性影响因素发现灰分含量越高,煤的润湿性越好;挥发分含量越高,润湿性越差。氢元素的含量越高,润湿性越差。不同表面活性剂润湿效果一般具有一定差异。Wang[9]研究发现褐煤的润湿性最好,焦煤润湿性最差;对不同煤种具有最佳润湿效果的表面活性剂也不同。李皓伟[10]的实验结果也表明不同表面活性剂对煤的润湿效果差异明显。煤的润湿性机理研究对于认识表面活性剂与煤表面相互作用的本质具有重要意义。贾志刚[11]测试了阳离子表面活性剂对沥青改性前后的电位,认为阳离子表面活性剂是通过改变沥青表面的电荷量和电性进而改善润湿性的。汪李龙[12]认为阴离子表面活性剂使煤样主要发生物理溶蚀、物理包覆改性和化学氧化等物理化学改性作用,导致煤样润湿性增强。李树刚[13]通过模拟表面活性剂在煤表面的吸附构型及能量变化发现十二烷基苯磺酸钠使系统能量降低更多,从而使系统更加稳定。

前人对表面活性剂改善煤润湿性的理论研究已趋于完善,本文在此基础上研究表面活性剂作用下煤对甲烷的吸附/解吸特征。分析筛选出符合本实验目的的表面活性剂。阳离子表面活性剂的润湿性最差,阴离子和非离子的润湿性因煤种不同略有差异[14-16]。表面活性剂浓度也是影响润湿性的一个重要参数,较低的浓度即可起到较好的改性效果,当浓度接近临界胶束浓度(即 CMC 值)时,润湿性最好[17-18]。综合考虑表面活性剂的浓度与种类对实验的影响,本实验选用 CMC 值的阴离子表面活性剂、非离子表面活性剂以及润湿性反转剂进行煤的润湿性实验和吸附/解吸实验。实验结果可为彬长矿区煤层气井新井压裂液的选择及低产井的改造提供理论依据。

1 实验

1.1 煤质分析

本实验的样品采自彬长矿区大佛寺煤矿 4# 煤 40105 工作面,依据国家标准《煤的工业分析方法》(GB/T 212—2008)、《煤的元素分析》(GB/T 31391—2015)和《显微煤岩类型测定方法》(GB/T 6948—2008)对样品进行分析实验,结果如表 1 所示。

表 1 煤的物质组成

工业分析/%		元素分析/%		显微组分含量/%	
灰分	8.54	碳	83.55	镜质组	22.8
水分	4.32	氢	4.19	惰质组	2.2
挥发分	31.93	氧	10.14	壳质组	68.1
固定碳	59.33	氮	0.83	矿物	6.9
		硫	1.29	镜质组最大反射率	0.43

1.2 润湿性实验

对煤样使用 PG-2 金相抛光机切割为若干长方体(3 cm×3 cm×2 cm)小块,并保证各面粗糙度基本一致。

本实验选用非离子表面活性剂(6501)、阴离子表面活性剂(LAS)和润湿性反转剂(G502)三种活性剂来研究不同类型活性剂对煤体表面的改性特征，根据表面张力测试了各表面活性剂的临界胶束浓度(CMC)分别为0.63% LAS、0.61% 6501、0.09% JFC、1.00% G502，同时将蒸馏水和生产水样作为对照组进行实验。润湿剂的成分及性质如表2所示。

表2 表面活性剂成分及性质

种类	简写	全称	主要成分	表面张力/(mN/m)
氟硅烷	G502	十二氟烷基三甲氧基硅烷	$C_{14}F_{12}H_2OSiO_3$	
非离子表面活性剂	6501	椰子油脂肪酸二乙醇酰胺	$C_{16}H_{33}O_3N$	63.2
阴离子表面活性剂	LAS	十二烷基苯磺酸钠	$C_{18}H_{29}NaO_3S$	68.3
蒸馏水			H_2O	75.8
生产水			H_2O及矿物	79.1

采用德国Dataphysics公司生产的OCA20型光接触角测量仪来测试静态接触角的大小。液滴大小定为4 μL，当液滴接触煤样表面时停留12 s后测量接触角。在不同的表面位置测量每个煤样的接触角，最后取平均值作为最终值。接触角测量实验结果如表3所示。

表3 样品接触角测量结果

试剂类型	G502	6501	LAS	蒸馏水	生产水
接触角平均值/(°)	105.6	39.0	44.0	49.6	77.8
表面张力/(mN/m)		63.2	68.3	75.8	79.1

1.3 吸附/解吸实验

本文采用AST-2000煤层气等温吸附/解吸大样量仿真实验仪，温度设定为大佛寺煤矿储层温度23 ℃。对吸附实验数据利用Langmuir等温吸附式(式1)进行拟合计算特征参数，一般认为解吸是吸附的逆过程，但由于存在解吸滞后的原因，此处采用马东民[19]等人提出的解吸式(式2)对解吸数据拟合：

$$V_a=\frac{a_a b_a P}{1+b_a P} \tag{1}$$

$$V_d=\frac{a_a b_a P}{1+b_a P}+c \tag{2}$$

式中，V_a和V_d分别为吸附/解吸过程中压力P下的吸附量，cm^3/g；a_a和a_d分别为吸附/解吸过程中的最大吸附量，cm^3/g；b_a和b_d为吸附/解吸速度与吸附热综合参数，MPa^{-1}。

2 实验结果分析

2.1 润湿性特征

不同活性剂对煤表面的润湿效果如图1所示,由图可知接触角由大到小的顺序依次为:G502>生产水>蒸馏水>LAS>6501,润湿性反转剂G502使固-液界面的接触角增大且超过90°,从而表现为疏水性。LAS和6501不同程度地改善了煤的润湿性,其中6501的改性效果最好。与6501相比,LAS的润湿性更差,这是因为煤本身一般呈负电性,阴离子表面活性剂在水溶液中电离产生负电,相互排斥导致润湿性比非离子弱。蒸馏水的润湿性明显好于生产水,由于生产水的盐度较大,在恒温条件下,盐度越大则表面张力越大,因而生产水的润湿性较差。

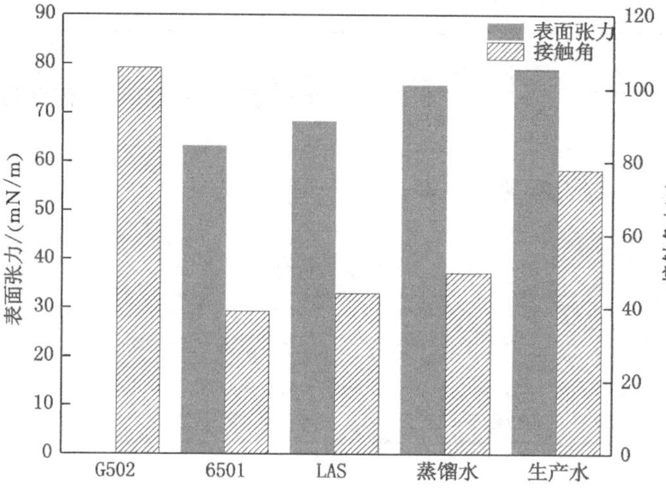

图1 不同表面活性剂的表面张力与接触角

Zisman通过测量不同液体在固体表面的接触角,发现液体的表面张力和接触角的余弦呈线性关系。图2为不同浓度的6501和LAS表面张力与$\cos\theta$关系图。可以看出,两种润湿剂的表面张力与$\cos\theta$呈线性相关,说明润湿剂是通过改变煤水界面的表面张力大小来改变润湿性的,在其润湿过程中主要是范德华力起作用。

2.2 吸附/解吸特征

对等温吸附/解吸实验数据进行朗缪尔拟合和解吸式拟合结果如图3所示。

最大吸附量是表征煤储层对甲烷吸附能力的重要参数,图4为不同润湿剂作用下最大吸附量图。由图可知,最大吸附量由大到小的顺序依次为:G502>平衡水>干燥样>6501>LAS。与平衡水相比,G502有效增加了甲烷的吸附量,促进了甲烷的吸附;润湿剂6501和LAS的甲烷吸附量明显减小,抑制了甲烷的吸附。因G502结构中的高氟代烷基是一种疏水基团,其作用使水在煤孔隙表面的铺展受到限制,从而使煤与甲烷的接触面积增大,提供了更多可供甲烷吸附位。

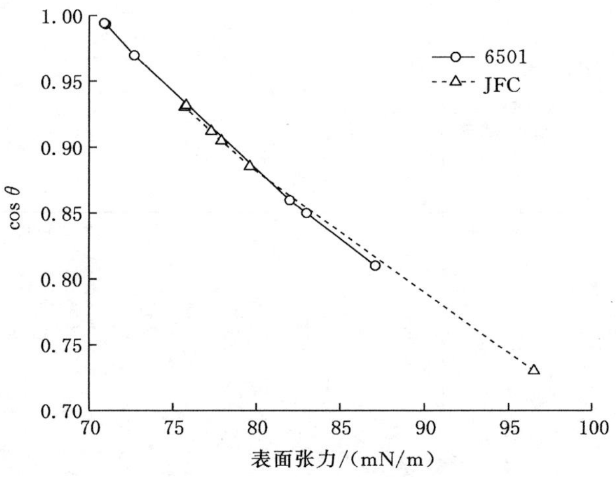

图 2　6501 和 LAS 的表面张力-cos θ 曲线

LAS 和 6501 发挥润湿作用的基团分别是磺酸基和酰胺基，其作用降低了水的表面张力，水分子占据了更多的吸附空间，甲烷的吸附量相应减小。在本实验中，平衡水样和干燥样的最大吸附量相差不大，说明水分不是影响大佛寺 4# 煤吸附量的最主要因素。

2.3　解吸滞后效应

由于煤是一种非均质的多孔介质，煤层气的吸附/解吸过程大多存在滞后现象。解吸滞后率是解吸过程中匮乏压力下残余吸附量与吸附过程兰式体积的比值，可定量评价滞后现象[20-21]。解吸滞后率介于 0～1 之间，其值越大说明解吸滞后越明显，解吸可逆性越差；反之，其值越小则解吸可逆性越好。不同润湿剂作用下的解吸滞后率如图 5 所示，由图可知，滞后率由大到小依次为：6501＞LAS＞G502＞平衡水＞干燥样。其中加入润湿剂的煤样滞后率均高于 20％，平衡水样和干燥样滞后率均小于 10％，说明润湿剂作用使滞后现象更加显著。干燥样的滞后率低于平衡水是因为水分在煤微小孔的喉道产生毛细管凝聚，阻塞甲烷的运移通道从而使解吸量减小。

2.4　吸附中的能量变化

2.4.1　吸附势能

吸附势定义为把单位质量的吸附质从气相转移到吸附层所做的功[22]，吸附势理论认为吸附剂表面的空间内存在引力场，气相分子落入引力场的作用范围便被吸附。因此吸附势与温度、压力等无关，而只与吸附空间有关。根据 Polanyi 吸附势理论建立的吸附势计算公式为：

$$\varepsilon = RT\ln(p_0/p) \tag{3}$$

式中，ε 为吸附势，是单位摩尔的吉布斯自由能变化，J/mol；p_0 为温度 T 时的饱和蒸汽压，MPa；p 为吸附平衡时的压力，MPa；T 为吸附实验的热力学温度，K；R 为气体常数，取 8.314 J/(mol·K)。

吸附空间是指在一定温度和压力条件下煤体可供甲烷吸附的空间，由式(4)计算得出：

$$\omega = V_{ad}\frac{M}{\rho_{ad}} \tag{4}$$

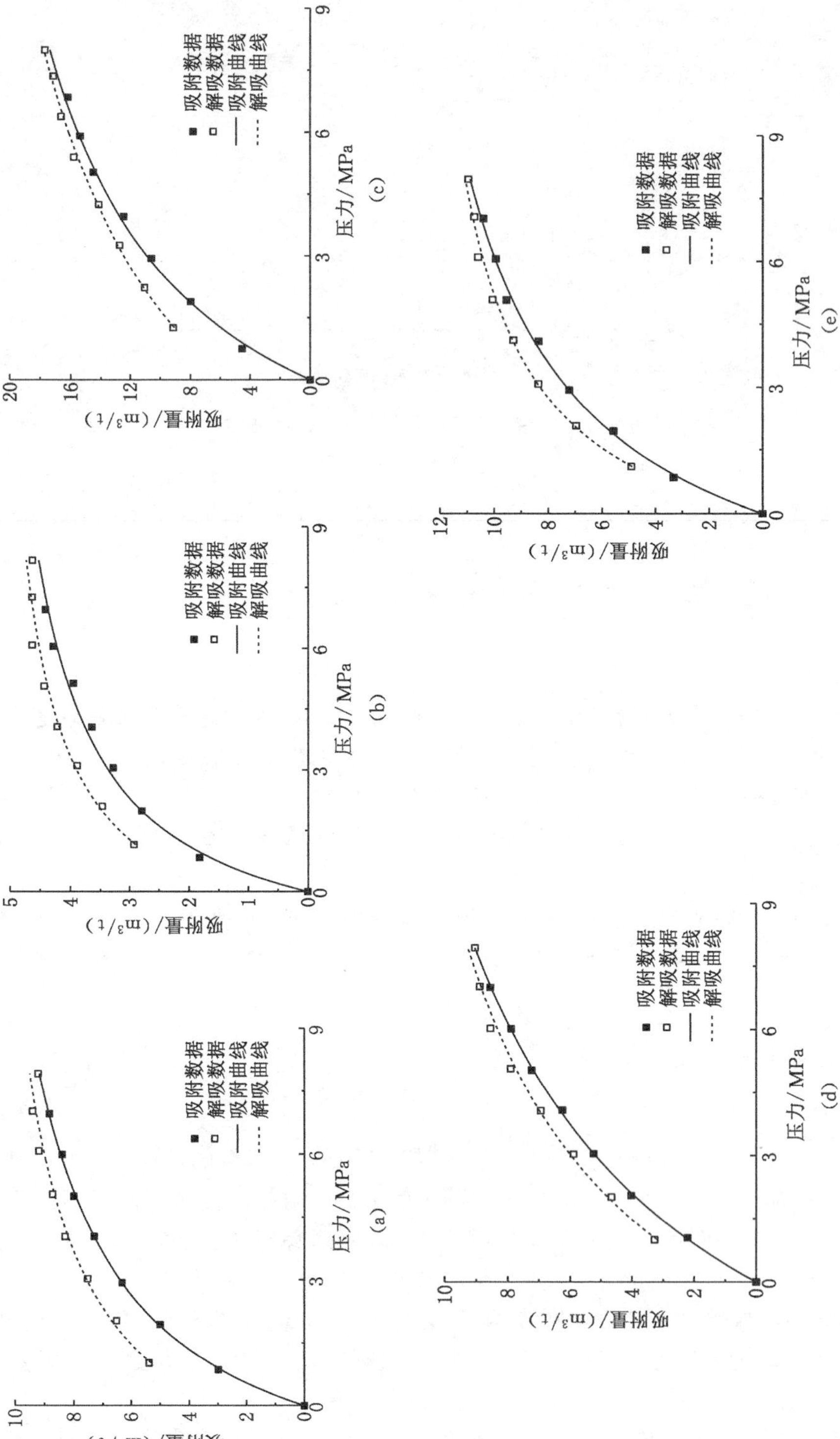

图 3 等温吸附/解吸拟合曲线

(a) 6501 处理煤样;(b) LAS 处理煤样;(c) G502 处理煤样;(d) 平衡水煤样;(e) 空气干燥煤样

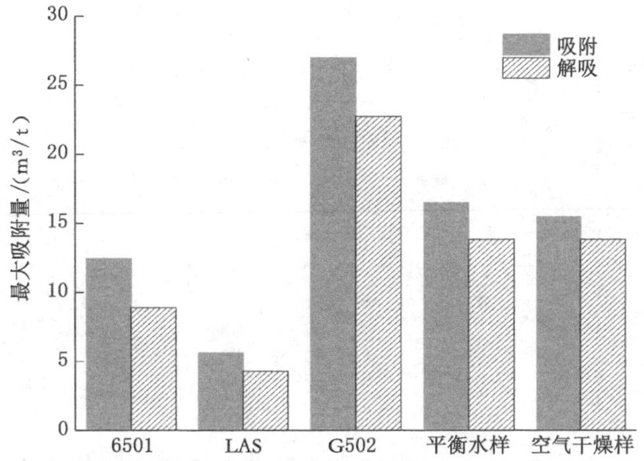

图 4　不同表面活性剂的最大吸附量

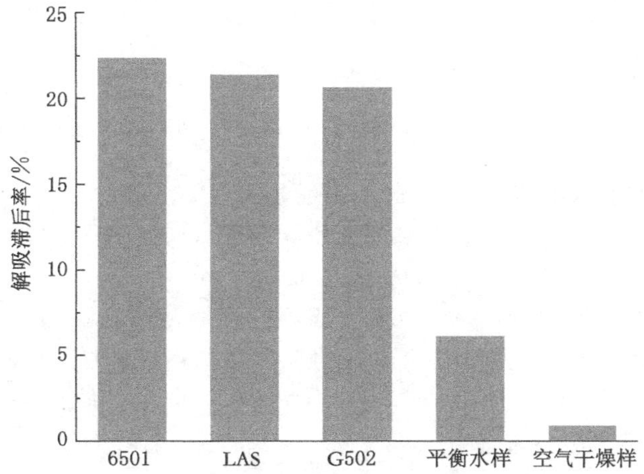

图 5　不同表面活性剂的解吸滞后率

式中，ω 为吸附空间，cm^3/g；V_{ad} 为甲烷的吸附量，mol/g；M 为甲烷的分子量，g/mol；ρ_{ad} 为气体吸附相密度，g/cm^3。

根据实验数据建立的吸附势与吸附空间的特性曲线如图 6 所示，通过拟合可得到吸附特性曲线均符合三次多项式：$\Delta\gamma = a\omega^3 + b\omega^2 + c\omega + d$。从图中可以看出，吸附势随吸附空间的增大呈逐渐减小的趋势，说明煤表面低势能吸附空间占比较大。其中 LAS 的减小速率最快，G502 的减小速率最慢。润湿剂和水分的作用都使同一吸附势对应的吸附空间减小，而 G502 使吸附空间增大，说明水分的竞争导致甲烷的吸附率降低，表现为吸附量减小，这与等温吸附实验的结果一致。

2.4.2　表面自由能

表面自由能是指外界所消耗的功储存于表面，成为表面分子所具有的一种额外的势能[23]。表面自由能产生的根本原因是煤体内部的碳原子受到周围碳原子的作用处于力学平衡状态，煤孔隙表面的碳原子受到内部的引力大于非固体一侧，处于不平衡态，使其具有向内

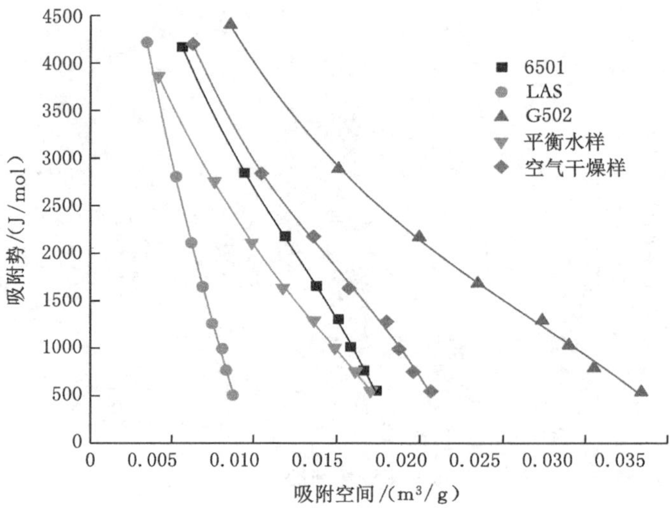

图 6　不同表面活性剂的甲烷吸附特性曲线

部运动的趋势。恒温恒压条件下，表面自由能的计算公式为：

$$\Delta\gamma=\int_0^p RT\Gamma \mathrm{d}\ln p \tag{5}$$

式中，$\Delta\gamma$ 为表面自由能的降低值，J/m^2；Γ 为表面超量，mol/m^2。

表面超量 Γ 指恒温、恒压条件下吸附剂单位面积上的吸附量，计算公式为：

$$\Gamma=\frac{V}{SV_0} \tag{6}$$

式中，V 为甲烷的吸附量，L；V_0 为标准状况下的气体摩尔体积，其值为 22.4 L/mol；S 为煤的比表面积，m^2/g。

将式(6)带入式(5)并积分得：

$$\Delta\gamma=\frac{RTV_L}{V_0 S}\ln\left(1+\frac{P}{P_L}\right)$$

不同活性剂作用下煤表面自由能如图 7 所示，由图可知，自由能的降低值随压力的增大而增大，相同压力下自由能的降低值由大到小依次为：G502＞干燥样＞6501＞平衡水＞LAS。G502 的自由能降低值最大，说明其吸附气相分子降低表面能的动力最强，单位面积的吸附量最大。压力较小时，自由能降低值的增长率最大，说明压力对吸附的促进作用最强。随着压力增大，吸附相的密度增大，气态分子之间的排斥作用增强，压力对吸附的促进作用减弱直至不再影响。在本实验中，压力最大达到 8 MPa 时，各表面活性剂作用的自由能降低值的增长率均不为 0，说明煤对甲烷的吸附未达到饱和状态。

3　结论

(1) 不同表面活性剂作用的水-煤接触角由大到小依次为：G502＞生产水＞蒸馏水＞LAS＞6501，与表面张力的大小关系一致。大佛寺 4 号煤表现为亲水性，表面活性剂 LAS 和 6501 的作用使接触角变小，亲水性变好；润湿性反转剂 G502 的作用使接触角变大，表现为疏水性。

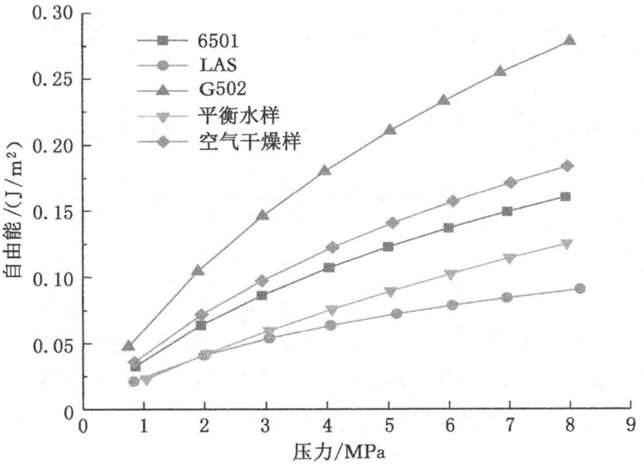

图7　不同表面活性剂的自由能

生产水因盐度和硬度较大，与蒸馏水相比，润湿性较差。

(2) 最大吸附量由大到小的顺序为：G502＞平衡水＞干燥样＞6501＞LAS，整体表现为润湿性好则吸附量小。G502促进甲烷吸附，吸附量增大；LAS和6501抑制甲烷吸附，吸附量减小。解吸滞后现象普遍存在，不论润湿剂还是反转剂，都使解吸滞后率增大，解吸滞后效应更显著。

(3) 运用吸附势理论，绘制吸附特性曲线，发现吸附特性曲线拟合结果均符合三次多项式。相等的吸附势，G502能够有效增加吸附空间，LAS和6501则使吸附空间减小，表现为单位面积的吸附量增加，与等温吸附实验的结果一致。

(4) 从能量的角度分析不同表面活性剂作用对吸附/解吸的影响，相同压力条件下，自由能的降低值大小顺序为：G502＞干燥样＞6501＞平衡水＞LAS。自由能的降低值随压力的增大而增大，自由能降低值的增长率随压力的增大而减小。在实验条件压力最大为8 MPa时，煤样对甲烷的吸附量均未达到饱和。

参考文献

[1] 宋金星，刘程瑞.基于改性表面活性剂的煤储层表面物理改性增产机理分析[J].煤矿安全，2020，51(6)：202-206.

[2] 梁利，管保山，刘萍，等.双生阳离子表面活性剂压裂液在煤层气井的应用[J].煤炭科学技术，2016，44(5)：112-115.

[3] 杨菁华，李刚，柳朝阳，等.YC—3表面活性剂驱技术及其应用[J].非常规油气，2015，2(3)：46-49.

[4] LU Y Y，YANG F，GE Z L，et al.Influence of viscoelastic surfactant fracturing fluid on permeability of coal seams[J].Fuel，2017，194：1-6.

[5] WANG C M，ZHOU G，JIANG W J，et al.Preparation and performance analysis of bisamido-based cationic surfactant fracturing fluid for coal seam water injection[J].Journal of

Molecular Liquids,2021,332:115806.

[6] 李相臣,康毅力,尹中山.不同化学环境下煤岩表面电性与润湿性特征[J].中国矿业大学学报,2014,43(5):864-869.

[7] 程卫民,薛娇,周刚,等.基于红外光谱的煤尘润湿性[J].煤炭学报,2014,39(11):2256-2262.

[8] 陈跃,马东民,夏玉成,等.低阶煤不同宏观煤岩组分润湿性及影响因素研究[J].煤炭科学技术,2019,47(9):97-104.

[9] WANG X N,YUAN S J,JIANG B Y.Experimental investigation of the wetting ability of surfactants to coals dust based on physical chemistry characteristics of the different coal samples[J].Advanced Powder Technology,2019,30(8):1696-1708.

[10] 李皓伟,王兆丰,岳基伟,等.不同类型表面活性剂对煤体的润湿性研究[J].煤矿安全,2019,50(3):22-25.

[11] 贾志刚,董乐,李兴,等.C12-m-C12 型阳离子 Gemini 表面活性剂在煤沥青表面的润湿性[J].燃料化学学报,2015,43(6):649-653.

[12] 汪李龙,康健婷,康天合,等.SDS 溶液改变无烟煤润湿性与冲击产尘粒径分布的实验研究[J].煤矿安全,2020,51(1):30-37.

[13] 李树刚,郭豆豆,白杨,等.不同质量分数 SDBS 对煤体润湿性影响的分子模拟[J].中国安全科学学报,2020,30(3):21-27.

[14] 齐健,闫奋飞,王怀法.不同煤种接触角及润湿性规律探究[J].矿产综合利用,2018(2):112-117.

[15] 张新花,徐翠翠,颜国强,等.不同煤种润湿性影响因素分析[J].煤矿安全,2015,46(1):156-158.

[16] 赵璐,张蕾,文欣,等.表面活性剂润湿低阶煤煤尘的性能及作用机理[J].西安科技大学学报,2021,41(2):323-330.

[17] 荆德吉,任帅帅,葛少成.不同磁化抑尘剂对煤粉润湿性影响规律的实验研究[J].中国安全生产科学技术,2019,15(7):107-112.

[18] 张鹏,魏文珑,李兴,等.4 种阴离子表面活性剂在煤沥青表面的润湿规律[J].煤炭学报,2014,39(5):966-970.

[19] 马东民,张遂安,蔺亚兵.煤的等温吸附-解吸实验及其精确拟合[J].煤炭学报,2011,36(3):477-480.

[20] 马东民,张遂安,王鹏刚,等.煤层气解吸的温度效应[J].煤田地质与勘探,2011,39(1):20-23.

[21] 马东民,马薇,蔺亚兵.煤层气解吸滞后特征分析[J].煤炭学报,2012,37(11):1885-1889.

[22] 近藤精一,石川达雄,安部郁夫.李国希译.吸附科学[M].北京:化学工业出版社,2006:49-51.

[23] 沈钟,赵振国,康万利.胶体与表面化学[M].4 版.北京:化学工业出版社,2012:89-93.

构造煤煤层的概念及界定初探

付江伟[1]，傅雪海[2]，李鹏[1]
（1. 中原工学院能源与环境学院，河南郑州，451191；
2. 中国矿业大学资源与地球科学学院，江苏徐州，221116）

摘　要：鉴于构造煤在煤矿安全生产和煤层气资源开发领域扮演的重要角色，在系统回顾国内外构造煤相关研究的基础上，重点从构造煤的地质成因与分布、构造煤与瓦斯突出的关系、煤体结构对煤层气开发效果的影响三个方面，探讨了开展构造煤煤层界定工作的必要性。在上述分析工作的基础上，明确了构造煤煤层界定的原则与依据；以单一煤层构造煤绝对厚度0.5 m、1.3 m和占比25%、50%将煤层划分为原生结构煤层、过渡结构煤层、构造煤煤层三个类别，并指出了三类煤层在瓦斯灾害风险等级和煤层气开发评价方面各自所表征的不同意义。

关键词：构造煤煤层；分类；界定指标；煤体结构

0　引言

构造煤（本文指狭义构造煤，不包括碎裂煤）又称破坏煤[1]、构造变形煤[2]、变形煤[3]、软煤[4]等，是指在构造作用下，煤的原生结构遭到破坏，致使煤体出现不同程度的破碎甚至粉化的一类特殊煤的统称。通常认为，构造煤在一期或多期构造应力作用下形成，其结构已发生不同程度的脆韧性变形和流变迁移，煤的物理结构、内部化学结构、物理力学、声电响应等特征与原生结构煤存在显著差异[5-9]。大量研究表明，构造煤发育区与煤层气（瓦斯）资源开发效果和煤与瓦斯突出（以下简称“突出”）的发生存在直接或间接的联系[10-11]，为了取得理想的地面煤层气开发效果，业内在选区、布井考虑上甚至将构造煤发育区列为煤层气开发的“禁区”。此外，有研究认为亚洲、欧洲和北美、澳大利亚等地90%以上的突出都发生在构造煤发育的强烈变形区[12]。正是由于构造煤在煤层气资源开发和煤炭资源安全开采中扮演着重要角色，国内外学者开展了大量与构造煤有关的研究：(1) 构造煤的形成机制[13-14]；(2) 构造煤的分类及特征[15-17]；(3) 构造煤的孔-裂隙结构[18-20]；(4) 构造煤的力学特征[21-23]；(5) 构造煤的吸附/解吸、扩散、渗流性能[24-27]等。

值得注意的是，尽管围绕构造煤的形成及其特征，国内外进行了广泛而深入的研究，并试图从构造煤的角度揭示突出的发生机理，从而更好地为煤层气（瓦斯）抽采和突出灾害防治服务。但是这些研究都是基于单一煤层各煤分层的研究，对构造煤煤层还没有清晰的定义。无论是煤层气的开发效果还是突出的发生与否都是建立在整个煤层基础上的。如山西沁水盆地晋城矿区3号煤层，尽管底部有0.7 m左右的构造煤，煤层气开发效果在国内还是较好的；安徽淮南矿区构造煤分层绝对厚度小于0.5 m一般不发生突出[28]。换言之，无论构造煤的特性与突出机理之间有多么密切的内在联系，构造煤在煤层中的发育规模（或者更明确地说构造煤分层绝对厚度）都是我们开展煤层气产能评价和突出防治必须考虑的一个重要参数。全部煤层均为构造煤的情况比较少见，有的煤层构造煤发育在煤层的顶部、有的发育在中部、有的发育在底部，有的多次交替出现；有的构造煤分层厚、有的构造煤分层薄。前人从构造煤分层类型做了大量富有成效的工作，但是对构造煤煤层的定义和划分还鲜有文献报道。笔者认为开展构造煤煤层的界定对煤层气资源的开发和突出灾害的防治都具有重要的实践指导意义。

1 构造煤煤层概念提出

为了更直观地表述或传达煤层的某些属性，研究人员根据煤层所具有的不同特征将其进行了多种多样的分类，例如：根据煤层含夹矸情况将煤层划分为简单结构煤层和复杂结构煤层；根据煤层厚度情况将煤层划分为薄煤层、中厚煤层、厚煤层和巨厚煤层；根据煤层的稳定性划分为稳定煤层、较稳定煤层、不稳定煤层和极不稳定煤层；按构造复杂程度将煤层划分为简单构造、中等构造、复杂构造和极复杂构造；按含瓦斯情况将煤层划分为低瓦斯煤层、高瓦斯煤层和突出危险煤层等。这些不同的分类方法不但表征了煤层某一属性之间的差异性，更重要的是，通过这些不同的分类或界定，更加方便人们对事物的认识，从而更科学地为人们做出针对性的决策服务。鉴于构造煤对矿井安全生产和资源有效开发中的重要影响，研究者对构造煤本身也进行了详细的归类和划分[15-17]，但遗憾的是迄今为止，并未看到有人将构造煤的属性融入煤层的划分，换句话说，什么样的煤层可以认定为构造煤煤层？如何划分？对生产实践有没有指导价值？对这些问题，笔者认为是值得探讨的，以下从三个方面对开展构造煤煤层认定的必要性进行分析。

1.1 构造煤地质成因与分布

目前普遍认为构造煤是地质作用的结果，尤其是与地质构造的影响规模和类型密切相关。研究认为构造煤的成因与分布具有尺度控制效应，这种尺度又可分为区域的和局部的[6,11,29-31]。对于区域尺度，例如煤田规模甚至更大的范围内，层理滑动是主要控制因素；对于局部尺度，例如采区或工作面，贯穿煤层的断层则起主要作用。相对于围岩而言，煤层属于软岩，地层受力挤压滑动过程中，煤层更容易发生变形破坏，在区域范围内，顺层滑动作用下，煤层流变和韧性剪切带会导致煤层变形程度不同，煤体结构更加疏松，煤骨架的力学性能降低。在局部尺度上，以断层为例，断层滑移面是构造煤的主要发育部位，其中又以断层上盘面更为显著，构造煤的发育特征与断层不同时间和空间下的应力密切相关。图1中(a)和(b)说明了区域规模构造煤的形成机制；(c)显示了局部规律构造煤的形成机制。

构造煤受控于地质构造作用，区域分布与含煤盆地经历的构造运动密切相关。我国主要的成煤期为石炭纪、二叠纪、三叠纪、侏罗纪、白垩纪，成煤之后发生了多期构造运动，主要包括印支期（晚二叠纪至三叠纪）、燕山期（侏罗纪至早白垩纪）和喜马拉雅（新近纪早期至更新世）[32]。其中尤以晚古生代的石炭-二叠纪含煤盆地经历的构造期次最多，煤层赋存的地质条件最为复杂，构造煤发育相应也较为突出。在中国版图内，石炭-二叠纪煤主要聚集的中东部

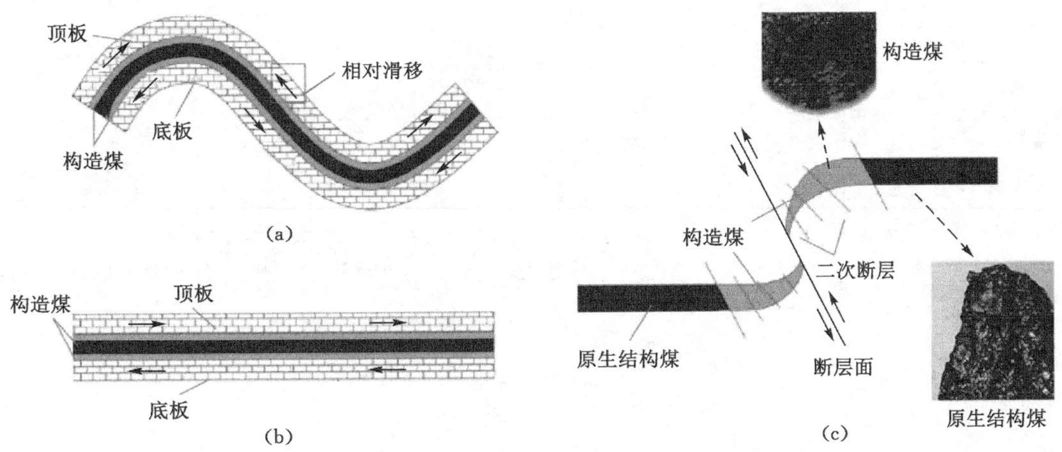

图 1　构造煤地质成因示意图[11]

和西南地区构造煤最为典型，而西北和华北北部因为成煤期相对较晚，经历的构造运动较少，这些地区的构造煤不十分发育。需要指出的是，我国最晚的成煤期距今也有 23.5～0.78 Ma，严格意义上说，在漫长的地质作用下，煤作为一种软岩，几乎所有煤田都有存在构造煤的可能。因此，对于指导煤层气开发和突出灾害的防治来说，仅仅摸清构造煤的成因和其存在与否还不够，更应该从如何定义构造煤煤层的角度来探讨其对实践的指导。

1.2　构造煤与瓦斯突出的关系

按照综合假说观点，煤与瓦斯突出是地应力、瓦斯压力和煤体结构三个因素综合作用的结果[34]。国内外大量突出点的实际调查统计也证明几乎所有发生突出的地点或附近都发育有一定厚度的构造煤[35]，也就是一定厚度的构造煤是发生突出的必要条件。其实构造煤之所以与突出之间存在密切联系，一定程度上在于构造煤本身的存在就已经体现了综合假说三要素：首先，从构造煤的成因来说，其是地质构造应力作用的结果，因此，构造煤发育区也是应力集中区；其次，构造煤微孔隙发育、吸附性强、渗透性差，瓦斯保存条件好，相应的瓦斯压力也比较高；再次，构造煤强度低、易破碎，抵抗能力弱，最容易被破坏和抛出。

从能量转移和守恒的角度来说，煤与瓦斯突出发生本质上是失衡条件下能量积聚、转移和释放的过程，包括孕育、激发、发展和终止 4 个阶段(图 2)。在激发阶段中，突出能否发生取决于煤体储存的能量是否超过了对应的阈值，而这主要依赖于煤层中应力能的大小，在这个过程中，能量的蓄积和消耗可以用能量守恒方程式进行表达(式 1)，即：

$$W + \lambda = A \tag{1}$$

式中，W 为煤体的弹性潜能，J；λ 为煤体中瓦斯的膨胀能；A 为煤体破碎到突出时的能量，J，这部分能量主要用于煤体的破碎、搬运以及其他伴随能量的消耗。

值得注意的是，从能量上构造煤之所以比原生结构煤更易于突出的发生，一方面在于构造煤受力形成过程中本身蓄积的弹性潜能就高，另一方构造煤更大的吸附能力和对瓦斯良好的保存条件，煤体中瓦斯的膨胀能也更大。除此之外，当平衡状态被打破后，构造煤的瓦斯解吸、释放能力又显著高于原生结构煤。根据有关研究[11]，在相同采样位置处的甲烷扩散性能，构

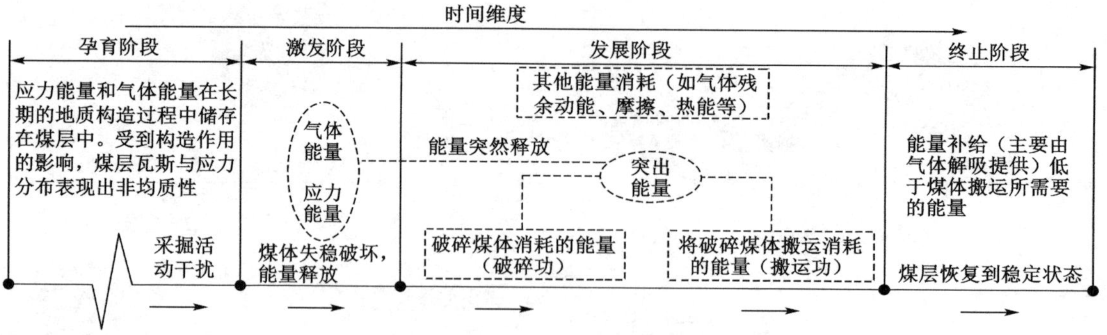

图 2　突出过程的阶段划分及能量原理[11]

造煤的甲烷扩散系数为原生结构煤的 1.26～94.05 倍，平均为 12.2 倍，再加上构造煤颗粒相对较小，有的甚至已经粉化，用于煤体破损和搬运所消耗能量也相对较少，这就不难理解为什么构造煤发育区往往是突出发生的重点地区的主要原因了。

含瓦斯构造煤对突出起到了综合的控制作用。基于此，国内不少矿区将构造煤厚度作为预测突出的一个重要参考[36]，如阳泉 3 号煤层发生突出的构造煤厚度为 0.45 m。南桐矿区 4 号煤层的构造煤厚度为 1.6～2.0 m，发生突出的次数占全矿总次数的 48.3%，平均突出强度 110 t；5 号煤层构造煤厚度为 0.04～0.3 m，发生突出的次数占全矿总次数的 23.6%，平均突出强度 31.6 t；6 号煤层构造煤厚度为 0.1～0.4 m，发生突出的次数占全矿总次数的 24.8%，平均突出强度 37.1 t。一般认为如果构造煤较薄，在 0.15 m 以下时，不管其他条件如何变化都不会发生突出。

需要指出的是，由于煤与瓦斯突出的复杂性，各矿区突出的发生和构造煤厚度之间很难有一个确定的数值，但无论如何，一定厚度构造煤的存在是突出启动和发生的物质基础和能量来源是毋庸置疑的，足够量的瓦斯供应是突出持续发展的保障。因此，站在突出预测和有的放矢地开展灾害防治的层面，进行构造煤煤层认定和划分仍然具有十分重要的指导意义。

1.3　煤体结构对煤层气开发效果的影响

产气量是评价煤层气开发效果的最直观方式，煤层气井能否保持稳产、高产主要与煤层的解吸半径和气体解吸产出的难易程度有关，吸附气越容易解吸产出且解吸半径越大，煤层气井就容易实现稳定高产。

煤层气井理论产能可用式(2)进行表示，即：

$$Q=\pi R^2 h\rho \cdot \alpha V \tag{2}$$

式中，Q 为煤层气井理论产能，m^3；R 为解吸半径，m；ρ 为煤层密度，t/m^3；h 为煤层厚度，m；α 为解吸率；V 为煤层含气量，m^3/t。

从公式(2)中可以看出，在某一确定的区块内，煤层厚度、含气量、密度等参数基本是稳定的，煤层气产能主要受控于解吸率和解吸半径。研究表明，与原生结构煤相比，构造煤具有更大的比表面积和更强的气体吸附能力[37]，对于结构破碎严重的碎粒煤、糜棱煤，孔隙连通性差且储层改造难度大，在没有有效释放空间的情况下，气体是极难进行解吸并持续传输的，因而不利于煤层气开发。

根据研究者对山西古交矿区煤体结构和产能关系的研究[38-40]，煤体结构与产气量之间有着密切的联系(图 4)，在古交矿区的东部、东北部以及南部马兰向斜两翼区，煤体以原生结构煤为主，碎裂煤次之，坚硬煤占比超过 55%，最多可达 80%，特高产井(>1 000 m^3/d)、高产井(500～1 000 m^3/d)以及中产井(300～500 m^3/d)主要分布在这些地区；而在马兰向斜的轴部，以碎粒煤为主的碎软煤，所占比例超过 60%，最高可达 83%，由于碎软煤占比过大，多分布低产井(0～300 m^3/d)，甚至干井(0 m^3/d)，在碎软煤占比过大的直井中，即使进行压裂，产气量依旧很低。因此，从提高煤层气开发效果的角度出发，将构造煤煤层厚度或其在全煤层中所占比例作为一个限制性选区参数加以对待十分必要。

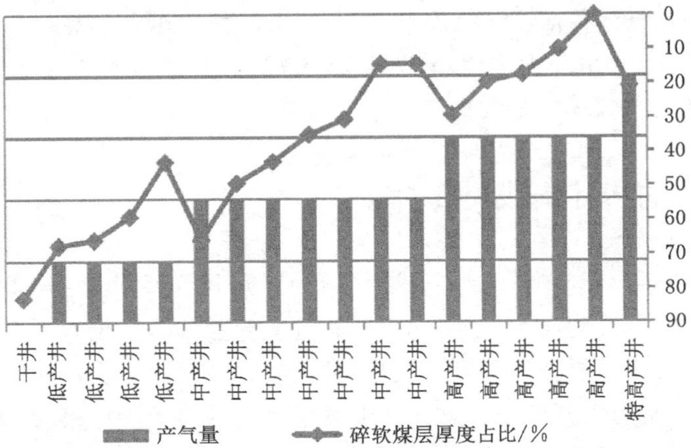

干井(=0 m^3/d)；低产井(0～300 m^3/d)；中产井(300～500 m^3/d)；
高产井(500～1 000 m^3/d)；特高产井(>1 000 m^3/d)

图 4　古交井田碎软煤层厚度占比与气井日产量关系图

2　构造煤煤层界定的原则与依据

构造煤煤层与构造煤在概念认识上不同，构造煤本质上是一种特殊的煤，只不过在地质演化过程中，受地质作用力的影响，原有的结构特征遭到破坏，相应的物理力学性质以及对瓦斯的吸附、释放性能等与原生结构煤相比发生了较大变化，对其分类主要着眼于煤体本身的变化，强调的是破坏程度的不同以及相应表现特征的变化。因此，构造煤的认定和划分以客观属性的表达为主。而本文所指的构造煤煤层虽然也是基于构造煤的客观属性，但并不单纯地将构造煤分层叫构造煤煤层，也不简单地将发育有构造煤分层的煤层就称为构造煤煤层，而是结合构造煤的发育程度、规模以及与整个煤层的组合情况，对其进行综合认定，目的是将这种称呼或分类所传达的信息更直观、方便、有效地指导生产实践。

构造煤煤层的界定要有明确的目的性或指导性，本文的目的或指导性主要体现在三个方面，即构造煤煤层认定后：① 直观上能够表达出构造煤在绝对厚度或相对厚度(构造煤占该煤层的厚度比例)上的发育程度；② 一定程度上能够反映出该煤层是否会发生煤与瓦斯突出或突出危险发生的相对难易程度；③ 在煤层气资源开发选区和煤层气开发效果评价方面，可以作为一个重要的参考，对区块进行优选或否决。

构造煤煤层的分类范围是全部煤层，即通过构造煤煤层的界定，整个煤层可以划分为几类,构造煤煤层是该属性下的一类。当然,根据实际情况或需要,也可对构造煤煤层再进行亚类划分。

无论是对煤与瓦斯突出的预测还是煤层气开发,构造煤的影响都是明显的。因此,将构造煤的绝对厚度、厚度百分比(亦称相对厚度)作为构造煤煤层认定和划分的重要指标。对煤与瓦斯突出而言构造煤的绝对厚度是主要指标,厚度百分比作为辅助指标;对煤层气开发而言厚度百分比作为主要指标,绝对厚度作为辅助指标。

构造煤破坏程度不同,其所具有的物理力学性质以及所体现突出倾向性也有所差别。因此,构造煤煤层划分过程中应对这一特征应有所体现。构造煤的类别划分有多种,鉴于河南理工大学提出的"四分法"[36]具有较强的代表性,在使用过程中作为主要参考。

构造煤煤层的界定与划分力求简单实用,易于辨识,整个分类将煤层划分为原生结构煤层、过渡结构煤层和构造煤煤层三大类。

3 构造煤煤层的界定与划分方案

为方便对比构造煤煤层与非构造煤煤层之间的区别与联系,煤层类型的划分范围为全部煤层,按煤层破坏规模共分为三个类型(表 1),即Ⅰ(原生结构煤层)、Ⅱ(过渡结构煤层)、Ⅲ(构造煤煤层),分别代表煤层破坏程度为较轻、较重、严重,这三类煤层在灾害风险等级和煤层气开发评价方面各自具有不同的表征意义。Ⅰ类煤层的突出危险等级较低,为低风险,是煤层气开发的优选区;Ⅱ类煤层的突出危险等级中等,具有一定程度的风险,在煤层气开发选区评价方面尽量规避;Ⅲ类煤层的突出危险等级最高,极易发生煤与瓦斯突出,这类煤层对于煤层气开发,在没有好的技术手段解决的情况下,一般是要力求规避掉的。

表 1 构造煤煤层分类

分类范围	类型号	煤层类型	界定指标	煤层破坏程度	突出危险等级	煤层气选区意义
全部煤层	Ⅰ	原生结构煤层	$d_g<0.5$ m 且 $A<25\%$	较轻	Ⅰ级(低风险)	优选
	Ⅱ	过渡结构煤层	0.5 m$\leqslant d_g<1.3$ m 或 $25\%\leqslant A<50\%$	较重	Ⅱ级(中风险)	尽量规避
	Ⅲ	构造煤煤层	$d_g\geqslant1.3$ m 或 $A\geqslant50\%$	严重	Ⅲ级(高风险)	规避

为了方便煤层类型的划分与认定,表 1 中使用了一些界定指标,下面对其进行一个必要的解释和说明。其中,d_g 为某煤层构造煤的累积厚度,也称为构造煤的绝对厚度,构造煤是依据河南理工大学的"四分法"[36]认定的,统一将其中的Ⅲ、Ⅳ煤视为构造煤;A 指构造煤占该煤层厚度的百分比,也称构造煤的相对厚度,用公式表达即为:

$$A=(d_g/d)\times100\% \tag{3}$$

式中,A 为构造煤厚度百分比,%;d_g 为煤层中构造煤厚度,m;d 为煤层厚度,m。

4 结语

构造煤发育区对煤矿安全生产和煤层气资源开发的不利影响是业界人士普遍认可的，前人针对构造煤分层开展了深入的研究与分析工作，并进行了详细的分类与描述。但是构造煤的分布无论在垂向上还是在平面上都不是均匀的，是具有明显的区域性差别的。另外，无论是对煤与瓦斯突出还是煤层气开发的影响，都是建立在一定规模的构造煤发育基础上的，换句话说理论上构造煤是普遍存在的，但具体对生产实践的影响程度是与其绝对厚度，包括相对厚度是密切相关的，关于这方面的研究比较少见。本文从构造煤煤层界定与划分的角度对上述问题进行了探讨，一是希望在该研究方面多出一些研究成果；二是希望在煤层属性传达上，从构造煤发育规模的角度完善煤层的分类；三是希望通过构造煤煤层的分类，将每类煤层表征的实践指导意义简单、直接地表达出来。

本研究以构造煤绝对厚度 0.5 m、1.3 m 和占比 25%、50%将煤层划分为原生结构煤层、过渡结构煤层和构造煤煤层。需要强调的是，所提出的构造煤煤层划分原则与依据、类型、界定指标等是初步的，随着研究工作的深入开展，以及业内人士的不断努力，基于煤体破坏规模的煤层结构分类这一方案会逐步得到完善。

参考文献

[1] 朱兴珊，徐凤银，肖文江.破坏煤分类及宏观和微观特征[J].焦作矿业学院学报，1995，14(1)：38-44.

[2] JIANG B，QU Z H，WANG G G X，et al.Effects of structural deformation on formation of coalbed methane reservoirs in Huaibei coalfield，China[J].International Journal of Coal Geology，2010，82(3/4)：175-183.

[3] 宋志敏，刘高峰，张子戌.变形煤及其吸附-解吸特征研究现状与展望[J].河南理工大学学报(自然科学版)，2012，31(5)：497-500.

[4] 陈立伟，杨天鸿，杨宏民，等.软、硬煤残余瓦斯含量差异性研究[J].东北大学学报(自然科学版)，2015，36(7)：1037-1041.

[5] 傅雪海，姜波，秦勇，等.用测井曲线划分煤体结构和预测煤储层渗透率[J].测井技术，2003，27(2)：140-143.

[6] 琚宜文，姜波，侯泉林，等.构造煤结构一成因新分类及其地质意义[J].煤炭学报，2004，29(5)：513-517.

[7] 姜波，秦勇，琚宜文，等.构造煤化学结构演化与瓦斯特性耦合机理[J].地学前缘，2009，16(2)：262-271.

[8] 付江伟，史小卫，孙明闯.九里山井田构造煤空间展布特征与成因分析[J].煤炭科学技术，2010，38(1)：107-110.

[9] 张玉贵.构造煤演化与力化学作用[D].太原：太原理工大学，2006.

[10] 桑树勋，周效志，刘世奇，等.应力释放构造煤煤层气开发理论与关键技术研究进展[J].煤炭学报，2020，45(7)：2531-2543.

[11] 程远平,雷杨.构造煤和煤与瓦斯突出关系的研究[J].煤炭学报,2021,46(1):180-198.

[12] SHEPHERD J,RIXON L K,GRIFFITHS L.Outbursts andgeological structures in coal mines:a review[J].International Journal of Rock Mechanics and Mining Sciences & Geomechanics Abstracts,1981,18(4):267-283.

[13] JU Y, JIANG B, HOU Q, et al. Structural evolution of nano-scale pores of tectonic coals in southern North China and its mechanism[J]. Acta Geologica Sinica, 2005, 79(2): 269-285.

[14] YAO HF,KANG Z Q,LI W.Deformation and reservoir properties of tectonically deformed coals[J].Petroleum Exploration and Development,2014,41(4):460-467.

[15] 姜波,李明,屈争辉,等.构造煤研究现状及展望[J].地球科学进展,2016,31(4):335-346.

[16] 王恩营,刘明举,魏建平.构造煤成因-结构-构造分类新方案[J].煤炭学报,2009,34(5):656-660.

[17] 傅雪海,陆国桢,秦杰,等.用测井响应值进行煤层气含量拟合和煤体结构划分[J].测井技术,1999,23(2):32-35.

[18] HOU Q L,LI H J,FAN J J,et al.Structure and coalbed methane occurrence in tectonically deformed coals[J].Science China Earth Sciences,2012,55(11):1755-1763.

[19] 傅雪海,秦勇,薛秀谦,等.煤储层孔、裂隙系统分形研究[J].中国矿业大学学报,2001,30(3):225-228.

[20] 琚宜文,姜波,王桂樑.构造煤结构及储层物性[M].徐州:中国矿业大学出版社,2005.

[21] SKOCZYLAS N,DUTKA B,SOBCZYK J.Mechanical and gaseous properties of coal briquettes in terms of outburst risk[J].Fuel,2014,134:45-52.

[22] 李小双,尹光志,赵洪宝,等.含瓦斯突出煤三轴压缩下力学性质试验研究[J].岩石力学与工程学报,2010,29(S1):3350-3358.

[23] 赵洪宝,张红兵,尹光志.含瓦斯软弱煤三轴力学特性试验[J].重庆大学学报,2013,36(1):103-109.

[24] WANG F,CHENG Y P,LU S Q,et al.Influence of coalification on the pore characteristics of middle-high rank coal[J].Energy & Fuels,2014,28(9):5729-5736.

[25] 王振洋,程远平.构造煤与原生结构煤孔隙特征及瓦斯解吸规律试验[J].煤炭科学技术,2017,45(3):84-88.

[26] 刘彦伟,刘明举.粒度对软硬煤粒瓦斯解吸扩散差异性的影响[J].煤炭学报,2015,40(3):579-587.

[27] ZHAO W,CHENG Y P,PAN Z J,et al.Gas diffusion in coal particles:a review of mathematical models and their applications[J].Fuel,2019,252:77-100.

[28] 傅雪海,周荣福,廖斌琛,等.地质勘探阶段煤与瓦斯突出区域预测的理论与方法[M].徐州:中国矿业大学出版社,2014.

[29] 王桂梁,朱炎铭.论煤层流变[J].中国矿业学院学报,1988,17(3):16-25.

[30] 郭德勇,韩德馨,张建国.平顶山矿区构造煤分布规律及成因研究[J].煤炭学报,2002,27(3):249-253.

[31] 王恩营,邵强,韩松林.正断层形成的力学分析及其对构造煤的控制[J].煤炭科学技术,2009,37(9):104-106.

[32] 张子敏.瓦斯地质学[M].徐州:中国矿业大学出版社,2009.

[33] 谢克昌,邱中建,金庆焕.我国非常规天然气开发利用战略研究[M].北京:科学出版社,2014.

[34] 何学秋,周世宁.煤和瓦斯突出机理的流变假说[J].煤矿安全,1991,22(10):1-7.

[35] 张玉贵,张子敏,曹运兴.构造煤与瓦斯突出[J].煤炭学报,2007,32(3):281-284.

[36] 张子敏,张玉贵.瓦斯地质规律与瓦斯预测[M].北京:煤炭工业出版社,2007.

[37] GUO H J,CHENG Y P,REN T,et al.Pulverization characteristics of coal from a strong outburst-prone coal seam and their impact on gas desorption and diffusion properties[J].Journal of Natural Gas Science and Engineering,2016,33:867-878.

[38] 夏鹏.西山煤田古交矿区煤层气富集规律及产能主控因素研究[D].太原:太原理工大学,2017.

[39] 黄波.西山—古交区块煤体结构及优质储层预测模型[D].徐州:中国矿业大学,2018.

[40] 董夔.碎软煤储层区开发地质条件及其对煤层气井产能影响研究[D].北京:煤炭科学研究总院,2019.

潞安矿地应力对煤层裂缝扩展的控制作用研究

刘见宝[1,2,3,4],任建刚[1,3,4],周朝阳[1]

(1. 河南工程学院,河南郑州,451191; 2. 河南理工大学,河南焦作,454000; 3. 煤矿环境地质灾害综合治理技术河南省工程实验室,河南郑州,451191; 4. 河南省煤产地土壤污染检测与治理工程研究中心,河南郑州,451191)

摘　要:通过水力压裂法获得潞安矿区 27 个点位的应力值大小和最大水平应力方向,由北向南,潞安矿区地应力场类型和最大水平应力方位有较明显的不同。北部区域水平主应力占明显优势,最大水平主应力方向基本集中在 NNW 方向;中部区域以垂直应力为主,埋深是影响地应力的主要因素;南部区域最大水平主应力方向主要集中在 NNE 方向。潞安矿区产生的张破裂缝以垂直缝为主,部分属于 KGD 模型,部分属于 PKN 模型。一级裂缝方位总体平行于最大水平主应力方向,二级裂缝沿外生裂隙进行延伸,三级裂缝沿割理进行扩展。

关键词:地应力; 裂缝; 水力致裂; 微震

0　引言

沁水盆地是我国煤层气主要生产基地之一,储量丰富,但高阶煤发育,储层物性较差,通常需要压裂改造释放产能。水力压裂裂缝扩展形态受控于目前地应力场分布。研究地应力对煤储层水力压裂裂缝扩展的控制作用对煤储层压裂改造施工设计具有理论和实际意义。崔式涛等[1]结合声电成像测井,在岩石物理试验、关键井地应力及裂缝研究的基础上,明确了区域地应力与储层裂缝发育规律的关系。孟召平等[2]通过微震监测和大地电位探测,揭示了沁水盆地南部煤储层水力压裂裂缝扩展与地应力之间关系。屈洋[3]通过岩心描述、黏滞剩磁定向等方法研究了徐深气田火山岩天然裂缝的发育特征及优势方向,应用电阻率成像测井、横波各向异性测井方法解释了该区最大水平主应力方向,发现火山岩裂缝走向受地应力控制。陈峥嵘等[4]通过建立破裂压力判据和闭合压力判据评价裂缝破裂和闭合时的裂缝垂直延伸或水平延伸形态,进而预测煤层压裂裂缝形态。张广清[5]采用人工水泥试件,通过室内真三轴水力压裂试验,研究裂缝性储层中天然裂缝群与地应力差的组合作用对水力裂缝扩展的影响。俞然刚等[6]采用大尺寸真三轴模拟实验系统进行水力压裂实验,分析了射孔相位及地应力对薄互层起裂压力及裂缝扩展的影响。苏超等[7]利用 Comsol 对体积压裂过程中的地应力扰动进行模拟,分析了裂缝长度、裂缝的净压力、简单缝和复杂缝对地应力扰动的影响。龚小卫等[8]运用

基金项目:国家自然科学基金项目(41872169);国家自然科学基金项目(41972177);中国博士后科学基金项目(2018M642747);河南省博士后科研项目(001803030);河南省高等学校重点科研项目(20A170006)。

有限元分析方法对压裂过程中裂缝延伸对地应力的影响进行模拟，发现裂缝不断延伸是导致诱导应力不断增大的主要因素，而诱导应力的增加将使天然裂缝开启变得困难。

综上所述，目前对煤储层压裂裂缝的研究主要集中在三个方面：地应力与裂缝发育关系的耦合统计、地应力对裂缝扩展的影响、裂缝发育对地应力的扰动。然而，对于不同尺度、不同成因的储层裂缝发育的地应力控制机制鲜见报道。本文在潞安矿区地应力实测的基础上，通过井下观测煤储层裂缝发育规律，井下微震裂缝扩展监测，结合数值模拟，研究分析了地应力对煤储层不同级别裂缝扩展的控制作用规律。

1 地质概况

潞安矿区位于山西沁水盆地东部边缘中段，总体构造形态为走向 NNE—NS、向西缓倾的单斜构造，地层倾角仅几度到十余度。区内主要构造形式为断裂，依其走向分为 NEE—NE 向、NNE—NS 向和 NW 向三组[9-13]。其中第一组最发育，矿区北部有西川断褶带、文王山断褶带，南部有二岗山断褶带，中部有安昌、中华断层等，使矿区受到一定切割破坏，构成井田的自然边界。第二组次之，第三组主要是东部矿井所揭露的落差几米至十余米的小断层（图 1）。矿区构造格局具有东西分带、南北分段的规律。由东向西，构造变形强度增加，断裂形式由 NE—NEE 正断层演变为以 NNE—NS 逆断层为主。由北向南，以文王山、二岗山两大断褶带为界，南北两侧构造线方向有较明显的不同，可以划分为北部、中部和南部三个构造区块。本区煤系基底为奥陶系灰岩，发育的主要含煤地层为石炭系和二叠系，以二叠系下统山西组和石炭系上统太原组为主体，其中山西组 3 号煤层厚度大且稳定，厚度 5～7 m，平均 6 m，是煤层气开发的主力煤层[14]。

2 地应力测量与分析

2.1 地应力测量

水压致裂是一种直接测量地应力的方法[15-18]，本研究通过此法获得潞安矿区 27 个点位的应力值大小和最大水平应力方向（表 1）。

表 1 潞安矿区地应力测试结果

序号	测点位置		H/m	垂直应力 σ_V/MPa	最大水平应力 σ_H/MPa	最小水平应力 σ_h/MPa	σ_H 方向
1	北部	五阳 7516 放水巷	450	11.25	15.00	8.30	N84.8°E
2		五阳 76 皮带巷	589	14.73	16.94	10.84	N121°W
3		五阳 51 运输巷	350	8.75	13.20	6.50	N19.6°W
4		五阳 76 轨道巷	470	11.32	9.82	5.27	N11.8°W
5		五阳 752 号总回风巷	240	5.65	10.60	6.72	N21.9°W
6		夏店 3105 回风顺槽	320	8.00	6.56	3.16	N34.5°W
7		善福 5 号贯眼	359	8.98	14.85	8.41	N16.6°W

表 1(续)

序号		测点位置	H/m	垂直应力 σ_V/MPa	最大水平应力 σ_H/MPa	最小水平应力 σ_h/MPa	σ_H方向
8		屯留南翼胶带大巷	520	13.00	9.60	5.42	N44.8°E
9		屯留南翼胶带大巷	515	13.65	6.56	5.41	N44.8°E
10		屯留 2203 回风巷	538	13.45	10.10	5.52	N13.6°E
11		屯留南翼轨道下山	540	13.50	13.21	7.24	N24.7°E
12		屯留矿 2201 回风巷	535	14.18	9.95	5.33	N36.4°E
13 14		屯留矿南翼回风下山 2 胶轮车调车横贯	517	13.70	10.55	5.57	N41.6°E
15		屯留矿北翼换装站	530	14.08	13.32	6.49	N27.9°E
16	中部	漳村西皮带下山	340	8.50	6.58	3.53	N54.7°W
17		漳村 32 采区材料巷	258	6.45	6.94	3.76	N21.1°W
18		石圪节 2317Ⅱ联络巷	180	4.50	4.63	3.13	N78.0°E
19		常村 S3 皮带下山	373	9.33	13.57	6.96	N35.7°W
20		常村 S3 材料斜巷	394	9.85	12.84	6.28	N49.7°E
21		常村 S4 轨道上山	330	8.25	10.17	6.41	N19.1°W
22		王庄 433 下山	165	4.13	7.47	4.68	N55.0°W
23		王庄 43 二下山辅轨	220	5.50	12.21	7.06	N59.2°W
		郭庄二采区轨道下山	365	9.13	15.02	7.73	N22.5°E
24		司马 1106 运联巷	253	6.33	10.03	5.42	N30.8°E
25	南部	司马二水平集中风巷	299	7.48	10.16	5.02	N29.0°E
26		高河西一总回风大巷	468	11.70	13.15	7.10	N47.0°E
27		霍尔新赫回风大巷	429	10.73	13.71	8.95	N22.0°E

2.2 地应力场类型

27 个测点中最大水平主应力(σ_H)大于垂直主应力(σ_V)的测点有 17 个,占总测点的 59%,潞安矿区原岩应力总体上以水平应力为主,由于埋藏深度不同及地质构造原因,矿区内各矿地应力场差别较大。按照 3 个主应力的大小排列,可分为 3 种情况:① $\sigma_H>\sigma_V>\sigma_h$,14 个测点,占总测点数的 52%;② $\sigma_V>\sigma_H>\sigma_h$,10 个测点,占总测点数的 37%;③ $\sigma_H>\sigma_h>\sigma_V$,3 个测点,大部分是埋藏较浅的井区,占总测点数 11%。

在文王山断褶带以北区域内的五阳矿,共 5 个测点,所处巷道埋深为 240～589 m。其中,$\sigma_H>\sigma_V>\sigma_h$,4 个测点;$\sigma_V>\sigma_H>\sigma_h$,1 个测点;没有出现 $\sigma_H>\sigma_h>\sigma_V$ 情况。可以看出,五阳矿水平主应力占明显优势。

在文王山断褶带至二岗山断褶带之间的屯留矿,共 7 个测点,均属于 $\sigma_v>\sigma_H>\sigma_h$ 地应力分布形式,即垂直应力属最大主应力,以垂直应力为主。最大主应力值均小于 15 MPa,最大水平主应力值平均为垂直主应力的 0.71 倍,最小水平主应力值平均为垂直主应力的 0.38 倍。巷道埋深较大(515～540 m),埋深是影响地应力的主要因素。

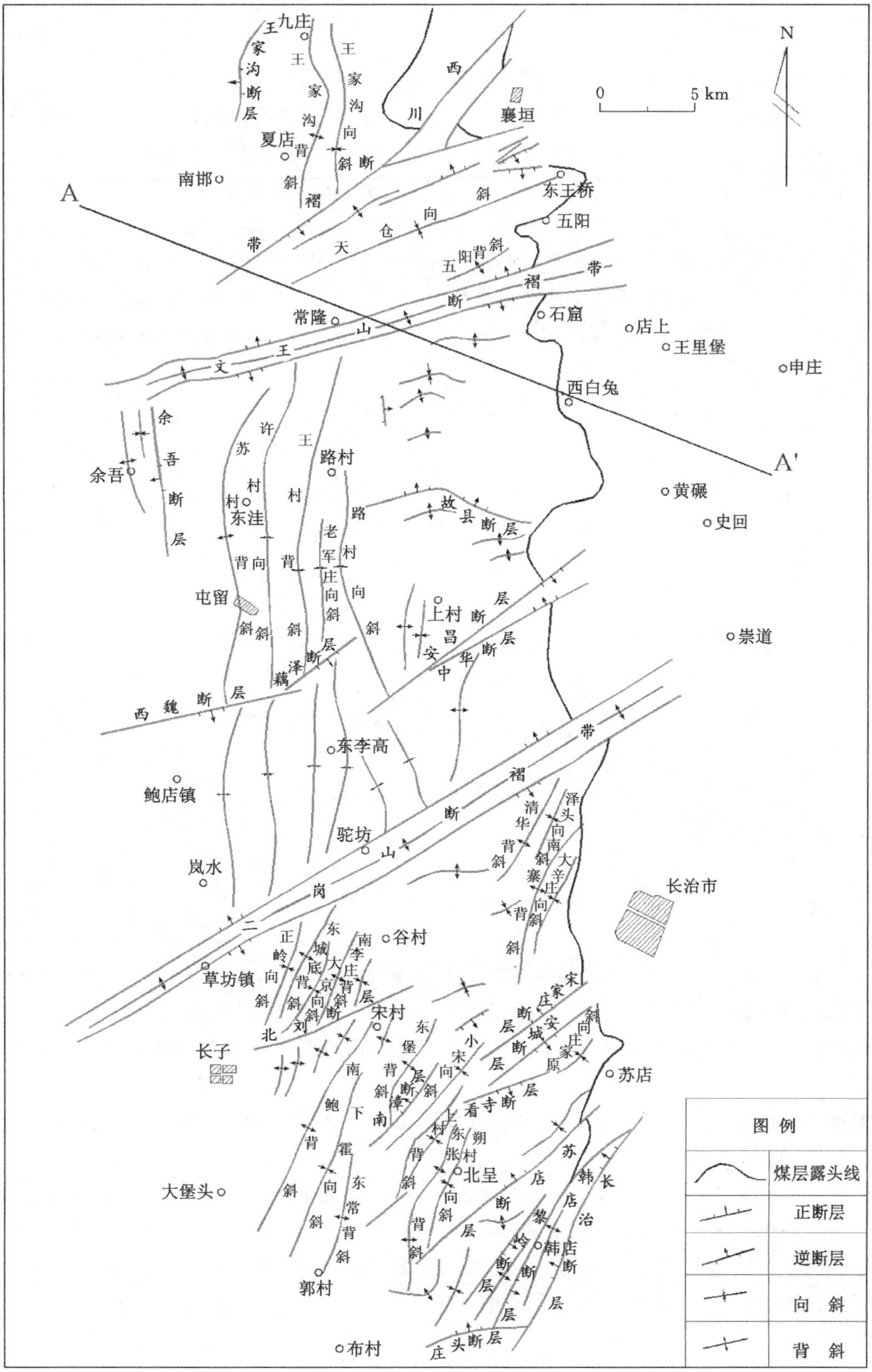

图 1 潞安矿区构造纲要图

2.3　主应力场方向

潞安矿区构造应力场中，文王山断褶带以北区域，共有 7 个测点，其中 5 个测点的最大水平主应力方向集中在 325.5°～348.2°之间。文王山断褶带至二岗山断褶带之间的中部区域分布有 16 个测点，其中屯留矿 7 个测点最大水平主应力方向全部集中在 13.6°～44.8°之间。二岗山断褶带以南的区域，有 4 个测点，最大水平主应力方向全部集中在 22°～47°之间。由此可见，潞安矿区最大水平主应力方向从北到南变化较大。北部区域受天仓向斜、五阳背斜的影响，最大水平主应力方向基本集中在 NNW 方向。中部区域受局部构造影响，最大水平主应力方向存在 NW 和 NE 两个优势方向。位于此区域的屯留矿由于受余吾逆断层的影响，最大水平主应力方向为 NE 方向。南部区域最大水平主应力方向主要集中在 NNE 方向(图 2)。

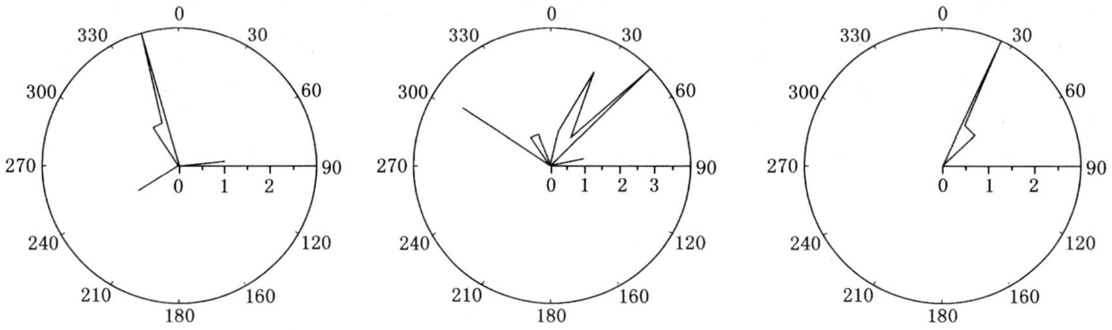

图 2　潞安矿最大水平主应力方向玫瑰花图

3　煤层裂缝扩展

3.1　煤体裂隙发育

3 号煤层大部分为原生—碎裂结构煤，断裂带附近局部构造应力集中区存在碎粒煤或糜棱煤，如五阳矿西扩区的北部，构造煤较发育。根据井下揭露煤层观察，3 号煤层外生裂隙发育数量较少，五阳矿区裂隙主要沿 310°～330°方向发育，屯留矿区裂隙主要沿 20°～40°方向发育(图 3)。

割理，亦称内生裂隙，是由两组大致相互垂直的面割理(主内生裂隙)和端割理(次内生裂隙)组成。面割理延伸较远，可达数十米；端割理仅发育在两条相邻的面割理之间。关于割理的成因有不同的认识，一般认为是煤体内部收缩，引起内张力形成的[19-20]。五阳矿和屯留矿 3 号煤层内生裂隙主要发育有两组，面割理走向为 305°～359°，端割理走向在 0°～44°之间，这两组裂隙一般以高角度斜交或正交，且大体垂直于层理面，密度介于 3～22 条/10 cm 之间。裂隙大多无充填，部分被黄铁矿、方解石充填(表 2)。

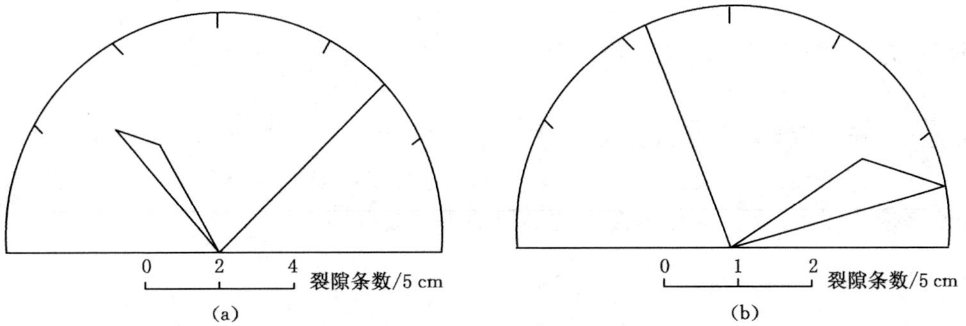

图 3　3 号煤层外生裂隙走向玫瑰花图

(a) 五阳矿；(b) 屯留矿

表 2　3 号煤层内生裂隙发育特征

观测点位置	煤层	裂隙类型	裂隙走向	裂隙密度/(条/10 m)
五阳矿	3 号	端割理	44°	4
		面割理	359°	7
		端割理	0°	9
屯留矿	3 号	面割理	345°	22
		端割理	22°	18
		面割理	305°	3

3.2　微震裂缝扩展

通过微地震对研究区内屯留井田 LA-016 井、LA-019 井两口煤层气井压裂作业与裂缝扩展实时监测，检测结果见表 3。① 裂缝长度：两口井的主裂缝长度分别为 174.3 m、189.8 m，与常规煤层气井一般所认同的 150 m～200 m 裂缝长度相一致。② 主裂缝影响宽度：两口井的主裂缝影响宽度分别为 100.0 m 和 105.0 m，从整体上看，裂缝所形成的区域近似椭圆形。③ 主裂缝方位：经对屯留矿井下观测，一组主裂隙发育方向一般为 NNE20°～40°。两口井压裂的主裂缝方位分别为 NE38.2°和 NE43.1°，与井下观测的结果基本一致。④ 裂缝高度：两口压裂井的裂缝影响高度分别为 20.3 m、18.6 m，证明在压裂作用进程中应力不仅沿着裂隙主发育方向延展，而且有向垂直方向延伸的趋势，且在不同的顶、底板条件下，垂向延伸稍有区别。

表 3　压裂施工实时监测解释结果

项目	嵌入式人工裂缝实时监测解释结果	
	LA-016 井	LA-019 井
东翼缝长/m	106.8	107.5
西翼缝长/m	67.5	82.3
裂缝方位/(°)	38.2	43.1
裂缝高度/m	20.3	18.6
产状	垂直	垂直

4　地应力对裂缝扩展的影响

地应力在压裂后裂缝扩展及延伸过程中起主导作用[21-24]。裂缝形态取决于水平应力与垂直应力的相对大小，当水平应力大于垂向应力，裂缝往往容易产生水平方向的裂缝，当垂向应力大于水平应力时，容易产生与垂向方向平行的垂直裂缝[25-28]。

4.1　压裂裂缝模型

地层产生何种类型破裂及破裂缝产状，主要取决于现今地应力状态[29-32]。压裂缝的破裂模型主要有三种：① 水平裂缝模型，是在 $\sigma_H>\sigma_h>\sigma_v$ 应力条件下产生破裂；② 垂直缝 KGD 模型，是在 $\sigma_v>\sigma_H>\sigma_h$ 时形成的垂直缝，主要扩展方向为垂向的破裂模型；③ 垂直缝 PKN 模型，在 $\sigma_H>\sigma_v>\sigma_h$ 时形成的垂直缝，主扩展方向为水平方向的破裂模型。研究区地应力测试结果统计及计算表明，五阳井田地应力状态属于 $\sigma_H>\sigma_v>\sigma_h$ 和 $\sigma_v>\sigma_H>\sigma_h$，因而其裂缝形态为垂直缝，部分属于 KGD 模型，部分属于 PKN 模型。屯留井田地应力状态属于 $\sigma_v>\sigma_H>\sigma_h$ 条件，因而其破裂属于 KGD 模型，其产生的张破裂缝以垂直缝为主。

4.2　裂缝扩展数值模拟

通过数值模拟软件 COMSOL 进行了煤层气井压裂裂缝的应力数值模拟，模拟过程考虑了地应力和注水压力的压应耦合效应。模拟边界条件按照研究区主应力方位和大小进行设置，以最大主应力方位 NE 向为 X 轴方向，以最小主应力方位 NW 向为 Y 轴方向。裂缝方向按照一级裂缝方位 NE 向进行设置。模拟结果显示，压裂裂缝尖端为应力集中区(图 4)。因此，在一级裂缝与二级弱面(外生裂隙)的交接部位，二级弱面与三级弱面(面割理)的交接部位，裂缝最易扩展，分别形成二级裂缝和三级裂缝(图 5)。

4.3　水力压裂裂缝方位

水力压裂产生的裂缝面平行于最大主应力方向，与最小主应力方向垂直[33-34]。据压裂监测资料，压裂井的主裂缝方位基本介于测试的矿区最大水平主应力方向范围之内，主裂缝平行于最大水平主应力方向(表 4)。

表 4　屯留矿压裂裂缝和最大水平主应力方位表

井　名	LA-016	LA-019
主裂缝方位	N38.2°E	N43.1°E
最大水平主应力 σ_H 方向	13.6°～44.8°	

井下煤壁观测外生裂隙主要发育有 NW～NNW 和 NE～NEE 向两组，内生裂隙也主要发育有两组，面割理走向为 305°～359°，端割理走向在 0°～44°之间，这两组裂隙一般以高角度斜交或正交，且大体垂直于层理面。LA-016 与 LA-019 压裂井检测的裂缝方位为 38.2°、43.1°，与一组外生裂隙平行，与端割理平行或小角度斜交。说明裂缝是沿破裂应力最小的方向张开，沿着与最大水平主应力方向相同的外生裂隙或端割理等弱结合面扩展的。

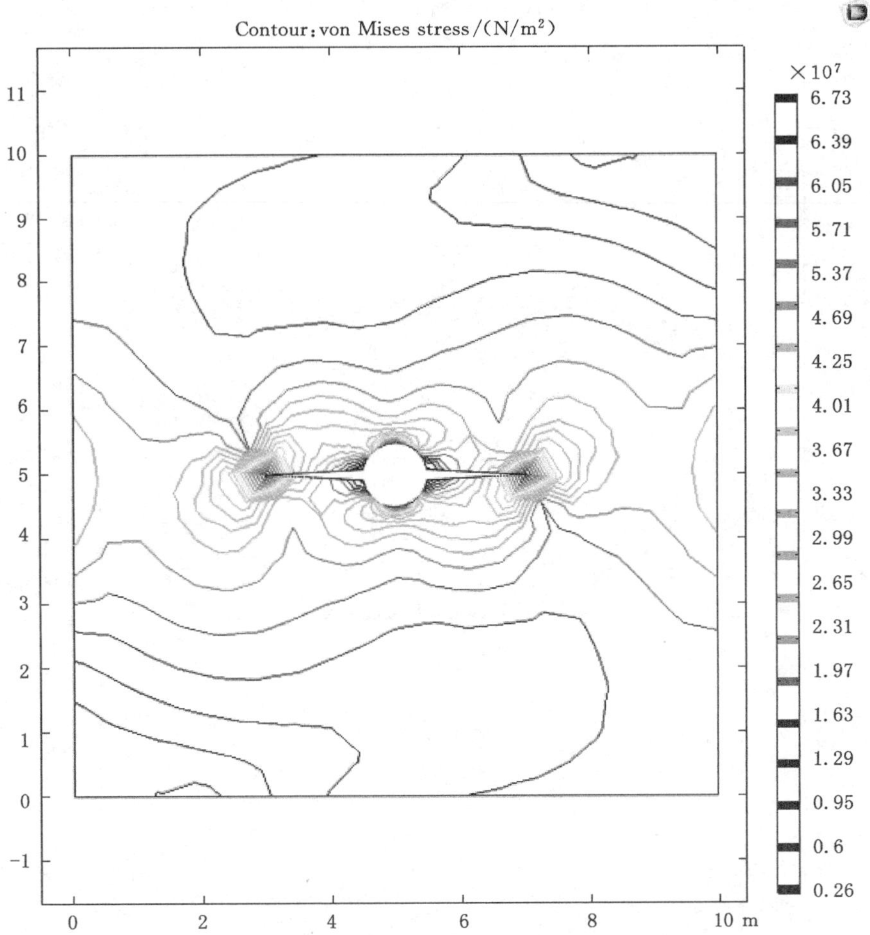

图 4　煤层气井压裂应力云图

由此可见，潞安矿区水力压裂产生的一级裂缝方位总体平行于最大水平主应力方向，即一级主裂缝延伸方位为 NE 向；二级裂缝沿二级弱面扩展，即沿两组外生裂隙 NW 向和 NEE 向进行延伸；三级裂缝沿面割理（走向 305°～359°）和端割理（走向 0°～44°）进行扩展；在煤层与顶底板结合部位，由于顶底板岩性的弹性模量、泊松比与煤的弹性模量、泊松比相差较大，裂缝沿顶底板砂质泥岩外生裂隙或两者之间的弱结合面顺层扩展，所建立的裂缝扩展模型见图 6。

5　结论

通过以上研究，得出以下结论：

（1）由北向南，潞安矿区地应力场类型和方位有较明显的不同。北部区域水平主应力占明显优势，最大水平主应力方向基本集中在 NNW 方向。中部区域最大水平主应力方向存在 NW 和 NE 两个优势方向，区内的屯留矿以垂直应力为主，埋深是影响地应力的主要因素。南部区域最大水平主应力方向主要集中在 NNE 方向。

（2）3 号煤层外生裂隙发育数量较少，五阳矿区裂隙主要沿 310°～330°发育，屯留矿区裂

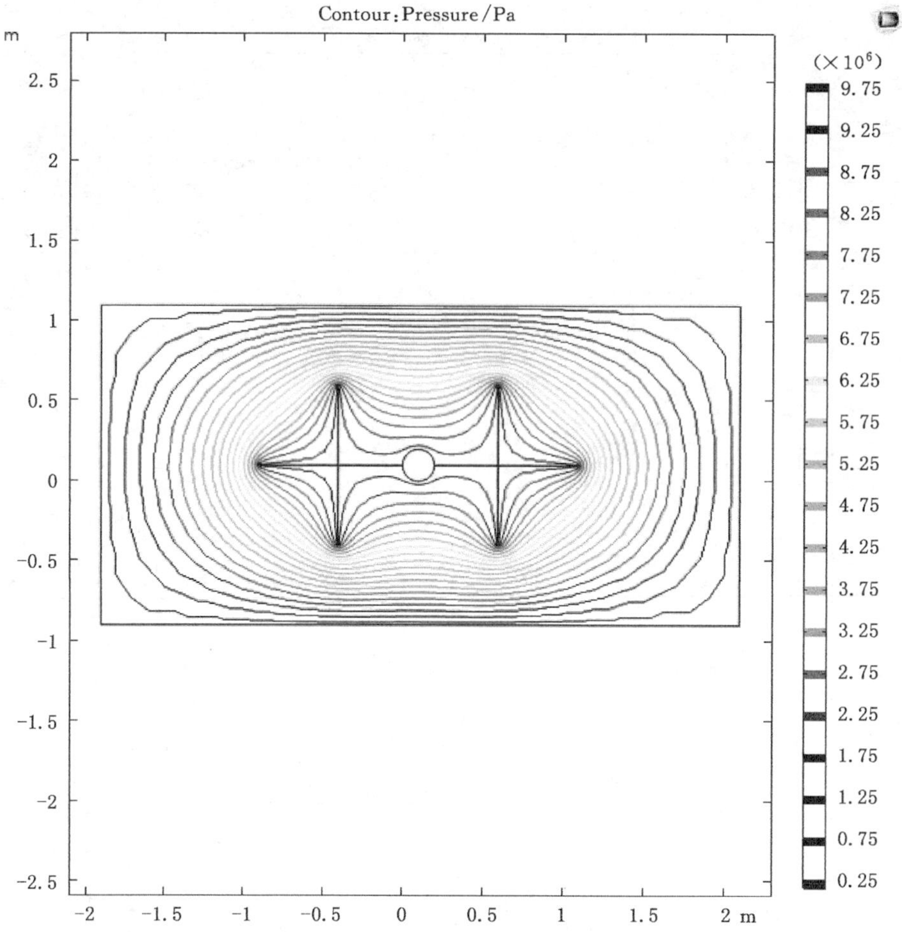

图 5　高压水进入煤体致裂示意图

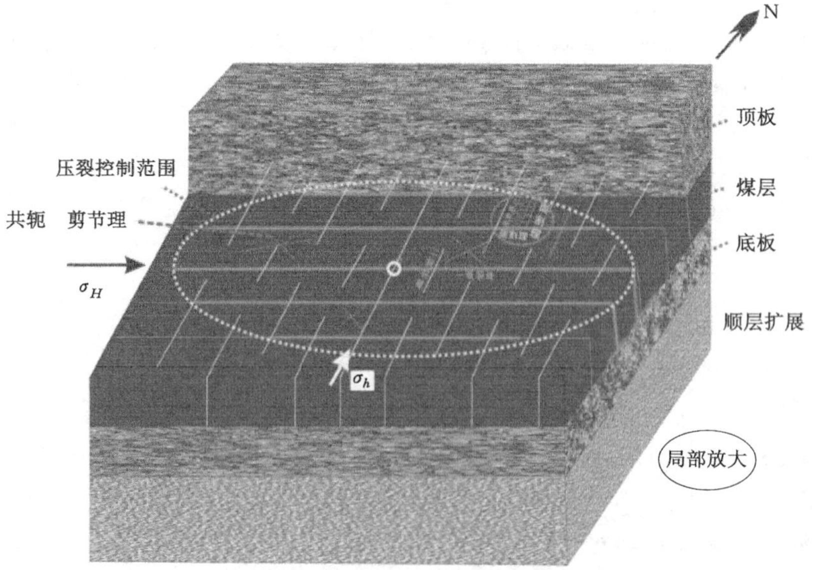

图 6　研究区煤层气井裂缝扩展模型图

隙主要沿 20°～40°向发育。内生裂隙主要发育有两组，面割理走向为 305°～359°，端割理走向在 0°～44°之间。屯留矿两口井压裂的主裂缝方位分别为 NE38.2°和 NE43.1°，与井下观测主裂隙方位基本一致，且有向垂直方向延伸的趋势。

(3) 五阳井田地应力状态属于 $\sigma_H > \sigma_v > \sigma_h$ 和 $\sigma_v > \sigma_H > \sigma_h$，其裂缝形态为垂直缝，部分属于 KGD 模型，部分属于 PKN 模型。屯留井田地应力状态属于 $\sigma_v > \sigma_H > \sigma_h$，因而其破裂属于 KGD 模型，其产生的张破裂缝以垂直缝为主。

(4) 潞安矿区水力压裂产生的一级裂缝方位总体平行于最大水平主应力方向，二级裂缝沿外生裂隙进行延伸，三级裂缝沿面割理进行扩展。

参考文献

[1] 崔式涛，孙佩，刘春雷，等.青西凹陷白垩系下沟组地应力及裂缝性储层有效性关系研究[J].长江大学学报(自然科学版)，2018，15(7)：33-38.

[2] 孟召平，王宇恒，张昆，等.沁水盆地南部煤层水力压裂裂缝及地应力方向分析[J].煤炭科学技术，2019，47(10)：216-222.

[3] 屈洋.松辽盆地徐深气田 D 区块营城组火山岩构造裂缝与地应力特征[J].天然气勘探与开发，2019，42(1)：28-34.

[4] 陈峥嵘，刘书杰，曹砚锋，等.沁水盆地煤层地应力模型及压裂裂缝形态预测方法[J].中国海上油气，2018，30(4)：163-169.

[5] 张广清，周大伟，窦金明，等.天然裂缝群与地应力差作用下水力裂缝扩展试验[J].中国石油大学学报(自然科学版)，2019，43(5)：157-162.

[6] 俞然刚，张尹，郑彬涛，等.射孔相位及地应力对薄互层起裂压力及裂缝扩展影响的实验研究[J].钻井液与完井液，2020，37(1)：110-115.

[7] 苏超，李士斌，刘照义，等.体积压裂裂缝对地应力场干扰规律的研究[J].北京石油化工学院学报，2017，25(4)：16-23.

[8] 龚小卫，李玮，乔中山.致密油层压裂过程中裂缝延伸对地应力的影响[J].北京石油化工学院学报，2017，25(3)：24-28.

[9] 李阳，张浪，舒龙勇，等.潞安矿区煤储层特征及瓦斯含量分布规律研究[J].煤炭科学技术，2014，42(12)：65-69.

[10] 李鑫，傅雪海.潞安矿区煤储层裂隙及其与人工裂缝的关系[J].煤田地质与勘探，2015，43(1)：22-25.

[11] 刘高峰，翁红波，宋志敏，等.煤层气井水力压裂效果评价与消突时间预测研究[J].河南理工大学学报(自然科学版)，2015，34(6)：753-758.

[12] 吕闰生，倪小明，刘高峰，等.煤层气井水力压裂有效消突边界物理模型[J].煤炭学报，2016，41(9)：2273-2280.

[13] 马耕，张帆，刘晓，等.地应力对破裂压力和水力裂缝影响的试验研究[J].岩土力学，2016，37(S2)：216-222.

[14] 翁红波.煤层气井水力压裂效果评价与消突时间预测研究[D].焦作：河南理工大学，2015.

[15] 张晓东,任忠和,侯峰,等.蒙古 Toson Uul 油田地应力和裂缝特征及其合理开发方式浅析[J].现代地质,2008,22(4):655-658.

[16] 张奉东,马收.松辽盆地长岭凹陷腰英台油田地应力及天然裂缝场研究[J].石油实验地质,2008,30(2):150-153.

[17] 郭彤楼,张元春,邹华耀.川东北碳酸盐岩层系现今应力场与裂缝特征[J].断块油气田,2010,17(6):718-721.

[18] 王峥嵘.川西凹陷新场须二段深部地应力场特征及岩体破裂规律研究[D].成都:成都理工大学,2015.

[19] 苏现波,陈江峰,孙俊民,等.煤层气地质学与勘探开发[M].北京:科学出版社,2001.

[20] 唐书恒,朱宝存,颜志丰.地应力对煤层气井水力压裂裂缝发育的影响[J].煤炭学报,2011,36(1):65-69.

[21] 陈凤,罗美娥,张维平,等.大庆外围油田地应力特征及人工裂缝形态分析[J].断块油气田,2006,13(3):13-15.

[22] 郭鹏,李春林,哈文雷.鄂尔多斯盆地苏 10 区块地应力与储集层裂缝分布[J].新疆石油地质,2011,32(5):487-488.

[23] 李勇.鄂尔多斯盆地柳林地区煤储层地应力场特征及其对裂隙的控制作用[J].煤炭学报, 2014,39(S1):164-168.

[24] 卜向前,周大伟,李向平,等.地应力改变对水力裂缝扩展的模拟实验研究[J].科学技术与工程,2015,15(35):24-28.

[25] 宋毅,伊向艺,卢渊.地应力对垂直裂缝高度的影响及缝高控制技术研究[J].石油地质与工程,2008,22(1):75-77.

[26] 季宗镇,戴俊生,汪必峰.地应力与构造裂缝参数间的定量关系[J].石油学报,2010,31(1):68-72.

[27] 姜琳,邱振,王清晨,等.鄂尔多斯盆地延长组页岩裂缝特征与地应力研究[J].地质科学, 2017,52(1):66-72.

[28] 考佳玮,金衍,付卫能,等.深层页岩在高水平应力差作用下压裂裂缝形态实验研究[J].岩石力学与工程学报,2018,37(6):1332-1339.

[29] 楼一珊,黄立新,杨群,等.利用地应力计算压裂裂缝几何参数的新方法[J].石油天然气学报, 2000,22(3):57-58.

[30] 陶良军,冯兴武,黄青松,等.宝浪油田地应力和裂缝特征研究与应用[J].钻采工艺, 2001, 24(2):48-57.

[31] 孙庆阁,刘文才.碳酸盐岩储层地应力及裂缝测试技术:以塔河油田奥陶系碳酸盐储层为例[J].石油天然气学报,2009,31(3):298-301.

[32] 石善志,于会永,孙正丽,等.新疆油田七东 1 区克下组地应力特征及人工裂缝延伸方向[J].科学技术与工程,2015,15(17):117-120.

[33] 吴春,孔祥荣.塔河油田奥陶系储层地应力分布及裂缝发育规律研究[J].新疆地质, 2005,23(3):314-315.

[34] 倪小明,王延斌,接铭训,等.不同构造部位地应力对压裂裂缝形态的控制[J].煤炭学报,2008,33(5):505-508.

煤矿采空区瓦斯涌出分布规律研究

张加国
（新汶矿业集团有限责任公司，山东泰安，271200）

摘　要：本文对煤矿采空区瓦斯涌出分布规律进行研究，对照分布规律制定针对性防范措施。煤矿采空区瓦斯来源从总体上可划分为两类：邻近层涌入的瓦斯和本煤层开采涌出的瓦斯。随着工作面的回采不断推进，顶板垮落，冒落岩石不断被压实，瓦斯就在冒落岩石的间隙中按照其自身规律赋存。

关键词：煤矿；瓦斯；涌出

0　引言

煤矿瓦斯涌出量与煤层的瓦斯含量、地质构造条件、煤层埋深及上覆基岩厚度、煤的吸附特性、开采方式等因素密切相关。煤矿采空区瓦斯来源从总体上划分为两类：邻近层涌入的瓦斯和本煤层开采涌出的瓦斯。随着工作面的回采不断推进，顶板垮落，冒落岩石不断被压实，瓦斯就在冒落岩石的间隙中按照其自身规律赋存。

1　邻近层瓦斯涌入采空区的瓦斯分布规律

煤层开采后将引起上覆岩层的移动与破断，从而在上覆岩层中形成采动裂隙，导致邻近层瓦斯向开采层采空区大量涌入。从各邻近层涌入的高浓度瓦斯在压力扩散、浓度扩散和风流扰动的作用下，在采空区内重新分布，直至达到新的压力和浓度的平衡。

1.1　分层开采瓦斯涌入采空区的瓦斯分布规律

多层可采煤层和厚煤层的分层开采，在开采本煤层过程中，上煤层或上分层的瓦斯将沿采动裂隙向本煤层的采空区大量涌入。下邻近煤层由于本煤层的开采而导致其覆盖压力的解除，煤岩体产生膨胀变形，煤层透气性大大增加。因而下邻近煤层以及围岩中的大量瓦斯通过膨胀裂隙迅速涌入采煤工作面采空区。

1.2　邻近层瓦斯涌入采空区的瓦斯分布规律

邻近煤层向采空区放散瓦斯的最大距离主要取决于层间岩层性质和细微裂隙的发育程

度;而向采空区供给瓦斯的范围,取决于上下左右区域的煤层赋存情况、层间岩性和顶板管理方法以及开采空间的形状等。由于煤系地层裂隙的发展不是连续圆滑地进行,因此邻近煤层的瓦斯涌出具有"跳跃"的性质,这也决定了邻近层瓦斯涌出规律的特殊性,增大了对其考察的难度。从邻近煤层大量涌入采空区的瓦斯在采空区内运移、重新分布,直到维持新的动态平衡。

上邻近层(分层)瓦斯沿采动裂隙向开采层采空区涌入后,由于瓦斯的浮升力作用,瓦斯滞留在采空区上部区域;下邻近层(分层)涌入的瓦斯会受浮升力的作用也上升到采空区上部区域,且瓦斯在整个采空区内都符合这种分布特点,所以在垂直方向上,在近顶板附近的瓦斯浓度高于在近底板附近的瓦斯浓度。另外,涌入点的分布和涌入量的大小不同,使得从走向和倾向的平面上看,瓦斯浓度在瓦斯涌入点附近瓦斯浓度大、梯度大。在近工作面区域,由于漏风风流流速较大,风流对瓦斯的扰动大,高浓度瓦斯随同本煤层在采空区内析出瓦斯一同被漏风流经上隅角带走的同时,瓦斯浓度也在这个区域内重新分布,由于漏风流的冲刷作用,在近进风巷瓦斯浓度低,近回风巷瓦斯浓度高。在这区域内涌入的瓦斯随着工作面的推进,瓦斯浓度在沿煤层方向上向采空区深部趋于平衡。在远离工作面的区域,漏风流较小甚至影响不到,瓦斯的分布受到的扰动较小,因而上、下邻近煤层(分层)采空区涌入的瓦斯,其瓦斯浓度在平行于煤层方向上的瓦斯涌入点附近瓦斯浓度大,梯度大,且这种分布除了受浓度扩散和压力扩散作用外,不受其他作用的扰动。

2 本煤层采空区的瓦斯分布规律

2.1 采空区瓦斯浓度值较高的原因分析

随着工作面的不断推进,赋存在煤体内瓦斯在工作面或采空区内析出。由于采煤工作面内风速与漏风风速存在不可比拟的数量级,造成煤体在工作面涌出的瓦斯被稀释、带走,而采空区内残余煤体涌出的瓦斯由于风速低、风流紊动作用小、漏风流与煤体的对流传质系数小,涌出瓦斯不易被漏风流带走,使瓦斯易积聚。采空区浮煤析出的瓦斯滞留在采空区内,同样由于瓦斯比重轻,受到浮升力作用,在采空区内具有上升的趋势。瓦斯在浮升力作用下形成浮流,使瓦斯浮升到采空区顶部,即使有微团被扰动,但在浮升力的作用下又会回到顶部边界。另外,如开采空间有大量邻近层瓦斯涌入,这些都会造成采空区瓦斯浓度大大升高。

由流体力学理论可知巷道周边存在层流边界层,处于边界层的瓦斯不存在紊流扩散,而只有分子扩散。而分子扩散又存在与普通扩散不同的压强扩散,使得采空区顶部的高浓度瓦斯不易扩散到漏风流中去。综上,一方面由于采空区内的漏风流风速远远低于工作面风速,采空区内的瓦斯不易被风流带走。采空区越远离工作面,漏风风速就越小,被带走的瓦斯量就越少;另一方面由于受浮力作用,使瓦斯向顶板运移。这两种原因使得采空区内瓦斯积聚特别是采空区顶部瓦斯浓度值更高。

2.2 煤矿采空区瓦斯分布规律分析

由于上述原因和残余在采空区内煤体和煤壁瓦斯析出规律,使采空区瓦斯分布具有一定的规律性。随着工作面的推进,残留在采空区底板的浮煤会逐渐释放瓦斯,在距工作面一定范围浮煤释放瓦斯的初期，瓦斯释放量大，使得在距工作面一定距离瓦斯浓度逐渐升高；而在靠近工作面的冒落岩石间隙比较大，漏风经该处的风流流速也较大，风流对采空区距工作面越近的瓦斯的稀释、运移作用就越大，因而瓦斯浓度相对来说反而会降低。在瓦斯浓度到达一定值以后，这时浮煤释放的瓦斯量已经很小，瓦斯浓度基本保持不变。因而在平行于工作面的方向上，随着距工作面距离增加的变化趋势是：开始瓦斯浓度逐渐增加，达到距工作面一定距离后，瓦斯浓度基本达到平衡，然后维持这一定值延伸至采空区深部。采空区在垂直于煤层走向的各个平面上，在距工作面近的平面方向上，瓦斯浓度的变化规律表现为：从进风侧起，瓦斯浓度逐渐升高，但在距工作面一定距离的平面方向上，瓦斯浓度趋于一致。主要原因是距工作面近处漏风大，采空区瓦斯在漏风流作用下，向回风侧运移，而在距工作面远处漏风流逐渐减小直至消失，采空区瓦斯在分子扩散作用下趋于均匀。

煤矿采空区瓦斯从底板向顶板的空间内，由于浮升力作用，瓦斯逐渐增加。距工作面近处，瓦斯浓度梯度小；在距工作面远处，瓦斯浓度梯度大。这主要是由于近处漏风带走的瓦斯量大，远处随着顶板垮落压实，瓦斯运移空间变窄、变小。另一方面，漏风流在高度方向上也产生变化，随着高度增加，漏风流减小，也就造成瓦斯浓度在高度方向上的变化或分层。在距工作面远处，因无漏风流且瓦斯分子扩散的压强扩散和普通扩散方向相反，从而抑制了瓦斯从高浓度处向低浓度处扩散，再则这种分层气体微团受到扰动后仍然恢复原位，具有相对稳定性。瓦斯浓度要想达到比较均匀稳定的状态需要相当长的时间。

新阳能源矿井瓦斯赋存规律研究

张加国
(新汶矿业集团有限责任公司,山东泰安,271200)

摘　要:本文根据新阳能源矿井地质条件分析了煤层瓦斯赋存规律,重点分析了济阳煤田区域地质构造对瓦斯赋存的影响,包括井田构造断层、褶皱构造、顶底板岩性、煤层埋深及上覆基岩厚度、水文地质条件等因素对井田瓦斯赋存的影响,应用井田瓦斯赋存规律预测了井田煤层瓦斯含量和绝对瓦斯涌出量,对矿井瓦斯管理具有重要的意义。

关键词:地质;瓦斯;规律;研究

1　新阳能源矿井概况

新阳能源矿井位于黄河以北山东省济南市先行区,是新矿集团自主设计投资建设的一座现代化矿井,行政区划隶属济南市先行区。井田东西走向平均为 9.9 km,南北倾斜宽平均为 5 km,面积为 49.5 km^2。井田南至煤层露头,东西北部均为人为划定的边界,具体地理坐标为东经 116°59′00″,北纬 36°47′00″～36°50′00″。矿井设计生产能力 45 万吨/年,为立井单水平开拓,水平标高为－506 m。矿井共发育有 8 个可采煤层,分别是 1 煤层、4 煤层、5 煤层、7 煤层、10 煤层、11 煤层、13 煤层、13－1 煤层。目前开采 1 煤层、7 煤层两个煤层。矿井采用中央并列抽出式通风,副井进风,主井为箕斗提升兼作回风。矿井采用走向长壁后退式开采方法,全部跨落管理顶板采煤法,采煤工作面采用综采工艺。

2　区域地质构造对瓦斯赋存的影响

新阳能源矿井位于黄河北煤田东部的济北预测区浅部济阳煤田。黄河北煤田大地构造位置属华北地台、鲁西断块的东阿—济南—临朐单斜凹陷,总体构造形态为一平缓的单斜构造,地质构造较复杂。本区域构造主要受燕山运动的影响,燕山运动造就了本区域构造的基本特征,至喜山期本区域沉降加深,形成负向构造地区沉积,覆盖了第三系松散层。

煤田内主要发育四组断层,均为高角度正断层,近东西向李家断层为本区主要断层之一,落差 20～260 m,倾向南,横贯于井田中部,将井田分为南北两部分,形态较复杂,发育多条分支或派生断层。煤田内燕山期岩浆活动较强烈,在不同地区侵入到不同的地层层位,对部分煤层的稳定性和煤质造成了不同程度的影响。煤田东部(包括袁庄、济西、齐东井田和济北预测区)由于东南外围有规模较大的济南辉长岩体侵入到煤系基盘奥陶系灰岩中,造成浅部较大范围内煤层变质程度普遍提高。煤系内不同层位不同程度的岩浆侵入,使部分煤层发生接触变质作用,煤阶为贫煤。

开采实践表明,区域地质构造对瓦斯赋存的影响明显。由于浅部较大范围内煤层早期的岩浆侵入,使得煤层变质程度提高,瓦斯生成量增加。但煤层埋深较浅,加之断层错动较大,增加了排放瓦斯的通道和能力,使煤田内煤层瓦斯含量总体偏小。

3 井田地质条件对瓦斯赋存的影响

3.1 煤层埋深及上覆基岩厚度对瓦斯赋存的影响

上覆基岩厚度代表了古近纪前地层抬升剥蚀最强烈时期煤层的埋深情况,新阳能源矿井1、7煤层上覆基岩厚度指煤层顶板至第四系底部之间的地层厚度,第四系平均厚度124.5 m,较稳定。通过系统整理分析井田内38个钻孔资料,显示井田内煤层上覆基岩厚度受李家断层错动的影响,断层北部相对抬升,南部相对下沉;煤层埋深总体上南部较北部深,基岩厚度南部比北部大,厚度差距在70～260 m之间。瓦斯赋存条件与煤层埋深呈现出了较好的相关性,受李家断层影响,断层下盘基岩厚度由南向北逐渐递增,本区域瓦斯含量也是由南向北逐渐增加,含量最大值出现在井田中部钻孔7－2附近;断层上盘基岩厚度从南向北逐渐增加,本区域瓦斯含量则表现为由南向北逐渐递增,最大值出现在钻孔5－3附近。因此,基岩厚度较大的区域瓦斯赋存条件较好,其他区域略差。

综上所述,济阳井田由南向北随着煤层埋深或上覆基岩厚度的逐渐增加,瓦斯含量已呈现出逐渐增加的趋势。受李家断层的影响,断层南部煤层埋深或上覆基岩厚度要高于断层北部,相应的瓦斯含量也呈现出了这种趋势。

3.2 水文地质条件对瓦斯赋存的影响

水文地质对瓦斯赋存的影响可概括为以下3种作用:一是水力运移、逸散作用;二是水力封闭作用;三是水力封堵作用。其中,第一种作用导致瓦斯散失,后两种作用则有利于瓦斯保存。

济阳井田1煤层处于山西组砂岩含水层组内,山西组砂岩为1煤层的直接充水含水层。1煤层顶板为细砂岩夹粉砂岩为主,呈互层状,仅局部为中粗砂岩,厚度一般2～15 m。勘探期间,5个钻孔钻进时发生泥浆全泵量漏失现象,最大漏水量大于4.17 L/s,说明1煤层顶板砂岩存在节理、裂隙发育情况,具有一定含水性。1煤层顶板水的赋存及其运动,将有利于瓦斯的逸散,瓦斯含量较低。

7煤层处于太原组灰岩含水层组内,一灰是7煤层开采的间接充水含水层。一灰最大突水量60 m^3/h,井筒掘进时曾造成淹井,说明一灰具有一定的含水性,有利于瓦斯逸散,瓦斯含量较低。

整个井田内,由于奥灰厚度大、古岩溶发育、静储存水量大、水压较高、含水性不均一,局部富水性较强(据调查,在井田以南大刘庄附近的奥灰水井单井出水量可达1 000～2 000 m^3/d),有利于本井田下组煤瓦斯的逸散。

3.3 地质构造断层、褶皱对瓦斯赋存的影响

(1) 断层对瓦斯赋存的影响

断裂构造对瓦斯赋存的影响主要表现在断裂构造破坏了煤层的连续完整性，使煤层瓦斯运移条件发生变化。有的断层有利于瓦斯排放，有的断层抑制瓦斯排放而成为逸散的屏障。前者称为开放型断层，后者称为封闭型断层。

新阳能源矿井井田共发育落差 10 m 以上的断层 31 条。按断层走向，本井田断层可分为近东西向、北东向、近南北向和北西向 4 组断层。以上断层均属高角度正断层，瓦斯能得到大量释放。其中，近东西向李家断层为本井田最主要的断层之一，落差 20～260 m，倾向南，横贯于井田中部，将井田分为南北两部分，形态较复杂，发育多条分支或派生断层。该断层及支断层是瓦斯大量逸散的主要通道，对井田的瓦斯分布有着非常重要的影响。由于该断层的作用，断层两侧几乎不存在瓦斯含量上的联系，南北两部分的构造独立影响瓦斯分布规律。

(2) 褶曲构造对瓦斯赋存的影响

新阳能源矿井井田内探明的褶曲主要有姚店向斜和司家背斜，主要分布在井田西北部，延伸长度约为 8 km。姚店向斜南翼煤层陡峭，倾角为 8°～15°；北翼相对较缓，倾角为 5°～10°，总体形态较紧密，起伏幅度约为 100 m。司家背斜连接姚店向斜北翼，走向基本与其平行，被 DF_{15} 和 DF_{16} 所切割，导致该区域瓦斯更易于逸散。虽然姚店向斜对瓦斯有保存作用，然而其向斜北翼发育 DF_{15} 断层，对瓦斯的逸散有利。由于断层造成局部区域煤层埋深较大，瓦斯在一定程度上能被保存下来，使向斜轴部局部瓦斯含量较高。

3.4 煤层顶底板岩性对瓦斯赋存的影响

新阳能源矿井 1、7 煤层围岩中含有较多的厚层砂岩，为煤层瓦斯的扩散和运移提供了较好的条件。其中，1 煤层顶板一般为 2～4 m 的中砂岩或中细砂岩互层，底板一般为 1.5～2 m 的中砂岩，造成 1 煤层对瓦斯的保存条件差，瓦斯容易逸散。7 煤层顶板一般为 10～15 m 的细砂岩或粉细砂岩，局部发育煤层粉砂岩、黏土岩或炭质泥岩伪顶。底板一般为 1～2 m 的细砂岩或粉砂岩，局部为中砂岩，有时发育薄层黏土岩伪底，总体来看砂岩占的比例大，利于瓦斯逸散，因此 7 煤层瓦斯含量较小。

整体而言，影响该区瓦斯赋存主要因素是地质构造，地质构造在瓦斯赋存方面起了控制作用，改变了瓦斯的赋存条件，不利于瓦斯保存与聚集，造成煤层瓦斯大量逃逸，瓦斯含量偏低。

4 矿井瓦斯含量与涌出预测

根据上述井田瓦斯含量影响因素分析，本文对井田瓦斯含量与涌出进行了预测。

4.1 工作面绝对瓦斯涌出量预测

通过对现有采掘工作区域 1、7 煤层瓦斯涌出量进行分析，建立了工作面绝对瓦斯涌出量与煤层埋深的回归曲线，利用曲线方程对井田未采区 1、7 煤层瓦斯涌出量进行了预测计算。计算结果表明，1 煤层瓦斯涌出量最大值为 0.222 m^3/min，分布于井田西北部李家断层南侧；最小值为 0.121 m^3/min，分布于井田西北部李家断层北侧；预测绝对瓦斯涌出量平均值为

0.165 m^3/min；7煤层瓦斯涌出量最大值为1.293 m^3/min，位于井田西北部李家断层南侧；最小值接近0 m^3/min，位于西北部李家断层北侧；预测绝对瓦斯涌出量平均值为0.370 5 m^3/min。

4.2 煤层瓦斯含量预测

根据已有钻孔煤样瓦斯含量测试结果，采用拉格朗日差值多项式建立了井田1煤层瓦斯含量预测的数学模型，预测了1、7煤层瓦斯含量分布。1煤层总体上呈现出瓦斯含量由浅部向深部逐渐增加的趋势，瓦斯含量最大值0.134 m^3/t，分布于井田西北部李家断层南侧；最小值为0.001 m^3/t，分布于井田西北部李家断层北侧；瓦斯含量平均值0.05 m^3/t。7煤层总体上呈现出瓦斯含量由浅部向深部逐渐增加的趋势，瓦斯含量最大值为0.18 m^3/t，分布于井田西北部李家断层南侧；最小值为0.01 m^3/t，分别分布于井田中部李家断层北侧和井田西北部李家断层北侧；瓦斯含量平均值为0.05 m^3/t。

4.3 预测可靠性分析

（1）井田内发育的断层均为高角度正断层；姚店向斜和司家背斜被断层所切割；井田内南部煤层露头多处分布；煤层沉积后，经过地壳抬升、缺失三叠纪沉积地层，煤层瓦斯得以长时间逸散。上述井田地质结构特征使煤层处于瓦斯风化带内，有利于煤层瓦斯的逸散，造成煤层瓦斯含量较低。

（2）井田范围内太原组含水层组、山西组砂岩含水层组及奥灰含水层具有一定的含水性，地下水的活动有利于瓦斯的逸散，是造成井田内煤层瓦斯较低的主要原因之一。

（3）煤层顶底板均为细砂岩和粉砂岩，煤层上覆基岩的岩性多为砂岩，为煤层瓦斯的逸散提供了有利条件，是造成井田内煤层瓦斯含量较低的主要原因之一。

基于幂函数扩散模型混合粒径冷冻取芯瓦斯扩散研究

马兴莹[1],王兆丰[1,2]
(1. 河南理工大学安全科学与工程学院,河南焦作,454000;
2. 煤矿灾害预防与抢险救灾教育部工程研究中心,河南焦作,454000)

摘　要:为准确测定煤层瓦斯含量,基于幂函数扩散模型和冷冻取芯技术,以不同粒径混合煤样为研究对象,采用含瓦斯煤冷冻响应装置,模拟不同粒径混合煤样冷冻取芯过程中瓦斯扩散量和瓦斯扩散速度的差异性,借助 MATLAB 软件采用二分法计算了混合煤样的扩散系数。研究结果表明:不同粒径混合煤样瓦斯扩散量、扩散速度和扩散系数受煤样混合类型和煤样粒径大小的共同影响;幂函数扩散模型对含有大粒径的混合煤样拟合度较高,误差较小;结合冷冻取芯技术,取芯过程中尽可能获取含有大粒径的混合煤样,同时低温抑制瓦斯解吸,二者结合减少取芯过程中的瓦斯损失量。

关键词:混合粒径;幂函数扩散模型;冷冻取芯;瓦斯解吸扩散

0　引言

我国矿井进行煤与瓦斯突出危险性鉴定、瓦斯涌出量预测等瓦斯治理工作都需要准确测定煤层原始瓦斯含量,瓦斯含量测定是最基础的工作。目前我国最常用的瓦斯含量测定方法是井下直接法测定,该方法准确测定煤层瓦斯含量的关键在于对瓦斯损失量的推算。直接法中取芯管测定煤层瓦斯含量可以做到定点取样,但是取芯管在取芯过程中与煤壁摩擦生热加速了煤芯瓦斯解吸扩散,进一步增加了损失量的推算难度。结合冷冻取芯煤层瓦斯含量测定技术[1-5],在外源冷冻剂的作用下,将煤芯温度降低到 0 ℃以下,减少取芯过程中瓦斯解吸扩散量,从而提高煤层瓦斯含量测定准确性。

瓦斯解吸扩散受多种因素影响,不同粒径对解吸扩散存在较大的影响,众多学者对二者的关系进行了大量实验研究。程远平等[6]分析了粒径对瓦斯解吸扩散的影响,指出受到强烈破坏的构造煤很容易引起煤与瓦斯突出,颗粒煤的孔隙体积和比表面积随煤样粒径的变化而变化,进而影响煤样瓦斯解吸扩散。秦跃平等[7]对四种不同粒径颗粒煤进行了瓦斯等温吸附实验,结果表明煤样粒径越小,吸附速率就越快。为了揭示不同粒径煤瓦斯扩散特性,程小庆等[8]对不同粒径的原生结构煤和构造煤进行了瓦斯解吸扩散实验,建立了新的动态扩散模型,计算了初始扩散系数 D_0、衰减系数 β 和动态扩散系数 $D(t)$。刘彦伟等[9]基于气体在多孔介质的运移理论,进行了扩散系数随粒度变化的实验,表明粒度会影响瓦斯扩散初速度和扩散系数的大小。但是，煤层的破碎程度存在一定差异，从微观角度来看不同粒径颗粒煤的混合会影响煤中瓦斯的解吸扩散特性，而最终影响测定煤层瓦斯含量的准确性。

诸多学者通过建立不同模型在多因素影响下的含瓦斯煤扩散规律进行了研究。Yin[10]认为气体扩散过程由多种扩散模式共同决定，提出了一种考虑区域内多种扩散机制的局部扩散Boltzmann模型，建立了一个由孔隙率和平均诺森数表示扩散能力的通用经验公式。杨鑫等[11]发现双孔隙扩散模型描述煤粒扩散过程要优于单孔隙扩散模型，但双孔隙扩散模型计算过程复杂且不利于应用。张志刚[12]通过将巴雷尔模型中引入扩散系数与时间的函数，提出了煤中瓦斯时变扩散系数模型。李志强等[13]提出了基于多尺度孔隙分布的颗粒煤扩散物理模型，认为煤粒孔隙呈非均质多尺度形态分布，煤粒由表及里，孔隙由大到小分级分布，由此导致粒煤在扩散过程中扩散系数呈衰减趋势。简星等[14]提出考虑时变特征模型，认为扩散系数依赖于时间 t，采用代数的方法，把扩散方程变为一元二次方程，最终通过求导的方式计算出瞬时扩散系数。随着众多学者对含瓦斯煤扩散过程的进一步研究发现，发现原有的恒定扩散系数扩散模型存在着一定的缺陷，最终的计算结果和实际含瓦斯煤扩散过程不完全相符，因而不能准确反映瓦斯的真实扩散过程。李志强、袁军伟等[15-17]认为解吸过程中煤体内部瓦斯浓度在不断变化，导致了扩散系数也在变化，由此提出了不同的瓦斯动态扩散模型。

进一步完善不同粒径混合条件下冷冻取芯瓦斯解吸扩散规律的认识对深化瓦斯流动机制研究十分必要，有助于更加准确测定煤层瓦斯含量。实验采用自主研发的含瓦斯煤冷冻响应装置模拟现场冷冻取芯，基于幂函数扩散模型对不同粒径混合煤样进行瓦斯解吸扩散量模拟，考察幂函数扩散模型在不同时间段的拟合效果，并且计算了在相同初始吸附平衡压力下不同粒径混合煤样中瓦斯的扩散系数，获得瓦斯在不同粒径混合煤样中的扩散规律。

1 煤样制备及实验方法

1.1 煤样制备

实验煤样取自河南焦作九里山矿，井下采集煤样后立即被密封送往实验室。通过筛分现场取得的煤样，煤样中的粒径范围主要有以下三种：① 0.17 mm＜粒径＜0.25 mm；② 0.25 mm＜粒径＜0.5 mm；③ 0.5 mm＜粒径＜1 mm。为了研究不同粒径混合后对煤样中瓦斯解吸扩散规律的影响，将两种或三种粒径煤样进行混合。两种粒径混合每种煤样质量为 105 g，三种粒径混合每种煤样质量为 70 g，具体信息详见表 1。为了消除煤样中水分对解吸实验结果的影响，将准备好的煤样在恒温干燥箱中干燥 12 h。

表 1　颗粒煤样品参数

煤样编号	取样矿井	煤样参数	粒度/mm
JLS-SM-1	九里山矿	小粒径中等粒径混合	0.17～0.25，0.25～0.5
JLS-SL-2	九里山矿	小粒径大粒径混合	0.17～0.25，0.5～1
JLS-ML-3	九里山矿	中等粒径大粒径混合	0.25～0.5，0.5～1
JLS-SML-4	九里山矿	小粒径中等粒径大粒径混合	0.17～0.25，0.25～0.5，0.5～1

实验煤样取自九里山矿二$_1$煤层，煤样工业分析见表2。

表2　煤样工业分析

煤样	破坏类型	坚固性系数	瓦斯放散初速度/mmHg	M_{ad}/%	A_{ad}/%	V_{ad}/%	吸附常数 a/(m^3/t)	吸附常数 b/MPa^{-1}	孔隙率/%
软煤	Ⅳ	0.37	21.3	1.96	5.17	6.94	38.507	1.806	4.93

1.2　实验方法

不同粒径混合煤样冷冻取芯模拟实验采用自主研发的含瓦斯煤冷冻响应装置，装置如图1所示。

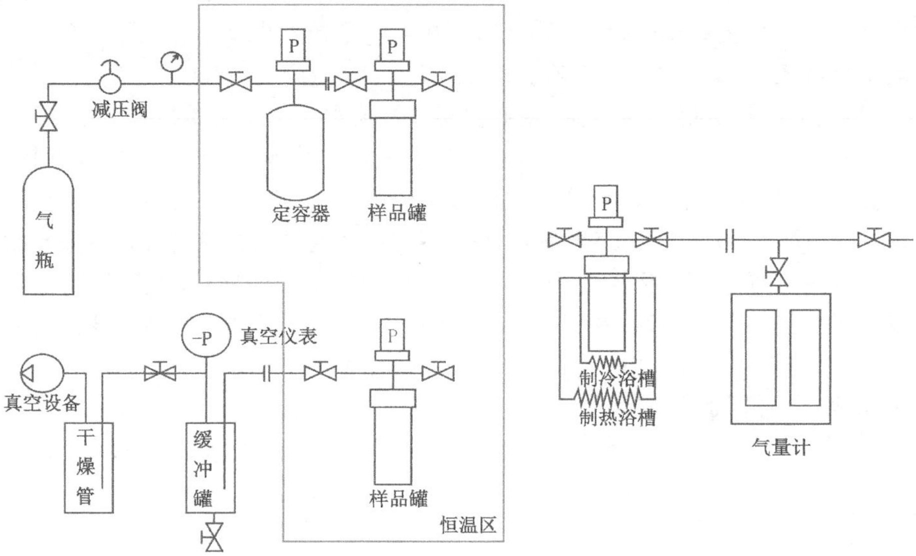

图1　含瓦斯煤冷冻响应装置

实验步骤如下所示：

(1) 实验样品真空脱气，将样品罐置于抽真空浴槽内，启动真空泵同时打开与样品罐相连的所有阀门，直至样品罐内的真空度低于30 Pa，关闭所有阀门和真空泵。

(2) 实验样品吸附平衡，将真空脱气后的样品罐放入30 ℃恒温水浴槽内，待煤样温度稳定后，打开与高浓度瓦斯气瓶连接的进气阀，将一定压力瓦斯充入参考罐；待参考罐中瓦斯压力稳定在预设值时，关闭进气阀门，同时打开与样品罐相连接的平衡阀，使参考罐中的瓦斯进入样品罐；样品罐内的瓦斯逐渐被煤样吸附，重复此操作直到样品罐中瓦斯压力达到预设值(1.0 MPa)且4 h内变化值小于0.01 MPa，此时可认为煤样已达到吸附平衡状态。

(3) 模拟冷冻取芯瓦斯解吸扩散，首先打开低温反应浴根据制冷剂量设定所需温度(−40 ℃)并打开循环制冷，待循环浴槽和低温反应浴温度保持相同，打开加热油浴模拟钻进时产生的热，并设定温度(90 ℃)。将样品罐放入反应夹套内，迅速打开排气阀释放样品罐内游离气体，当样品罐中压力到达大气压力时关闭排气阀，同打开油浴循环和气体流量计量装置所连接的阀门，自动采集解吸数据，采集时间间隔设定为 15 s，直至样品罐内瓦斯不再解吸。

(4) 重复以上步骤，每次更换解吸扩散实验的混合煤样。

(5) 实验完成后，进行数据处理和分析。

2 实验结果与分析

2.1 不同粒径混合煤样对瓦斯扩散量的影响

实验获得了不同粒径混合煤样在 1.0 MPa 初始平衡吸附压力下的瓦斯解吸扩散实验数据，将实验所获得的瓦斯扩散量 V 根据公式(1)换算为标准状况下的瓦斯扩散量：

$$V_0=\frac{273.2}{1.01325\times10^5\times(273.2+t_w)}(p_a-9.81h_w-p_s)\times V \tag{1}$$

式中 V_0——标准状况下的瓦斯扩散量，mL；

V——实验条件下所测得的瓦斯扩散量，mL；

T_w——量筒内水温，℃；

P_a——大气压，Pa；

h_w——读数时量筒内的水柱高度，mm；

P_s——t_w条件下饱和水蒸气压力，Pa。

绘制不同粒径混合煤样瓦斯扩散量随时间的变化，如图 2 所示。

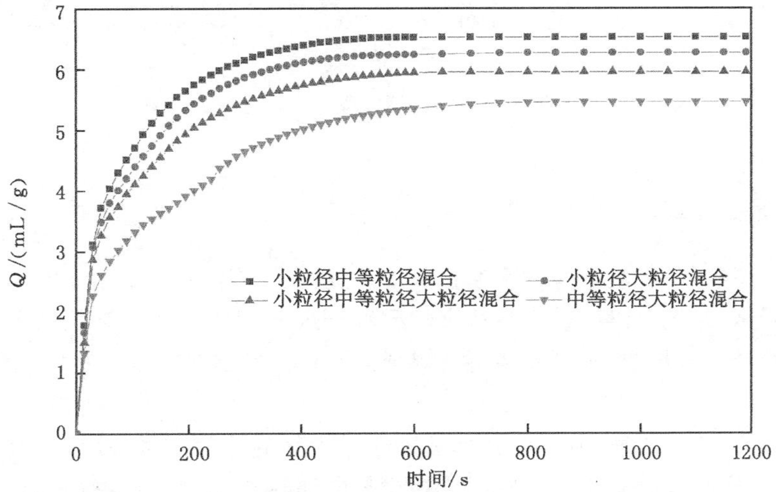

图 2 不同粒径混合煤样瓦斯扩散实验结果

由图 2 分析可知，不同粒径混合煤样模拟冷冻取芯条件下瓦斯解吸扩散量随着时间的延长而增加并逐渐趋于恒定值，其中含有小粒径的混合煤样在单位时间内瓦斯扩散量比较多。混合煤样瓦斯扩散体积从大到小的顺序：小粒径中等粒径混合煤样＞小粒径大粒径混合煤样＞小粒径中等粒径大粒径混合煤样＞中等粒径大粒径混合煤样。不同粒径混合煤样的瓦斯解吸扩散体积与其平均粒径大小呈负相关，不同粒径混合煤样瓦斯解吸扩散体积受到煤样混合类型和煤样粒径大小的共同影响。含有小粒径的混合煤样在相同时间内瓦斯扩散量更多的原因是小粒径中的瓦斯扩散路径相比中等粒径和大粒径更短，煤样中瓦斯扩散到外界的时间也更短，因此在宏观上表现为含有小粒径的混合煤样在单位时间内瓦斯扩散量更多。

由上述分析可知，含有小粒径的混合煤样在单位实验时间内的瓦斯扩散量要大于含有大粒径的混合煤样。因此在测定煤层瓦斯含量时，尽量获得粒径较大的煤样，同时结合冷冻取芯技术，取芯管中的低温环境也可以降低瓦斯解吸量，二者共同作用可降低取芯过程中的瓦斯损失量。

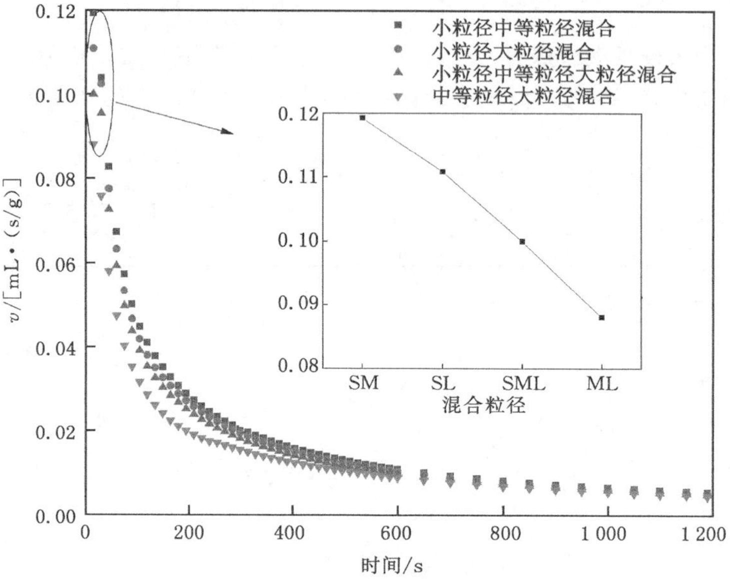

图 3　不同粒径混合煤样瓦斯扩散速度随时间的衰减曲线

2.2　不同粒径混合煤样对瓦斯扩散速度的影响

由图 3 可知，不同粒径混合煤样瓦斯扩散初速度随着粒径的增加而减小，从大到小的排列顺序：小粒径中等粒径混合煤样＞小粒径大粒径混合煤样＞小粒径中等粒径大粒径混合煤样＞中等粒径大粒径混合煤样，不同粒径混合煤样的瓦斯扩散初速度与其平均粒径呈负相关，且粒径越大扩散初速度越小。

分析其原因，在扩散阶段的初期，瓦斯首先通过表面的孔隙扩散，然后通过煤基质的内部孔隙和一个长扩散通道，含有小粒径的混合煤样扩散通道相比含有大粒径的混合煤样扩散通道更短，因此在宏观上表现为含有小粒径的混合煤样扩散初速度更大。煤样中瓦斯发生解吸扩散时，煤样中表面孔隙和煤基质内孔隙的压力持续下降，使得煤样中的孔隙变形，同时受到低温环境的影响煤样中孔隙进一步变形缩小，瓦斯扩散阻力在后期大大增加，因此表现出含有小粒径的混合煤样有更高的扩散初速度，同时整个过程中扩散速度衰减也更快。

3　幂函数扩散模型对不同粒径混合煤样瓦斯扩散过程拟合

3.1　不同粒径混合煤样拟合效果分析

石广山、张玉贵等[18-19]运用相似准数法计算了在不同实验条件下颗粒煤中瓦斯的扩散系数,研究结果表明:煤样中瓦斯扩散系数随时间呈幂函数递减变化。再次证明了煤样中瓦斯扩散系数不是恒定值,对比经典扩散模型所计算的恒定扩散系数更能准确描述煤样中瓦斯的扩散过程,故选用幂函数扩散模型对不同粒径混合煤样瓦斯扩散过程进行拟合效果分析。

公式(2)进行幂函数扩散模型拟合,对不同粒径煤样混合条件下的瓦斯扩散率与时间的关系进行拟合,分析幂函数扩散模型对混合粒径条件下瓦斯扩散过程的拟合效果。

$$\frac{Q_t}{Q_\infty}=1-\frac{Q}{Q_\infty}=1-\frac{6}{\pi^2}\sum_{n=1}^{\infty}\frac{1}{n^2}e^{\frac{-n^2\pi^2}{r_0^2}\cdot\frac{a}{b+1}t^{b+1}} \tag{2}$$

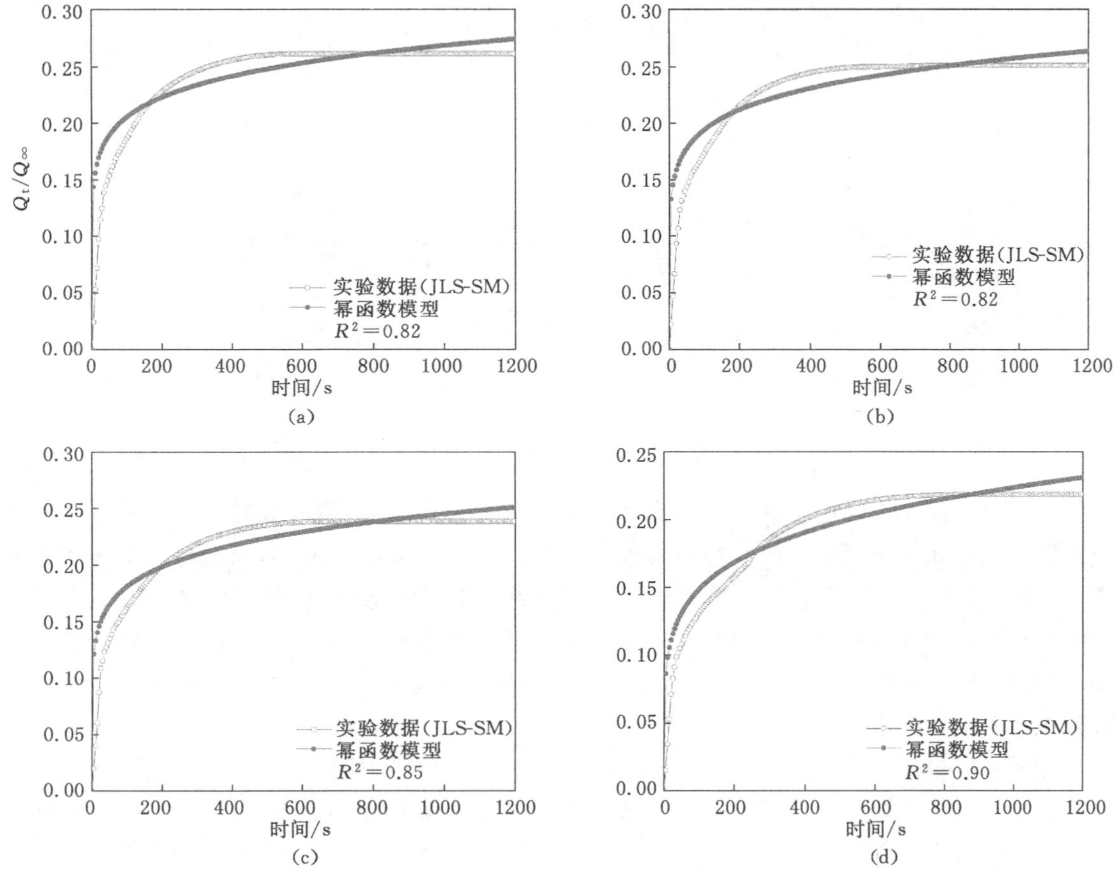

图 4　幂函数扩散模型与实验数据拟合曲线

由图 4(a)～(d)分析可知,幂函数扩散模型拟合曲线与实验数据曲线基本保持一致,拟合程度较高。其中中等粒径大粒径混合煤样拟合度最高,R^2为 0.90;小粒径中等粒径混合煤样和小粒径大粒径混合煤样拟合度最低，R^2 仅仅为 0.82，所以幂函数扩散模型对含有小粒径的煤样拟合误差较大。随着实验时间的增加，幂函数扩散模型的拟合精度逐渐减小，同时拟合误差随着时间的增加也在增加，而且所有拟合曲线与实验数据曲线均存在两个交叉点，第一个交叉点前和第二个交叉点后拟合曲线均略高于实验数据曲线。

分析得出，幂函数扩散模型对于描述大粒径煤样瓦斯扩散拟合度较高，对大粒径拟合计算的扩散系数 D 具有较高的参考价值，但是随着时间的延长拟合误差逐渐增加，扩散系数反映的瓦斯在混合煤样中的扩散能力精度也较低。结合冷冻取芯测定煤层瓦斯含量技术，采用幂函数扩散模型模拟冷冻取芯时瓦斯扩散过程，为准确测定煤层瓦斯含量提供参考。

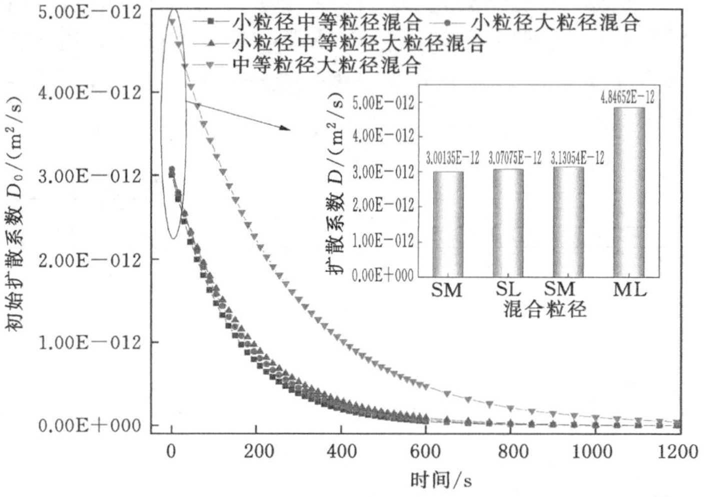

图 5　不同粒径混合煤样瓦斯扩散系数随时间变化曲线

3.2　不同粒径混合煤样对瓦斯扩散系数 D_0 的影响

不同粒径混合煤样的扩散系数变化如图 5 所示。结果表明，不同粒径混合煤样的瓦斯扩散系数是随时间变化而变化的。初始解吸扩散阶段扩散系数迅速减小，而后降低的速度逐渐变慢直到最终稳定。不同粒径混合煤样初始扩散系数 D_0 从大到小顺序：中等粒径大粒径混合煤样＞小粒径中等粒径大粒径混合煤样＞小粒径大粒径混合煤样＞小粒径中等粒径混合煤样，不同粒径混合煤样的瓦斯初始扩散系数与其平均粒径呈正相关，煤样中的瓦斯初始扩散系数随粒径的增加而增大。

煤样经过破碎和筛选后，大孔和裂隙被破坏，整体上煤样中的孔隙主要是微孔和小孔，然而对于粒径较大的煤样会保存有一些原煤中较大的孔隙和裂隙，孔隙主要是大孔和中孔，因此在初始扩散阶段含有大粒径的混合煤样初始扩散系数 D_0 值要大于含小粒径的混合煤样初始扩散系数 D_0 值。此外气体孔隙扩散在一定范围的有效扩散区内进行，有效扩散区对扩散系数有着显著的影响。随着粒径的减小，孔隙表面积增加但是平均孔隙宽度却减小，因此扩散长度受到空间尺寸的限制，从而减少了有效扩散面积，因此呈现初始扩散系数与煤样粒径呈正相关关系。

结合冷冻取芯技术，低温可以抑制煤样中的瓦斯解吸，同时也可以降低大粒径煤样中的瓦斯初始扩散系数，对于冷冻取芯过程中降低瓦斯损失量有积极的影响。

4 结论

(1) 单位时间内，不同粒径混合煤样扩散量和扩散速度均与其平均粒径呈负相关；混合煤样初始扩散系数与其平均粒径呈正相关。

(2) 幂函数扩散模型对混合有大粒径的煤样拟合度较高，随着时间的延长拟合误差呈逐渐增大的趋势。

(3) 在相同吸附平衡压力下，初始扩散系数 D_0 随着混合煤样中粒径的增加而增大，中等粒径大粒径混合煤样扩散系数相比其他混合煤样初始扩散系数 D_0 增加了约 1.7 倍。

(4) 为了更加准确测定煤层瓦斯含量，结合冷冻取芯技术，应尽量获取大粒度煤样，同时低温抑制了瓦斯解吸扩散速度，二者共同作用降低了煤样瓦斯的损失量，为准确测定煤层瓦斯含量提供了可能。

参考文献

[1] 中华人民共和国国家质量监督检验检疫总局，中国国家标准化管理委员会.地勘时期煤层瓦斯含量测定方法:GB/T 23249—2009[S].北京:中国标准出版社,2009.

[2] 王兆丰,岳高伟,康博,等.低温环境对煤的瓦斯解吸抑制效应试验[J].重庆大学学报,2014,37(9):106-112.

[3] 王兆丰,康博,岳高伟,等.低温环境无烟煤瓦斯解吸特性研究[J].河南理工大学学报(自然科学版),2014,33(6):705-709.

[4] WANG Z F,TANG X,YUE G W,et al.Physical simulation of temperature influence on methane sorption and kinetics in coal:Benefits of temperature under 273.15 K[J].Fuel,2015,158:207-216.

[5] TANG X,WANG Z F,RIPEPI N,et al.Adsorption affinity of different types of coal:mean isosteric heat of adsorption[J].Energy & Fuels,2015,29(6):3609-3615.

[6] FUEL RESEARCH. University of Wollongong Details Findings in Fuel Research (Unsteady-State Diffusion of Gas in Coals and Its Relationship with Coal Pore Structure)[J]. Energy Weekly News,2016.

[7] QINY P,WANG L,YANG X B,et al.Experimental study of different granularity on the gas absorption of coal[J].Procedia Engineering,2011,26:93-100.

[8] 程小庆,王兆丰,李志强.动扩散系数新模型下不同粒径构造煤的瓦斯扩散特征[J].中国安全生产科学技术,2016,12(6):88-93.

[9] 刘彦伟,李通,薛文涛.软硬煤瓦斯扩散系数动态变化规律的差异性[J].煤矿安全,2017,48(9):17-20.

[10] YIN Y,QU Z G,ZHANG J F.Multiple diffusion mechanisms of shale gas in nanoporous organic matter predicted by the local diffusivity lattice Boltzmann model[J].International Journal of Heat and Mass Transfer,2019,143:118571.

[11] 杨鑫,张俊英,王公达,等.瓦斯压力对瓦斯在煤中扩散影响的实验研究[J].中国矿业大学学报,2019,48(3):503-510.

[12] 张志刚.煤粒中瓦斯时变扩散规律的解析研究[J].煤矿开采,2012,17(2):8-11.

[13] 李志强,刘勇,许彦鹏,等.煤粒多尺度孔隙中瓦斯扩散机理及动扩散系数新模型[J].煤炭学报,2016,41(3):633-643.

[14] 简星,关平,张巍.煤中 CO_2 的吸附和扩散:实验与建模[J].中国科学:地球科学,2012,42(4):492-504.

[15] 张时音,桑树勋.不同煤阶煤层气吸附扩散系数分析[J].中国煤炭地质,2009,21(3):24-27.

[16] 李志强,王司建,刘彦伟,等.基于动扩散系数新扩散模型的构造煤瓦斯扩散机理[J].中国矿业大学学报,2015,44(5):836-842.

[17] 袁军伟.颗粒煤瓦斯扩散时效特性研究[D].北京:中国矿业大学(北京),2014.

[18] 史广山,白鹏飞,张玉贵.不同条件煤粒瓦斯瞬时扩散系数变化特征试验[J].中国安全科学学报,2017,27(8):102-107.

[19] 史广山,魏风清,高志扬.相似准数法煤粒瓦斯扩散系数计算[J].中国安全科学学报,2015,25(9):127-132.

煤中孔隙发育特征及变化规律综述

魏国琴[1,2,4]，宋党育[1,3]，李云波[1,3]，韩作颖[1,2,4]，唐军婷[1]，张新宾[1]

(1. 河南理工大学资源与环境学院，河南焦作，054000；2. 晋能控股山西科学技术研究院有限公司晋城煤炭事业部(煤与煤层气共采国家重点实验室)，山西晋城，048012；3. 中原经济区煤层(页岩)气河南省协同创新中心，河南焦作，054000；4. 易安蓝焰煤与煤层气共采技术有限责任公司，山西晋城，048012)

摘要：甲烷主要赋存于煤基质孔隙中，孔隙大小对气体的吸附解吸有重要影响。研究煤的孔隙发育特征与吸附性能的关系对理解煤层气储层演化具有重要意义。通过总结煤阶及构造应力对煤样孔隙发育特征(孔容、比表面积和孔径分布)的影响，建立了煤的孔隙发育特征与煤变质程度及构造应力的关系，分析了影响煤孔隙发育特征的因素。研究结果表明：随着煤阶的增加，总孔体积和比表面积先减小后增大。基质孔隙包括微孔、中孔和大孔，随着煤阶的增加，孔隙体积和比表面积呈现类似的不对称"U"形趋势。微孔体积百分比和比表面积百分比增加，过渡孔和中孔减少。构造变形可影响纳米孔隙，形成强脆性变形和糜棱岩化作用。为研究孔隙发育特征与吸附机理的联系提供理论支持。

关键词：孔容；比表面积；煤阶；构造应力

0 引言

煤层气的开发具有提供可替代的清洁能源和有效降低瓦斯突出易发性的双重优势。而煤的吸附解析特性成为煤层气高效开发利用过程中亟待解决的技术难题。煤的孔隙发育特征是制约煤的吸附解析效率的核心问题[1]。煤的孔隙发育特征受煤阶、显微组分、构造应力等因素的影响，呈现出显著的非均质性，孔容、孔隙率、比表面积随煤阶呈一定规律性分布，不同研究者利用不同的技术手段，得出不同的结论[2-3]。

煤的孔隙结构是煤的物理结构的主要部分。煤的许多物理性质尤其是吸脱附特性很大程度上取决于煤的孔隙结构。煤的孔隙结构一般用孔隙体积、比表面积、孔径分布、孔隙模型来表征。煤层气赋存在煤孔隙中，煤的孔隙结构对煤层气的吸附、运移和生产起着至关重要的作用，其特征和演化主要受煤变质程度和煤构造变形作用的控制[4]。煤层气赋存的核心问题是不同孔径的孔隙中气体的赋存与运动行为，例如是吸附还是解吸，是分子流(扩散)还是连续流(渗流)。

本文通过总结不同地区研究煤孔隙发育与变化特征的一些代表性成果，分析煤中孔隙发育随煤阶的变化规律，以及构造煤与原生煤的孔隙发育特征的区别，以期为孔隙发育特征与吸附机理的内在关联问题提供一些基础数据，为煤层气吸附解析理论奠定一定的理论基础，从而为煤层气高效开发利用提供理论支撑，进而为煤矿安全生产及煤层气产业发展做出一定贡献。

1 煤中孔隙(发育规模、孔隙结构)发育与变化特征

煤中的孔隙发育特征受多种因素(组成、煤阶、孔隙非均质性)影响，所以不同研究者由于研究对象不同(样品差异)、采用的研究方法不同、对孔隙的划分依据不同(微孔、过渡孔、大孔的大小与定义差异)，导致其结论与认识存在一定的差异。变质作用、构造变形和显微组分是影响煤中孔隙分布的主要内在因素[5]。

煤是一种复杂的多孔介质。煤的孔隙结构特征包括孔径、孔体积、比表面积、孔隙形态、连通性、渗透性和空间分布等。煤具有极其发育的微孔隙，有很大的比表面积，比表面积的大小取决于微孔体积的大小，与中孔的体积大小关系不明显。研究表明，煤层孔隙发育特征随煤化程度的增加呈规律性的变化，主要表现为微孔含量增加、中孔含量变化较小、大孔含量减少的变化趋势[6-8]。Rodrigues 等[9]通过对不同煤阶孔隙发育特征的研究发现，煤阶对孔隙率影响最大，且随着煤阶的增加，宏观孔隙率的重要性减小，微观孔隙率的重要性增大，微孔的显著发育在中高阶煤中更为显著。

煤孔隙结构的非均质性随煤化程度的增加而增加，连通性则相反。介质增加了孔的连通性，降低了孔结构的异质性。微孔和中孔对孔结构的多重分形特征具有相反的影响，中孔百分比的增加导致更好的孔连通性和更均匀的孔结构[10]。此外，矿物质含量和灰分的增加导致更好的连通性和更均匀的孔结构。然而，镜质组含量的增加导致孔连通性降低，并且孔结构的复杂性趋于增加。惰质组含量的增加降低了孔体积的低值区域的不均匀性，从而降低了整个孔结构的复杂性[11]。

Mastalerz 等[12]以及 Swanson 等[13]研究得到煤中孔隙主要包括微孔和中孔，微孔提供了主要吸附空间，通过实验发现煤中含气量随孔体积和比表面积的增大而增加，煤对甲烷的吸附能力与煤阶、比表面积和固定碳含量呈正相关。煤中黏土矿物具有高孔隙率和密度，其中晶间孔和粒间腐蚀孔具有相当的储集甲烷气体分子的能力。An 等[14]通过多种测试手段得出煤样的微孔比表面积是导致煤吸附能力随煤变质程度变化的直接因素，而 Jian 等[15]通过压汞法并结合等温吸附实验得到微孔体积是影响煤样吸附能力的主要因素。

2 煤阶对煤孔隙发育特征(孔容、比表面积)的影响

煤的孔隙发育特征受多种因素的影响，煤阶是影响孔隙大小分布的重要因素，对微孔和超大孔的发育有显著影响[16]。大量研究表明，大孔($>10^3$ nm)和中孔($10^2\sim10^3$ nm)对煤层气运移起主导作用，而过渡孔($10\sim10^2$ nm)和微孔(<10 nm)则对煤层气的储存起主导作用。特别是微孔是煤层气的主要吸附空间[17-18]。

研究表明孔隙性质和微孔体积与煤阶的关系呈 U 形关系，曲线最小值出现在镜质组反射率为 1.0%～1.1%时[19-20]，Chen 等[21]发现煤阶对大孔体积和微孔比表面积有很大的影响。大孔($>$1 000 nm)体积与 $R_{o,max}$ 呈“V”形分布，过渡孔体积(10～100 nm)与 $R_{o,max}$ 呈“U”形分布，微孔隙($<$10 nm)比表面积随 $R_{o,max}$ 增大而增大。Gurdal 等[22]发现孔隙表面积随着级数的增加而增

加，直到镜质组反射率约为 1.0%，然后随着级数的增加又开始下降。Chen 等[23]发现，随着煤阶的增大，大孔和中孔的比例先减小（$R_{o,max}$<1.0%），之后基本保持在较低水平，而微孔和过渡孔的比例则相反。Gan 等[24]、Rodrigues 等[25]以及 Liu 等[26]的研究也表明，随着煤阶的增加，宏观孔隙率（>50 nm）的重要性降低，而微观孔隙率（<2 nm）越来越占主导地位。

2.1　高阶煤孔隙发育特征

高阶煤中孔隙以大孔和微孔为主，中孔较低。随着煤化程度的增加，孔隙率、总孔隙体积和大孔有增加的趋势。半无烟煤储层中超微孔最为发育，为储层提供了主要储集空间，占储层总量 TPV 的 80.75%，占总 SSA 的 99.69%，其次是大孔。半无烟煤储层孔隙体积和 SSA 分布呈单峰型，峰值出现在 0.5 ～ 0.6 nm，表明孔径在 0.5 ～ 0.6 nm 之间的孔隙对 TPV 和 SSA 的贡献最大，占储层孔径的 40.09%[27]。微孔是半无烟煤储层吸附能力的控制因素。富镜质组煤具有较强的吸附能力，因为镜质组煤富含超微孔，而惰质组含量与微孔之间没有明显的相关性。矿物抑制了煤的微孔发育水平，对煤的吸附能力产生了负面影响。微孔对高阶煤的吸附能力有显著影响。随着煤化作用的增大，微孔逐渐成为主导孔，吸附能力增强。镜质组中含有丰富的微孔，对吸附量有积极的影响，而惰质组含量与微孔 SSA 之间没有明显的相关性。

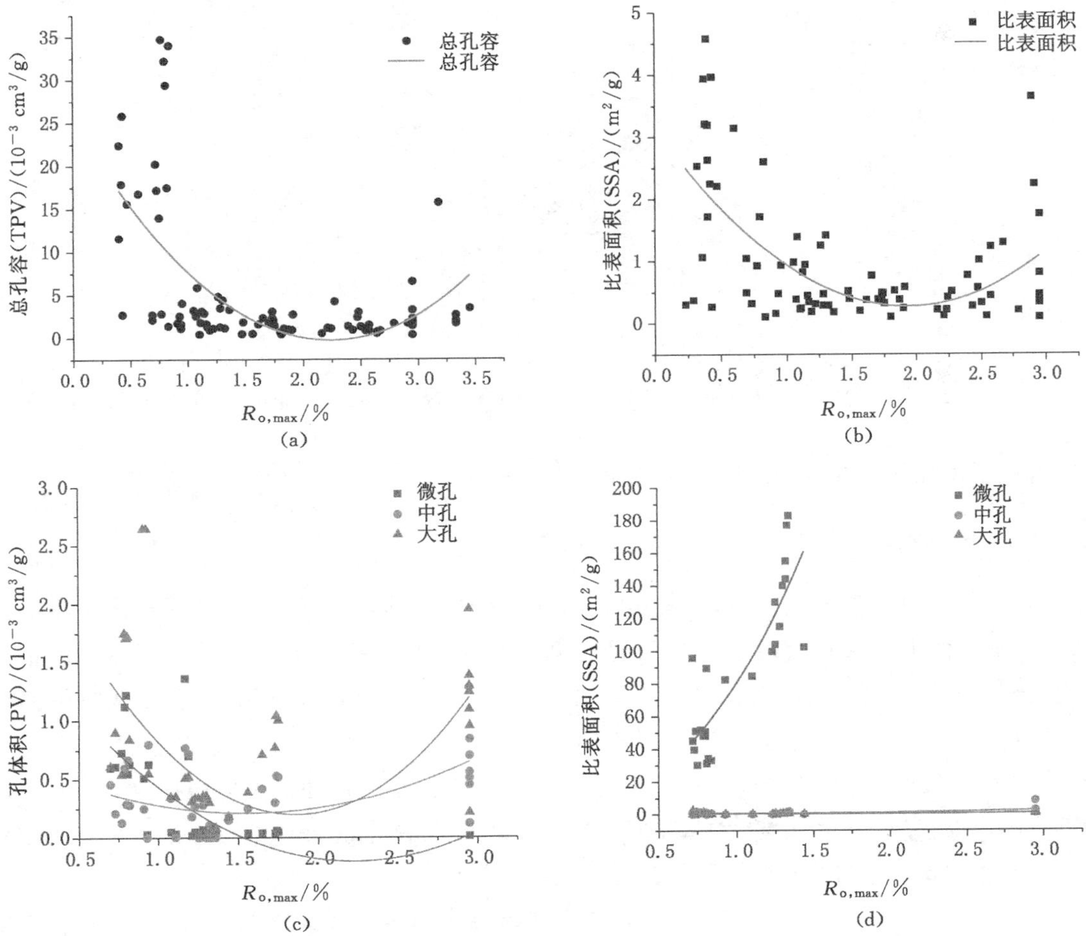

图 1　煤中孔隙发育特征随煤阶的变化规律[11-23]

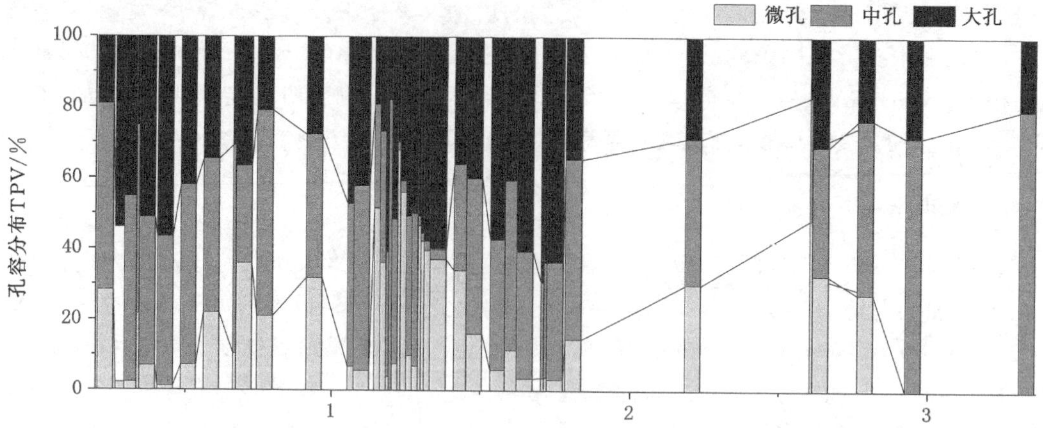

(e)

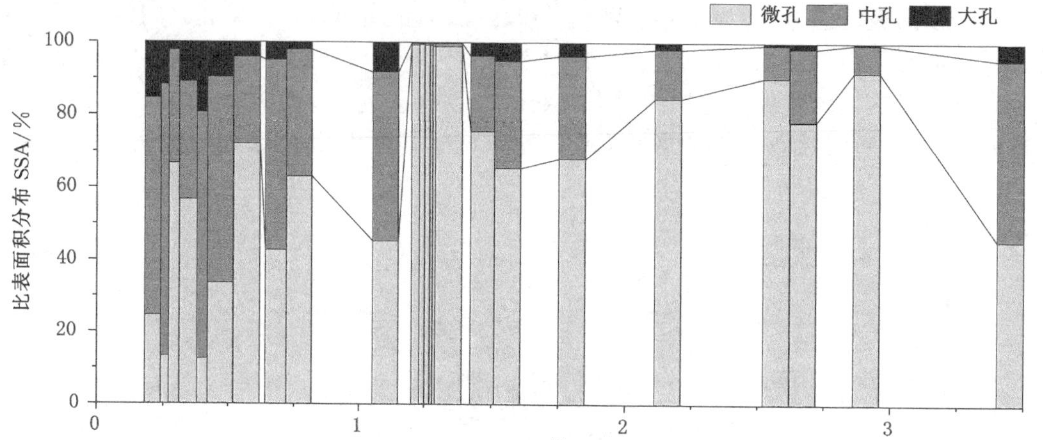

(f)

图 1(续) 煤中孔隙发育特征随煤阶的变化规律[11-23]

(a) 煤中总孔容随煤阶的分布;(b) 煤中孔比表面积随煤阶的分布;

(c) 煤中不同尺度孔隙孔容随煤阶的分布特征;(d) 煤中不同尺度孔隙比表面积随煤阶的分布特征;

(e) 不同煤阶煤中孔隙孔容在不同尺度的分布;(f) 不同煤阶煤中孔隙比表面积在不同尺度的分布

矿物抑制了微孔的发育,对吸附能力有负面影响[28]。

2.2 中阶煤孔隙发育特征

研究表明,中阶煤($R_{o,max}$＝0.65％～2.0％)随着$R_{o,max}$的增大,孔隙率呈现先减小后增大的趋势,最小值出现在$R_{o,max}$＝1.0％时;总孔隙体积和比表面积随$R_{o,max}$的增大呈现先减小后增大的变化规律。最小值出现在($R_{o,max}$＝1.2％～1.3％)[29]。中煤阶煤中微孔对孔隙体积和比表面积的贡献最大,其次是过渡孔,再次是大孔。介孔贡献最小,微孔最发育。随着$R_{o,max}$的增大,中等煤阶煤的孔隙率呈现先减小后增大的两步走,最小值和最大值均在$R_{o,max}$＝1.0％附近。随着$R_{o,max}$的增大,中阶煤的总孔隙体积先减小后增大,最小值在$R_{o,max}$＝1.2％附近。中等煤阶煤的孔隙率与总孔隙体积呈良好的正相关关系。

大多以中阶煤为研究对象的研究中镜质组含量与微孔呈正相关关系,富镜质组的光亮煤比富惰质组的暗煤发育更多的微孔,具有更强的吸附能力[30]。在0.65％＜$R_{o,max}$＜1.3％的煤化阶段，孔隙率、孔隙体积和比表面积减小到最小，这可能是由还原阶段至成熟阶段产生的沥青等液体产物阻塞孔隙空间造成的。随着 $R_{o,max}$ 的增大，沉积有机质演化进入高成熟阶段。沥青的石油烃裂解反应使各类孔隙的孔隙率、孔隙体积和比表面积增加。对于中低阶烟煤，高镜质组、低灰分煤的微孔体积比高惰质组、高灰分煤的微孔体积大[31]。

2.3 低阶煤孔隙发育特征

低阶煤中孔隙以 10 ～ 100 nm 大小的孔隙最为重要；随着 $R_{o,max}$ 的增大，孔体积、孔比表面积和孔隙率先减小后增大；$R_{o,max}$＝0.5％时出现最小值。这有两个原因：一是 $R_{o,max}$＜0.5％时，沉积物因压实作用而逐渐失水，孔隙率降低；二是生烃过程中产生了大量的小直径孔隙，当 $R_{o,max}$ 值为 0.5％～0.65％时，沥青不堵塞孔隙。

低煤阶煤中，显微组分对 PSD 和甲烷吸附量的影响远大于煤阶。大孔体积和比表面积均随镜质组/腐殖质组含量的增加而减小，随惰质组含量的增加而增大。随着镜质组/腐殖质组含量的增加，中孔体积和比表面积均先减小后增大，最后迅速减小。一般情况下，中孔体积和比表面积均随着惰质组含量的增加而增大。过渡孔体积随镜质组/腐殖质组含量的增加而增大，随惰质组含量的增加而减小。Liu 等(2015)分析低阶煤中 PSD 含量在 0.57％～0.62％之间。研究发现，低阶煤中发育良好的微孔(＜2 nm)大多是开放或半开放的。这些孔隙由孔喉连接，但煤基质中大量孔喉的存在阻碍了天然气的运移。通过压汞法和 N_2 吸附技术分析了低阶煤镜质组和惰质组中的 PSD($R_{o,max}$＝0.58％)。研究表明，惰质组孔隙系统完整、连续，孔隙形状均匀，多为开放或半开放。惰质组中也有大量小孔隙，孔径范围为 10 ～ 30 nm。研究还发现，镜质体中的孔具有复杂的形状，包括开放孔、半开放孔和墨水瓶形孔[32]。镜质组中(2～10 nm)微孔的数量相对较小。Sakurovs (2012)采用小角中子散射(SANS)方法研究了烟煤中可达孔隙的尺寸分布。结果表明，在 10～50 nm 尺度下，惰质组中的孔对氘甲烷(CD4)具有完全的可达性，而镜质组中的孔仅为 25％左右[33]。综上所述，虽然显微组分不同部位的孔隙分布很重要，但开放孔隙的比例和甲烷的可达性也需要考虑。可见低煤阶煤中孔隙随煤阶增加的演化规律、孔隙与显微组分的关系以及显微组分对甲烷吸附的影响尚不清楚。

3 构造应力对煤孔隙发育的影响

煤的孔隙结构复杂，煤体孔隙发育受多种因素的影响，其中构造应力作用是重要的影响因素之一。煤层受到构造作用的影响会使得煤体结构发生变化，继而影响到煤中孔隙，从而使得孔隙结构和孔径的分布发生相应变化，孔隙的孔容、孔隙率及比表面积等参数发生变化。构造变形深刻影响煤中大孔、介孔和微孔的非均质性特征。随着变形强度的增强，渗流孔(＞100 nm)非均质性降低，吸附孔非均质性升高，纳米孔径(2～100 nm)范围的孔数量增多[34]。介孔非均质性随构造变形的增强逐渐升高。

原生煤成因条带清晰，简单裂隙发育较少，煤基质较硬，基质结构致密，内部孔隙隔离，孔隙群较小，两个相邻孔隙面无渗流通道。构造煤在挤压或拉应力作用下表现为脆性破碎，并伴有多组断裂，孔隙空间丰富，孔隙结构以中孔或大孔为主、空心且分布有限的孔隙群较大，形成渗流通道，矿物含量较低，孔隙率和孔容相对原生煤较高，孔隙连通性增加，孔径分布变窄[35]。与原生煤相比，Hou 等[36]认为构造变形可以去除狭窄的孔隙并增加可利用的中孔，并造成一些微孔塌陷,造成中孔的比表面积和体积增加,而微孔比表面积和体积显著减小。Zhang 等[37]运用液氮实验和压汞实验测试了煤体破坏前后煤的孔隙变化特征,发现煤岩破坏后煤中的纳米级孔隙含量显著增大,孔径较大的粒间孔含量增加,同时形成了较少被矿物质充填的粒间孔,孔隙的定向性和完整性遭到一定程度的破坏。脆性和韧性变形明显增强了微破裂和矿物分布的非均质性。Li 等[38]研究了构造煤大分子结构特征,发现脆性变形煤灰产生持续的弯曲,最终会导致微孔和介孔中化学键的断裂;而韧性变形煤与剪切应力作用下次生结构单元产生有关,构造应力对煤超微结构变形有重要作用。

构造煤基质压缩对渗流孔隙的影响不大,但高估了吸附孔隙体积。有机高分子和广泛分布的纳米孔对构造应力具有良好的响应。构造煤大分子和纳米孔随着构造变形程度的增加呈现出一致的变化趋势。各尺度范围的孔容和比表面积差异相应增大。随着变形强度的增大,构造变形的转换尺度由大孔隙向中孔隙转变,且构造变形对纳米孔隙形貌具有明显的转换作用,可使纳米孔直径减小,墨水瓶型孔隙形状发生改变,增加吸附位点,增强吸附能力。

构造动力学引起的孔隙结构的改变是全方位的,尤其是将微孔层与煤的大分子结构联系起来。中等煤阶构造煤的介孔 SSA 高于脆性构造煤。而对于高阶构造煤,小于 50 nm 孔隙比原生煤发育程度高,累积 PV 和 SSA 随孔径的减小而减小,表明小于 10 nm 孔隙 SSA 的比例最高,10～100 nm 孔隙次之。糜棱岩煤在 10～100 nm 的 SSA 增加速率最大,说明吸附孔的程度最大。另一些学者认为构造煤中孔道体系呈极化分布,小于 100 nm 和大于 1 000 nm 孔道发育程度最高,100～1 000 nm 孔道发育程度最低。在一定变形环境下,随着构造变形强度的增大,15～100 nm 所占比例减小,小于 15 nm 所占比例增大。揉皱煤的介孔复杂程度强于糜棱煤。糜棱煤中大芳香簇比例的升高、结构缺陷的广泛发育和纳米孔比表面积的发育促使糜棱煤赋存甲烷能力增强[39]。

构造应力在变形过程中对煤中闭孔和开孔之间的转变具有双重影响。封闭孔隙的增加是由基体的局部不均匀收缩、构造应力导致的孔隙喉孔的减少以及开孔和半开孔的局部位错控制的。相反,开放孔隙,特别是孔径较大的孔隙,在构造应力下,通过不均匀的剪切和挤压,可以打开并转化为闭合孔隙,从而导致闭合孔隙的减少[40]。

温度和围压对孔隙特征参数的演化也起着关键作用,而差应力对不同构造煤孔径分布的转化起着决定性作用。低阶煤中构造变形导致的小孔径偏移更加明显。不同构造煤的纳米微孔排列及其与气体运移的耦合机理应是未来研究的重要方向。

4 结论

(1) 随着煤变质程度的增加,煤孔容和比表面积的分布遵循相似的规律。煤基质平均孔径随煤阶的增加先减小后增大,$R_{o,max}=1.1\%$附近出现拐点;微孔、中孔和大孔的体积和比表面积与 $R_{o,max}$具有相似的不对称“U”形变化规律。微孔的 SSA 百分比和孔容百分比呈增加趋势,而介孔和大孔的百分比则随 $R_{o,max}$的增加呈减小趋势。

(2) 随着构造变形强度的增强,渗流孔隙的非均质性减小,纳米孔内各子区间的非均质性增大;构造变形可影响纳米孔隙,形成强脆性变形和糜棱岩化作用。不同构造煤微孔的排列及其与气体运移耦合机理的关系是今后的重要研究方向,此外,热演化与动力变质作用的耦合机制有待进一步建立。

参考文献

[1] LI J W,CHEN Z C,LI L K,et al.Study on pore and chemical structure characteristics of atmospheric circulating fluidized bed coal gasification fly ash[J].Journal of Cleaner Production,2021,308:127395.

[2] LIU S Q,SANG S X,WANG G,et al.FIB-SEM and X-ray CT characterization of interconnected pores in high-rank coal formed from regional metamorphism[J].Journal of Petroleum Science and Engineering,2017,148:21-31.

[3] WANG X L,PAN J N,WANG K,et al.Characterizing the shape,size,and distribution heterogeneity of pore-fractures in high rank coal based on X-ray CT image analysis and mercury intrusion porosimetry[J].Fuel,2020,282:118754.

[4] YAN J W,MENG Z P,ZHANG K,et al.Pore distribution characteristics of various rank coals matrix and their influences on gas adsorption[J].Journal of Petroleum Science and Engineering,2020,189:107041.

[5] CHEN S D,TANG D Z,TAO S,et al.Fractal analysis of the dynamic variation in pore-fracture systems under the action of stress using a low-field NMR relaxation method:an experimental study of coals from western Guizhou in China[J].Journal of Petroleum Science and Engineering,2019,173:617-629.

[6] LIU S Q,SANG S X,LIU H H,et al.Growth characteristics and genetic types of pores and fractures in a high-rank coal reservoir of the southern Qinshui basin[J].Ore Geology Reviews,2015,64:140-151.

[7] LUO L,YAO W,LIU J X,et al.The effect of the grinding process on pore structures,functional groups and release characteristic of flash pyrolysis of superfine pulverized coal[J].Fuel,2019,235:1337-1346.

[8] MISHRA D K,SAMAD S K,VARMA A K,et al.Pore geometrical complexity and fractal facets of Permian shales and coals from Auranga Basin,Jharkhand,India[J].Journal of Natural Gas Science and Engineering,2018,52:25-43.

[9] RODRIGUES C F,LEMOS DE SOUSA M J.The measurement of coal porosity with different gases[J].International Journal of Coal Geology,2002,48(3/4):245-251.

[10] REN P F,XU H,TANG D Z,et al.Pore structure and fractal characterization of main coal-bearing synclines in western Guizhou,China[J].Journal of Natural Gas Science and Engineering,2019,63:58-69.

[11] VRANJES-WESSELY S,MISCH D,ISSA I,et al.Nanoscale pore structure of Carboniferous coals from the Ukrainian Donets Basin:a combined HRTEM and gas sorption study[J].International Journal of Coal Geology,2020,224:103484.

[12] MASTALERZ M,DROBNIAK A,RUPP J.Meso- and micropore characteristics of coal lithotypes: implications for CO_2 adsorption[J]. Energy & Fuels, 2008, 22(6): 4049-4061.

[13] RODRIGUES C F, LEMOS DE SOUSA M J. The measurement of coal porosity with different gases[J]. International Journal of Coal Geology, 2002, 48(3/4): 245-251.

[14] AN F H, CHENG Y P, WANG L, et al. A numerical model for outburst including the effect of adsorbed gas on coal deformation and mechanical properties[J]. Computers and Geotechnics, 2013, 54: 222-231.

[15] LIU J, LIU Z G, XUE J H, et al. Application of deep borehole blasting on fully mechanized hard top-coal pre-splitting and gas extraction in the special thick seam[J]. International Journal of Mining Science and Technology, 2015, 25(5): 755-760.

[16] SHUI H F, LIN C H, ZHANG M, et al. Comparison of the associative structure of two different types of rich coals and their coking properties[J]. Fuel, 2010, 89(7): 1647-1653.

[17] ZHANG M, DUAN C C, LI G F, et al. Determinations of the multifractal characteristics of the pore structures of low-, middle-, and high-rank coal using high-pressure mercury injection[J]. Journal of Petroleum Science and Engineering, 2021, 203: 108656.

[18] CAI R J, TIAN Z S, YE H L, et al. The role of metakaolin in pore structure evolution of Portland cement pastes revealed by an impedance approach[J]. Cement and Concrete Composites, 2021, 119: 103999.

[19] BUSTIN R M, CLARKSON C R. Geological controls on coalbed methane reservoir capacity and gas content[J]. International Journal of Coal Geology, 1998, 38(1/2): 3-26.

[20] GÜRDAL G, YALÇıN M N. Pore volume and surface area of the Carboniferous coals from the Zonguldak basin (NW Turkey) and their variations with rank and maceral composition[J]. International Journal of Coal Geology, 2001, 48(1/2): 133-144.

[21] CHEN P, WANG E Y, OU J C, et al. Fractal characteristics of surface crack evolution in the process of gas-containing coal extrusion[J]. International Journal of Mining Science and Technology, 2013, 23(1): 121-126.

[22] GÜRDAL G, YALÇıN M N. Pore volume and surface area of the Carboniferous coals from the Zonguldak basin (NW Turkey) and their variations with rank and maceral composition[J]. International Journal of Coal Geology, 2001, 48(1/2): 133-144.

[23] CHEN P, WANG E Y, CHEN X X, et al. Regularity and mechanism of coal resistivity response with different conductive characteristics in complete stress-strain process[J]. International Journal of Mining Science and Technology, 2015, 25(5): 779-786.

[24] RODRIGUES C F, LEMOS DE SOUSA M J. The measurement of coal porosity with different gases[J]. International Journal of Coal Geology, 2002, 48(3/4): 245-251.

[25] LIU Z D, CHENG Y P, LIU Q Q, et al. Numerical assessment of CMM drainage in the remote unloaded coal body: Insights of geostress-relief gas migration and coal permeability[J]. Journal of Natural Gas Science and Engineering, 2017, 45: 487-501.

[27] SUN Y, ZHAI C, XU J Z, et al. Experimental study on pore structure evolution of coal in macroscopic, mesoscopic, and microscopic scales during liquid nitrogen cyclic cold-shock fracturing[J]. Fuel, 2021, 291: 120150.

[28] GAO M Z, ZHANG R, XIE J, et al. Field experiments on fracture evolution and

correlations between connectivity and abutment pressure under top coal caving conditions[J]. International Journal of Rock Mechanics and Mining Sciences,2018,111:84-93.

[29] RANATHUNGA A S,PERERA M S A,RANJITH P G,et al.Super-critical carbon dioxide flow behaviour in low rank coal:a meso-scale experimental study[J].Journal of CO_2 Utilization,2017,20:1-13.

[30] HILDENBRAND A,KROOSS B M,BUSCH A,et al.Evolution of methane sorption capacity of coal seams as a function of burial history—a case study from the Campine Basin,NE Belgium[J].International Journal of Coal Geology,2006,66(3):179-203.

[31] SONG D Y,JI X F,LI Y B,et al.Heterogeneous development of micropores in medium-high rank coal and its relationship with adsorption capacity[J].International Journal of Coal Geology,2020,226:103497.

[32] SAKUROVS R,HE L L,MELNICHENKO Y B,et al.Pore size distribution and accessible pore size distribution in bituminous coals[J].International Journal of Coal Geology,2012,100:51-64.

[33] RADLINSKI A P,MASTALERZ M,HINDE A L,et al.Application of SAXS and SANS in evaluation of porosity,pore size distribution and surface area of coal[J].International Journal of Coal Geology,2004,59(3/4):245-271.

[34] SONG Y,JIANG B,LI M,et al.A review on pore-fractures in tectonically deformed coals[J].Fuel,2020,278:118248.

[35] PAN J N,ZHU H T,HOU Q L,et al.Macromolecular and pore structures of Chinese tectonically deformed coal studied by atomic force microscopy[J].Fuel,2015,139:94-101.

[36] HOU H H,SHAO L Y,GUO S Q,et al.Evaluation and genetic analysis of coal structures in deep Jiaozuo Coalfield,Northern China:Investigation by geophysical logging data[J].Fuel,2017,209:552-566.

[37] ZHANG Y,WAN Z J,LI F C,et al.Stability of coal pillar in gob-side entry driving under unstable overlying strata and its coupling support control technique[J].International Journal of Mining Science and Technology,2013,23(2):193-199.

[38] HOU H H,SHAO L Y,GUO S Q,et al.Evaluation and genetic analysis of coal structures in deep Jiaozuo Coalfield,Northern China:Investigation by geophysical logging data[J].Fuel,2017,209:552-566.

[39] WEI Q,LI X Q,ZHANG J Z,et al.Full-size pore structure characterization of deep-buried coals and its impact on methane adsorption capacity:a case study of the Shihezi Formation coals from the Panji Deep Area in Huainan Coalfield,Southern North China[J]. Journal of Petroleum Science and Engineering,2019,173:975-989.

[40] HOU H H,SHAO L Y,TANG Y,et al.Quantitative characterization of low-rank coal reservoirs in the southern Junggar Basin,NW China:Implications for pore structure evolution around the first coalification jump[J]. Marine and Petroleum Geology,2020,113:104165.

煤层气吸附解吸研究进展综述

余震[1,2]

(1. 河南理工大学资源与环境学院,河南焦作,054000;
2. 中原经济区煤层(页岩)气河南省协同创新中心,河南焦作,054000)

摘　要:煤中甲烷的吸附、解吸及扩散行为影响着煤层气的整个开采过程。煤层中的甲烷绝大部分吸附在煤基质孔隙中,吸附态甲烷与固相煤中间存在一个浓度最大的 Gibbs 面,Gibbs 面的两侧浓度依次降低到气相和固相浓度;煤的高压甲烷等温吸附实验表明,甲烷在煤层中主要呈朗缪尔单分子层吸附,但温度和压力超过临界点以后,甲烷的存在状态就会发生变化,造成 Gibbs 吸附量出现降低的现象;甲烷在煤层中的运移首先是煤基质表面由吸附态转化成游离态,然后通过表面扩散、努森扩散、Fick 扩散和达西渗流等多种运移机理和运移阶段的耦合与叠加运移至井筒。

关键词:煤层气;吸附/解吸;扩散;Gibbs 面

0　引言

甲烷在煤层中的吸附机理、吸附能力、解吸速度与扩散效率直接影响到煤层气井的产量与煤层气的开发,因此开展甲烷在煤中吸附、解吸与扩散研究是揭示气体在煤层中的赋存与初始运移行为的关键。论文通过总结前人对煤中孔隙发育特征及吸附、解吸与扩散规律的研究成果,总结了煤中甲烷气体的赋存场所、赋存机理、解吸与扩散过程及其主要控制因素。

1　吸附

1.1　吸附空间

目前普遍认为煤层气主要以吸附态赋存于煤岩基质孔隙表面,部分以游离态分布在煤基质孔隙中或以溶解态赋存于煤层水中[1]。煤层中的孔隙和裂隙是煤层气吸附、运移和赋存的关键空间,并且基质孔隙是煤层气的主要赋存空间,宏观裂缝是运移通道,而微裂缝是孔隙与宏观裂缝间的桥梁[2]。煤层既是煤层气的源岩,又是其储集层,是一种双孔隙岩层,由基质孔隙和裂隙组成,并且自身具有独特的割理系统[3]。煤层气的主要成分为甲烷,通常占比 95%以上。煤基质中发育着大量的纳米孔隙,巨大的比表面积为甲烷提供了大量的吸附位点[4]。

基质孔隙按照大小分类可以有多种方案，因研究对象、目的不同而有所差别。邹明俊等人根据压汞实验结合分形理论、按照气体在不同尺度孔隙中的流动机理将孔隙划分为：半径小于75.6 nm的微小孔、半径介于75.6～512.8 nm之间的过渡孔以及半径大于512.8 nm的大孔[5]（图1）；傅雪海等则将孔隙整体划分为两级、6类，两级分别是扩散孔隙和渗流孔隙。扩散孔中包括孔径小于8 nm的微孔、介于8～20 nm之间的过渡孔和孔径为20～65 nm的小孔。渗流孔包括65～325 nm的中孔、325～1 000 nm的过渡孔和大于1 000 nm的大孔[6]。国际纯粹与应用化学联合会（IUPAC）根据气体在孔隙内所受的作用力，将小于2 nm的孔隙称为微孔，2～50 nm称为中孔，大于50 nm的孔隙称为大孔。我国应用比较多的还有以十进制划分的孔隙分类方案：小于10 nm的微孔、10～100 nm过渡孔、100～1 000 nm的中孔和大于1 000 nm的大孔。

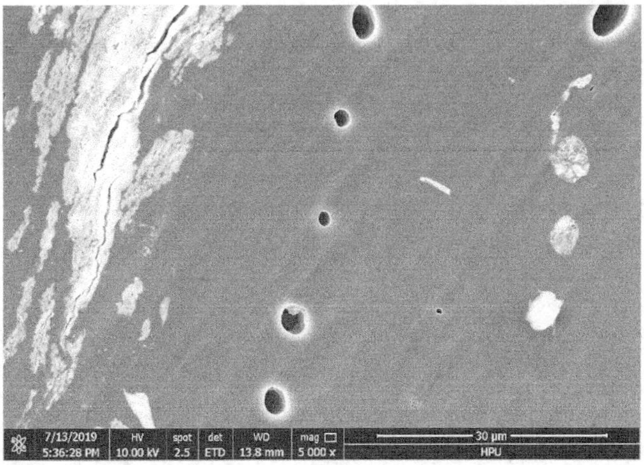

图1　电子扫描电镜下煤中大孔

1.2　吸附机理

国际上将吸附定义为一种或多种组分在界面上的富集（正吸附或简单吸附或负吸附）现象[7]。甲烷在煤中的吸附为物理吸附，其吸附能力受到煤岩组成、变质程度、孔隙结构、化学结构等内在因素控制，同时还受到温度、压力、煤中水分等外在条件的影响[8]。

现阶段人们对甲烷在煤层中的赋存机理还没有取得共识。目前广为流行的是Langmuir在1918年从分子动力学理论推导出单分子层吸附理论。该理论认为，在固体表面存在着像剧院座位那样的能够吸附分子或原子的吸附位，吸附位均匀地分布在整个表面，这时的吸附质分子并不是吸附在整个表面，而只是吸附在表面的特定位置[9]。Langmuir吸附理论假设气体分子吸附在固体表面为单层吸附；固体表面均匀，各个位置吸附能力相同；已经吸附的分子相互之间没有作用力；吸附平衡是动态平衡。其理论模型为：

$$V=\frac{V_L p}{p+p_L} \tag{1}$$

式中，V_L为朗缪尔体积，物理意义是每克吸附剂表面覆盖满单分子层时的吸附量，m^3/t；p_L为朗缪尔压力，MPa；p为压力，MPa；V为压力p下的吸附量，m^3/t。

降文萍等认为甲烷分子与煤表面发生作用的有效距离在 0.55 nm 左右，从而推测出甲烷在煤表面的吸附主要是以单分子层为主。但由实验得出当压力在 8～10 MPa 以上时，随着压力的升高，等温吸附曲线在高压条件下是呈下降趋势的，Langmuir 单分子层吸附模型的适应性因此受到限制，孔隙发育和气体凝聚是制约这一模型的主要因素。当压力过高，气体处于超临界状态时，气体性质发生变化，尤其是密度，此时气体的密度不同于低压时的气相密度，同时，容易发生气体凝聚现象，凝聚气大量占据煤的游离空间，造成吸附量降低的假象[10]。

1938 年，Brunauer、Emmett 和 Teller 将朗缪尔单分子层吸附理论扩展到多分子层吸附理论，从经典统计理论导出了多分子层吸附式[11]。除了朗缪尔吸附动态平衡、固体表面均匀、被吸附分子间无作用力假设外，另补充了三个假设：被吸附的分子和碰撞到其上的气体分子间也存在范德华力；第一层吸附热和以后各层不同，第二层吸附热和以后各层相同；吸附质的吸附和脱附只发生在暴露气相的表层。其洛伦模型为：

$$\frac{p}{V(p_0-p)}=\frac{1}{V_m C}+\frac{C-1}{V_m C}\times\frac{p}{p_0} \tag{2}$$

式中，V_m为单分子层达到饱和时的吸附量，m^3/t；p_0为实验温度下吸附质的饱和蒸汽压力，MPa；C 为与吸附热和吸附质液化热有关的系数。

甲烷的临界温度是 190.55 K，压力超过临界压力且温度在 30 ℃下处于超临界状态，压力再高也不能液化。当温度在临界温度以上时，一般不会发生多层吸附，实际的煤储层条件下一般都是这种情况。

Polanyi 在 1914 年提出了 Polanyi 吸附势理论，该理论认为，固体表面就像行星的重力场一样，对附近的吸附质分子存在着一个引力，吸附质分子被吸引到表面，形成多分子吸附层，且该过程与温度无关。Dubinin 将吸附势理论引入到微孔吸附的研究中，并于 1947 年和 Radushkevitvh 根据大量实验数据分析的基础上，给出了特征曲线相关方程，即 D-R 方程式：

$$\theta=\exp\left[-\left(\frac{A}{E}\right)^2\right] \tag{3}$$

式中，θ 为微孔填充率，$\theta=\frac{W}{W_0}$；W 是某一相对压力下吸附相体积；W_0为吸附达到饱和时吸附相体积；E 为特征吸附能，$E=\beta E_0$，E_0是参考流体(对活性炭来说，参考流体一般是苯)的特征吸附能；β 相似系数，表征与参考流体的相似程度[12]。

D-R 方程是建立在三个假设基础上的：θ 是吸附势的函数；β 是常数；孔分布是 Gaussian 型。

在 20 世纪 70 年代初，适用性更为广泛的 D-A 方程出现了，与 D-R 方程相比，它虽然多了一个拟合参数，但是使用的灵活性大大提高，如下所示：

$$\theta=\exp\left[-\left(\frac{A}{E}\right)^n\right] \tag{4}$$

关于 n 的计算：从等温吸附实验结果可以得到 W_0，即得 W/W_0。当 $A=E$ 时，$\theta=1$，有：

$$\theta=\frac{W}{W_0}=\frac{1}{e}=0.368$$

可以从吸附等温线上读出与 0.368 相对应的 p_0/p，按下式计算：

$$E=RT\ln\frac{p_0}{p} \tag{5}$$

最后从吸附等温线上找到一组吸附量对压力的数据，即可求得 n 值。

D-A 方程同样存在缺陷，当压力趋于 0 时，方程不能回归到 Henry 定律，因此 Dubinin 指出微孔填充理论仅适用于较高填充率的吸附过程[13]。

D-R 方程一般适用于吸附孔隙孔径较小的情况，且在这些孔隙中不易发生多层吸附或者毛细管凝结现象。D-A 方程中虽然多了一个参数 n，但是 n 随着孔隙孔径尺度的不同而变化，所以 D-A 方程适用范围更广。

1.3 吸附界面

对于甲烷在煤中的赋存形态已经形成共识，包括吸附态、游离态和溶解态[14]。在某些情况下，同一物质两种相态的变化在一个方向上受到一种状态的限制，在这种状态下，两种共存相态的区别消失了，这种状态被称为临界状态[15]。对于赋存在煤层中的甲烷来说，当温度在临界条件以下时，它是一种气态的混合物；当温度大于甲烷的临界状态时，它存在的形式介于气态和液态间的超临界态。甲烷在煤层中，初始压力较低时，首先发生微孔内吸附，吸附曲线迅速上升；随着压力的增大，吸附曲线慢慢趋于平坦，发生外表面吸附；当压力接近饱和蒸气压时，由于微粒子之间存在缝隙，在大孔中发生吸附，等温线又迅速上升。

根据 Gibbs 吸附理论，甲烷在煤基质中发生气体吸附时，气相和固相存在一个界面层，在界面层内存在一个浓度最高峰的面，这个浓度最高的面叫作 Gibbs 吸附面(假定其面自由存在)，如图 2 所示。

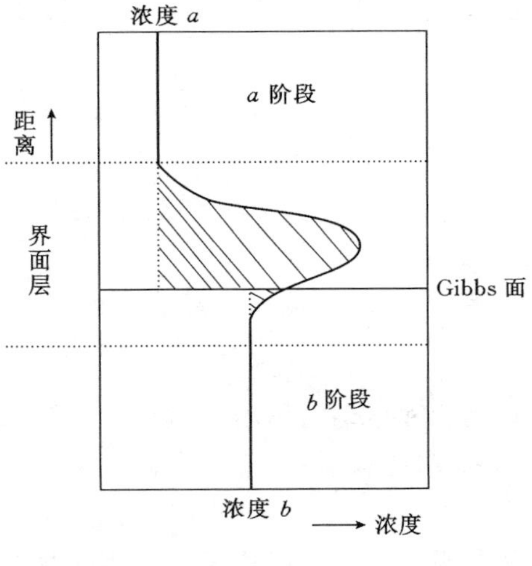

图 2 不同相浓度距离示意图

图 2 中虚线是界面层的界限，单位面积的过剩吸附量(表面过剩浓度 n_i^σ/A_s) 为图中两个阴影部分的面积之和。微观吸附面吸附量的定义为：当界面层中的浓度不同于相邻体相中的浓度时，则多组分、多相系统中的一种或多种组分在一种或多种相边界处就会发生吸附。如图 2 所示，a 与 b 相的浓度分别用 ρ_a、ρ_b 表示；组分 i 的表面过剩吸附量或吉布斯吸附量用 n_i 表示；字母上标表示界面层内，与界面层有关；界面层内的实际浓度用 n_i^σ 表示，则：

$$n_i^\sigma = n_i - V^a c_i^a - V^b c_i^b \tag{6}$$

其中，n_i 是 i 系统中的总量；c_i^a、c_i^b 分别是体相 a、b 的浓度；V^a、V^b 为不同相的体积，由吉布斯面来确定。这时公式(6)可以写成如下形式：

$$n_i^{\sigma} = \int_{a\text{阶段}}^{\text{Gibbs面}} (c_i - c_i^{a})\mathrm{d}V + \int_{b\text{阶段}}^{\text{Gibbs面}} (c_i - c_i^{b})\mathrm{d}V \tag{7}$$

若相接区域面积 A_s 已知，则吉布斯表面浓度或表面过量浓度 Γ_i^{σ} 可以表示成：

$$\Gamma_i^{\sigma} = \frac{n_i^{\sigma}}{A_s} \tag{8}$$

总吉布斯表面浓度或总表面过量浓度为：

$$\Gamma^{\sigma} = \sum_i \frac{n_i^{\sigma}}{A_s} \tag{9}$$

在固相与气相中，Gibbs 面的表达则如图 3 所示。

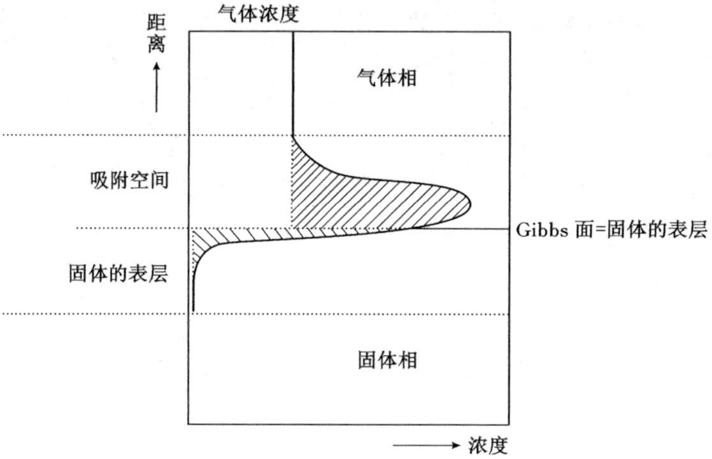

图 3　固相-气相模式

2　解吸

当被吸附的气体分子在热运动和振动的作用下，拥有足够的动能来克服煤体表面引力场的引力作用时，就会重新回到游离状态，这一过程称为解吸。

朱苏阳等认为煤层气的生产过程需要经历排水降压和解吸产气两个过程，而气体的解吸也包括液相解吸和气相解吸两种模式。首先液相吸附占据了煤层中大孔隙，当储层压力达到临界解吸压力后，微孔中气体开始解吸，同时地层水中溶解的甲烷也开始从水中析出，此时煤层中气相与液相共存。随着煤层进一步排水采气，液相吸附控制的区域不断减小，而气相吸附控制的区域不断增大[16]。

刘曰武等认为，当煤层中的压力到达且低于解吸临界压力时，甲烷分子开始解吸，在临界状态时吸附解吸处于动态平衡，随着储层压力降低，在煤层内部微孔隙浓度差的作用下发生扩散，扩散到表面微孔隙，基质表面的解吸作用非常快，足以维持吸附气和自由气之间的动态平衡。在煤基质内部的吸附气与自由气处于不平衡状态[17]。

煤层中甲烷的解吸往往伴随着能量的变化，甲烷吸附放出热量，解吸则吸收热量。煤层气吸附体系的吸附力和吸附能决定了不同煤阶煤对不同气体吸附量的大小。煤层甲烷在解吸过程中,高阶煤的阶段解吸量先快速下降,随后升高,再下降;低煤阶煤则出现了两个波峰。解吸过程中阶段解吸量快速下降又升高的主要原因是煤基质的收缩效应和自调节效应,其本质原因是高低煤阶不同的分子结构特征以及孔隙、裂隙、割理发育特征的差异性。

3 扩散

近些年,国内外众多学者对煤层气的扩散模型作出了不同的阐述。GRI 组织介绍了煤层气扩散理论,指出煤层中气体扩散包括:努森扩散、体扩散和表面扩散,煤基质甲烷分子自高浓度向低浓度方向扩散进入到割理-裂隙系统,扩散满足 Fick 第一定律。1984 年 Smith 等人指出煤层气扩散为努森扩散、体扩散和表面扩散共同结果,其中哪一种起主要作用取决于煤孔隙结构和压力。2000 年和 2001 年,聂百胜和何学秋等用物理化学理论分析了煤层甲烷在煤体中的扩散模式和微观机理,得出存在多种扩散模式:Fick 型扩散、过渡型扩散、努森扩散、表面扩散和晶体扩散。其中 Fick 型扩散、过渡型扩散和努森扩散统称为气相扩散,其他扩散形式为固相扩散,且整体扩散是以气相扩散为主[18]。

甲烷在煤体中的扩散包括表面扩散、体扩散两大类。表面扩散即煤基质表层的孔裂隙和表层外的游离气之间的扩散;体扩散指煤基质内部孔裂隙中的甲烷煤层气由于浓度梯度原因渗透到煤基质表层或者尺度大的裂隙中,由于压差通过裂隙渗流到生产井。当固体基质表层孔裂隙的煤层气浓度减小到一定程度时,基质内部孔裂隙的煤层气在浓度差的作用下向浓度低的基质表层扩散,扩散过程中由于孔裂隙的大小尺度不同,会发生不同机制的扩散形式,这一过程控制了煤层气井的产气寿命。

在致密气和煤层气储层中,由于纳米孔隙的存在,甲烷的运移机制不遵循常规的线性流动方程。广泛应用于常规岩石中流体流动估计的达西定律和由浓度梯度作为驱动力的自由分子扩散的 Fick 第一定律都是线性扩散定律。然而,在纳米孔隙中,测量到的流体流速比连续流体动力学模型的预测高几个数量级,所以常规的线性流体流动规律已不再适用。

甲烷在煤基质中的扩散方式包括:裂隙中压力作用而符合 Darcy's Law 的层流;中、大孔浓度作用的 Fick 扩散;微孔的 Knudsen 扩散。

3.1 Fick 扩散

Fick 扩散定律是描述气体扩散现象的一种宏观规律,于 1855 年由 Adolf Eugen Fick 提出[19]。Fick 扩散主要由两部分组成:稳态扩散和非稳态扩散。在稳态扩散条件下,单位时间内通过垂直于扩散方向的单位截面积的扩散物质流量与该截面处的浓度梯度成正比,也就是说,浓度梯度越大,扩散通量越大,这就是 Fick 第一定律。在非稳态扩散过程中,扩散物质的浓度随时间而变化,根据扩散物质的质量平衡,在 Fick 第一定律的基础上推导出了 Fick 第二定律,用以分析非稳态扩散,在非稳态扩散过程中,在距离 x 处、浓度随时间的变化率等于该处的扩散通量随距离变化率的负值。

Fick 第一定律主要描述了分子的扩散速度和什么参数有关。分子的扩散速度以扩散通量(符号 J,单位 $mol/m^2 \cdot s$)表示,它的定义是在单位时间内,穿过单位面积横截面的分子的量。

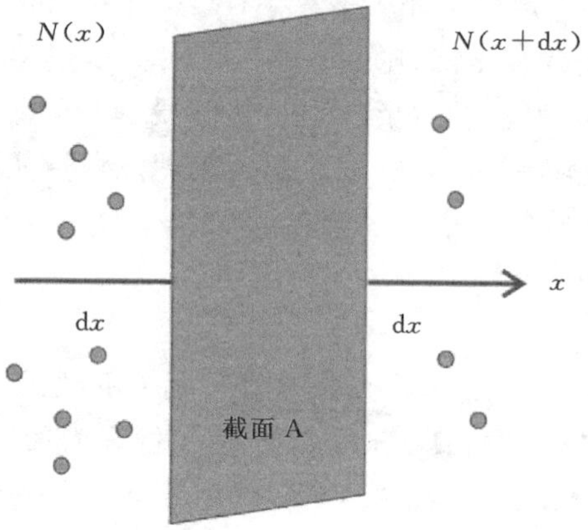

图 4　Fick 扩散第一定律示意图

假设有一个面积为 A 的界面 A(图 4),在其左侧 dx 距离内有 $N(x)$ 个分子,在其右边距离内有 $N(x+dx)$ 个分子。对任意一个分子,往左或往右扩散的概率都是 0.5。则可以计算在时间 τ 内,有 $0.5N(x)$ 个分子从截面左边跑到右边,有 $0.5N(x+dx)$ 个分子从截面右边跑到左边。那么沿着 x 轴穿过截面的净分子的量是 $-0.5[N(x+dx)-N(x)]$。

在单位时间 τ 内,穿过截面 A 的扩散通量 J 就等于:

$$J=\frac{-\frac{1}{2}[N(x+dx)-N(x)]}{A\tau} \tag{10}$$

由于浓度 $C(x)=\frac{N(X)}{Adx}$,所以式(10)可以写成如下形式:

$$J=-\frac{(dx)^2}{2\tau}\frac{[C(x+dx)-C(x)]}{dx}=-D\frac{\partial C(x)}{\partial x} \tag{11}$$

式中,D 是扩散系数,它是一个常数,与温度、流体的黏度以及分子的大小相关。$\partial C(x)/\partial x$ 是浓度梯度,浓度梯度越大,扩散系数越高(温度越高,流体黏度越小,分子体积越小),则分子扩散的速度就会越快。

Fick 第二定律描述了在某 x 点,物质的浓度随着时间变化的规律(图 5)。它是由 Fick 第一定律推导而来:

在上述柱体空间(体积为 Adx)内,假设分子在扩散的过程中并不会被凭空产生或者消失,且在单位时间 τ 内,该柱体内的浓度的变化就是:

$$\frac{C(t+\tau)-C(t)}{\tau}=\frac{1}{\tau}\frac{[J(x)-J(x+dx)]A\tau}{Adx}=-\frac{[J(x+dx)-J(x)]}{dx} \tag{12}$$

当 $\tau\rightarrow 0, dx\rightarrow 0$ 时,式(12)可以改写成如下形式:

$$\frac{\partial C(x)}{\partial t}=-\frac{\partial J(x)}{\partial x} \tag{13}$$

将 Fick 第一定律带入式(13)中,得出 Fick 第二定律最后形式:

$$\frac{\partial C(x,t)}{\partial t}=D\frac{\partial^2 C(x,t)}{\partial x^2} \tag{14}$$

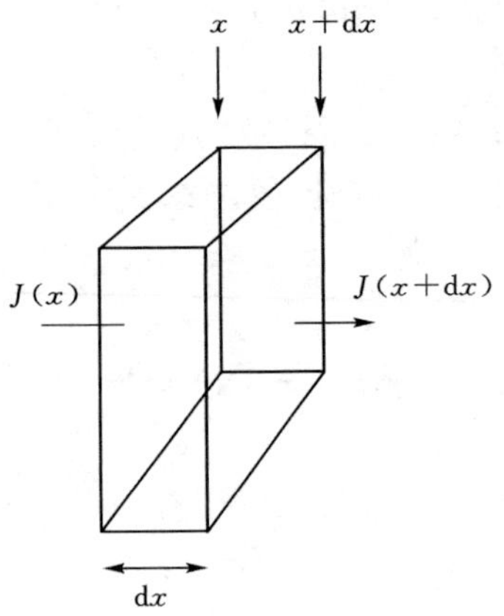

图5 Fick扩散第二定律示意图

3.2 Knudsen扩散

钱学森首先用Knudsen系数(努森数 K_n)区分稀薄流体的流动扩散状态,此后人们便常用这一系数来衡量区分不同扩散形式。K_n 是气体流过小孔时所遇到的气体稀薄程度的量度,它的定义为气体分子的平均分子自由程 λ 和流场中物体的特征长度 d 的比值:

$$K_n=\frac{\lambda}{d} \tag{15}$$

气体的平均自由程可以采用下式求得:

$$\lambda=\frac{K_B T}{\sqrt{2}\pi\delta^2 P} \tag{16}$$

式中,K_B为玻尔兹曼常数,$1.380\,5\times10^{-23}$ J/K;T 为温度,K;δ 为气体分子碰撞直径,甲烷的分子碰撞直径为0.38 nm;P 为压力,Pa。

当 K_n 值小于0.001时,气体流动属于连续流动,此时无滑移边界条件是有效的;K_n 值介于0.01～0.1时,气体流动属于滑移流动;K_n 值介于0.1～10时,气体流动称为过渡流动;K_n 值大于10时,气体流动称为自由分子流[20]。气体混合物的平均自由程随着压力的增大或温度的降低而减小。

当孔径的尺度很小时,气体分子平均自由程可能远大于介质的孔径,此时气体分子与介质孔壁碰撞的机会多于分子之间的碰撞,阻止气体扩散的主要因素为气体分子与孔壁的碰撞,而分子之间的碰撞阻力可以忽略不计。这种情况下气体的运移为努森扩散。

4 结论

(1) 甲烷在煤中的吸附主要是吸附在煤基质孔隙中,随着压力和温度的增大,达到超临界相以后,甲烷的吸附机理与吸附能力都会发生变化。

(2) 在煤层中,气相和固相的微观吸附形式遵循Gibbs微观吸附原理,即气相和固相之间存在着一个浓度较高的Gibbs面，且在Gibbs面两侧的浓度依次降低至与相接触的气相和固相浓度值相同。

(3) 甲烷在煤中的运移扩散包括：表面扩散、基质内部甲烷向表面基质运移、纳米孔隙中的Knudsen扩散、大尺度孔裂隙中的Fick扩散与达西流。煤层气开发中气体的产出是多种运移模式和多个运移阶段的耦合与叠加。

参考文献

[1] 卢海平，张庆玉，赵春红，等.浅议天然气、煤层气、页岩气成藏特征及勘探开发[J].中国矿业，2020，29(S2)：398-401.

[2] JIA Q F，LIU D M，CAI Y D，et al.Petrophysics characteristics of coalbed methane reservoir：a comprehensive review[J].Frontiers of Earth Science，2020：1-22.

[3] 苏现波，林晓英.煤层气地质学[M].北京：煤炭工业出版社，2009.

[4] YANG Z H，WANG W H，DONG M Z，et al.A model of dynamic adsorption-diffusion for modeling gas transport and storage in shale[J].Fuel，2016，173：115-128.

[5] 邹明俊，韦重韬，张苗，等.基于压汞实验的煤孔隙系统分形分类[J].煤炭工程，2013，45(10)：112-114.

[6] FU X H，QIN Y，ZHANG W H，et al.Fractal classification and natural classification of coal pore structure based on migration of coal bed methane[J].Chinese Science Bulletin，2005，50(S1)：66-71.

[7] 耿玉林，亓宪寅，贾善坡.考虑吸附-解吸效应的气固耦合模型[J].湖南科技大学学报(自然科学版)，2020，35(1)：40-48.

[8] 王琳琳，龙正江，朱冠宇.中阶构造煤等温吸附/解吸特征及机理[J/OL].沉积学报，2020(网络首发论文).https：//doi.org/10.14027/j.issn.1000-0550.2020.086.

[9] LANGMUIR I.The adsorption of gases on plane surfaces of glass，mica and platinum[J].Journal of the American Chemical Society，1918，40(9)：1361-1403.

[10] 桑树勋，朱炎铭，张井，等.煤吸附气体的固气作用机理(Ⅱ)：煤吸附气体的物理过程与理论模型[J].天然气工业，2005，25(1)：16-18.

[11] BRUNAUER S，EMMETT P H，TELLER E.Adsorption of gases in multimolecular layers[J].Journal of the American Chemical Society，1938，60(2)：309-319.

[12] DUBININ M M，ZAVERINA E D，RADUSHKEVICH L V. Sorption and structure of active carbons I[J]. Adsorption of Organic Vapors，1947，21：1351-1362.

[13] DUBININ M M.Physical adsorption of gases and vapors in micropores[M]//Progress in Surface and Membrane Science.Amsterdam：Elsevier，1975：1-70.

[14] 石军太，李相方，徐兵祥，等.煤层气解吸扩散渗流模型研究进展[J].中国科学：物理学 力学 天文学，2013，43(12)：1548-1557.

[15] GIBBS J W. On the equilibrium of heterogeneous substances [J].Transactions of the Connechcut Academy，1878，Ⅲ：57-353.

[16] 朱苏阳.煤层气的吸附—解吸机理及应用研究[D].成都：西南石油大学，2018.

[17] 刘曰武,苏中良,方虹斌,等.煤层气的解吸/吸附机理研究综述[J].油气井测试,2010,19(6):37-44.

[18] 何学秋,聂百胜.孔隙气体在煤层中扩散的机理[J].中国矿业大学学报,2001,30(1):1-4.

[19] FICK A.Ueber diffusion[J].Annalen Der Physik,1855,170(1):59-86.

[20] WU H,YAO Y B,LIU D M,et al.An analytical model for coalbed methane transport through nanopores coupling multiple flow regimes[J].Journal of Natural Gas Science and Engineering,2020,82:103500.

循环加卸载作用下煤体细观损伤及渗透率演化规律研究

王俊光,余庆熔,宣章清,王盼盼

(辽宁工程技术大学力学与工程学院,辽宁阜新,123000)

摘　要:伴随着技术进步及浅部矿产资源枯竭,深部矿产资源开发与利用成为常态。深部煤层开采过程中,煤岩所受力学环境复杂,往往受到循环加卸载状态。应力状态的改变必然导致孔隙率及渗透率的变化,研究煤体孔隙率及渗透率演化规律对资源开采及安全具有重要意义。以煤体为研究对象,利用自主研制的三轴渗透仪,开展了围压等幅循环加卸载条件下煤孔隙率及渗透率演化规律实验研究。通过改变初始围压值及循环载荷幅值,得到循环初始围压和循环载荷幅值等对围压等幅循环加卸载条件下煤体渗透率演化影响。基于核磁共振实验得到围压等幅循环载荷对煤体孔隙结构演化影响。实验结果表明:预应力加载时,随着围压的增加,煤岩孔隙率及渗透率降低。随着围压加卸载次数的增加,煤岩孔隙率及渗透率逐渐降低并趋于稳定。循环幅值一定时,初始围压值越高,孔隙率及渗透率稳定值越小;初始围压值一定时,循环幅值越大,孔隙率及渗透率变化幅度越大。孔隙率及渗透率随加卸载次数的增加呈指数减小关系。随着循环加卸载的次数增加,使煤岩孔隙率及渗透率达到相对稳定的状态。通过 NMR 分析,循环加卸载过后,煤岩大孔减少趋势明显,中孔次之,小孔基本未发生较大变化,煤岩孔径越大,煤岩渗透率越大。

关键词:循环载荷;深部煤体;孔隙结构;渗透率;核磁共振

0　引言

随着开采深度的不断增加,开采过程中高地应力、高渗透压对工作面围岩的影响显著增加[1]。研究深部煤岩力学特性等已成为当下新热点。对于深部地下工程,由于开采等剧烈扰动作用,岩石受到的应力往往是不断变化的动载荷,相当于对岩石施加了循环荷载。循环加卸载路径下[2]煤岩体力学及渗透特性与常规加载[3]存在显著差异。而不同的循环路径对煤体力学及渗透特性影响也不尽相同。王子辉等[4]研究发现,围压一定、轴压峰值逐次递增式循环加卸载时,峰前煤岩会造成微弱的损伤后恢复;蒋长宝等[5]试验发现,围压一定、轴压等幅变上下限循环加卸载时,随应力上限升高,每个应力水平中第一个循环对页岩损伤影响最大,该水平内其余循环对页岩损伤影响较小。唐胡丹等[6]发现,在低频不等幅循环荷载作用下,石灰岩试样内三维微裂隙多重性和局部扩展规律受预制裂隙的影响。完整试样和不同预制裂隙试样破坏过程受不同力学机制的主导并从宏观上表现出不同的破坏模式。虽然不同学者对不同路径下煤岩力学及渗透特性的研究较多[7-10]，但对峰前围压等幅循环加卸载方面的研究还不够系统，有进一步研究的空间。

同时，煤是一种由孔隙及裂隙组成的复杂非均质无机物[11-12]，煤的渗透率变化与其孔隙率变化息息相关，孔隙率低程度变化都可能引起煤岩渗透率数量级的改变[13]，因此有必要研究煤体渗透率变化过程中孔隙率的变化规律。有研究表明，对于不同的岩样，煤体孔隙率和渗透率函数关系存在差异，可能出现指数或者幂函数等不同相关性[14]。另外该规律在简单加卸载路径下同样适用[15]。但在复杂加卸载路径上的有关于孔隙率及渗透率之间相对关系的研究相对较少，有必要进行深一步研究。在孔隙率的研究方法方面，比较传统的有液氮吸附法和压汞法[16]，通常将两者结合共同分析煤岩孔裂隙结构。随着科技的发展，近些年较为常见孔隙分析方法有电镜扫描法[17]、CT 扫描法[18]、核磁共振法[19]等。其中电镜扫描法和 CT 扫描法主要以孔隙结构可视化为优点，将煤体宏-细-微观相结合进行分析。而核磁共振法能通过测得岩石孔隙的 T_2 谱曲线和孔隙率，能够定量分析岩石在外力的作用下，内部大小不同孔隙的数量和尺度变化规律[20]，对于分析加卸载条件下煤体孔隙率对渗透率的影响有较大帮助。

鉴于此，本文采用自主研制的三轴渗透仪与 MR-60 核磁共振岩芯分析仪相结合，基于煤体孔隙中流体的驰豫特征，从煤岩渗透率及煤体孔隙 T_2 谱曲线等方面，以研究围压等幅循环加卸载作用下，煤体渗透率及孔隙率变化规律及相关关系。通过改变应力路径方式，更深层次研究峰前围压循环加卸载对煤体渗流特性及孔隙率影响，为解决实际煤体渗流问题提供理论依据。

1 实验设备与实验方案

1.1 实验设备

渗流实验设备采用辽宁工程技术大学自主研制的三轴渗透仪，装置主要由应力加载系统、温度控制系统、煤样加持器和数据采集系统等组成。热塑套紧密贴合煤样，压头固定好热塑套，以保证气水完全分离。煤体孔隙率测量装置选用苏州纽迈电子科技有限公司 MR-60 核磁共振岩芯分析仪，设备主磁场为 0.51 T，射频脉冲频率为 1.0～49.9 MHz，射频功率 300 W。主要测试参数：射频信号频率主值（SF）为 32 MHz，磁体温度（T）为 32 ℃，单次采样点数（TD）为 1024，累加采样次数（NS）为 32 次，回波时间（TE）为 0.233 ms，回波个数（$NECH$）为 6 000。煤体分别在真空压力值为−0.1 MPa 真空饱水装置中饱和水 12 h 后，进行核磁共振测试。整体实验装置测试原理如图 1 所示。

1.2 煤样选取

煤样取自平煤 12 矿 31030 工作面己$_{15}$煤层，对应地面标高 230～320 m，整体赋存较好，裂隙较发育，受构造影响，部分区域煤厚有变化，煤层倾角变化不大。按照规范要求将煤体加工成 50 mm×50 mm×100 mm 标准试件。试验前通过超声波测试、质量和几何尺寸测试进行试样筛选，选取波速和密度相对集中的岩样作为试验岩样，典型岩样如图 2 所示，超声波测试结果如表 1 所示。

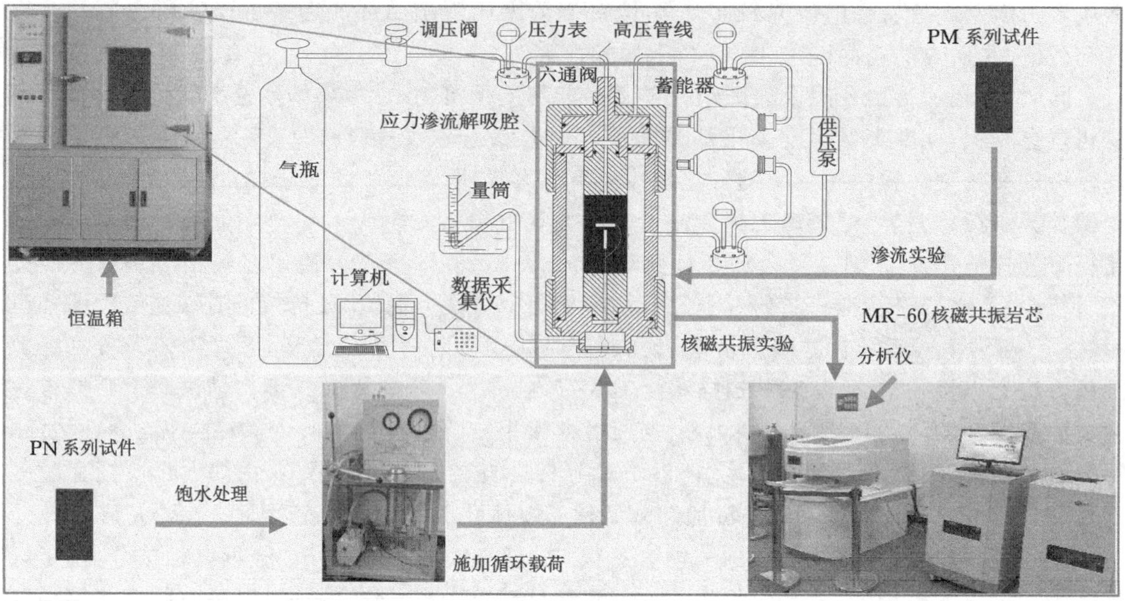

图 1　实验装置图

图 2　煤样

表 1　煤体超声波测试结果

试件编号	PM1	PM2	PM3	PM4	PM5	PM6	PN1	PN2	PN3	PN4	PN5	PN6
声速	1.04	1.03	1.08	1.09	1.1	1.03	1.14	1.15	1.15	1.15	1.15	1.16
声时	96.27	97.47	94.3	91.43	90.8	97.33	87.6	87.3	86.93	87.07	86.8	86.53

1.3　实验方案

基于已测得的三轴煤岩抗压强度，设计围压循环加卸载路径。考虑到实验装置承受能力，实验循环围压应力大小固定在 5～20 MPa 之间。以 5 MPa 为一级，设计 5～10 MPa、5～15

MPa、5～20 MPa、10～15 MPa、10～20 MPa、15～20 MPa 共 6 种应力路径，轴压保持 20 MPa 不变。具体围压应力路径如图 3 所示。具体实验步骤如下：

(1) 连接装置并检查装置气密性，然后安装试件。

(2) 预应力加载。调节三轴应力加载系统，先将轴压调节至 20 MPa，围压为应力路径 1 初始值 5 MPa。

(3) 打开气瓶，调节调压阀使孔隙压力为 2 MPa，待孔隙压力稳定后，测量出渗流气体的流量，并记录时间、轴压、围压、孔隙压力等数据。

(4) 按应力路径 1 应力变化调节应力，重复(2)～(3)。

(5) 重新选取 PM 试件及应力路径，重复(1)～(4)。

(6) 重新选取 PN 系列煤样，进行饱水处理，按不同应力路径加载后，进行核磁共振测试。

由于煤是一种多孔介质，煤层中的瓦斯流动可以用线性渗流定律粗略地描述。对 Darcy 渗透率公式中的流量和压力进行归一化处理，可以得到可压缩气体轴向渗透率的计算公式：

$$K = \frac{2P_0 Q_0 \mu L}{A(P_1^{\ 2} - P_2^{\ 2})} \tag{1}$$

式中，K 为煤的渗透率，mD；Q 为气体流速，cm^3/s；μ 为气体黏度系数，Pa·s；L 为煤样长度，cm；A 为煤样的横截面积，cm^2；P_1 和 P_2 分别为原煤样品入口和出口处的相对气体压力，MPa。

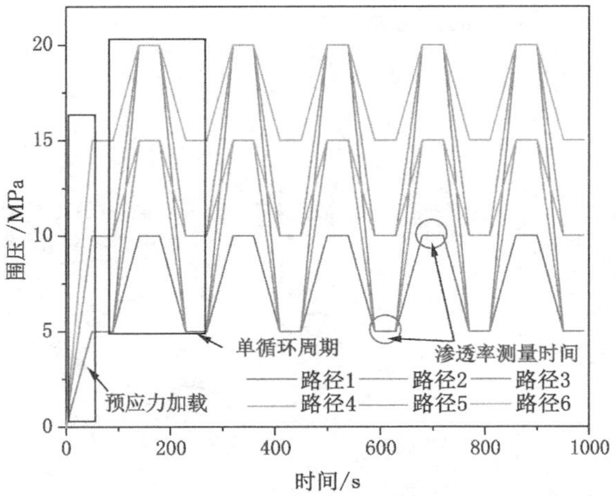

图 3　围压应力路径图

2　实验结果分析

2.1　基于核磁共振的循环载荷作用下煤体孔隙率变化规律分析

(1) 核磁共振基本原理

NMR 利用均匀磁场中核磁共振氢谱分析多孔介质的孔隙率和流体特征。只有含氢的流体，如 CH_4 和 H_2O，才能表现出核磁共振驰豫现象。无氢流体，如 Ar 和 CO_2 等，则无法收到核磁共振信号。因此核磁共振实验前应将试件进行饱水处理。

横向弛豫时间 T_2 可用于表征氢流体在多孔介质(如煤)中的驰豫行为。煤孔隙流体的驰豫行为可分为自由弛豫、表面驰豫和扩散驰豫三类。总弛豫时间(T_2)孔隙中流体的多少可以用下式表达:

$$\frac{1}{T_2}=\frac{1}{T_{2B}}+\frac{1}{T_{2S}}+\frac{1}{T_{2D}} \tag{2}$$

式中,T_2 为总驰豫时间,T_{2B} 为自由驰豫时间,T_{2S} 为表面驰豫时间,T_{2D} 为扩散时间。

实验结果表明,T_{2B} 一般在 3 000 ms 以上,远远大于 T_2 值。因此,式(1)右侧第一项可忽略不计。另外,在均匀磁场下,$1/T_{2D}=0$。因此式(1)可简化为:

$$\frac{1}{T_2}=\frac{1}{T_{2S}}=\rho_2\frac{S}{V} \tag{3}$$

式中,ρ_2 为表面驰豫度;S 为孔隙表面积;V 为孔体积。

(2) 核磁共振 T_2 谱分析

T_2 值的大小与孔径大小正相关,T_2 值越小,孔径就越小;T_2 值越大,孔径就越大。T_2 谱峰值与孔隙数量正相关,峰值越大,相应孔径孔隙的数量越多。因此,T_2 谱曲线能够反映岩样内孔隙的孔径信息和不同孔径孔隙的数量信息。图 4 为初始围压值 5 MPa、不同循环幅值下 5 次循环后煤体孔隙率 T_2 图谱。

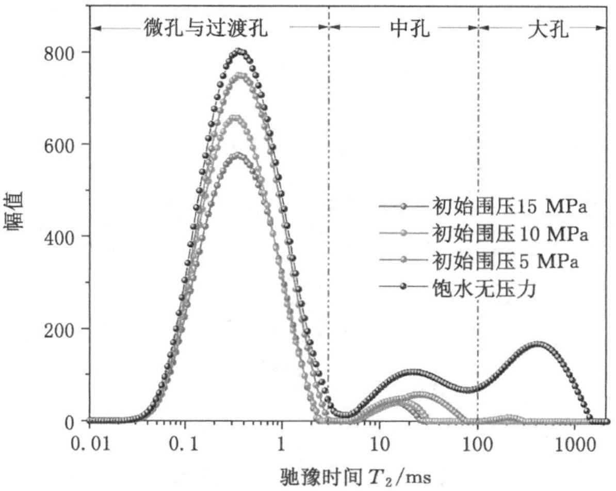

图 4 不同循环幅值下煤体核磁共振 T_2 图谱

由图 4 可知,在未加载前,煤体有明显的 3 个谱峰,微小孔谱峰最大,大孔次之,中孔最小。但在 5 次循环加卸载后,大孔谱峰骤减至几乎为 0,微小孔与中孔谱峰也有不同程度的减小,这是因为加载前煤体进行过饱水处理,煤体中孔隙被撑开,使大孔较多,另一部分是围压的反复作用使煤体中的孔隙逐渐闭合,一部分饱和水溢出,同时孔隙下降。进一步分析不同循环幅值下煤体孔隙率发现,伴随着循环幅值的增加,煤体孔隙进一步下降,并且第一谱峰出现微弱的左移。这说明随着循环幅值的增加,煤体孔隙被挤压程度更甚,且整体呈现孔隙缩小化,即小孔、中孔变得更小,大孔几乎消失。

图 5 为相同循环幅值,不同初始围压时煤体 5 次循环后孔隙率 T_2 图谱。分析发现,不同

初始围压下煤体 T_2图谱变化规律与不同循环幅值时相似，都是各谱峰逐渐减小。同时也存在差异，随着初始围压的升高，煤体中孔减小量更大，这说明初始围压的改变对煤体孔隙结构中的中孔影响更大，进一步对煤体渗透率影响更大。

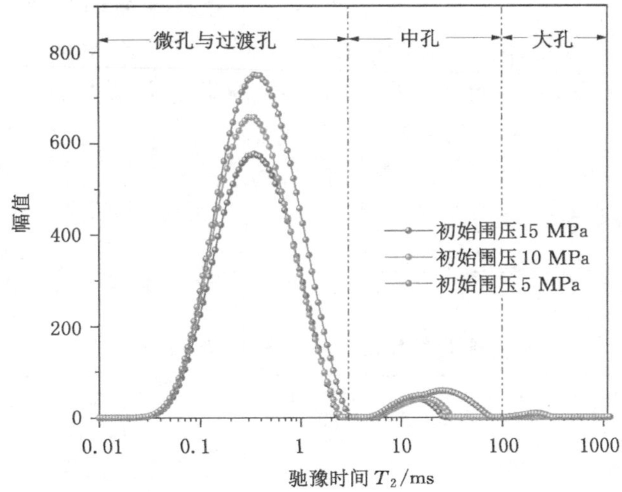

图 5　不同初始围压煤体核磁共振 T_2图谱

(3) T_2谱面积分析

T_2谱面积(T_2谱曲线积分面积)与孔隙数量多少和孔隙率大小正相关，谱峰面积(T_2 谱曲线的单个谱峰积分面积)与相应孔径的孔隙数量和孔隙率大小正相关[21]。煤体孔隙中，分为主要负责渗透通道的渗流孔和无法进行渗流的吸附孔，如图 6 所示。一般将煤岩的 T_2 谱曲线中第一谱峰视为吸附孔隙，第二、第三谱峰视为渗流孔隙。表 2 为不同路径作用下煤体的核磁共振谱面积。

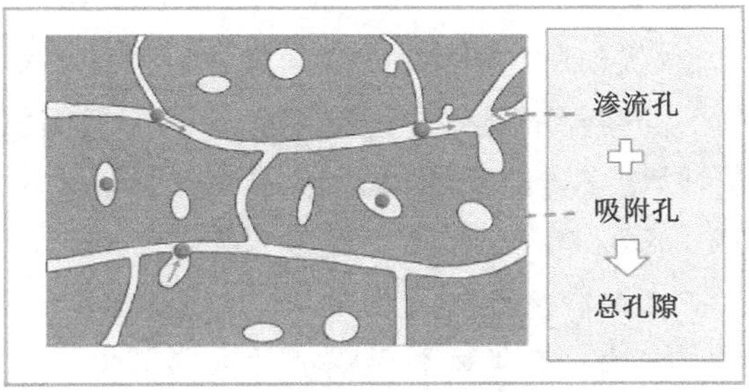

图 6　煤体孔隙结构特征

由表 2 可知，不同初始围压、不同循环幅值峰前循环加卸载后的谱面积与大、小孔隙谱峰面积变化趋势相似。分析试件 PN6 不同循环次数煤体核磁共振谱面积变化可知，随着循环次数的增加，谱面积、小孔和大孔的谱峰面积都逐渐减小，说明随着循环次数的增加，煤体孔隙率不断降低，第三次循环时，煤体谱面积从 2 014.35 减小到 1 587.21，整体孔隙缩小了 21.2%，第五次循环时，煤体谱面积从 1 587.21 减小到 1 413.86，整体孔隙只缩小了 10.9%，说明峰前加卸载时，前几次加卸载对煤体孔隙的影响较大，随着加卸载次数的增加，对煤体孔隙影响逐渐减小。分析试件 PN1-3 可知，当循环幅值一定时，随着初始围压的增加，煤体核磁共振谱面积呈现逐渐减小的趋势，但小孔隙谱峰比例逐渐增加，大孔隙谱峰比例逐渐减小，这说明伴随着初始围压的增加，煤体被挤压程度逐渐增高，大孔隙逐渐被挤压缩小，不断有渗流孔转化成吸附孔，而吸附孔随之也在逐渐缩小。随着渗流孔的不断转化，导致吸附孔所占比例逐渐升高。分析试件 PN1、PN5、PN6 发现，相同初始围压下，不同循环幅值煤体核磁共振谱面积变化趋势与不同初始围压时相同，不同的是压差从 5 MPa 增加到 15 MPa 时，煤体小孔隙谱峰比例从 20.41％增加到 37.32％，增长了 16.91％。而初始围压从 5 MPa 增长到 15 MPa 时，煤体小孔隙谱峰比例从 20.41％增加到 52.36％，增长了 31.95％，比不同压差下小孔隙谱峰比例增长将近多了一倍，这说明初始围压的变化对煤孔隙率的影响更大。

表 2　不同路径作用下煤体核磁共振谱面积

试件编号	初始围压/MPa	循环幅值/MPa	循环次数	谱面积	小孔隙谱峰面积	小孔隙谱峰比例％	大孔隙谱峰面积	大孔隙谱峰比例％
PN3	15	5	5	1 123.99	588.50	52.36	535.49	47.64
PN2	10	5	5	1 335.49	623.55	46.70	711.88	53.30
PN1	5	5	5	4 271.94	871.92	20.41	3 400.01	79.59
PN5	5	10	5	2 537.72	620.81	24.46	1 916.91	75.54
PN6	5	15	1	2 014.35	601.25	29.85	1 413.10	70.15
PN6	5	15	3	1 587.21	552.36	34.80	1 034.85	65.20
PN6	5	15	5	1 413.86	527.69	37.32	886.16	62.68

2.2　围压循环加卸载作用对煤体渗透率影响规律

本文对多组煤样进行应力扰动试验研究，选取最具代表性的煤样进行分析。按试验步骤中应力路径进行加载，得到不同路径下煤体渗透率变化规律。为模拟煤体在地层中的应力环境，对煤体进行预应力加载，随着应力的增加，煤体渗透率呈指数减小趋势。预应力加载后，对煤体进行设定应力路径循环加载，如图 7 所示。结果表明，随着围压循环次数的增加，煤体渗透率整体呈现负相关，且首次加卸载渗透率变化量最大，随着加卸载次数增加，渗透率变化量逐渐减小，并逐渐趋于稳定。说明首次加卸载是煤体渗透率变化的主要阶段，分析可知随着循环次数的无限增加，总存在一个值，使煤体渗透率不再变化。

为了更加深入研究峰前围压循环加卸载与渗透率之间的关系，对不同路径下煤体渗透率随加卸载次数变化趋势进行非线性回归拟合，发现煤样渗透率与加卸载次数满足负指数关系，拟合结果如图 7 所示。表达式为：

$$y = A_1 \times e^{-x/t_1} + y_0 \tag{4}$$

其中，A_1 为指前因子，代表了渗透率可损失的最大值；t_1 为弛豫时间。

无论选取何种应力路径，渗透率变化量与应力循环次数表现出良好的相关性。可以反映出煤体在加载峰值、卸载低值时渗透率的变化规律。不同煤体中，应力路径 2 下渗透率较大，这是因为路径 2 实验煤体存在明显裂隙，并未被超声波监测到。裂隙的存在使煤体渗透率增大，但并未影响其随着循环次数的增加渗透率减小的趋势。不同路径中，应力峰值渗透率一直低于应力低值渗透率，随着应力差的加大，应力峰值与低值的渗透率差值百分比越大。

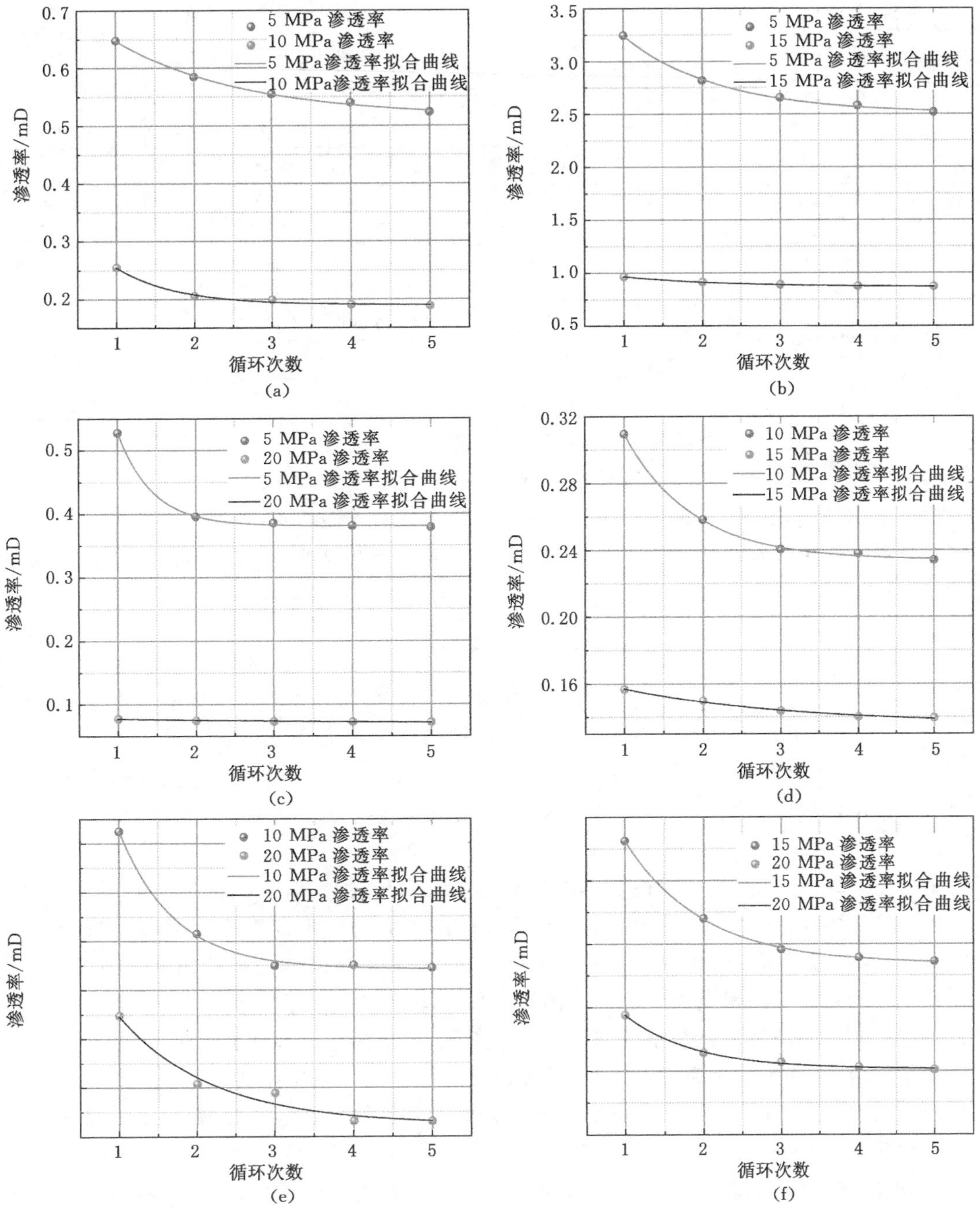

图 7　不同应力路径下煤体渗透率随循环次数变化规律

(a) 应力路径 1；(b) 应力路径 2；(c) 应力路径 3；

(d) 应力路径 4；(e) 应力路径 5；(f) 应力路径 6

表 3 煤体渗透率拟合曲线

试件编号	围压循环范围/MPa	拟合围压值/MPa	拟合公式	R^2
PM1	5～10	5	$y=0.24\times\exp(-x/1.65)+0.51$	0.998
		10	$y=0.23\times\exp(-x/0.78)+0.19$	0.999
PM2	5～15	5	$y=1.69\times\exp(-x/1.21)+2.50$	0.997
		15	$y=0.21\times\exp(-x/1.37)+0.86$	0.991
PM3	5～20	5	$y=1.39\times\exp(-x/0.44)+0.38$	0.999
		20	$y=0.01\times\exp(-x/4.75)+0.07$	0.990
PM4	10～15	10	$y=0.24\times\exp(-x/0.87)+0.23$	0.999
		15	$y=0.03\times\exp(-x/2.14)+0.14$	0.991
PM5	10～20	10	$y=0.23\times\exp(-x/0.71)+0.15$	0.998
		20	$y=0.1\times\exp(-x/1.21)+0.08$	0.974
PM6	15～20	15	$y=0.13\times\exp(-x/0.99)+0.12$	0.999
		20	$y=0.07\times\exp(-x/0.88)+0.07$	0.998

(1) 循环载荷幅值对煤样渗透率的影响

由于不同煤体之间的各向异性，同一围压下渗透率也不尽相同，为得到峰前循环载荷作用下煤体渗透率损失规律，以及消除煤体各向异性对实验结果的影响，建立煤体渗透率损失率方程，其表达式如下：

$$D=\left(1-\frac{D_S}{D_0}\right)\times 100\% \tag{5}$$

其中，D_0为煤样初次达到应力预定值时的渗透率；D_S为第 S 次循环并恢复至预定应力值时的渗透率；D 为第 S 次循环并恢复至预定应力值时的渗透率损失率。

由于 D 表示为不同加卸载阶段煤体的损失率，所以以同一应力水平不同加卸载次数来分析煤体渗透率的损失情况。同一初始围压，不同循环幅值下煤体渗透率损失率曲线如图 8 所示。

结合图 4 发现，不同循环幅值煤体渗透率与孔隙率具有高度相关性，通过分析图 8 可知，无论煤体初始围压值为 5 MPa 还是 10 MPa，煤体渗透率损失率都表现出逐渐增加的趋势，并且随着循环幅值的增加，煤体初始渗透率损失率逐渐增大，这是因为随着循环幅值的增加，煤体大孔及小孔数量缩小量更大。但随着循环次数的增加，煤体的循环幅值越大，渗透率损失率增长得越小。这与循环加卸载轴压结果有很大不同，等幅循环加卸载轴压时，常常会使煤体孔隙逐渐增加，甚至产生次生裂隙，从而导致煤体渗透率增加乃至煤体破坏。产生如此差异的主要原因有两点，一方面是因为轴向载荷方向常常为标准试件的主应力方向，容易使煤体产生张拉等形式破坏，而围压为作用在煤体四周方向上的压力，通常会使煤体进一步挤压或松弛；另一方面与应力路径的选取有关，由于本文主要研究循环载荷对未破坏岩体的渗透特性影响，因此选取的轴压力较小，对煤体破坏作用较小，循环时产生的新孔隙裂隙要少于围压作用下孔裂隙张开与闭合的数量，因此出现与轴压循环时相反的规律。同时，煤体的循环幅值越大，在初次围压循环加卸载时，其被压缩的程度越大，煤体孔隙率缩小量越多，但煤体孔隙率不可能无限缩小，因此第二次循环时，其渗透率损失率增加量变小，这也导致了循环幅值较小的煤体第

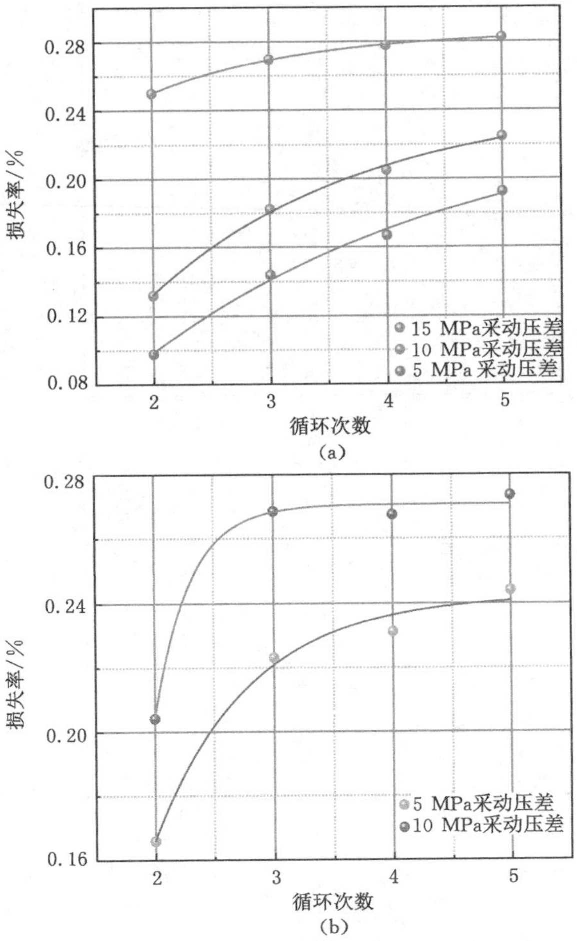

图 8　不同循环幅值下渗透率损失率曲线

(a) 初始围压 5 MPa;(b) 初始围压 10 MPa

二次循环时渗透率损失率的增加量相比于循环幅值较大的煤体要多。以初始围压为 10MPa、10～15 MPa 和 10～20 MPa 循环加卸载为例,由于 10～20 MPa 的循环幅值较大,其初次加卸载使煤体孔隙率缩小量更多,因此初级加卸载时其渗透率损失率更大。峰前煤体孔隙率不可能无限缩小,因此循环幅值较大煤体再次加载时,其孔隙率可缩小量变小,渗透率损失率增加量变小。

(2) 循环初始围压对煤样渗透率的影响

为了分析相同循环幅值时,不同初始围压对煤体的渗透率损失的影响,将应力路径 1、2、3 及应力路径 2、5 下的煤体按公式(4)分析,得到不同煤体的渗透率损失率线如图 9 所示。

通过分析图 9 可知,当煤体的循环幅值相同,采动的初始围压不同时,煤体的渗透率损失率同样随着循环次数的增加而增加,且增加的趋势越来越小。并且初始围压越低,煤体整体渗透率损失率越小。循环幅值为 5 MPa,初始围压为 5 MPa、10 MPa、15 MPa 时第二次循环煤体渗透率损失率分别为 9.77%、16.21%、18.61%,到第五次循环时损失率比第二次循环分别增长了 97.03%、51.82%、51.53%,这说明当循环幅值相同时,初值围压越小,随着循环次数的

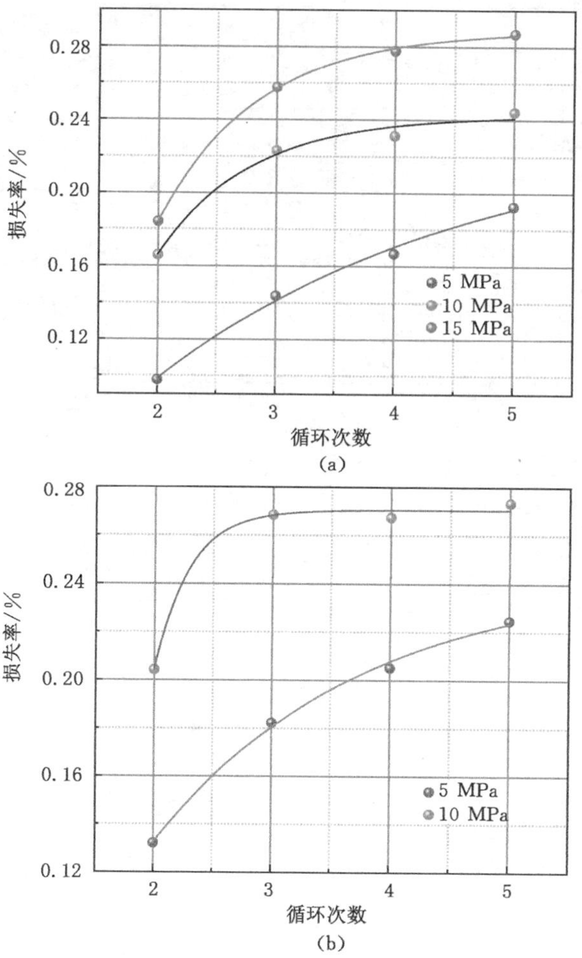

图 9　不同采动初值对渗透率损失率影响

(a) 循环幅值 5 MPa;(b) 循环幅值 10 MPa

增加损失率变化量越大。可以预见,随着循环次数的继续增加,初始围压煤体渗透率损失率会继续变大,直至总损失率大于高初始围压煤体。

(3) 循环下限对煤体渗透率影响规律

由于谱峰面积(T_2谱曲线的单个谱峰积分面积)与相应孔径的孔隙数量和孔隙率大小正相关,因此 T_2谱峰面积与渗透率的关系可以侧面反映出孔隙率与渗透率之间的关系,将 T_2谱峰面积与渗透率关系进行拟合,得到如图 10 所示曲线。图中分别为 5 MPa 下 15 MPa 循环加卸载路径以及 15 MPa 下 5 MPa 循环加卸载路径时谱峰面积与渗透率的关系(同循环上限)。分析可知,谱峰面积与渗透率满足指数型拟合关系,且渗流孔与总孔隙拟合关系式相同,但两种路径下渗流孔与总孔隙与渗透率关系趋势差异较大。初始围压为 5 MPa、循环幅值为 15 MPa 时,渗透率减小到最低时渗流孔和总孔隙分别减小了 526.94 和 600.49,渗流孔减少量约是总孔隙减少量的 87.75%。而初始围压为 15 MPa、循环幅值为 5 MPa 时,渗流孔和总孔隙分别减小了 147.43 和 357.15,渗流孔的减少量只占总孔隙减少量的 42.28%,说明当循环上限一定时,循环下限越低,循环过程中煤体渗流孔和总孔隙减少量越大,随着循环下限的升高,煤

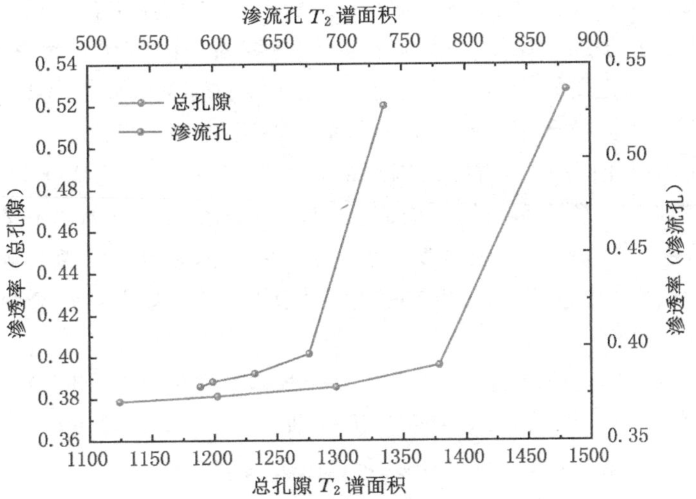

(a)

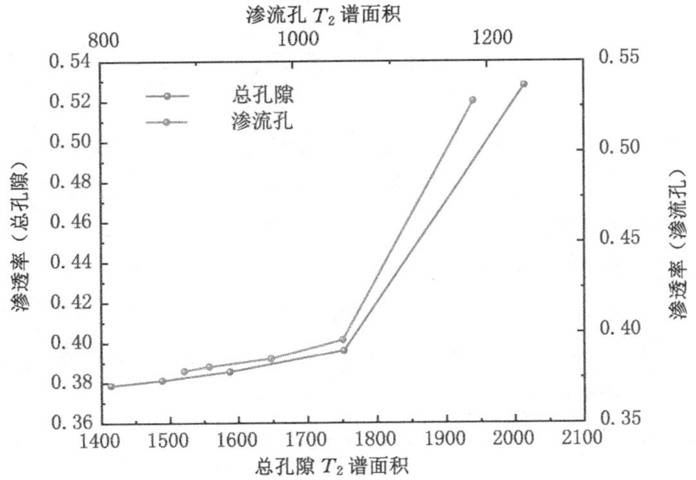

(b)

图 10　T_2 谱峰面积与渗透率拟合曲线

(a) 初始围压 5 MPa 循环幅值 15 MPa；(b) 初始围压 15 MPa 循环幅值 5 MPa

体总孔隙越小，但循环过程中煤体孔隙率减少量也会降低，其中渗流孔减少量降低更明显。这是因为伴随着循环下限的提高，煤体整体被挤压程度更大，其中中孔和大孔首先被挤压，煤体中渗流孔占比降低，因此在循环加卸载后渗流孔减小量更小。而当循环下限较低时，煤体被挤压程度较小，中孔及大孔比例较大，更容易被挤压。

3　结论

基于平煤 12 矿 30101 工作面取得的深部煤体开展了等幅循环加卸载条件下煤体孔隙结构及渗透率演化规律研究，探讨了轴压相同时，不同初始围压、不同循环幅值、不同循环下限等对煤体的力学响应。获得初步结论如下：

(1) 初始围压相同时，随着围压循环幅值的增加，煤体孔隙闭合度增加，微小孔谱峰变化明显，中孔次之，大孔在施加围压后几乎为零，煤体孔隙结构的变化导致渗透率随循环幅值的增加呈现减小趋势。无论初始围压如何变化，第二次加载时煤体渗透率损失率最大，并且随着加载次数的增加而增大。循环幅值越小，渗透率损失率随加载次数变化越明显。

(2) 围压循环幅值相同时，随着初始围压的增加，煤体孔隙结构变化与不同循环幅值时相似，但中大孔闭合度更大，渗透率初始损失率大，但损失率随加载次数变化不明显。

(3) 循环上限一定时，循环下限越低，循环过程中煤体渗流孔和总孔隙减少量越大，随着循环下限的升高，煤体总孔隙越小，但循环过程中煤体孔隙率减少量也会降低，其中渗流孔减少量降低更明显。

(4) 随着围压循环次数的增加，与煤体渗透率整体呈现负相关，且首次加卸载渗透率变化量最大，随着加卸载次数的增加，渗透率变化量逐渐减小，并逐渐趋于稳定。说明首次加卸载是煤体渗透率变化的主要阶段，分析可知随着循环次数的无限增加，总存在一个值，使煤体渗透率不再变化。

参考文献

[1] 谢和平.深部岩体力学与开采理论研究进展[J].煤炭学报，2019，44(5)：1283-1305.

[2] 李清淼，梁运培，邹全乐.循环加卸载路径下不同含瓦斯煤渗流及损伤演化特征[J].煤炭学报，2019，44(9)：2803-2815.

[3] 鞠庆海，吴绵拔.岩石材料三轴压缩动力特性的试验研究[J].岩土工程学报，1993，15(3)：73-80.

[4] 王子辉，周宏伟，安露，等.循环加卸载下花岗岩破裂过程及能量演化研究[J].中国矿业大学学报，2020，49(5)：874-881.

[5] 蒋长宝，魏财，庄万军，等.等幅循环荷载下页岩的变形特性及能量演化机制研究[J].岩石力学与工程学报，2020，39(12)：45-57.

[6] 唐胡丹，朱明礼，朱珍德.不等幅循环荷载下石灰岩局部微裂隙三维扩展及劣变非线性机制[J/OL].岩石力学与工程学报：1-16[2021-04-03].https://doi.org/10.13722/j.cnki.jrme.2020.0958.

[7] JIANG F，H WU，GUO J，et al. Experimental study of the damage evolution and radon exhalation characteristics of quasi-uranium ore under constant amplitude cyclic loading and unloading[J]. Journal of Radioanalytical and Nuclear Chemistry，2021，327(7)：373-384.

[8] ZHANG X B，XIA Z H，YAO C，et al.Experimental study on seepage properties of postpeak fractured rocks under cyclic loading-unloading confining stress and axial stress[J]. Geofluids，2021，2021：1-12.

[9] CHU Y，H SUN，ZHANG D. Experimental study on evolution in the characteristics of permeability，deformation，and energy of coal containing gas under triaxial cyclic loading-unloading[J]. Energy ence & Engineering，2019(5)：2112-2113.

[10] MENG Q B，ZHANG M W，HAN L J，et al.Effects of acoustic emission and ener-

gy evolution of rock specimens under the uniaxial cyclic loading and unloading compression [J].Rock Mechanics and Rock Engineering,2016,49(10):3873-3886.

[11] ZHANG J J,WEI C T,JU W,et al.Microscopic distribution and dynamic variation of water under stress in middle and high rank coal samples[J].Journal of Natural Gas Science and Engineering,2020,79:103369.

[12] HE Q Q,LI X Y,MIAO Z Y,et al.The relevance between water release behavior and pore evolution of hard lignite during the thermal-drying process[J].Journal of the Energy Institute,2019,92(6):1689-1696.

[13] BRACE W F,WALSH J B,FRANGOS W T.Permeability of granite under high pressure[J].Journal of Geophysical Research,1968,73(6):2225-2236.

[14] 王环玲,徐卫亚,左婧,等.低渗透岩石渗透率与孔隙率演化规律的气渗试验研究[J].水利学报,2015,46(2):208-216.

[15] WANG H L,XU W Y,CAI M,et al.Gas permeability and porosity evolution of a porous sandstone under repeated loading and unloading conditions[J].Rock Mechanics and Rock Engineering,2017,50(8):2071-2083.

[16] 凌振宝,邹得宝,张堃,等.岩矿石孔隙率测量方法[J].吉林大学学报(地球科学版),2011,41(3):921-924.

[17] 王亮,陈云燕,刘玉霞.川东南彭水地区龙马溪组页岩孔隙结构特征[J].中国石油勘探,2014,19(5):80-88.

[18] 金智敏,周宏伟,薛东杰.煤岩CT图像的孔隙率和比表面积测量方法[J].西安科技大学学报,2020,40(1):133-140.

[19] BAI G,JIANG Y H,LI X M,et al.Quantitative experimental investigation of CO_2 enhancement of the desorption rate of adsorbed CH_4 in coal[J].Energy Reports,2020,6:2336-2344.

[20] 周科平,胡振襄,李杰林,等.基于核磁共振技术的大理岩卸荷损伤演化规律研究[J].岩石力学与工程学报,2014,33(S2):3523-3530.

恒温常压下高阶无烟煤吸附解吸差异性实验研究

吴宽[1,2],施式亮[1],陈勇[1,3,4],鲁义[1,2],马宏宇[3,4]

(1. 湖南科技大学资源环境与安全工程学院,湖南湘潭,411201;2. 南方煤矿瓦斯与顶板灾害预防控制安全生产重点实验室,湖南湘潭,411201;3. 中煤科工集团重庆研究院有限公司,重庆,400037;4. 瓦斯灾害监控与应急技术国家重点实验室,重庆,400037)

摘　要:煤体是一种内含瓦斯气体的多孔介质且具有吸附解吸本真属性,孔隙发育的高阶无烟煤具有较强的吸附解吸匹配特性。为研究恒温常压下高阶无烟煤吸附解吸差异特征,组建实验装置开展了吸附解吸实验。结果表明:恒温常压下高变质无烟煤吸附解吸平衡压力虽有一定差值但整个过程基本可逆,平衡压力差值的存在表明瓦斯在煤体内部吸附解吸过程需要克服一定的相互作用力,导致吸附平衡压力相对解吸后的平衡压力较高,表明煤体吸附平衡后的解吸具有一定的迟滞效应;恒温常压下高变质无烟煤吸附解吸期间,解吸量与平衡压力满足线性关系 $y=0.000\ 2x-0.011\ 6(R^2=0.970\ 2)$,吸附量与平衡压力满足线性关系 $y=0.000\ 2x-0.007\ 9(R^2=0.970\ 0)$,瓦斯压力与瓦斯含量具有较好的对应关系。研究成果量化表征了恒温常压下高阶无烟煤吸附解吸差异特征,可为基于井下解吸瓦斯量与损失瓦斯量补偿的瓦斯压力测定方法提供理论依据。

关键词:吸附解吸;差异性;恒温常压;无烟煤

0　引言

煤体多孔介质的本真属性决定了其吸附性能的特征,同时煤体孔隙结构内含瓦斯,采动影响下的卸压作用引起煤体膨胀变性,扩展并衍生裂隙通道进而发生煤体瓦斯解吸[1-3]。固体对气体的吸附本质上是由固体表面原子或离子与气体分子之间相互作用力引起的,最终表现为固体表面分子与气体分子相互之间电引力作用。瓦斯地质学理论认为煤中瓦斯主要有吸附态、游离态、溶解态三种状态,赋存方式分别为游离甲烷、吸附甲烷和固溶态甲烷,且主要以吸附态赋存,煤体对甲烷的吸附为物理吸附[4]。高压容量法认为理论上吸附解吸在高压状态下是可逆的,吸附解吸等温线是重合的。原煤炭科学研究总院抚顺分院通过研究发现常温高压

基金项目:国家自然科学基金资助项目(51974120,51774135),湖南省研究生科研创新资助项目(CX2018B657),南方煤矿瓦斯与顶板灾害预防控制安全生产重点实验室资助项目(E21825),重庆市安全生产(煤炭发展)专项资金项目(2020B182[5985]20015506,2020B182[5985]20015511)。

下测定的吸附解吸等温线重合，没有滞后现象；低温氮吸附测定吸附解吸等温线，当煤中具有开放型或细颈型孔隙结构时出现滞后环，当只具有封闭型孔隙结构时没有滞后环。1993 年，Seri-Levy A 等发现煤体吸附解吸之间存在的这种差异特性，并将其衍生因素归结为煤体表面几何学的各向异性，为煤体瓦斯吸附解吸差异特征研究奠定了基础[5]。2005 年，张遂安、颜肖慈等[6-7]发现微孔发育明显的中、高阶煤对甲烷的吸附和解吸表现出差异性，从多角度分析了煤体瓦斯吸附解吸机理及其差异性，并利用不同气体进行物化模拟实验，提出甲烷分子解吸需要能量而具有不同程度的滞后性。2010 年，谢勇强等[8]通过煤层气吸附解吸实验研究表明中、高阶煤吸附与解吸等温线具有较好的重合性，吸附与解吸过程回归得到的吸附常数(Langmuir 体积)比较接近，进一步发现并探讨了甲烷吸附解吸表现出的差异性。2012 年，马东民[9]等对不同变质程度煤样进行不同温度点的等温吸附解吸，发现煤层气降压解吸过程中，随着压力降低和煤阶提高，解吸滞后特征显著，温度增大解吸滞后现象不显著；提出了不同变质程度煤样的分子构成和孔隙结构导致的物性差异是煤层气降压解吸滞后与升温解吸滞后差异的主要原因。2016 年，王公达等[10]通过等温吸附解吸实验考察了最高吸附压力和煤体粒径与迟滞程度的关系，随着最高吸附压力和煤体粒径的增加，吸附解吸迟滞程度增强；气体分子在高压作用下嵌入连通性较差的微孔并引起孔隙变形，被吸附的气体分子受窄小孔隙通道限制无法解吸并扩散出来。2019 年，张遵国等[11]通过不同含水率下软煤的等温吸附解吸实验，发现升压吸附和降压解吸过程中具有典型的解吸滞后特征；周动等[12]研究了甲烷在煤体微孔隙喉道的通过性及其对解吸的影响机理，提出了煤中孔喉势阱对甲烷分子运移的阻滞作用是引起煤层甲烷吸附解吸速率下降与甲烷解吸的主要原因。2020 年，周银波等[13]研究发现随着温度升高，Langmuir 模型的吸附常数均呈下降趋势，甲烷解吸迟滞现象明显，迟滞程度随温度升高缓慢下降；陆壮等[14]认为煤体瓦斯解吸过程与吸附过程不具有完全差异性，解吸相对吸附存在迟滞特征，随着变质程度的增加，瓦斯解吸迟滞系数和迟滞面积先减小后增大，解吸迟滞程度呈现“U”型变化，随着煤样水分含量增大、实验温度升高、煤样粒径减小，瓦斯解吸迟滞系数和迟滞面积减小，瓦斯解吸迟滞程度减弱。

综上所述，煤体瓦斯吸附解吸特性从煤体本真属性角度出发，在煤体表面各向异性、煤体变质程度、粒径大小、吸附压力、含水率、采掘影响等因素下决定了矿井瓦斯涌出的形式、大小，一直以来都是矿井瓦斯灾害特性研究与预防机制的研究热点，国内外学者针对煤体瓦斯吸附解吸特性开展了大量的实验研究与现场实验。通过总结前人的研究可以发现，部分学者认为煤体瓦斯吸附解吸过程具有差异性，部分学者认为煤体瓦斯解吸相对于吸附过程存在迟滞效应。上述实验的前提大都是建立在高压吸附的基础上开展解吸实验研究，但具体针对恒温常压下(煤样自然恢复瓦斯压力)高变质无烟煤吸附解吸是否可逆以及相互之间的差异性研究尚未有明确定论。本文选用山西晋城矿区长平煤矿高变质无烟煤作为研究对象，组建吸附解吸实验装置，开展恒温常压下高变质无烟煤吸附解吸差异性实验研究，为基于井下解吸瓦斯量与损失瓦斯量补偿的瓦斯压力测定方法是否可行提供理论依据。

1 实验研究基本原理

煤体是一种内含瓦斯气体的多孔介质，通常以吸附状态和游离状态赋存于煤体内部孔裂隙结构通道[15]。当含瓦斯煤体在外界条件不变时，煤体中吸附瓦斯和游离瓦斯处于动态平衡状态,两种赋存状态的瓦斯分子处于不断的交换之中。一旦外交条件改变,尤其是瓦斯压力和温度条件发生改变或者受到冲击、震荡以及卸压作用时,煤岩体内部发生解吸-扩散-渗流效应,原有动态交换平衡遭到破坏直到达到新的平衡[16](图 1)。

煤层中吸附状态瓦斯根据结合形式的不同分为吸收和吸着两种状态,吸收状态是瓦斯分子进入煤体胶粒结构内部与煤分子结合,吸着状态是瓦斯气体分子在其与煤粒固体分子间引力作用下被吸着在煤体孔隙内表面。煤层中游离状态瓦斯以完全自由的气体状态存在于煤体裂隙、孔隙中作无规则热运动,进而表现出一定的压力,服从气体状态方程。瓦斯压力的大小一般由游离状态瓦斯运动来表征,而游离状态瓦斯的多少与煤层瓦斯压力、围岩温度、储存空间容积等因素有关,同时吸附状态和游离状态瓦斯决定了煤层瓦斯含量的大小[17]。煤层瓦斯压力与瓦斯含量是表征煤层瓦斯赋存的两个重要基本参数,两者之间可依据修正的朗缪尔方程来表征[18-19]。

$$W=\frac{abp}{1+bp}\cdot\frac{100-M_{ad}-A_{d}}{100}\cdot\frac{1}{1+0.31M_{ad}}+\frac{10kp}{r} \tag{1}$$

式中,W 为煤层瓦斯含量,m^3/t;a 为煤层瓦斯吸附常数,m^3/t;b 为煤层瓦斯吸附常数,MPa^{-1};p 为煤层瓦斯压力,MPa;M_{ad} 为煤层水分,%;A_d 为煤层灰分,%;k 为煤层孔隙率,%;r 为煤层的重度,t/m^3。

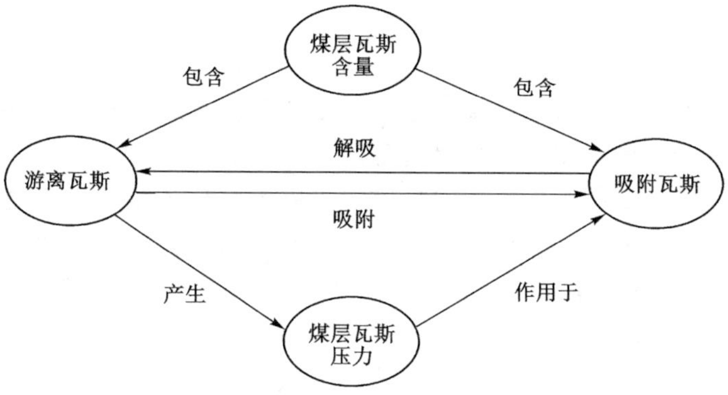

图 1　煤体瓦斯含量与瓦斯压力内在关系示意图

3　实验装置设计与实验步骤

为保证实验的顺利进行,根据实验设计要求与现场实际需要,自主设计了恒温常压下高阶无烟煤吸附解吸差异性实验装置,实验装置主要包括煤样吸附解吸密封罐、自动恒温控制实验装置以及脱气与吸气系统装置,设计的实验装置与系统如图 2 所示。煤样吸附解吸密封罐为铝合金材质,容积约 600 mL,耐压 6～7 MPa,适用温度−20 ℃～170 ℃,精密压力表等级为 0.40 级,煤样罐与精密压力表组成的实验装置应确保不漏气。自动恒温控制实验装置通过设定恒定温度,使实验煤样在设定的温度下进行解吸,同时可将煤样吸附解吸密封罐置于恒温装置中达到设定的吸附平衡压力,在吸附解吸过程中分别记录不同时段的瓦斯吸附与解吸总量。

在实验装置设计的基础上,使用煤样吸附解吸密封罐在长平煤矿 43041 巷采集 3# 煤层煤样 2 份,煤样装满压实,密封罐分别标号为①、②号,现场完成气密性检查,合格后在实验室置

图 2　恒温常压下高阶无烟煤吸附解吸差异性实验装置

于 18 ℃恒温装置中进行残余瓦斯压力自然恢复测试直至压力稳定(以密封罐压力表读数连续稳定 3～4 次为准),记录实验煤样残余瓦斯压力稳定值 P_0(当 P_0过低时在实验室充补瓦斯气样至煤样罐吸附平衡瓦斯压力值为 0.40～0.50 MPa)。

采用脱气与吸气系统装置依次连接①、②号密封罐进行解吸实验直至压力表读数降至 0,解吸实验期间采用已经抽真空的 1、2 号集气袋分别收集①、②号密封罐放出的气体,并记录实验室温度 T_{s_1}、大气压力 P_{g_1};解吸结束后拧紧密封罐控制阀门置于 18℃恒温装置中,读取两个密封罐各自对应的解吸量 Q_{f_1}。在完成第一次解吸实验后,等两个实验密封罐瓦斯压力恢复平衡稳定至 P_1时,重复上述步骤进行第二次解吸实验,并记录实验室温度 T_{s_2}、大气压力 P_{g_2}以及对应的解吸量 Q_{f_2}。在完成第二次解吸实验后,等待两个实验密封罐瓦斯压力恢复平衡稳定至 P_2时,重复上述步骤进行第三次解吸实验,并记录实验室温度 T_{s_3}、大气压力 P_{g_3}以及对应的解吸量 Q_{f_3}。

待两个密封罐残余瓦斯压力恢复平衡稳定至 P_3 时,利用实验室定量补气系统对两个密封罐分别进行第一次定量补气,充补气体为 99%纯甲烷,充补气量为 Q_{b_1}($Q_{b_1}=Q_{f_3}$),同时记录实验室温度 T_{s_4}、大气压力 P_{g_4},补气后要求密封罐瓦斯压力平衡稳定在 P_4;在完成第一次定量补气后重复上述步骤进行第二次定量补气,充补气体为 99%纯甲烷,充补气量为 Q_{b_2}($Q_{b_1}=Q_{f_2}$),同时记录实验室温度 T_{s_5}、大气压力 P_{g_5},补气后要求密封罐瓦斯压力平衡稳定在 P_5;在完成第二次定量补气后重复上述步骤进行第三次定量补气,充补气体为 99%纯甲烷,充补气量为 Q_{b_3}($Q_{b_3}=Q_{f_1}$),同时记录实验室温度 T_{s_6}、大气压力 P_{g_6},补气后要求密封罐瓦斯压力平衡稳定在 P_6。

解吸实验结束后,将每次实验对应的气体量按照公式换算成标准体积,并对收集的气体进行分析。

$$Q_{ci}=\frac{273.2}{101.33\times(273.2+t_1)}(P_c-0.02t_1-W_p)\times V_l \tag{2}$$

式中,Q_{ci}为放出甲烷气体的标准体积,cm^3;V_l为计量管读取的气体体积,cm^3;P_c为室内大气压力,kPa;$0.02t_1$为动槽式压力计随室温 t_1变化的汞膨胀性的压力校正值;W_p为食盐水的饱和蒸气压,kPa。

4 实验结果分析

4.1 恒温常压吸附解吸实验特性

分析整理实验数据,绘制试验罐放气解吸和补气吸附实验残余瓦斯压力变化量变化曲线。恒温常压下解吸实验参数、吸附实验参数分别见表 1 和表 2,吸附解吸与平衡压力对应关系如图 3 所示。

表 1 恒温常压下解吸实验参数

罐号	P_0 /MPa	P_1 /MPa	P_2 /MPa	P_3 /MPa	Q_{f_1} /mL	Q_{f_2} /mL	Q_{f_3} /mL	气体组分/%		
								CH_4	N_2	CO_2
①	0.40	0.20	0.06	0.01	1 308	764	404	95.45	4.55	—
②	0.432	0.212	0.09	0.02	1 354	804	518	96.38	3.62	—

表 2 恒温常压下吸附实验参数

罐号	P_6 /MPa	P_5 /MPa	P_4 /MPa	P_3 /MPa	Q_{b_1} /mL	Q_{b_2} /mL	Q_{b_3} /mL
①	0.412	0.208	0.064	0.01	404	764	1 308
②	0.443	0.219	0.094	0.02	518	804	1 354

4.2 恒温常压吸附解吸差异性分析

①号密封罐三次放气实验放气量分别为 1 308、764、404 mL,放气前后吸附/解吸平衡稳定压力分别为 0.40、0.20、0.06、0.01 MPa,三次放气实验对应的瓦斯压力降低量分别为 0.200、0.140、0.050 MPa。三次补气实验补气量分别为 404、764、1 308 mL,补气前后达到吸附/解吸平衡的稳定压力分别为 0.01、0.064、0.208、0.412 MPa,三次补气实验对应的瓦斯压力增长量分别为 0.054、0.144、0.204 MPa。因此,①号密封罐放气与补气实验对应的平衡稳定压力差分别为 0.002 0、0.008 0、0.004 0 MPa,对应误差分别为−3.00%、−4.00%、−6.67%;放气与补气实验对应的瓦斯压力变化量分别为 0.004 0、0.004 0、00040 MPa,对应误差分别为−2.00%、−2.86%、−8.00%。

②号密封罐三次放气实验放气量分别为 1 354、804、518 mL,放气前后吸附/解吸平衡稳定压力分别为 0.432、0.212、0.090、0.020 MPa,三次放气实验对应的瓦斯压力降低量分别为 0.220、0.122、0.070 MPa。三次补气实验补气量分别为 518、804、1 354 mL,补气前后达到吸附/解吸平衡的稳定压力分别为 0.020、0.094、0.219、0.443 MPa,三次补气实验对应的瓦斯压力增长量分别为 0.074、0.125、0.224 MPa。因此,②号密封罐放气与补气实验对应的平衡稳定压力差分别为 0.004 0、0.007 0、0.011 0 MPa,对应误差分别为−2.55%、−3.30%、−4.44%;放气与补气实验对应的瓦斯压力变化量分别为 0.004 0、0.003 0、0.004 0 MPa,对应误差分别

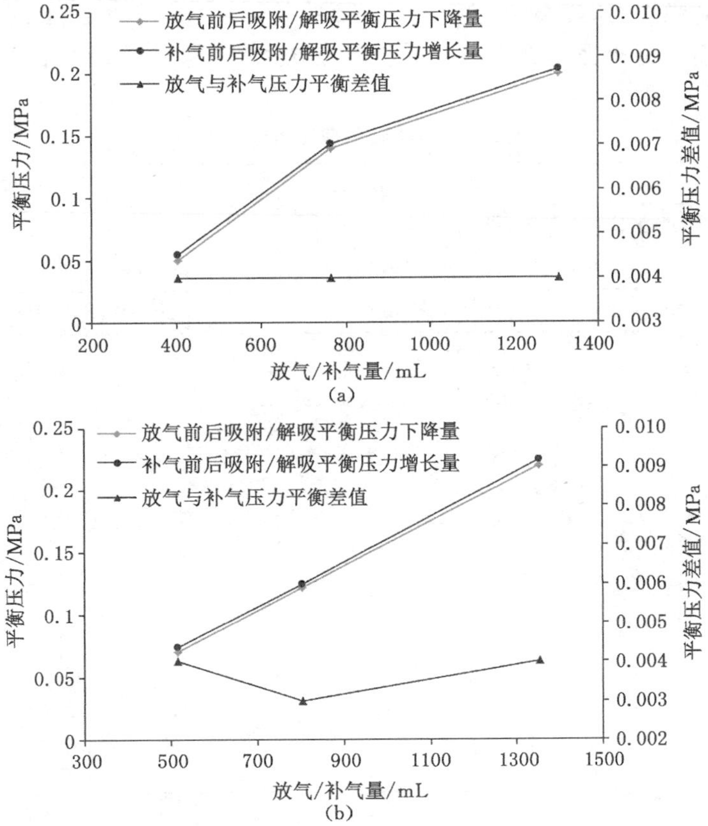

图 3　吸附解吸与平衡压力对应关系

为－1.82％、－2.46％、－5.71％。

①、②号密封罐煤样在三次补气吸附实验后的平衡压力相对放气解吸实验后的平衡压力均较高。其中①号密封罐煤样在前后 3 次补气吸附与放气解吸之间的平衡压力差值均为 0.004 0 MPa，②号密封罐煤样在前后 3 次补气吸附与放气解吸之间的平衡压力差值分别为 0.004 0、0.003 0、0.004 0 MPa。分析其原因，一方面是由于补气吸附作用下瓦斯进入煤体的微孔隙结构，瓦斯从微孔隙结构、煤体表面的解吸过程需要一定的能量以克服并摆脱煤体表面与甲烷分子之间的相互作用力，一定程度上导致解吸过程不同程度的滞后于吸附过程。前人的研究成果表明，煤体对甲烷的吸附不仅有物理吸附作用，同时也存在化学吸附作用[20-21]。实验过程中，煤样经过煤体脱离、煤样罐密封，在补气吸附与放气解吸作用下吸附在煤基质孔隙内表面的瓦斯解吸，没有明显的升温以及化学变化，煤体瓦斯解吸过程相对吸附过程简单，可能仅发生物理解吸作用，实验结果与前人研究成果具有较好的匹配性。另一方面，补气实验采用的实验室气体为 99％的高浓度纯工业甲烷；通过放气实验取样测定的①、②号密封罐煤样瓦斯成分中甲烷组分分别为 95.45％、96.38％，均小于实验用甲烷气体，导致补气实验平衡压力值略高于放气解吸实验后的平衡压力值。

4.3　平衡压力与含气量对应关系分析

为了探究高阶无烟煤在恒温常压下吸附解吸期间瓦斯压力与含量之间的对应关系，针对实验煤样在吸附解吸期间的瓦斯压力与瓦斯含量变化规律进行了统计分析。实验煤样吸附解吸瓦斯压力与瓦斯含量变化参数见表3,瓦斯压力与含量对应关系如图4所示。

表3　吸附解吸平衡压力与含气量

研究对象	①号密封罐			②号密封罐		
放气/补气量/mL	1 308	764	404	1 354	804	518
放气平衡压降/MPa	0.200	0.140	0.050	0.220	0.122	0.070
补气平衡压降/MPa	0.204	0.144	0.054	0.224	0.125	0.074

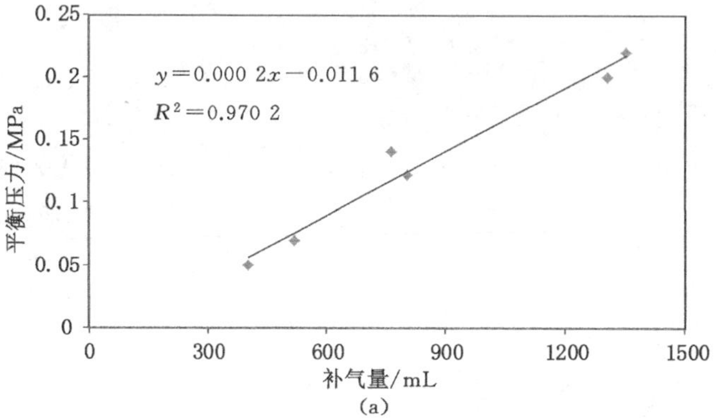

(a)

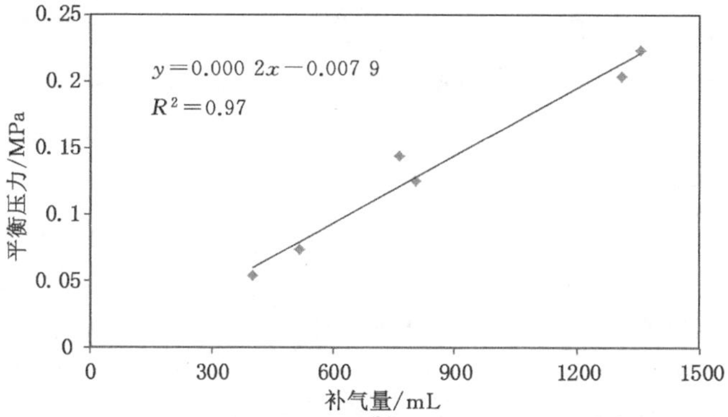

(b)

图4　吸附量与平衡压力对应关系

①、②号密封罐煤样在放气实验期间的放气量与平衡压力之间满足 $y=0.000\ 2x-0.011\ 6(R^2=0.970\ 2)$ 的线性关系;在补气实验期间的补气量与平衡压力之间满足 $y=0.000\ 2x-0.007\ 9(R^2=0.970\ 0)$ 的线性关系。无论是放气实验还是补气实验,都表现出放气/补气量越大,对应的平衡压力越大,这也充分说明了煤体内部瓦斯压力高的情况下,瓦斯含量普遍较高,也就是说,瓦斯压力与瓦斯含量具有较好的对应关系。

5 结论

(1) 恒温常压下高变质无烟煤吸附解吸平衡压力虽有一定差值,但整个过程基本可逆,平衡压力差值的存在表明瓦斯在煤体内部吸附解吸过程需要克服一定的相互作用力,导致吸附平衡压力相对解吸后的平衡压力较高,表明煤体吸附平衡后的解吸具有一定的迟滞效应。

(2) 恒温常压下高变质无烟煤吸附解吸期间放气解吸量与平衡压力之间满足 $y=0.000\,2x-0.011\,6(R^2=0.970\,2)$的线性关系,补气吸附量与平衡压力之间满足 $y=0.000\,2x-0.007\,9(R^2=0.970\,0)$的线性关系,瓦斯压力与瓦斯含量具有较好的对应关系。

参考文献

[1] 李祥春,李忠备,张良,等.不同煤阶煤样孔隙结构表征及其对瓦斯解吸扩散的影响[J].煤炭学报,2019,44(S1):142-156.

[2] 高正,马东民,陈跃,等.含水率对不同宏观煤岩类型甲烷吸附/解吸特征的影响[J].煤炭科学技术,2020,48(8):97-105.

[3] 陈向军,赵伞,司朝霞,等.不同变质程度煤孔隙结构分形特征对瓦斯吸附性影响[J].煤炭科学技术,2020,48(2):118-124.

[4] 杨威,罗德刚,林柏泉,等.煤对瓦斯吸附特征研究[J].煤炭技术,2011,30(1):3-5.

[5] SERI-LEVY A,AVNIR D.Effects of heterogeneous surface geometry on adsorption[J].Langmuir,1993,9(11):3067-3076.

[6] 张遂安,叶建平,唐书恒,等.煤对甲烷气体吸附—解吸机理的可逆性实验研究[J].天然气工业,2005,25(1):44-46.

[7] 颜肖慈,罗明道.界面化学[M].北京:化学工业出版社,2005.

[8] 谢勇强,彭文庆,曾荣.煤层气吸附与解吸可逆性实验研究[J].矿业工程研究,2010,25(2):13-16.

[9] 马东民,马薇,蔺亚兵.煤层气解吸滞后特征分析[J].煤炭学报,2012,37(11):1885-1889.

[10] 王公达,REN Tingxiang,齐庆新,等.吸附解吸迟滞现象机理及其对深部煤层气开发的影响[J].煤炭学报,2016,41(1):49-56.

[11] 张遵国,赵丹,曹树刚,等.软煤吸附解吸变形差异性试验研究[J].采矿与安全工程学报,2019,36(6):1264-1272.

[12] 周动,刘志祥,冯增朝,等.甲烷在煤的微孔隙喉道通过性及其对解吸的影响机理[J].煤炭学报,2019,44(9):2797-2802.

[13] 周银波,王思琪,毛淑星,等.热效应对焦煤甲烷解吸迟滞特征的影响研究[J].中国安全生产科学技术,2020,16(11):123-127.

[14] 陆壮,王亮,聂雷,等.不同变质程度煤体瓦斯解吸迟滞特征实验研究[J].西安科技大学学报,2020,40(1):88-95.

[15] 姜家钰,张玉贵,谢向向,等.基于探采对比的煤层瓦斯含量分析及预测[J].安全与

环境学报,2015,15(3):25-28.

[16] 武帅,杨胜强.基于残存瓦斯量的煤层瓦斯压力及含量测定方法[J].矿业安全与环保,2012,39(2):4-5.

[17] 龙威成.煤层瓦斯含量测定过程气成分差异研究[J].安全与环境学报,2020,20(3):925-929.

[18] 唐巨鹏,田虎楠,马圆.突出煤层瓦斯吸附解吸特性核磁共振谱试验研究[J].中国安全科学学报,2017,27(4):104-109.

[19] 陈亮,刘明举,吴兵,等.基于瓦斯吸附-解吸试验确定瓦斯含量临界值[J].煤炭科学技术,2014,42(7):57-60.

[20] 赵伟,王亮,陈向军,等.受限空间煤粒瓦斯吸附扩散特性及模型适配差异分析[J].煤炭科学技术,2020,48(9):146-151.

[21] 张遵国,曹树刚,洪林,等.突出危险型煤瓦斯等温解吸试验研究[J].中国安全科学学报,2017,27(7):115-120.

煤质参数对煤的瓦斯吸附常数的影响

刘媛[1],杨宏民[1,2,3],陈立伟[1]

(1. 河南理工大学安全科学与工程学院,河南焦作,454000;2. 煤炭安全生产与清洁高效利用省部共建协同创新中心,河南焦作,454000;3. 煤矿灾害预防与抢险救灾教育部工程研究中心,河南焦作,454000)

摘　要: 煤的工业参数是影响煤吸附性能的重要因素之一。采用单组分和多组分气体吸附解吸实验设备,对9种不同煤样进行了CH_4的吸附实验,并利用origin软件对挥发分和灰分与吸附常数a、b的关系进行拟合,探究了灰分和挥发分对吸附常数的影响和规律。结果表明:变质程度越高的煤,瓦斯吸附能力越强;煤的挥发分越大,吸附常数a值越小,随着挥发分的增大,吸附常数a线性降低,吸附常数b呈"U"形变化,两者之间的关系符合二次函数;在5种无烟煤中,随着灰分的增加,吸附常数a和b都线性降低。研究结果为煤层瓦斯参数的预测提供一定的理论依据。

关键词: 挥发分;灰分;CH_4吸附;吸附常数

0　引言

煤是一种多孔介质,具有较强的吸附性。对煤吸附特性的研究是获得煤层瓦斯赋存,预测煤与瓦斯突出的重要依据之一[1]。影响煤吸附的因素主要有煤的变质程度、水分、灰分、孔隙结构以及吸附温度等[2-4],其中,煤质参数对煤的吸附常数有显著的影响。

学者对影响煤吸附性能的因素进行了大量研究,克拉克森和布斯汀[5]发现,随着镜质组含量的增加,微孔总数普遍增加,煤的组成对煤的孔隙结构和气体吸附有一定的影响;Crosdale[6]等人的观点是,煤的等级和组成对孔隙结构发展造成的影响才是控制气体吸附的关键因素;朗伯森、布斯汀[7]和莱文[8]的研究表明:气体吸附能力随着镜质组含量的增加而增加;陈向军对九种不同煤样的孔径分布和吸附常数进行了测试[9],结果表明纳米级孔的比表面积与容积和吸附常数存在线性关系;李凤丽等研究了低、中煤阶构造煤分形特征与瓦斯吸附的关系,得出随着纳米级孔孔隙分形维数增大,煤的吸附能力增强[10]。郑吉玉对某煤矿不同采区煤的工业参数与吸附常数关系进行了研究,发现吸附常数a与灰分、挥发分的相关性较低[11];李树刚研究发现煤工业分析中的水分和挥发分与吸附常数符合二元线性关系[12];郝世雄着重分析了固定碳对煤吸附甲烷性能的影响,发现固定碳含量在88.34%以上时才对煤吸附性能有显著影响[13]。

前人对影响煤吸附性能因素的研究较多,取得了一定的成果,但就煤的工业参数对吸附常数的影响研究较少,文献[11]和文献[12]只对同一矿区的煤样进行了研究,对比性较差。鉴于此,作者采用多元组分气体吸附解吸实验设备,对无烟煤、贫煤、气肥煤和瘦煤等9种不同煤种的煤样,开展了煤对CH_4的等温吸附实验研究。探究煤的工业分析中灰分和挥发分对吸附常数的影响,通过灰分与挥发分对饱和吸附量a值及瓦斯吸附速度b值相关性进行研究。

1 煤样及煤质参数

1.1 煤样采集

煤样采集自山西阳泉煤矿3号煤(YQ_3)、山西阳泉煤矿15号煤(YQ_{15})、山西永红煤矿3号煤(YH_3)、山西永红煤矿15号煤(YH_{15})、山西阳泉煤矿新景煤矿(XJ)、河南鹤壁矿区煤(HB)、安徽淮南矿区煤(HN)、平煤八矿煤(PM)和贵州六龙矿区煤(LL)。

1.2 煤质分析

按照《煤样的制备方法》(GB 474—2008),将块煤制备成粒径为60~80目的颗粒煤样。采用《煤的工业分析方法仪器法》(GB/T 30732—2014),煤样的煤质基本参数如表1所示。

表1 实验煤样基本参数

煤样	M_{ad}/%	A_{ad}/%	V_{ad}/%	煤种
YQ_3	1.67	5.50	13.82	无烟煤
YQ_{15}	2.33	5.52	5.35	无烟煤
YH_3	1.5	16.27	7.06	无烟煤
YH_{15}	3.87	12.56	6.1	无烟煤
XJ	1.87	16.64	9.5	无烟煤
HB	1.55	8.65	7.09	贫煤
HN	2.43	13.74	30.45	气肥煤
PM	0.71	20.12	32.81	气肥煤
LL	1.22	10.77	14.57	瘦煤

2 煤的等温吸附

2.1 实验条件

按照《煤样的制备方法》(GB 474—2008),将块煤用标准筛筛取60~80目的颗粒,按照《高压容量法》,将煤样置入105 ℃的干燥箱中,干燥8 h以上,随后冷却到室温备用。干燥煤样质量200 g,实验温度为30 ℃。

2.2 实验装置

实验装置由定量充气单元、体积标定单元、气体组分分析单元、真空抽气单元和恒温吸附解吸单元五部分组成。装置构成如图1所示。

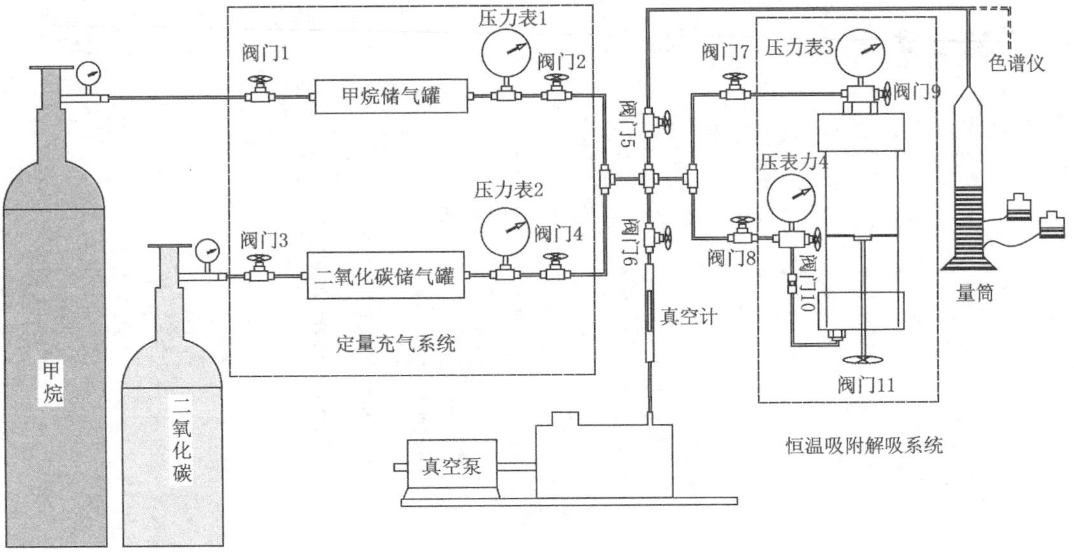

图1 实验装置图

2.3 实验步骤

实验前，首先对实验装置各部位体积进行标定，公用管路的体积为33.67 cm^3，CH_4储气罐体积为377.67 cm^3，CO_2储气罐体积为625.23 cm^3，煤样罐上部体积为340 cm^3，下部体积为176 cm^3，吸附腔体剩余体积为200.32 cm^3。

(1) 气密性检测和抽真空。将气体充入腔体，使煤样罐平衡24 h以上，压力表示数不再发生变化时，认为设备不漏气。之后打开阀2、阀6、阀7和阀9，其他阀门关闭，开启真空泵抽真空。

(2) 充气。打开阀门1、阀门2和阀门7给管路充气，打开阀门9给煤样罐充气，之后关闭阀门，等待CH_4吸附平衡，在此期间通过控制阀门9来进行补气直到达到设定压力值。

(3) 数据处理。根据以下公式对充入罐中气体的充入量Q_1、吸附量Q_2和游离量Q_3进行计算。

$$Q_1=\left(\frac{P_1}{Z_1}-\frac{P_2}{Z_2}\right)\times\frac{273.2\times(V_1-V_2)}{(273.2+t_1)\times 0.101\ 32} \tag{1}$$

$$Q_2=\frac{273.2\times P\times VS}{Z\times(273.2+t)\times 0.101\ 325} \tag{2}$$

$$Q_3=\sum_{i=1}^{i}Q_1 i-Q_2 i \tag{3}$$

式中，p_1、p_2为充气前后储气罐绝对压力，MPa；Z_1、Z_2是温度30 ℃时压力分别为p_1、p_2时的压缩因子；V_1为CH_4储气罐的体积；cm^3；V_2为公用管路的体积，cm^3；t_1为所处实验室的温度，℃；Z为室温t和压力P时气体的压缩因子；V_s为吸附腔剩余体积。

(4) 拟合。将计算所得数据利用origin软件进行Langmuir拟合，得出吸附常数a、b值。对挥发分和灰分与吸附常数的关系进行拟合，找寻规律。

3　实验结果

9种煤样挥发分对比如图2所示。

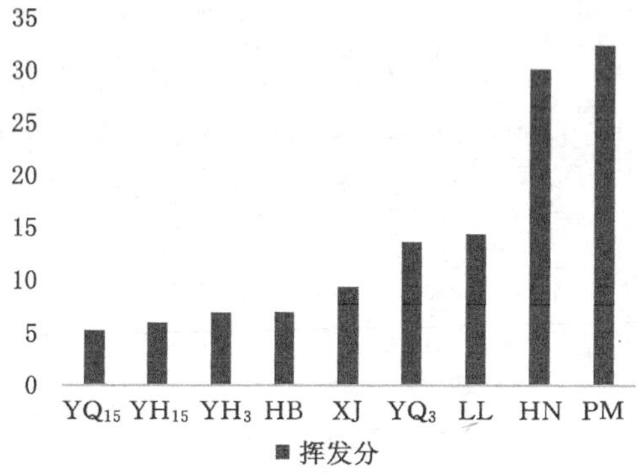

图2　9种煤样挥发分对比

由图2可知，9种煤样按挥发分含量由小到大排序分别为：YQ_{15}、YH_{15}、YH_3、HB、XJ、YQ_3、LL、HN、PM，煤的变质程度越低，挥发分越高。对9种不同变质程度煤样在相同的平衡压力下进行CH_4吸附实验，结果如图3所示。

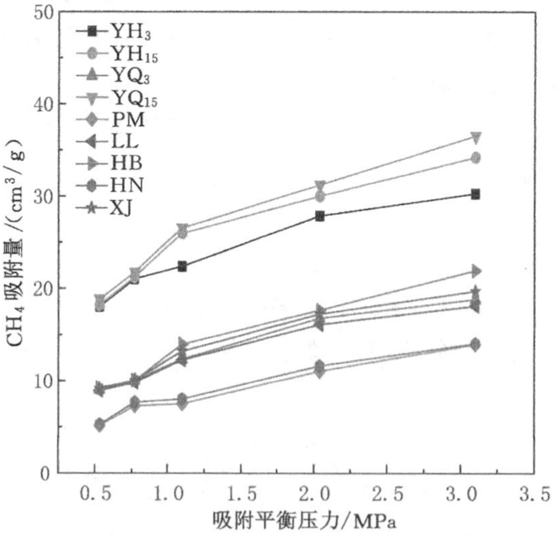

图3　9种煤样吸附CH_4量

由图3可知，随着吸附平衡压力的增大，煤吸附瓦斯含量呈线性增大趋势；且变质程度越高的煤，CH_4 吸附量越大，吸附瓦斯的能力越强。

4 煤质参数与吸附常数的相关性分析

4.1 挥发分对吸附常数的影响

为进一步探究煤样挥发分对吸附 CH_4 能力的影响，采用 Langmuir 方程对 9 种煤样吸附 CH_4 数据进行拟合，得到的等温吸附常数如表 2 所示。

表 2 不同挥发分煤的吸附常数拟合结果

煤　样	吸附常数	
	$a/(m^3/t)$	b/MPa^{-1}
YQ_3	36.12	0.93
YQ_{15}	40.29	1.67
YH_3	38.64	1.4
YH_{15}	40.160	1.682
XJ	36.3	0.96
HB	37.027	1.302
HN	21.75	1.236
PM	17.730	1.35
LL	23.95	1.35

由表 2 可知，挥发分低的无烟煤吸附常数 a 较大，挥发分高的气肥煤吸附常数 a 较小，为进一步探究挥发分与 a、b 值的关系，采用 origin 软件对挥发分与吸附常数 a、b 的关系进行拟合，得到的规律如图 4 和图 5 所示。

由图 4 可知，随着挥发分的增大，吸附常数 a 线性降低，煤的饱和吸附量线性减小，规律符合方程 $a=44.27-0.77V_{ad}$，拟合程度高达 98.8%，拟合效果良好；由图 5 可知，吸附常数 b 与挥发分的关系类似于“U”形曲线，曲线方程为：$b=1/(0.098+0.106V_{ad}-0.002\ 6{V_{ad}}^2)$，拟合度为 91.17%，拟合程度良好，表明随着挥发分的增大，吸附常数 b 先减小后增大，即随着挥发分的增大，煤吸附瓦斯的速度由快到慢。

4.2 灰分对吸附常数的影响

为探究灰分对吸附常数的影响，选取 YQ_3、YQ_{15}、YH_3、YH_{15} 和 XJ_5 5 种无烟煤，探究其规律，对灰分与吸附常数 a、b 值进行拟合，结果如图 6 和图 7 所示。

由图 6 可知，在无烟煤中，随着灰分的增加，吸附常数 a 线性降低，煤的饱和吸附量线性减小，规律符合方程 $a=41.39-0.15A_{ad}$，拟合程度为 92%，拟合效果良好；由图 7 可知，随着灰

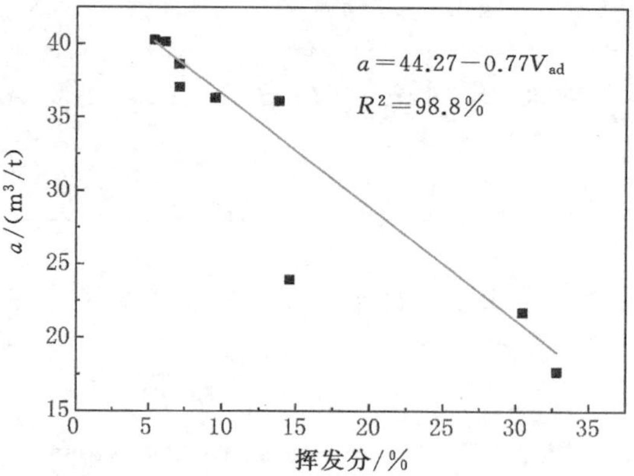

图 4　吸附常数 a 与挥发分的关系曲线

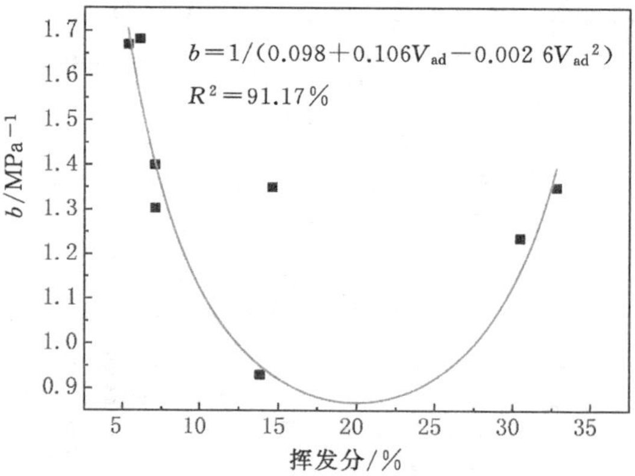

图 5　吸附常数 b 与挥发分的关系曲线

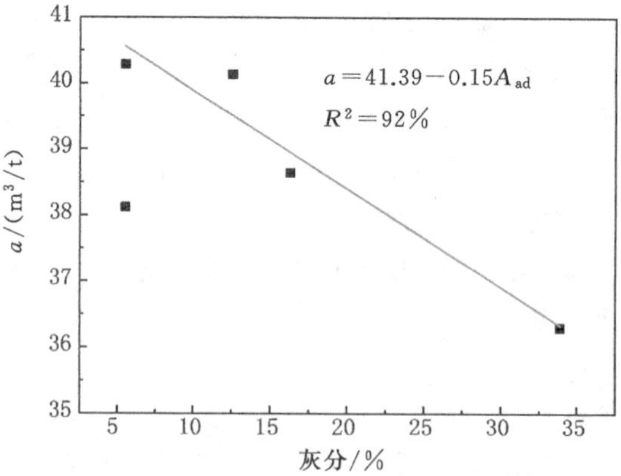

图 6　吸附常数 a 与灰分的关系曲线

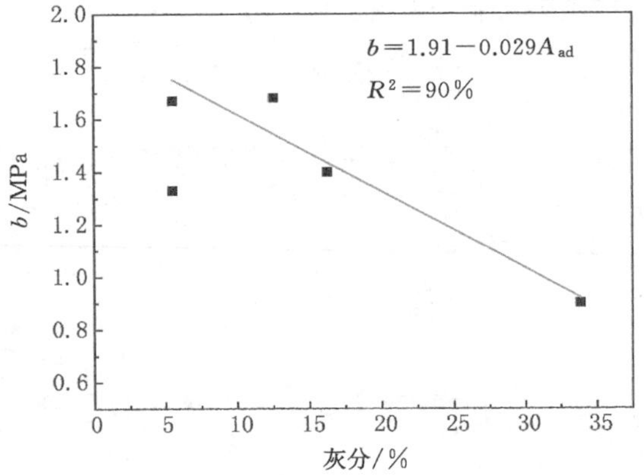

图 7　吸附常数 b 与灰分的关系曲线

分的增加，吸附常数 b 也线性降低，规律符合方程：$b=1.91-0.029A_{ad}$，拟合度为 90%，拟合程度良好，表明随着灰分的增大，吸附常数 b 线性减小，即随着挥发分的增大，煤吸附瓦斯的速度不断减慢。

5　讨论

煤的挥发分表征了煤的变质程度，主要从煤的分子结构和吸附位点数目等方面影响煤对气体的吸附能力。随着变质程度的增加，煤中羟基的含量逐渐减小，低阶煤中的羟基含量明显高于中高阶煤。此外，随着变质程度的升高，会使煤结构的芳香结构片层排列更加整齐，间距减小，煤体分子结构的各向异性增加，使得孔隙率减小，含氧官能团含量降低，芳香烃含量升高，CH_4 分子可以在苯环上方稳定吸附，苯环数量增多，煤分子合度增加，CH_4 分子的吸附进一步扩大，因此随着挥发分的增大，吸附常数 a 线性减小。

不同变质程度的煤还会从孔隙结构上影响煤对气体的吸附，在气肥煤—无烟煤的变质范围内，随着煤变质程度的加深，煤中从以大中孔为主的孔隙结构逐渐转变成以微孔为主的孔隙结构[14]随煤变质程度加深，其比表面积变大，提供吸附位增多，表现为吸附能力增强[15]。同时有研究表明[16]随着煤变质程度的增高，孔隙率、微孔体积与比表面积均呈现 U 形变化，这是吸附常数 b 与挥发分的关系为“U” 形二次函数的主要原因。

灰分是煤燃烧后余下的残渣量，表征煤中非吸附性物质的数量，灰分越高，煤的固定碳含量相应降低。马科耶夫煤炭安全研究院根据煤的变质程度进行了煤孔隙率体积变化的研究，表明煤体总孔隙呈先增大后减小再增大的规律，而灰分的存在也会影响煤体孔隙的变化[17]。因此，基于固定碳和孔隙变化影响两方面，说明煤质越差，对瓦斯的吸附作用也有所降低，因此随着灰分的增大，吸附常数 a 与 b 均线性减小。

6　结论

(1) 随吸附平衡压力的增大，煤吸附瓦斯含量线性增大，且变质程度越高，瓦斯吸附能力越强。

(2) 随着挥发分的增大，吸附常数 a 线性降低，吸附常数 b 呈"U"型变化，分别符合方程 $a=44.27-0.77V_{ad}$ 和 $b=1/(0.098+0.106V_{ad}-0.002\ 6V_{ad}^{2})$；挥发分与饱和吸附量和瓦斯吸附速率联系紧密。

(3) 随着灰分的增加，吸附常数 a 线性降低，吸附常数 b 也线性降低，分别符合方程 $a=41.39-0.15A_{ad}$ 和 $b=1.91-0.029A_{ad}$。

参考文献

[1] 卢守青，王亮，秦立明.不同变质程度煤的吸附能力与吸附热力学特征分析[J].煤炭科学技术，2014，42(6)：130-135.

[2] 李树刚，安朝峰，林海飞，等.多因素影响下煤层吸附甲烷特性试验研究[J].煤炭科学技术，2014，42(6)：40-44.

[3] 李子文，林柏泉，郝志勇，等.煤体孔径分布特征及其对瓦斯吸附的影响[J].中国矿业大学学报，2013，42(6)：1047-1053.

[4] 王玲玲，王兆丰，霍肖肖，等.高温高压下煤孔隙结构的变化对瓦斯吸附特性的影响[J].中国安全生产科学技术，2018，14(12)：97-101.

[5] CLARKSON C R，MARC BUSTIN R.Variation in micropore capacity and size distribution with composition in bituminous coal of the Western Canadian Sedimentary Basin：Implications for coalbed methane potential[J].Fuel，1996，75(13)：1483-1498.

[6] CROSDALE P J，BEAMISH B B，VALIX M.Coalbed methane sorption related to coal composition[J].International Journal of Coal Geology，1998，35(1/2/3/4)：147-158.

[7] Bus Michelle N Lamberson R March.Coalbed methane characteristics of gates formation coals，northeastern British Columbia：effect of maceral composition[J].AAPG Bulletin，1993，77：2062-2076.

[8] LEVINE J R.New methods for assessing gas resources in thinbedded，high-ash coal[J].Proceedings of the1991 Coalbed Methane Symposium，Tuscaloosa，Alabama，1991(13/16)：115-125.

[9] 陈向军，刘军，王林，等.不同变质程度煤的孔径分布及其对吸附常数的影响[J].煤炭学报，2013，38(2)：294-300.

[10] 李凤丽，姜波，宋昱，等.低中煤阶构造煤的纳米级孔隙分形特征及瓦斯地质意义[J].天然气地球科学，2017，28(1)：173-182.

[11] 郑吉玉，田坤云.煤的工业参数与吸附常数关系研究[J].河南工程学院学报(自然科学版)，2017，29(3)：15-18.

[12] 李树刚，胡魏魏，林海飞，等.煤体灰分与挥发分对煤吸附甲烷性能的影响实验研究[J].矿业安全与环保，2015，42(1)：16-18.

[13] 郝世雄，王承洋，江成发.固定碳对煤的孔结构和甲烷吸附量的影响[J].煤炭学报，2012，37(9)：1477-1482.

[14] 李霞，曾凡桂，王威，等.低中煤阶煤结构演化的拉曼光谱表征[J].煤炭学报，2016，41(9)：2298-2304.

[15] 杨宏民,梁龙辉.等压扩散下CO_2对不同变质程度煤中CH_4置换效应的影响[J].煤田地质与勘探,2018,46(5):55-59.

[16] 张凯,汤达祯,陶树,等.不同变质程度煤吸附能力影响因素研究[J].煤炭科学技术,2017,45(5):192-197.

[17] 李树刚,胡魏魏,林海飞,等.煤体灰分与挥发分对煤吸附甲烷性能的影响实验研究[J].矿业安全与环保,2015,42(1):16-18.

珲春八连城煤矿瓦斯赋存地质分析

王振，张庆华，王麒翔，朱墨然
(瓦斯灾害监控与应急技术国家重点实验室，重庆，400037；
中煤科工集团重庆研究院有限公司，重庆，400037)

摘要：准确掌握煤层瓦斯地质规律对煤矿瓦斯治理和煤矿安全开采至关重要。经过现场调研、实验测试、理论分析等方法，研究了珲春八连城井田沉积特征、构造演化和瓦斯赋存地质指标。研究结果表明：八连城井田中段煤层发育稳定，下段煤层因沉积构造和岩浆侵入的影响，使其厚度和煤质变化较大；八连城井田煤层断层较多，其中东西向断层为主干断层，对煤层破坏较大；煤层同沉积及后期多次受岩浆事件的影响，对煤层赋存影响较大；19# 煤层瓦斯含量与煤层埋深、吸附常数 a、镜质体反射率之间呈正相关关系。通过对八连城井田瓦斯地质的分析，为后期珲春煤田的开采和瓦斯治理提供了依据。

关键词：珲春煤矿；瓦斯地质；沉积特征；构造演化；镜质体反射率

含煤地层的历史演化和地质构造运动控制了煤层瓦斯的生成条件和瓦斯灾害发生的地质条件，煤层瓦斯含量、瓦斯压力等都与地层经历的构造运动息息相关。煤层瓦斯地质分析就是通过应用沉积学、板块构造理论、区域构造理论、数理分析等方法对瓦斯、地质等资料进行分析，揭示煤层中的瓦斯分布特征和地质构造变化规律[1]，为煤矿的开采和瓦斯防治提供决策依据。

对煤层瓦斯地质的研究，主要通过已揭露的瓦斯分布情况、地质资料和实验数据，分析含煤地层中的构造对煤层瓦斯赋存的影响规律。张子敏[2, 3]作为瓦斯地质领域的奠基人，提出了地质构造对煤层瓦斯的逐级控制理论，并通过绘制瓦斯地质图指导煤矿安全生产和瓦斯治理。王麒翔[4]针对瓦斯地质传统分析方法的不足，首次引入层序地层学分析，提升了瓦斯地质编图合理性。李恒乐等人[5-8]研究了地质构造和各类断层对瓦斯赋存的控制作用，并说明断层对瓦斯赋存的影响规律。钟福平等人[9-14]研究了地质构造演化、构造应力场以及构造形态对瓦斯赋存的逐级控制作用。贺小标等人[15]研究了煤岩纳米孔隙特征与地质控制之间的关系。陈鹏等人[16-18]利用多重分形理论，定量研究了断层构造分布及演化特征对煤层瓦斯的控制作用，解决了断层对瓦斯赋存影响中难以量化的问题。李云波[19]通过多重分形奇异性理论建立了瓦斯地质规律预测新方法。张庆华等[19]提出一种瓦斯地质溯源重构的方法，通过重构沉积层序格架、地质演化史，建立构造带瓦斯生成、多期次运移、储藏模型。

基金项目：国家重点研发计划项目(2018YFC0808305)。

本文以珲春八连城地区井田为背景，通过沉积学理论、构造演化、瓦斯赋存地质指标分析等方法，研究了该地区煤层瓦斯分布规律，为今后的采掘作业和瓦斯治理提供了重要瓦斯地质保障。

1 矿井概况

八连城井田位于吉林省珲春市。八连城矿于1992年建设，核定生产能力为2.7 Mt/a。珲春煤田工业储量5.91亿吨，可采储量3.89亿吨，是目前吉林省境内已探明的地质储量最多的煤田。煤种为优质褐煤和长焰煤，主要用于电厂发电。八连城井田位于珲春煤田河北区西部，发育古近纪始新世至渐新世含煤沉积。断层较多，规律明显，地层平缓，属于中等构造[20]。八连城矿为高瓦斯矿井，瓦斯含量测定最大6.33 m^3/t，绝对瓦斯涌出量58.77 m^3/min，相对瓦斯涌出量10.62 m^3/t，19号、20号、23号、26号煤层经鉴定均为鉴定区域内无煤与瓦斯突出危险性。

2 沉积特征分析

八连城井田区域地层由老至新依次有古生界二叠系下统柯岛组（P_1k）、上统开山屯组（P_2k）、中生界侏罗系上统屯田营组（J_3t）、新生界古近系古新统-渐新统珲春组（Eh）以及第四系（Q）。中生界（Mz）侏罗系上统屯田营组（J_3t）为煤系的直接基底，上段为紫-灰黑-灰绿色、致密、块状安山岩，下段为灰黑-灰绿色、致密、块状流纹岩。煤系地层新生界（Kz）古近系珲春组（Eh）为一套灰-浅灰、绿灰、暗灰色泥岩、粉砂岩、细砂岩、中砂岩。珲春组（Eh）含砾粗砂岩夹凝灰岩薄层或凝灰岩块，说明煤系地层沉积过程中该区域存在火山活动。珲春组（Eh）中段主采19号煤层，5米左右，较稳定发育，说明该区段处在最大湖泛面位置，盆地可容空间增长速率和沉积物填充速率基本相当，同时中段发现多期次凝灰岩，说明该时期火山活动非常剧烈；下段煤层厚度稳定性极差，说明同沉积构造运动剧烈。同时，煤质变化大，说明煤系地层沉积后受下伏侵入岩浆岩不均衡的影响。煤系地层盖层为第四系（Q），为腐植土、亚黏土至亚砂土等，第四系（Q）与煤层不整合接触，说明煤系地层沉积后，发生了大规模的构造运动，产生了对煤层赋存的不利影响。

3 构造演化分析

3.1 构造特征分析

八连城井田构造比较复杂，断层较多，有东西向、北东向及北西向三组断层。东西向断层为主干断层，其两侧有北东向和北西向二组次生断层，所以主干断层两侧生成断层带，对煤层破坏较大。已查明的断层约220条，大于20 m的断层有61条。说明煤层沉积后，构造运动对煤层切割较多，因此，八连城煤矿掘进过程中经常发现煤层被未查明断层破坏。

3.2 多期次岩浆侵入特征分析

煤层沉积前，海西期和印支—燕山期，珲春地区岩浆活动和火山喷发十分剧烈，晚古生代

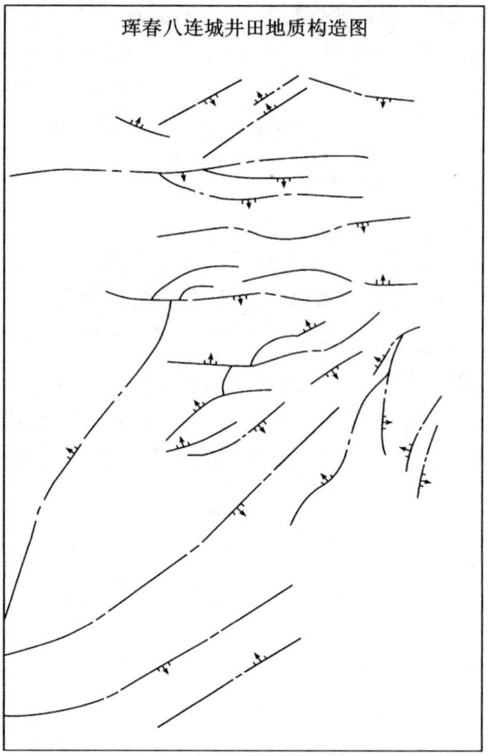

图 1　珲春八连城矿地质纲要图

海西期以大面积侵入活动为主,中生代燕山期多沿断裂活动。煤层沉积后,新生代喜山期珲春地区岩浆活动以喷发为主,从古新世—全新世,先后发生过七次程度不同的火山活动。标志层 K_1 和 K_2 两次凝灰岩的沉积,应为古新世和始新世火山喷发产物,火山喷发应在盆地外围,火山灰借助外力散落在湖盆中或经二次搬运至湖盆中,形成沉凝灰岩。侵入体为辉绿岩,呈深绿色—墨绿色,特别坚硬。上古新世岩浆,沿断裂或软弱层间部位,以岩柱和岩脉的形式侵入到珲春组的不同部位,对煤层有烘烤和吞食现象,侵入情况如表 1 所示。

表 1　辉绿岩侵入活动统计表

线号	孔号	深度/m	厚度/m	侵入部位	时间	对煤层影响程度
5	503	216.90～222.50	5.60	Eh_5 下部	始新-渐新世	无
5	504	534.20～549.50	15.30	Eh_5 23 号与 26 号煤层之间	中上古新世	23 号煤层烘烤变质
5	0515	425.10～451.95	26.85	Eh_3 18 号煤层上下	中上古新世	18 号煤层被吞食
6	784	472.90～489.60	16.65	Eh_2 23 号煤层之上	中上古新世	无
7	74-33	428.76～431.66	2.9	Eh_2 23 号煤层之上	中上古新世	无
7	0713	404.90～410.85	5.95	Eh_2 19 号煤层	中上古新世	19 号煤层天然焦

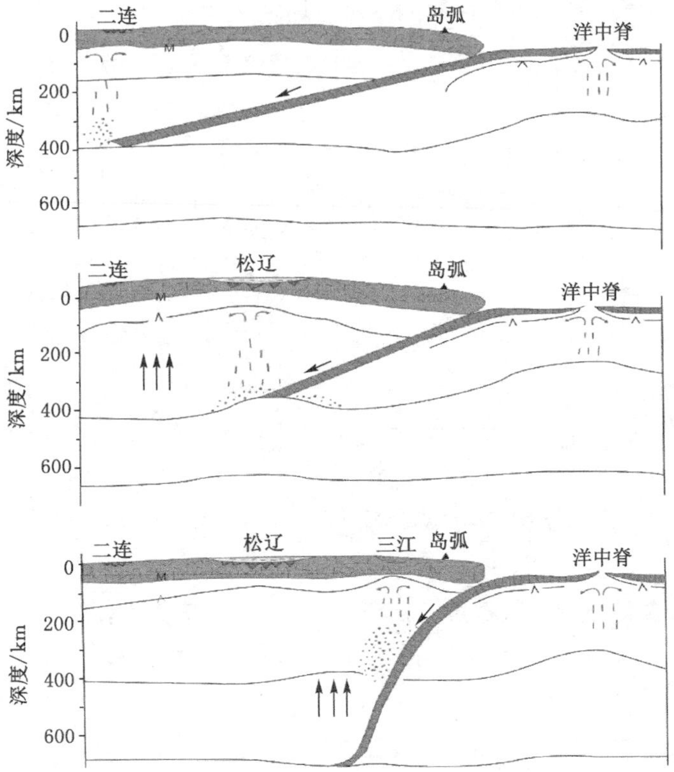

图 2　东北亚中新生代沉积盆地形成演化模式

3.3　演化史溯源分析

晚侏罗世早期库拉板块相对于欧亚板块向 NNW 方向运动，在东北亚大陆边缘出现了左旋拉张走滑断裂，为黏度降低了的地幔物质上涌提供了通道。在晚侏罗世早期，最先在二连、海拉尔地区拉张成盆。晚侏罗世晚期，随着板块俯冲角度的不断变陡及俯冲速度的增加，俯冲板块物质大量熔融并快速向上运动致使松辽、阿穆尔-结雅盆地的张开。白垩世早期，地幔物质隆升的中心向东迁徙，地幔物质上涌导致珲春地区沉积物剥蚀。古近纪早期，三江盆地、珲春地区地幔收缩，地壳稳定下沉，出现了大面积的河湖相沉积，湖侵增长速率与地幔沉降速率大致相同情况下发育了较稳定煤层。进入晚第三纪和第四纪，东北晚新生代地裂运动发育，地幔物质再次上隆成现今状态，造成 NEE 向深大断裂再次发育，破坏煤层赋存，瓦斯逸散。

4　瓦斯赋存地质指标分析

4.1　煤层埋深

在影响煤层瓦斯含量的众多地质因素中，煤层埋深被认为是最具普遍性的因素之一。当埋藏深度增加，地应力增高，瓦斯含量增高，瓦斯风化带以下的瓦斯含量整体上和煤层埋深近似正线性相关。以八连城矿井下实测煤层瓦斯含量值为基础数据，发现煤层瓦斯含量与埋深具有一定的相关性,瓦斯含量与煤层标高的关系如图 3 所示。

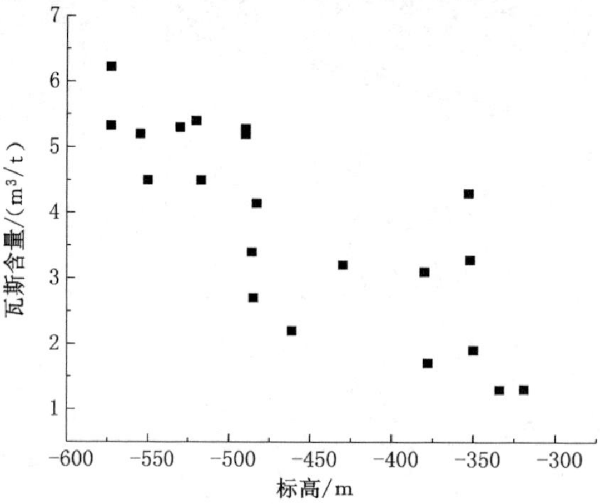

图 3 19# 煤层瓦斯含量与标高关系

对 19# 煤层瓦斯含量与标高数据进行回归分析,分析结果如下:

回归方程: $w=-0.0144h-2.8415, R^2=0.6468$

式中 w——煤层瓦斯含量,m^3/t;

h——煤层标高,m;

R——相关性系数。

从回归分析结果可以看出,19# 煤层瓦斯含量与煤层标高线性相关,且相关性较好。

4.2 吸附常数 a

在煤的工业分析中,吸附常数 a 表示煤在某一温度下当瓦斯压强趋向无穷大时煤的可燃质极限瓦斯吸附量。由此可知在外界环境相同的情况下,吸附常数 a 越大的煤,能够吸附的瓦斯量越多,瓦斯含量也越大。吸附常数 a 和瓦斯含量之间呈正相关关系。

在八连城煤矿不同地点采样测试吸附常数 a 和瓦斯含量,分析吸附常数 a 和瓦斯含量之间的关系(如图 4)。

对 19# 煤层吸附常数 a 与瓦斯含量数据进行回归分析,分析结果如下:

回归方程: $y=0.0825x+2.6796, R^2=0.5241$

式中 y——煤样的瓦斯含量,m^3/t;

x——吸附常数,m^3/t;

R——相关性系数。

从回归分析结果可以看出八连城 19# 煤层吸附常数 a 与瓦斯含量线性相关,瓦斯含量随吸附常数 a 的增大而增大。

4.3 镜质体反射率

镜质体是高等植物木质素经过生物化学降解和凝胶化作用后形成的胶状体,镜质体在受热时,化学组成和结构会发生相应的变化,其中最具特征的是反射率的变化。镜质体反射率与

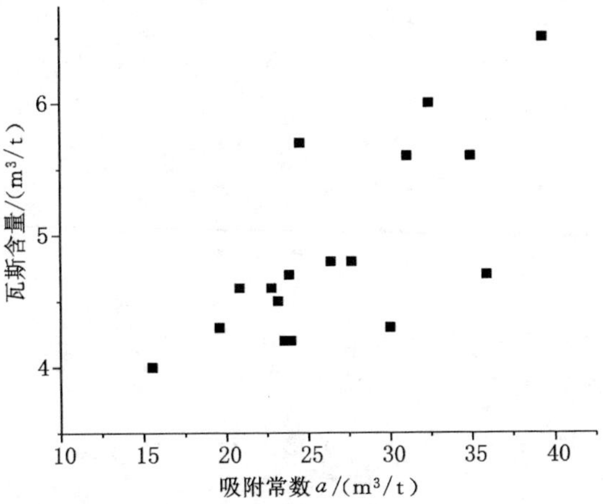

图 4　19# 煤层吸附常数 a 与瓦斯含量的关系

煤变质的温度及其变质程度有密切的关系，可用来反映煤的变质程度，间接反映煤的瓦斯含量。

对八连城煤矿各区域煤样的镜质体反射率进行测试（图 5），同时对煤样的瓦斯含量进行测试，并分析镜质体反射率和瓦斯含量之间的关系（图 6）。

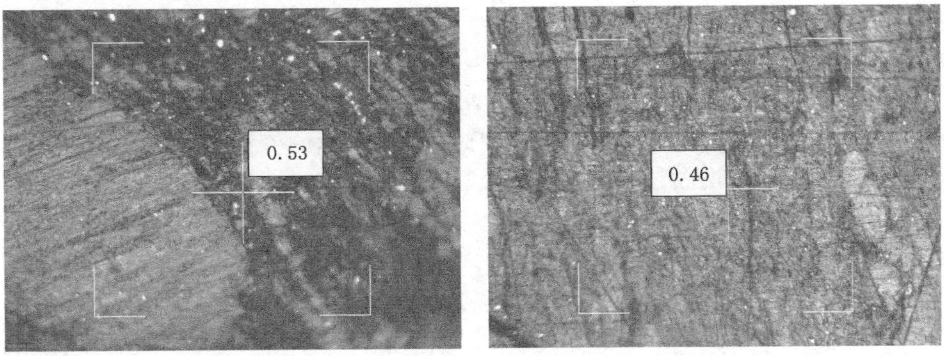

图 5　煤样镜质体反射率

对 19# 煤层镜质体反射率与瓦斯含量数据进行回归分析，分析结果如下：

回归方程：　　　　　　　$y=9.617\ 5x+0.139\ 2, R^2=0.682$

式中　y——煤样的瓦斯含量，m^3/t；

　　x——镜质体反射率，%；

　　R——相关性系数。

从回归分析结果可以看出，八连城 19# 煤层镜质体反射率与瓦斯含量线性相关，瓦斯含量随镜质体反射率的增大而增大。

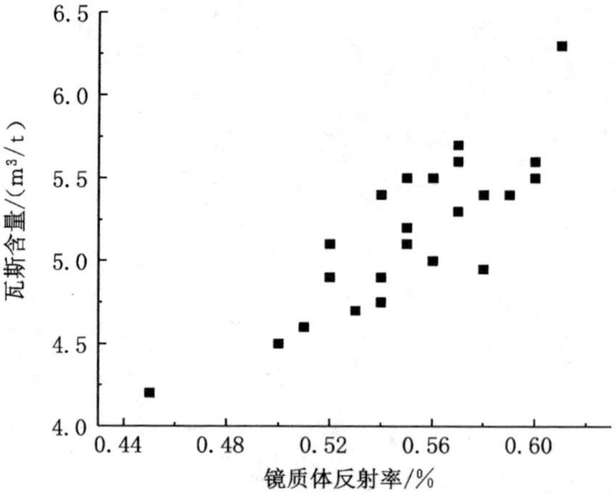

图6　19[#]煤层镜质体反射率与瓦斯含量的关系

5　结论

(1) 珲春盆地为东北亚大陆边缘的弧后拉张盆地，侏罗纪—白垩地幔物质上涌拉张成盆，古近纪盆地萎缩沉积煤层，后期经过多期次破坏，造成NEE向深大断裂再次发育，破坏煤层赋存，局部岩浆岩侵入对煤质和瓦斯赋存造成影响。

(2) 通过标高与瓦斯含量数据回归分析，煤层赋存遭大量断层破坏，对瓦斯赋存造成了一定的影响，总体呈线性相关；进行了全矿井区域吸附常数 a、镜质体反射率测定，通过分别与瓦斯含量回归分析，均存在相关关系；因此研究珲春盆地瓦斯地质规律时，需同时考虑煤层埋深和煤质变化情况。

参考文献

[1]　张子戌，张子敏，王兆丰.瓦斯地质与瓦斯防治进展[M].北京：煤炭工业出版社，2007.

[2]　张子敏.瓦斯地质学[M].徐州：中国矿业大学出版社，2009.

[3]　张子敏，张玉贵.矿井瓦斯地质图编制[J].煤炭科学技术，2005，33(8)：39-41.

[4]　王麒翔.煤与瓦斯突出主控地质体分析与应用[J].煤矿安全，2015，46(6)：156-159.

[5]　李恒乐，秦勇，张玉贵，等.淮北矿区祁东井田构造对瓦斯赋存的控制作用[J].煤炭科学技术，2014，42(8)：42-46.

[6]　刘鹏，张军建.构造逐级控制下范各庄矿瓦斯赋存特征研究[J].煤炭技术，2016，35(6)：147-149.

[7]　杨治国，王恩营，李中州.断层对煤层瓦斯赋存的控制作用[J].煤炭科学技术，2014，42(6)：104-106.

[8]　王海军.盘关向斜火烧铺井田瓦斯赋存地质特征研究[J].煤炭科学技术，2019，

47(12):90-101.

[9] 赵俊山,陈亮,李瑞敬,等.地质构造及水动力条件对瓦斯赋存的控制作用[J].煤炭科学技术,2019,47(7):74-81.

[10] 姜波,李明,程国玺,等.矿井构造预测及其在瓦斯突出评价中的意义[J].煤炭学报,2019,44(8):2306-2317.

[11] 王亮,郑思文,赵伟,等.淮北煤田煤与瓦斯突出灾害差异性和控制因素研究[J].煤炭科学技术,2020,48(10):75-83.

[12] 钟福平,寇卫锋,丁昕,等.多重地质构造影响下的煤与瓦斯突出危险性研究[J].煤炭技术,2021,40(3):78-81.

[13] 曹代勇,占文锋,李焕同,等.中国煤矿动力地质灾害的构造背景与风险区带划分[J].煤炭学报,2020,45(7):2376-2388.

[14] 赵彤宇,杨胜强,王晓宁,等.赵官煤矿瓦斯地质逐级控制及主控因素分析[J].煤矿安全,2020,51(2):174-177.

[15] 贺小标,李鑫,魏永恒,等.塔里木盆地北缘库拜煤田陡倾斜煤储层纳米孔隙特征及其地质控制[J].地质科学,2021(2):1-18.

[16] 陈鹏,彭是阳,王鹏飞,等.断层分形与多重分形特征及其对突出分布的控制作用[J].煤炭科学技术,2019,47(7):47-52.

[17] 聂凤祥,刘永杰,郭海峰.基于分形理论的断层构造对千米深井瓦斯赋存规律的影响研究[J].煤矿安全,2019,50(3):150-153.

[18] 邓存宝,凡永鹏.基于多重分形理论的工作面煤与瓦斯突出预测[J].辽宁工程技术大学学报(自然科学版),2017,36(9):903-908.

[19] 李云波,张腾飞,宋党育,等.基于多重分形奇异性理论的瓦斯地质规律预测方法:以淮南矿区潘一矿为例[J].煤炭学报,2018,43(12):3436-3446.

[20] 张庆华,王麒翔,赵旭生,等.一种瓦斯地质溯源重构的方法:CN107807412B[P].2018-03-16.

低渗煤层液态CO_2相变致裂增透机理及效果研究

花春蕾[1],司莎莎[1],王兆丰[1,2,3]

(1.河南理工大学安全科学与工程学院,河南焦作,454000;2.河南省瓦斯地质与瓦斯治理重点实验室——省部共建国家重点实验室培育基地(河南理工大学),河南焦作,45400;3.煤炭安全生产与清洁高效利用省部共建考察创新中心,河南焦作,454000)

摘　要:松软低渗煤层瓦斯抽采效果差备受关注。为了提高松软低渗煤层透气性,提出了一种液态CO_2相变致裂增透技术,研究了液态CO_2相变致裂增透机理,并在平顶山十三矿进行了工业性试验,其增透促抽效果显著:致裂影响半径为7.79~14.37 m,瓦斯抽采纯量为致裂前的1.71倍。

关键词:低透气性煤层;液态CO_2相变致裂;增透机理;致裂影响半径

0　引言

瓦斯抽采是治理煤矿瓦斯灾害的治本之策。随着煤层开采深度和开采强度的逐渐加大,煤矿的瓦斯危险程度不断增加。我国大多数的深部煤层属于松软低渗煤层,如何提高松软低渗高瓦斯煤层的瓦斯抽采效果,一直是我国煤矿安全科技工作者的研究热点。

我国现有的松软低渗煤层的增透措施主要有保护层开采、密集钻孔、炸药深孔预裂爆破、水力冲孔、水力压裂、水力疏松等。但是,保护层开采只有在层间距较合适的煤层群赋存条件的矿区才具备条件;炸药深孔预裂爆破[1]在很多煤矿被证明是一种效果优良、成本低廉的煤层增透措施,但存在炸药控制严格、装药工艺复杂、易于出现哑炮及哑炮处理困难等难以克服的技术缺陷;水力冲孔、水力压裂和水力疏松等水力化措施[2]工艺上比炸药深孔预裂爆破工艺简单,效果上比密集钻孔高效,但存在设备复杂、作业条件恶劣、作业过程易于出现瓦斯超限等问题。

探索一种既能传承炸药深孔预裂爆破、水力压裂、水力冲孔方法的良好强化增透效果,又能克服它们在技术、装备和实施层面上的缺陷的强化增透促抽技术,已成为包括平顶山矿区在内的我国松软低渗高瓦斯/突出煤层瓦斯防治技术创新的迫切需求。

基于此,笔者团队研发了一种适合于平顶山矿区底板岩巷穿层钻孔强化增透的CO_2相变致裂新技术,并将其在平煤十三矿进行了工业性试验,旨在提高单孔瓦斯浓度和预抽瓦斯纯量,降低瓦斯治理工程费用,提升矿井瓦斯治理水平,为矿井安全生产提供保障[3]。

1 液态CO_2相变致裂装备及增透机理

1.1 液态CO_2相变致装备

液态CO_2相变致裂装备由注液、致裂两个单元构成。通过注液单元将液态CO_2注入致裂单元的储液管中，形成执行致裂任务的主体部件，再辅以导线、起爆器等附属器件，即可进行爆破致裂工作。

(1) 注液单元

液态CO_2相变致裂装置中的注液单元服务于致裂单元，利用注液单元可对储液管进行重复充装，使其循环使用。注液单元主要由机架、CO_2泵、CO_2钢瓶、空压机、注液口、夹持器、动力臂等部件构成，如图1所示。

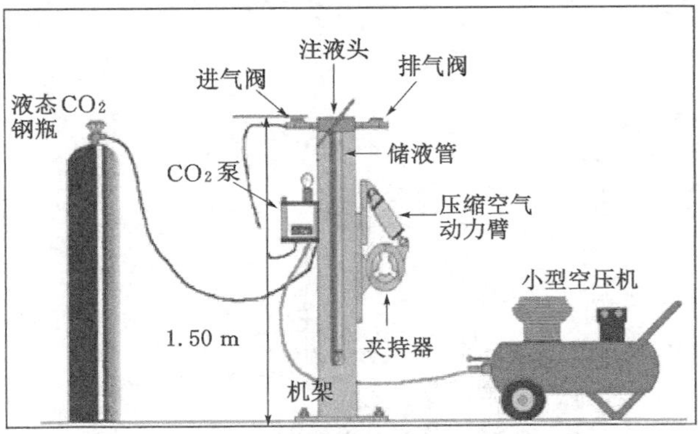

图1 注液单元构成示意图

(2) 致裂单元[4]

致裂单元是液态CO_2相变致裂装备的核心，如图2所示，主要由导通杆、转换接头、注液接头、加热管、储液管、释放管、破裂片和纤维密封垫片组成。

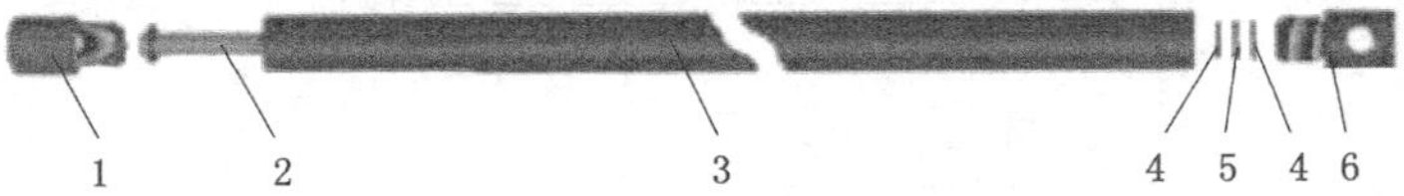

图2 液态CO_2相变致裂单元结构示意图

1—充装阀；2—发热装置；3—储液管；4—密封垫；5—定压剪切片；6—释放管

1.2 液态CO_2相变致裂过程

利用钻机将释放管和储液管在导通杆的推进下安全输送到预定位置(图3)，在电子导通器测量导通后，用矿用低压(9 V)起爆器启动致裂装置，液态CO_2在加热管瞬间产生的大量热量的作用下压力增高，最高达270 MPa，高压CO_2冲破定压泄能片从释放管冲出，由液态相变为气态，体积膨胀600倍，产生破坏力巨大的应力波，使煤体产生裂隙并发育，达到增加煤层透气性的效果[5,6]。

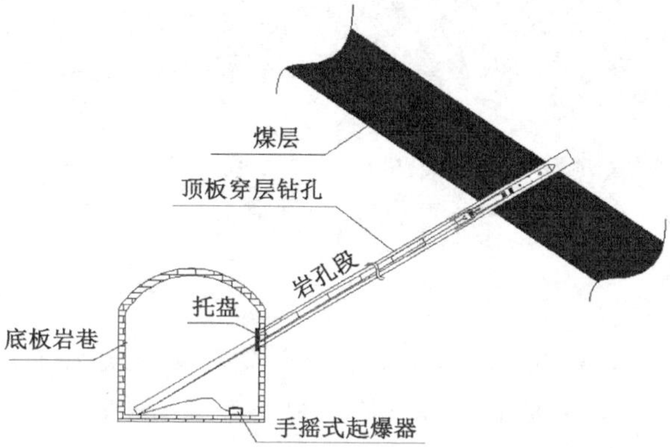

图3　底板岩巷穿层钻孔液态CO_2相变致裂示意图

1.3　液态CO_2相变致裂增透机理

(1) 致裂过程煤体气固耦合方程

① 应力平衡方程

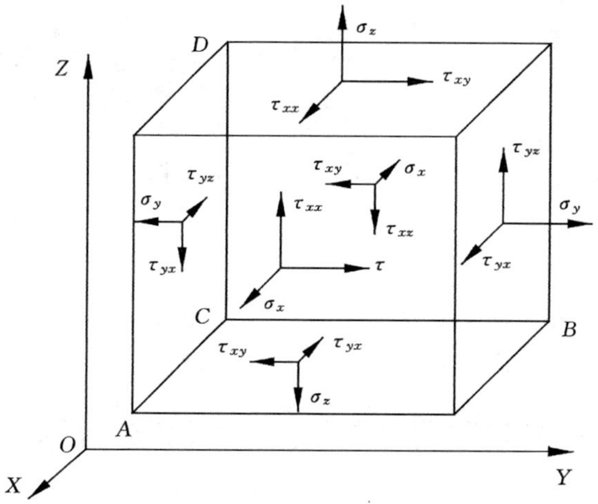

图4　微元体受力示意图

对于如图4所示的任一微元体，X、Y、Z三个方向的应力平衡方程可表示为：

$$\left.\begin{aligned}\frac{\partial \sigma_x}{\partial x}+\frac{\partial \tau_{xy}}{\partial y}+\frac{\partial \tau_{xz}}{\partial z}+f_{\mathrm{strx}}=0\\ \frac{\partial \sigma_y}{\partial y}+\frac{\partial \tau_{xy}}{\partial x}+\frac{\partial \tau_{yz}}{\partial z}+f_{\mathrm{stry}}=0\\ \frac{\partial \sigma_z}{\partial z}+\frac{\partial \tau_{xz}}{\partial x}+\frac{\partial \tau_{yz}}{\partial y}+f_{strz}=0\end{aligned}\right\}\tag{1}$$

方程(1)的张量表示形式为：

$$\sigma_{ij,j}+f_i=0 \tag{2}$$

按照有效应力原理：

$$\sigma'_{ij}=\sigma_{ij}-p\delta_{ij} \tag{3}$$

式中 σ'_{ij} ——有效应力；

σ_{ij} ——总应力；

p ——气体压力。

根据方程(1)和方程(3)，则有：

$$\sigma'_{ij,j}+(p\delta_{ij})_{,j}+f_i=0 \tag{4}$$

从方程(4)可知，有效应力、孔隙压力共同决定着煤体的受力平衡。设定 X、Y、Z 三个方向的位移分别为 W_x、W_y、W_z，假定骨架各向同性的前提下，可有：

$$\sigma'_{ij}=\lambda\varepsilon_v\vartheta_{ij}+2\mu\varepsilon_{ij} \tag{5}$$

$$\varepsilon_v=\frac{\delta W_i}{\delta x_j}=\frac{\delta W_x}{\delta x}+\frac{\delta W_y}{\delta y}+\frac{\delta W_z}{\delta z}$$
$$=\varepsilon_{11}+\varepsilon_{22}+\varepsilon_{33} \tag{6}$$

煤岩体几何方程反映的是应变与位移的关系，张量形式为：

$$\varepsilon_{ij}=\frac{1}{2}(u_{i,j}+u_{j,i}) \tag{7}$$

式中 ε_{ij} ——应变张量；

$u_{i,j}$ ——位移张量。

一般形式为：

$$\varepsilon_{ij}=\frac{1}{2}\left(\frac{\vartheta u_i}{\vartheta x_j}+\frac{\vartheta u_j}{\vartheta x_i}\right)(i=1,2,3;j=1,2,3) \tag{8}$$

② CO_2在钻孔内所遵循的流动规律

气体在煤层内流动一般都遵循达西定律，即：

$$q_g=\frac{k_g}{\mu_g}\Delta P \tag{9}$$

式中 q_g ——气体渗流速度；

k_g ——渗透率；

μ_g ——气体的动力黏度；

ΔP ——气体压力梯度。

同时，不考虑吸附解吸情况下，气体的运移服从如下方程，即：

$$\nabla(\rho_g q_g)=Q \tag{10}$$

式中 ρ_g ——气体密度；

q_g ——气体渗流速度；

Q ——源项。

③ 气固耦合分析

在忽略相变致裂过程中 CO_2(致裂所用气体)对 CH_4(煤层内含有的主要气体)置换效果的前提下，且假定 CO_2在煤体内运移服从达西定律，液态 CO_2相变致裂过程中的气固耦合机理可用方程(4)～方程(10)表示。

(2) 液态 CO_2 相变致裂过程力学机制分析

根据上面的介绍可知，液态 CO_2 相变致裂过程中，煤体的受力服从有效应力原理，根据方程(1)所示的有效应力原理 $\sigma'_{ij}=\sigma_{ij}-p\delta_{ij}$，当总应力不变，$p$ 增大时，煤体各向所受的有效应力减小，假定此时的受力情况如图 5 所示。

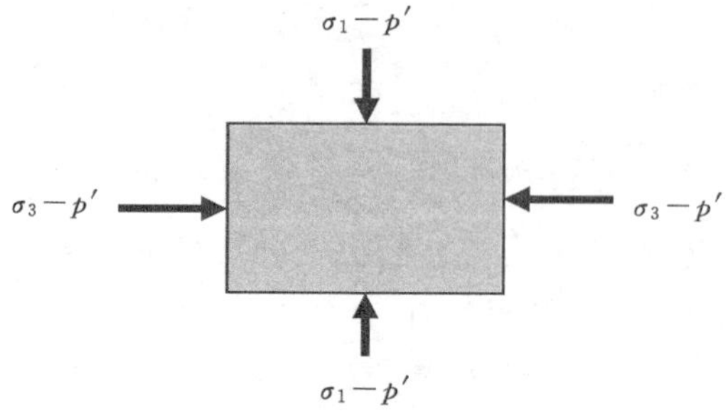

图 5　相变致裂过程中煤体受力示意图

图 5 中 p' 表示孔隙压力的增量，通过图 4 可知，液态 CO_2 相变致裂过程中释放的高压 CO_2 气体，可使煤体三向有效应力减小，反过来，可以说相当于在煤体周围加了一个很大的拉应力。

众所周知，煤体是由节理、层理、裂隙等组成的系统。根据前面的分析，液态 CO_2 相变致裂过程在力学范畴上相当于对煤体周围施加了拉应力。当切向的张拉应力超过极限抗拉强度后，煤体将被破坏产生裂隙，高压气体爆炸冲击波在裂隙内部以应力波的形式向深部扩展[7]。根据断裂力学的知识，裂隙开始扩展，从而液态 CO_2 相变致裂影响范围内的煤体渗透性增大。

3　液态 CO_2 相变致裂增透效果

3.1　致裂增透的时效性及有效影响半径

为了确定液态 CO_2 相变致裂技术的增透时效性和有效影响半径，在平煤十三矿进行了井下致裂试验[8]。

(1) 致裂有效影响半径考察地点及钻孔布置

液态 CO_2 相变致裂有效影响半径考察是在己$_{15\text{-}17}$-11111 机巷底板岩巷 D19 控制点以东 0～20 m巷道段内进行的，考察巷道总长度 20 m，如图 6 示。

为保证考察结果的代表性和可靠性，共布置 A、B、C 三个考察钻孔组，每组布置钻孔 13 个，分两列布置，列间距离 0.5 m，钻孔直径 94 mm；按照钻孔的功能，考察钻孔包括预裂孔和抽采孔，每组设预裂孔 2 个、抽采孔 11 个[9]，考察钻孔布置方式见图 7。

(2) 相变致裂有效影响半径现场考察结果

A、B、C 三个钻孔组的现场考察结果表明，液态 CO_2 相变致裂具有非常好的增透效果：

① 预裂后，预裂孔及其周边一定距离的瓦斯抽采钻孔的瓦斯流量和瓦斯浓度显著增加，平均瓦斯抽采纯量约为致裂前的 1.71 倍，典型抽采钻孔预裂前后的瓦斯流量和瓦斯浓度变化

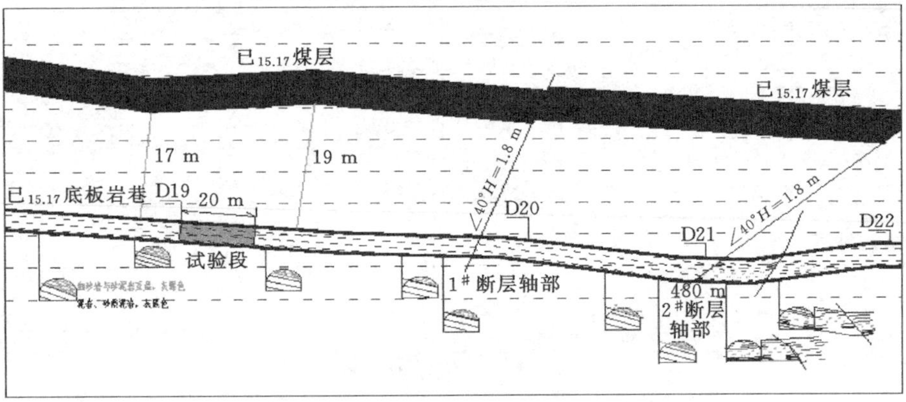

图 6　致裂有效影响半径考察地点示意图

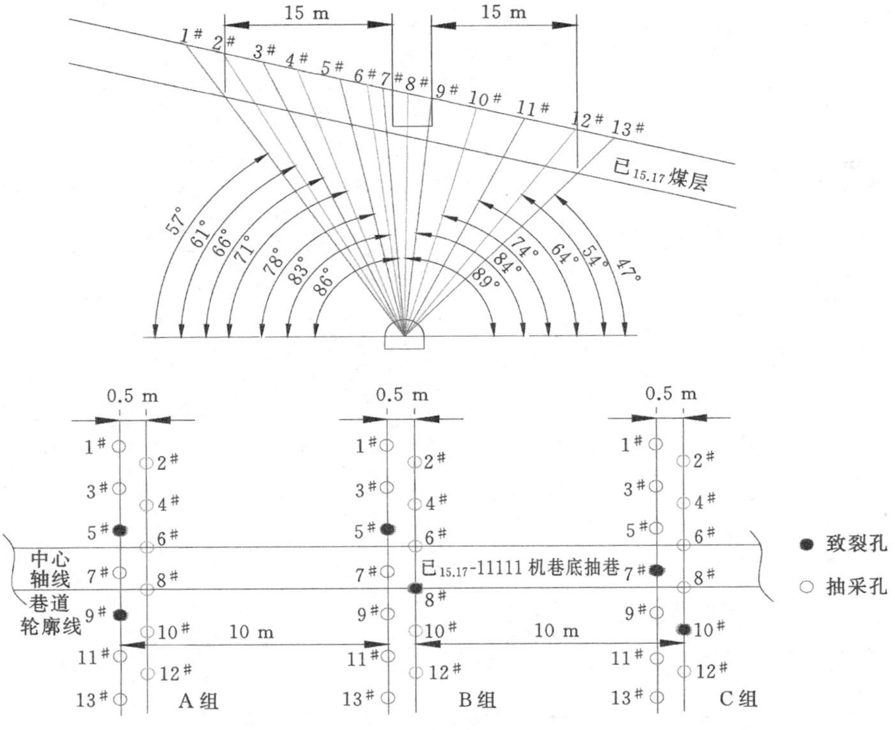

图 7　致裂有效影响半径考察钻孔布置示意图

如图 8 示。

② A、B、C 三组两致裂孔终孔间距分别为 10.05 m、7.79 m、14.37 m，即 A 组 5# 与 8# 孔底间距为 15 m；B 组 5#、9# 孔底间距为 7.79 m；C 组 7#、10# 孔底间距为 14.37 m，根据第一次致裂与致裂前和第二次致裂后与第一致裂后的瓦斯抽采浓度、纯量倍数变化可以看出，A 组效果最好，C 组效果最差，B 组居中，即两致裂孔间距在 7.79m 时能够相互影响，当达到 14.37 m 时两致裂孔不能有效地相互影响，因此可以确定平煤十三矿的致裂有效影响半径在 7.79～

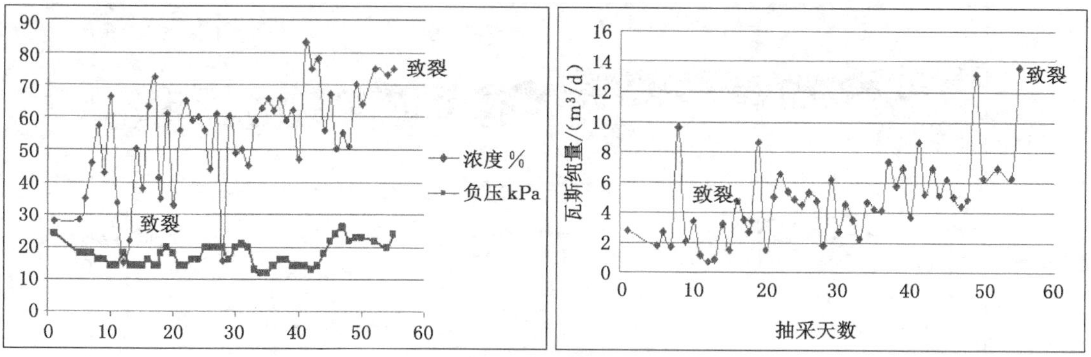

(a)

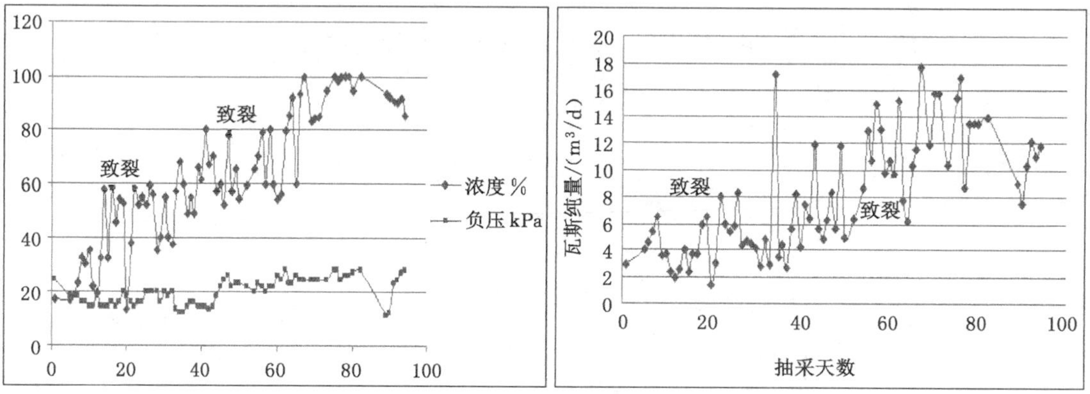

(b)

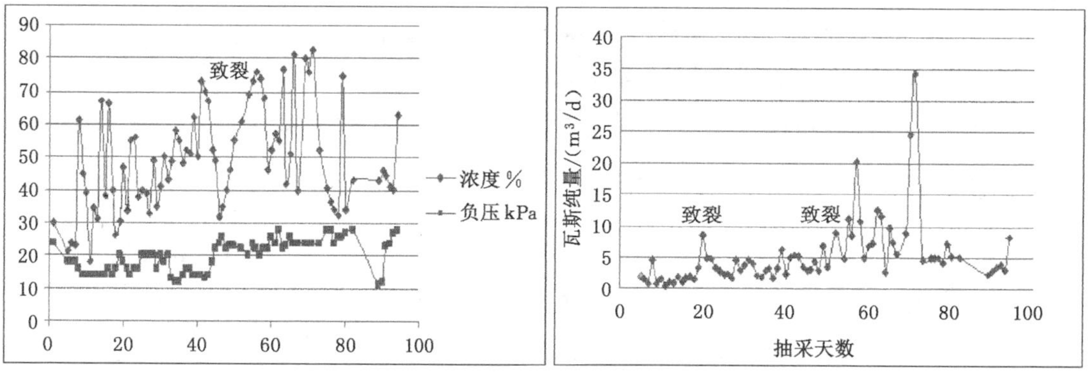

(c)

图 8　致裂前后抽采钻孔瓦斯浓度变化实测曲线

(a) A 组 2# 孔;(b) A 组 3# 孔;(c) A 组 4# 孔

14.37 m之间。

③ 为说明 CO_2致裂对钻孔的影响,采用钻孔窥视仪对比观测了同一深度致裂孔的孔壁形态。发现致裂前的钻孔壁光滑平整,致裂后钻孔直径明显增大,并伴有大量的裂隙和孔洞,但钻孔依然能够保持较完整的形态,为瓦斯抽采创造了有利条件[10]。

④ CO_2相变致裂爆破增透技术在改变原始煤体应力、煤层瓦斯压力及煤体物理性质等影响瓦斯抽采因素方面作用显著[11]。通过突出掘进工作面的工业试验,充分证明 CO_2爆破增透

技术具有广泛的适应性、显著的有效性和可靠的安全性[12]，更加适用于高瓦斯低透气性煤层和有煤与瓦斯突出危险性的矿井。

(3) 致裂抽采影响半径时效特性

钻孔在煤层中抽采瓦斯，考察区域需抽采的瓦斯总量为[13]：

$$Q_g = \rho \pi R^2 H(W-8) \tag{11}$$

式中 ρ——煤的密度，t/m^3；

R——考察区域的半径，m；

H——考察区域煤层的厚度，m；

W——考察区域煤层瓦斯含量，m^3/t。

考察区域需要布置的抽采钻孔数量 N 按照下式计算：

$$N = \frac{Q_g}{Q_c} \tag{12}$$

有效抽采半径计算是建立在理论分析基础上的，即抽采钻孔周围煤体渗透率完全相同，钻孔对周围煤体的瓦斯抽采作用完全相同，N 个钻孔平均分布在煤层中。则钻孔有效抽采半径 r 为：

$$r = \frac{R}{\sqrt{N}} \tag{13}$$

以试验区域 A 组为例，根据瓦斯基本参数测定，该试验段煤层最大原始瓦斯含量和原始瓦斯压力分别为 11.92 m^3/t、2.81 MPa。当残余瓦斯含量小于 8 m^3/t 时，该区域抽采达标，达到消突目的，该区域的半径即为有效抽采半径。根据计算式(9)～式(11)，可以计算致裂后瓦斯抽采 30 d 的有效抽采半径。

① A 组钻孔控制区域内抽采达标需抽采瓦斯总量为：

$$Q_g = \rho \pi R^2 H(W-8) = 10\ 214.10\ (m^3)$$

式中，ρ 表示考察区域煤层的密度，取 1.43 t/m^3；R 表示考察区域的半径，取 10 m；H 表示考察区域煤层的厚度，取 5.8 m；W 表示考察区域煤层瓦斯含量，取 11.92 m^3/t。

② 根据拟合曲线计算单个钻孔抽采 30 天的累计瓦斯抽采量为：

$$Q_c = \int_0^t q(t)\,dt = \int_0^{30} 27.182e^{-0.009\,5\,t}\,dt = 711.02\ (m^3)$$

③ 考察区域需要布置的抽采钻孔数量为：

$$N = \frac{Q_g}{Q_c} \approx 15$$

④ 达到预抽消突目标时，钻孔有效抽采半径为：

$$r = \frac{R}{\sqrt{N}} = 2.63\ (m)$$

由此可见，按致裂后钻孔瓦斯流量衰减规律计算，预抽 30 天将煤层瓦斯含量降到 8 m^3/t 时，钻孔有效抽采半径约为 2.63 m。采用相同方法，得到的致裂前后不同时间的有效抽采影响半径，见表 1。由表可知，相同抽采时间下，液态 CO_2 相变致裂后的有效抽采瓦斯半径显著提高，平均约为原始煤体的 2 倍以上。

表 1　不同抽采时间的有效抽采影响半径

抽采时间/d	致裂前半径/m	致裂后半径/m	致裂前后半径之比
30	0.75	2.63	3.50
60	1.69	3.33	1.97
90	1.98	3.98	2.01
120	2.17	4.34	2.00

在一定时间内,抽采影响半径是随着抽采时间的增加而增大,而且增幅随着抽采时间的增加而变小,随着时间的不断延长,有效抽采影响半径与抽采时间关系变化的趋势趋于平稳[14],如图 9 所示。经回归分析,两者之间具有式(14)所示的统计规律:

$$r=\frac{5.55\times 0.03\times T}{1+0.03T} \tag{14}$$

式中　r——有效抽采影响半径,m;

　　　t——抽采瓦斯时间,d。

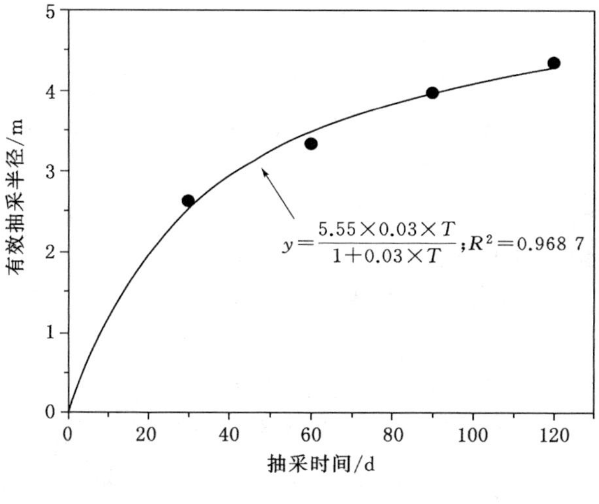

图 9　致裂后钻孔有效抽采半径与抽采时间关系

3.2　致裂孔布置对 CO_2 相变致裂效果影响的试验考察[15]

在己$_{15、17}$-11111 机巷底抽巷 850～950 m 区段(切眼外 0～100 m)进行了实体煤的液态 CO_2 相变致裂强化增透促抽时效性考察,考察巷长 130 m。图 10 为钻孔组(D29－8－2～D30－14－5)内钻孔布置示意图,表 2 为钻孔组内钻孔布置参数。

在实体煤试验考察区,共实施预裂爆破 70 次,设置 4 个精细考察组,开展了钻孔密度为 5 m×5 m(单元一)、6 m×6 m(单元二)的“隔一爆一(矩形布孔方式)”“隔二爆一(梅花形布孔方式)”的单管液态 CO_2 相变致裂试验,着重考查钻孔间距、钻孔布置形式、预裂孔布置方式对液态 CO_2 相变致裂强化预抽效果的影响。

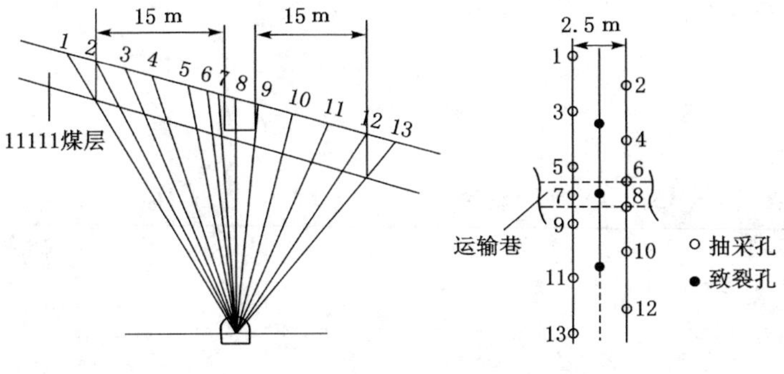

(a) (b)

图 10　实体煤试验区钻孔组内布置示意图

表 2　实体煤试验区钻孔组内布置参数

	孔径/mm	倾角/(°)	孔深/m	岩石硬度	开孔距中线位置/m
1#	94	−41	38	23.5	左 0.76
2#	94	−46	31.2	19.3	左 0.59
3#	94	−51	26.7	16.5	左 0.4
4#	94	−58	22.5	13.8	左 0.13
5#	94	−68	19	11.5	0.19
6#	94	−76	17	10.5	0.38
7#	94	−82	16.2	9,7	0.58
8#	94	90	15.5	9,2	0.81
9#	94	81	14.8	9	1.06
10#	94	63	15	8.7	1.51
11#	94	46	16.8	10.5	1.86
12#	94	33	20	12.3	2.08
13#	94	24	23.8	15	2.2

(1) 第一单元效果考察

在该单元内致裂孔采用矩形布孔方式和梅花形布孔方式，两种布孔方式中每组的布孔数量均为 13 个孔，钻孔布置参数一样，且每组孔控制的煤层范围一样，均是控制煤巷轮廓线外上下 15 m 范围内，唯一的不同是致裂孔布置方式不同，该单元排距与排内孔间距为 2.5 m×5 m，其致裂后的瓦斯抽采浓度和纯量变化如图 11 所示。

对比两种布孔方式瓦斯抽采效果，发现两种布孔方式对瓦斯抽采浓度都有显著的影响，且差异不大；致裂后一段时间内两种布孔方式效果差别依然不大。但是从抽采量来看，梅花形布孔方式能始终长期维持在一个较高的水平，增透效果略好于矩形布孔方式。

(2) 第二单元效果考察

该单元与第一单元相邻，在该单元内致裂孔也采用矩形布孔方式和梅花形布孔方式，两种布孔方式中每组的布孔数量均为 11 个，钻孔布置参数一样，且每组孔控制的煤层范围一样，均

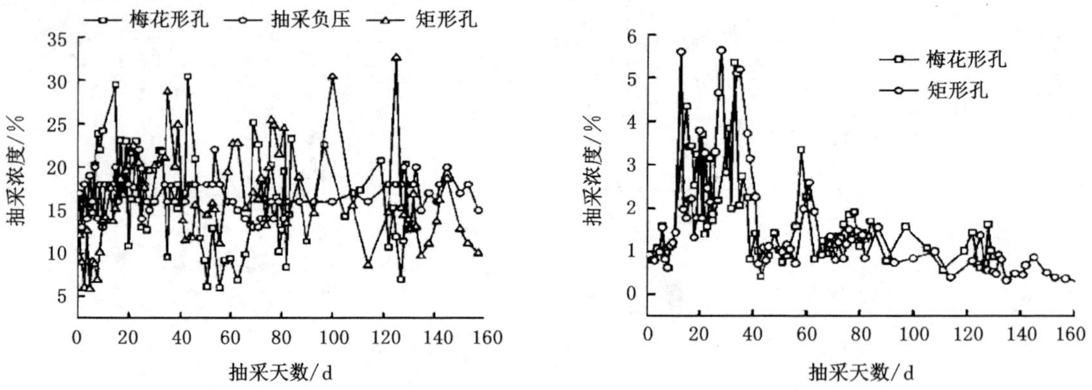

图 11　单元一致裂后抽采效果对比

是控制煤巷轮廓线外上下 15 m 范围内，唯一的不同是致裂孔布置方式不同。该单元排距与排内孔间距为 3 m×6 m，其致裂后瓦斯浓度和纯量变化如图 12 所示。

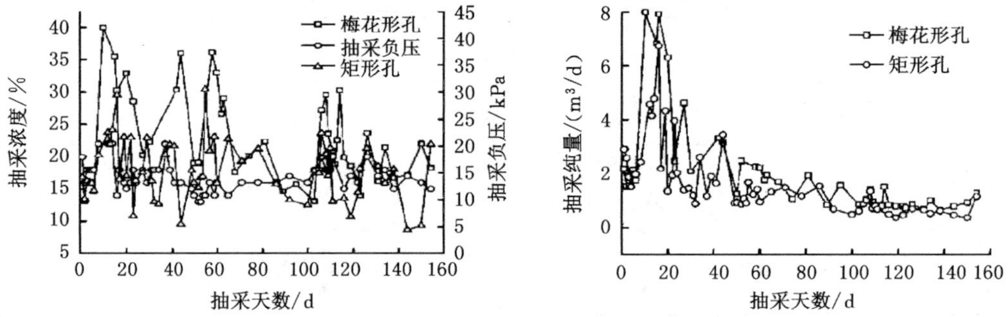

图 12　单元二致裂后抽采效果对比

通过分析对比两种布孔方式的瓦斯抽采效果，可以看出梅花形布孔方式效果比矩形布孔方式效果好。

4　结论

(1) 液态 CO_2 相变致裂技术能够使煤层的透气性增加，能有效延长抽采衰减周期，在致裂后很长一段时间内，瓦斯浓度和抽采纯量始终能保持在较高水平。

(2) 平煤十三矿的液态 CO_2 相变致裂增透工业性试验表明，其增透促抽效果显著：致裂影响半径为 7.79～14.37 m，瓦斯抽采纯量为致裂前的 1.71 倍。

(3) 在相同抽采时间下，液态 CO_2 相变致裂后的有效抽采瓦斯半径显著提高，平均约为原始煤体 2 倍以上。

(4) 预裂钻孔可以采用“隔一爆一”或者“隔二爆一”的方式与预抽钻孔一并设计，平煤十三矿的现场应用实践表明，“隔二爆一”布孔方式的增透促抽效果更具优越性。

参考文献

[1] 安新龙,孙兴磊,位书鑫.深孔预裂爆破技术在综放工作面中的应用[J].山东煤炭科技,2021,39(2):9-11.

[2] 武勇龙.综采工作面水力压裂采煤技术分析[J].当代化工研究,2021(7):81-82.

[3] 邹永洺.煤与瓦斯突出煤层 CO_2 相变致裂增透技术试验研究[J].煤矿安全,2018,49(3):5-8.

[4] 程小庆,王兆丰,李豪君.液态 CO_2 相变致裂强制煤层顶板垮落技术[J].煤矿安全,2016,47(6):67-70.

[5] 赵龙,王兆丰,孙矩正,等.液态 CO_2 相变致裂增透技术在高瓦斯低透煤层的应用[J].煤炭科学技术,2016,44(3):75-79.

[6] 王兆丰,周大超,李豪君,等.液态 CO_2 相变致裂二次增透技术[J].河南理工大学学报(自然科学版),2016,35(5):597-600.

[7] 刘浩,孙岩.液态 CO_2 相变致裂增透煤层机理与应用研究[J].能源技术与管理,2016,41(4):44-45.

[8] 郭杨霖.液态二氧化碳相变致裂机理及应用效果分析[D].焦作:河南理工大学,2017.

[9] 孙星.液态 CO_2 相变致裂技术在强化煤层瓦斯抽采中的应用[J].煤,2020,29(2):18-20.

[10] 陈继福.底抽巷穿层钻孔液态 CO_2 相变致裂增透技术研究[J].煤炭工程,2020,52(3):62-65.

[11] 李国辉,毕建乙.液态 CO_2 相变致裂增透技术在低透气性煤层的应用[J].现代矿业,2017,33(8):228-231.

[12] 王海东.突出煤层掘进工作面 CO_2 可控相变致裂防突技术[J].煤炭科学技术,2016,44(3):70-74.

[13] 徐青伟,王兆丰,徐书荣,等.多煤层穿层钻孔瓦斯抽采有效抽采半径测定[J].煤炭科学技术,2015,43(7):83-88.

[14] 柯巍,王兆丰,赵龙.液态 CO_2 相变致裂影响半径研究[A].中国煤炭学会瓦斯地质专业委员会.2017年全国瓦斯地质学术年会论文集[C].中国煤炭学会瓦斯地质专业委员会:中国煤炭学会瓦斯地质委员会,2017:10.

[15] 王兆丰,李豪君,陈喜恩,等.液态 CO_2 相变致裂煤层增透技术布孔方式研究[J].中国安全生产科学技术,2015,11(9):11-16.

党家河煤矿2号煤层瓦斯赋存规律

周志祥[1,2],谭志宏[1,2],张明杰[1,2]

(1. 河南省瓦斯地质与瓦斯治理重点实验室——省部共建国家重点实验室培育基地,河南焦作,454003;2. 河南理工大学安全科学与工程学院,河南焦作,454003)

摘　要:通过分析党家河煤矿区域与井田地质构造特征,结合煤层顶、底板的岩性差异,煤层埋深等影响瓦斯生成和保存的因素,揭示了党家河煤矿煤层瓦斯的分布规律和煤层瓦斯赋存的主控因素。研究表明:矿井断层和褶曲对煤层瓦斯的赋存状态影响不大,煤层顶、底板岩层的性质和煤层的厚度对煤层中瓦斯的赋存分布情况影响比较大,是2号煤层瓦斯赋存的主控因素。

关键词:地质构造;煤层瓦斯;赋存规律;主控因素

许多学者和技术人员对党家河煤矿所在的黄陵矿区及其周边区域进行了地质构造演化和瓦斯地质规律研究。胡正国、张凤岭等人研究了秦岭一带的区域地质特征和演化发展模式[1,2]。张合臻运用板块构造理论和剪切断裂理论,从变形、变质等方面对骊山地区构造演化进行了研究[3]。李凯军、钟祥熙、王小军等人初步研究了黄陵矿区和内部矿井的地质条件、瓦斯特征以及瓦斯地质规律,认为黄陵矿区煤层瓦斯赋存均衡性非常差,地质条件的差异性和水文情况是瓦斯赋存变化较大的主要原因[4-8]。范立民等人指出陕西省煤田区域内地质条件和瓦斯赋存复杂多变,认为该区域内煤阶的高低决定着瓦斯的生成量,地质构造的复杂程度是瓦斯运移和聚集的主要控制因素[9,10]。安秀煜尝试采用构造控气理论分析了黄陇煤田瓦斯赋存的基本特征以及影响因素,认为区域构造的差异性对煤田内瓦斯的分布起决定作用[11]。

党家河煤矿现今的构造形态是历次构造演化的结果,在研究区域地质构造演化的基础上,研究党家河煤矿构造演化和瓦斯赋存的构造控制特征,并对矿井瓦斯涌出量进行分析和预测,是瓦斯地质理论具体应用的体现和发展,对党家河煤矿安全协调生产、瓦斯预测和治理利用都具有重要指导意义。

1　矿井地质构造特征

1.1　矿井概况

党家河煤矿位于陕西省富县境内,2012年正式开工建设,2014年取得联合试运转批复,

2015年取得安全生产许可证并开始生产。煤矿位于陕西省富县县城西南约30 km处，距黄陵县约52 km，距西安市约180 km。距矿井较近的国道G309从矿井北部12 km处东西向通过，国道G309向东在茶坊镇与南北走向的国道G210相连。青兰高速从矿井东北侧10 km处东西向通过，并在张村驿镇设有出入口，青兰高速向东在梁家台与南北走向的包茂高速贯通，区内县乡公路较多。神西铁路从矿井东部30 km处南北向通过，途经富县。黄陵一号煤矿和黄陵二号煤矿铁路专用线距本矿井约20 km。

矿井北边和西边以芦村勘查区为界，南边与黄陵二号煤矿相邻，东边与黄陵一号煤矿相邻，行政区划属富县张村驿镇及黄陵县双龙乡管辖。其井田属陕西省黄陇侏罗纪煤田黄陵矿区，开采黄陵矿区北部边缘整合区的2号煤层，煤层埋藏深度在372～800 m，平均煤厚1.78 m，井田东西长约5.28～14.14 km，南北宽约5.36～8.72 km，面积约93.88 km^2。

1.2 矿井地质构造

党家河煤矿属陕西省黄陇侏罗纪煤田黄陵矿区，位于黄陵矿区北部，矿井北边是芦村2号煤矿，矿井西边是芦村1号煤矿，矿井南边是黄陵2号煤矿，矿井东边是黄陵1号煤矿。整体为一个倾向NW的单斜构造，地层倾角为1°～3°，其上发育有宽缓的波状起伏。延安组地层西部倾角1°左右，较为平缓。井田内没有揭露断层构造，也没有大范围岩浆活动的痕迹，构造简单。井田内地层由老至新依次为：三叠系上统瓦窑堡组(T_3w)；侏罗系下统富县组(J_1f)；中统延安组(J_2y)、直罗组(J_2z)、安定组(J_2a)；白垩系下统洛河组(K_1l)、华池组(K_1h)；第四系黄土及冲积层。延安组为井田主要含煤地层，延安组沉积相为河流相与湖泊相，可分为4段6个旋回，自上而下分为四段。第一段为主要含煤段，由一个旋回组成，下部为灰、白色中细砂岩，中、上部为灰、灰黑色泥岩及砂质泥岩夹粉砂岩，顶部为黑色泥岩，厚度为0～48 m，一般为15 m左右。共含煤3层(组)，自上而下编号依次为1号煤、2号煤和3号煤(组)，2号煤层为井田内唯一的可采煤层。

2 矿井瓦斯赋存影响因素分析

党家河煤矿北边的芦村井田和南边的黄陵一号煤矿井田都布设有油气钻孔，黄陵矿区的油气钻孔在三叠系瓦窑堡组、侏罗系下统富县组、侏罗系中统延安组等含油地层采出了油型气。井田属陕北黄土梁塬沟壑地貌，地质构造简单。

研究煤层瓦斯赋存特征需重点从瓦斯的储存、排放因素考虑，包括煤层自身的储存条件，煤层顶底板、地质构造、煤层埋深等。

(1) 煤层厚度

煤层厚度及其变化与瓦斯生成有一定关系，瓦斯生于煤层，储于煤层，煤层厚度是瓦斯生成与赋存的物质基础。一般来说，煤层越厚，瓦斯生成与赋存的物质基础条件越好，煤矿开采时瓦斯涌出量就越大。研究表明，煤层是包含大量宏观裂隙、微观裂隙、孔隙的多元空隙结构，是保存煤层瓦斯的主要场所，其保存瓦斯的能力主要取决于煤的比表面积，而煤的比表面积随煤的变质程度增大而增加；同时，由于煤层的孔裂隙结构使煤层对于瓦斯具有渗透性，煤层厚度决定了渗透距离，因此，煤层厚度是影响煤层储存瓦斯的条件之一。

矿井采掘活动对已经开拓开采的区域实际煤厚进行了揭露。+820 m辅运大巷、+820 m

胶运大巷、+820 m 回风大巷在施工中实测 2 号煤层厚度 1.55～1.7 m，平均煤厚 1.63 m。夹矸 1～3 层，厚度 0.05～0.4 m；102 回风顺槽施工时实测 2 号煤层厚度 1.72 m，夹矸一层，厚 0.1～0.2 m；施工到 1 200 m 地段时实测 2 号煤层厚度 1.9 m，平均煤厚 1.81 m，102 工作面主运顺槽、辅运顺槽在施工中实测 2 号煤层厚度与 102 回风顺槽揭露煤厚相同。

从煤层厚度角度分析，矿井北部煤层不利于瓦斯储存，矿井东南、南部靠近黄陵二号煤矿周围煤层较厚，有利于瓦斯储存。Ⅰ盘区瓦斯含量普遍高于Ⅱ盘区瓦斯含量。这主要是由于Ⅰ盘区南部属煤层厚度较大的区域，有利于瓦斯生成和储存，Ⅱ盘区南部属煤层厚度较薄的区域，相对而言不利于瓦斯生成和储存。煤层厚度对瓦斯赋存分布有明显的影响。

(2) 煤层灰分含量

井田内 2 号煤层原煤灰分变化在 5.45%～30.90%之间，平均为 14.39%，以低灰煤为主，占 56.9%，特低灰及中灰煤次之，各占 20.7%和 19%，高灰煤少量，仅占 3.4%。井田内大部分煤为低及特低灰煤，中灰煤主要分布在本区中部，被低灰及特低灰煤分隔成五片，高灰分煤孤立分布，Ⅰ盘区属低灰、特低灰区域，Ⅱ盘区以中灰分、低灰为主。灰分高不利于煤层吸附瓦斯，即不利于瓦斯储存。

(3) 煤层老顶

以块状灰白色中一细粒岩屑石英砂岩为主，俗称“七里镇砂岩”，为本区 K_2 标志层，有时相变为粉细砂岩互层或粉砂岩。岩性较坚硬，厚层状，不易垮落。全区分布，层位稳定。砂岩天然重度 2.28～2.56 g/cm^3，孔隙率 4.12%～11.06%，干燥状态下抗压强度 33.8～57.2 MPa，平均 44.84 MPa，饱和单轴抗压强度 23.4～41.6 MPa，平均 32.62 MPa，天然抗拉强度 1.42～2.35 MPa，平均 1.82 MPa，属中等稳定一稳定不易冒落顶板。

(4) 直接顶板

以细砂岩、粉砂岩为主，局部为泥岩、中粒砂岩及砂质泥岩。粉砂岩饱和抗压强度为 21.3～34 MPa，平均 28.83 MPa，为软弱岩石，属中等稳定的不易冒落顶板。泥岩和砂质泥岩为层状，水平层理发育，易风化破碎，饱和单轴抗压强度为 21～29.6 MPa，平均 22.9 MPa，为软弱岩石。

(5) 伪顶

主要为薄层状泥质粉砂岩或砂质泥岩，个别钻孔为炭质泥岩，厚度均在 0.5 m 以下，零星分布，极不稳定，较松软，易风化破碎，为软弱岩石。有时与直接顶板在岩性上不易区分，但以其薄层状及随采随落为特征。

(6) 直接底板

主要为一套灰色团块状粉砂质泥岩，有时含粉砂质、硅质、钙质、菱铁矿鲕粒，顶部含植物根系化石，俗称“根土岩”，呈团块状结构，遇水膨胀，易发生底鼓，厚度一般 0.38～5 m，一般 1～2 m，其分布具有向斜部位厚而背斜部位薄的特点。天然重度 2.38～2.72 g/cm^3，孔隙率 0.8%～8.11%，干燥状态下抗压强度 8.5～112 MPa，饱和单轴抗压强度 9.6～62.9 MPa，天然抗拉强度 0.98～4.42 MPa，为松软易变形的不稳定底板。

(7) 煤层力学性质

2 号煤层多为块状，经黄陵二号煤矿 R_{22} 号孔煤样测试，抗压强度 9.97 Ma；经抗剪强度测试，凝聚力为 2.4 MPa，内摩擦角为 $\phi 36°$。

矿井东部的Ⅰ盘区主要以粉砂岩为主，局部为细粒砂岩，往西的Ⅱ盘区、Ⅲ盘区则以细粒砂岩、中粒砂岩为主,局部为泥岩,Ⅳ盘区以粉砂岩、泥岩为主,局部为细砂岩,显示出Ⅰ盘区、Ⅳ盘区顶板岩性有利于瓦斯保存,Ⅱ盘区、Ⅲ盘区不利于瓦斯保存。实测瓦斯含量相对高($3.83\sim6.63\ m^3/t$)的Ⅰ盘区位于矿井东部和东南部,顶板岩性以粉砂岩和泥岩为主。瓦斯含量相对较低($1.15\sim3.25\ m^3/t$)的Ⅱ盘区顶板主要为细粒砂岩和中粒砂岩。因此,顶板岩性对煤层瓦斯赋存也有明显的影响。

(8) 地质构造

黄陵矿区断层不发育,迄今为止,井田内采掘活动没有发现大的断层构造,但其浅部的黄陵一号煤矿揭露有数条小型断层。其中在二、三盘区,有两条走向近东西、平行相邻,呈地堑断裂组合(F_3、F_4断层),F_3断层走向80°~84°,倾向北,倾角约80°,平面延伸长度5 km,为一断距小于10 m的正断层;F_4断层与F_3近似平行,走向近东西,倾向南东,延伸长度约5 km,据井下观察为一断距小于10 m的正断层。据井下探查结果,F_3、F_4断层导水性较弱,断层带宽度小于1 m,断层带岩性为泥岩、砂质泥岩。其他矿井采掘过程中揭露少量小型断层。小断层仅对局部瓦斯分布不均有一定影响,对于矿井或区域瓦斯赋存分布无较大影响。

区内延安组地层呈一倾向北西的单斜构造,西部地层倾角1°左右,较为平缓;东部发育有宽缓的波状起伏,地层倾角2°~3°。沿5—6、6—5、7—5号钻孔连线一带呈北东向波峰,峰值15 m左右,沿3—5、5—4、6—3号钻孔连线一带呈北东向波谷,幅值10 m左右,东部沿1—4、2—3、2—2孔一线为波峰,幅值20 m左右;总体东南部抬升;西北以2—8孔为中心,为一波谷,幅值约10 m左右。根据井筒及大巷采掘揭露,在盘区三条大巷和102工作面三条顺槽掘进时揭露一个宽缓背斜构造,背斜轴走向N20°E,两翼煤层平缓,倾向一般为3°~6°,+820 m辅运大巷从102回风顺槽开口处煤层开始上坡,倾角一般为2°~4°,到104辅运顺槽掘进时煤层开始下坡,倾角一般为-4°~-6°,到102回风顺槽开口时煤层上坡,倾向一般为1°~2°,到600 m处煤层开始下坡,倾角一般为-1°~-3°。未发现瓦斯分布受褶曲明显影响。

综上所述,党家河井田内断层不发育,褶曲宽缓,不存在明显的断层滑动、煤层滑动构造,以及由此形成的煤体破坏等影响瓦斯赋存的基础条件,断层、褶曲构造对煤层瓦斯赋存影响极小。

(9) 煤层埋深

煤层埋藏深度增加不仅会引起地应力增高,使煤层和围岩的透气性降低,而且增大了瓦斯向地表运移的距离,这两者的变化均朝着有利于封存瓦斯、而不利于放散瓦斯方向发展。前人研究表明:进入煤层瓦斯带内深度不大时,煤层瓦斯含量随埋深增大基本上成线性规律增加[12]。决定煤层埋藏深度的因素有两个,一是煤层上覆岩层厚度,二是煤田与井田区域地质构造,前者受地表形状与后者共同影响,后者主要是褶曲与断层,引起煤层埋藏深度的规律性变化。由于黄陵矿区侏罗纪地层整体为一走向北东,倾向北西的单斜构造,煤层倾角较小,井田内断层不发育,所以地质构造对煤层埋深的影响很小。从2号煤层底板等高线图分析,井田内煤层底板标高差值不足100 m。

矿井地表存在较多冲刷形成的沟壑,造成地表的高差起伏较大,一定程度上造成2号煤层埋藏深度有较大变化,一般在372~800 m,但其上覆盖层的厚度差别主要为第四系中上更新统、第四系全新统冲洪积层,对煤层瓦斯的渗透性较好。由于2号煤层上覆岩层厚度较小,封闭瓦斯能力较弱,导致2号煤层瓦斯含量较低,表明煤层埋深对2号煤层瓦斯赋存差异性影响较小。

3 煤层瓦斯赋存主控因素分析

3.1 矿井瓦斯参数测定

项目组对党家河煤矿2号煤层进行了煤层瓦斯吸附常数、坚固性系数 f、放散初速度 Δp 等基础参数测定，测定地点和测定结果见表1。从2号煤层的202上顺槽、204上顺槽、胶运大巷迎头和108工作面采集4个煤样，测得2号煤层最大 a 值为20.62 m^3/t，最小为16 m^3/t；b 值最大为1.78 MPa^{-1}，最小为0.81 MPa^{-1}。

表1 党家河煤矿2号煤层瓦斯基础参数汇总表

采样位置	吸附常数		视密度	真密度	孔隙率	坚固性	放散初速度
	$a/(m^3/t)$	b/MPa^{-1}	$/(t/m^3)$	$/(t/m^3)$	/%	系数 f	Δp
202上顺槽胶运大巷口向里2 898 m	16.000	1.781	1.28	1.38	7.25	1.09	5
110上顺槽胶运大巷口向里261 m	17.544	1.269	1.27	1.37	7.30	0.90	4
204上顺槽胶运大巷口向里992 m	18.315	1.414	1.36	1.49	8.72	0.85	
胶运大巷212联络巷向里336 m	20.619	0.812	1.26	1.36	7.35	0.81	
102上顺 H13 测点前60 m	23.767	0.389	1.29	1.40	7.86	1.25	12
辅运大巷 J25 测点前100 m	25.659	0.332	1.30	1.41	7.80	1.08	8
辅助大巷掘进面	22.272	1.016	1.39	1.53	9.15	1.09	9
变电所掘进面	22.668	0.469	1.30	1.41	7.80	0.8	8
104工作面	18.272	1.521	1.33	1.45	8.27	0.76	5
102工作面	21.368	1.099	1.28	1.39	7.91	0.83	6
106工作面	22.728	0.94	1.31	1.42	7.75	0.79	6

项目组根据现场实测瓦斯参数，结合《矿井地质报告》收录地勘期间瓦斯含量测定结果，汇总整理出2号煤层瓦斯含量表，见表2。

表 2 党家河煤矿 2 号煤层瓦斯含量汇总表

序号	测定地点	水分 M_{ad} /%	灰分 A_{ad} /%	挥发分 V_{daf} /%	甲烷成分 /%	瓦斯含量		备注
						原煤 /(m^3/t)	可燃基 /(m^3/t·r)	
1	202 上顺槽胶运大巷口向里 2 530 m,孔深 21 m	1.52	11.66	34.00	71.36	2.76	3.17	原始煤体
2	202 上顺槽胶运大巷口向里 2 535 m,孔深 20 m	2.02	7.32	38.10	65.23	2.43	2.68	原始煤体
3	辅运大巷 212 联络巷向里 1 255 m,孔深 25 m	2.49	10.02	35.01	69.69	3.46	3.89	原始煤体
4	204 上顺槽胶运大巷口向里 1 130 m,孔深 11 m	1.75	5.73	36.59	82.82	3.58	3.87	原始煤体
5	204 上顺槽胶运大巷口向里 261 m,孔深 23 m	1.87	5.94	36.61	55.79	2.43	2.64	原始煤体
6	204 上顺槽胶运大巷口向里 266 m,孔深 25 m	1.73	9.45	36.71	78.39	3.10	3.49	原始煤体
7	102 上顺 H13 测点前 34 m、孔深 30 m	1.07	23.20	35.11	91.2	3.83	5.05	原始煤体
8	102 上顺 H13 测点前 34 m、孔深 32 m	2.54	9.48	31.95	86.57	5.91	7.09	原始煤体
9	102 上顺 H13 测点前 34 m、孔深 35 m	1.70	16.56	34.10	88.68	4.96	6.06	原始煤体
10	辅运大巷 J25 测点、孔深 35 m	2.53	10.14	32.96	88.69	6.63	7.99	原始煤体
11	辅运大巷 J25 测点、孔深 35 m	1.72	8.68	33.76	89.40	6.31	7.04	原始煤体
12	辅运大巷 J25 测点、孔深 36 m	1.26	11.79	33.06	91.42	5.79	6.65	原始煤体
13	106 工作面 1# 孔	2.13	7.93	37.41	92.02	5.56	6.17	原始煤体
14	106 工作面 2# 孔	1.21	13.41	32.01	90.47	4.64	5.44	原始煤体
15	106 工作面 3# 孔	2.35	3.98	36.42	93.51	4.47	4.78	原始煤体

3.2 瓦斯赋存主控因素

由于井田区域内煤层埋深普遍较浅,差别不大,煤层埋深过瓦斯风化带的下限,进入瓦斯带的深度不多,实测的煤层瓦斯含量、瓦斯压力以及瓦斯成分等参数超过瓦斯带的临界值不多,煤层埋深是2号煤层瓦斯含量整体不高的主要原因,但不是瓦斯赋存差异性的主控因素。同样,矿井断层、褶曲构造简单,对煤层瓦斯赋存影响极小,不是2号煤层瓦斯赋存差异性的主控因素。

从2号煤层自身的储存条件、煤层顶底板岩性对2号煤层瓦斯赋存影响程度分析,2号煤层厚度、煤层直接顶岩性对2号煤层瓦斯赋存影响较大,2号煤层厚度较大的区域、煤层顶板致密,以泥岩、粉砂岩为主的区域,煤层瓦斯含量高,2号煤层厚度较小的区域、煤层顶板疏松,以细砂岩、砂岩为主的区域,煤层瓦斯含量低。

煤层灰分对瓦斯存储也有一定的影响。由于2号煤层瓦斯含量整体不高,各个因素对2号煤层瓦斯赋存差异性的控制作用不十分强烈。

综上所述,2号煤层顶底板岩性、煤层厚度是2号煤层瓦斯赋存的主控因素。

4 矿井瓦斯赋存规律分析

通过对整个井田2号煤层厚度分布情况分析发现,2号煤层厚度0.5～3.4 m,主要赋存于本区中部、南部。可采范围内煤层厚度包含薄煤(0.8～1.3 m)及中厚煤(1.3～3.4 m)两个级别,其变化规律明显。东南、南部靠近黄陵二号煤矿周围煤层较厚,中部属中厚煤区。往西北、东北方向逐渐变薄至不可采,属稳定的薄-中厚煤层。

102工作面瓦斯含量实测值为3.83～5.91 m^3/t。辅运大巷靠矿井东部瓦斯含量实测值为5.79～6.63 m^3/t。106工作面瓦斯含量实测值为4.47～5.56 m^3/t。202工作面瓦斯含量实测值为1.15～2.76 m^3/t。204工作面瓦斯含量实测值为2.43～3.58 m^3/t。

矿井采掘实践表明,属于Ⅰ盘区的102工作面、106工作面和辅运大巷靠近矿井东南部的区域瓦斯含量实测值最低为3.83 m^3/t,最高为6.63 m^3/t(亦是目前矿井瓦斯含量最高实测点),Ⅱ盘区的202工作面和204工作面的瓦斯含量实测值最低1.15 m^3/t,最高3.58 m^3/t。

5 结论

党家河煤矿所属矿区构造以宽缓褶皱为主,煤层的倾角不大,而且变化小,煤层赋存比较稳定。根据2号煤层自身的储存条件以及煤层埋深、地质构造、煤层顶底板岩性对2号煤层瓦斯赋存影响分析,确定2号煤层顶底板岩性、煤层厚度是2号煤层瓦斯赋存主控因素,对2号煤层瓦斯赋存影响较大。2号煤层厚度较大的区域、煤层顶板致密,以泥岩、粉砂岩为主的区域,煤层瓦斯含量高;2号煤层厚度较小的区域、煤层顶板疏松,以细砂岩、砂岩为主的区域,煤层瓦斯含量低。

参考文献

[1] 胡正国,钱壮志.小秦岭地质构造及金矿类型研究新进展[J].长安大学学报(地球科学版),1993,15(4):21-25.

[2] 张凤岭.西秦岭南亚带地质构造演化模式讨论[J].甘肃地质学报,1993,2(1):72-79.

[3] 钟祥熙.黄陵二号煤矿巷道围岩变形及松动演化规律研究[J].陕西煤炭,2016,35(2):18-21.

[4] 李凯军.黄陵二号煤矿掘进工作面瓦斯防治技术研究[J].工程技术研究,2019,4(24):60-61.

[5] 范立民,王英,高午,等.黄陵矿区红石岩煤矿瓦斯地质规律[J].陕西煤炭,2011,30(4):1-3.

[6] 范立民,王英,夏玉成.陕西省煤矿瓦斯地质规律研究[M].北京:煤炭工业出版社,2012.

[7] 龙威成,吴义军,李川.黄陵二号煤矿瓦斯地质规律及涌出量预测[J].河南理工大学学报(自然科学版),2011,30(5):516-520.

[8] 王小军,司俊鸿,徐文全,等.黄陵矿区煤层瓦斯赋存规律及影响因素研究[C]//陕西省煤炭学会2016年学术年会论文集.乌鲁木齐,2016:274-278.

[9] 范立民,王英.陕西省瓦斯赋存规律及区带划分[C]//煤矿瓦斯地质与抽采利用研究:陕西省煤炭学会学术年会论文集.咸阳,2012:22-25.

[10] 范立民,王英,夏玉成.陕西省煤矿瓦斯地质规律研究[M].北京:煤炭工业出版社,2012.

[11] 安秀煜.黄陇侏罗纪煤田瓦斯地质规律研究[D].西安:西安科技大学,2012.

[12] 吴基文,赵志根,程新明,等.影响海孜煤矿煤层瓦斯赋存的地质因素分析[J].西安科技学院学报,2003,23(3):264-266.

深部综采面采动应力与地质构造对瓦斯致灾机理研究

赵庆刚,郑孝全
(山东万祥矿业有限公司潘西煤矿,山东济南,271107)

摘　要:通过对潘西煤矿深部综采面采动应力、瓦斯浓度数据收集、整理,分析了综采面采动应力及瓦斯浓度分布规律,采动应力与地质构造对瓦斯致灾机理,为制定与实施防治瓦斯及地应力灾害技术措施提供理论依据。

关键词:采动应力;瓦斯含量;分布特征;采动应力;致灾机理

潘西矿19层煤为本井田主采煤层,其储量占矿井总储量60%以上,层位稳定,全区可采,煤厚0.68～4.65 m,平均2.50 m,含夹石1层,夹石厚度0.10～1.06 m,平均0.23 m,夹石厚度由西向东逐渐变厚。本文通过对后六采区6198采煤工作面采动应力和瓦斯浓度参数、瓦斯涌出量统计分析,掌握矿井深部采煤工作面煤层瓦斯及地应力分布特征和耦合致灾机理,为深部采煤工作面瓦斯、地应力灾害治理指明方向。

1　深部采煤工作面采动应力分布特征研究

1.1　深部采煤工作面采动应力测试

在6198工作面进回风巷道沿着推进方向每隔20 m施工一组钻孔:一侧钻孔深度为8 m,另一侧钻孔深度为14 m,分别在钻孔中安设应力传感器,用来监测工作面前方应力的变化情况,防止由于较高的应力导致矿井灾害事故发生。监测的范围为控制工作面前方200 m,应力传感器不需要封孔,但是需要添加黏合剂,使应力传感器能充分与煤体接触。为了保证能够准确测得工作面前方应力分布,随着工作面的推进,持续保证应力传感器能控制工作面前方200 m。

1.2　深部采煤工作面采动应力数据分析

通过对6198工作面应力监测数据整理,在众多历史数据中选择效果较好且未出现异常的某一组传感器监测数据进行统计分析。本文选取距离工作面在180～220 m范围内的传感器数据,统计从距离传感器200 m左右开始到0 m范围内受采动应力影响下的应力数据,挑选出5组传感器的数据进行整理分析,分别是6198工作面第9、10、11、12、22组传感器应力监测数据。以距离为横坐标,检测到的应力为纵坐标,经过整理分析后数据汇总曲线如图1所示。

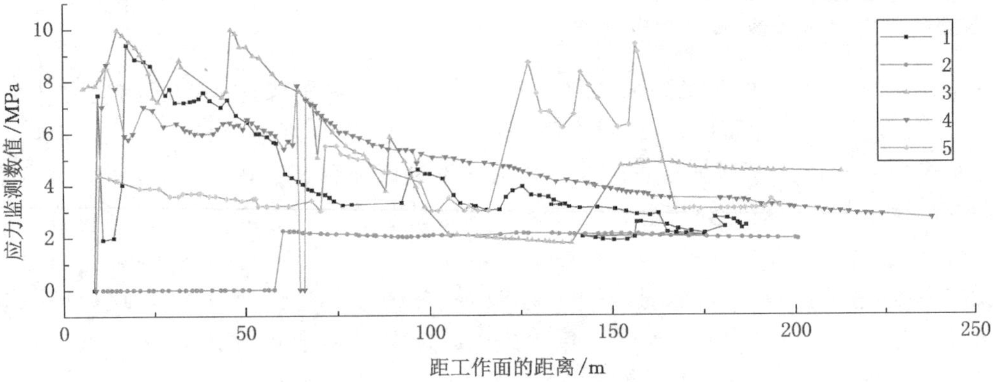

图 1　6198 工作面 14 m 应力传感器数据汇总曲线图

从上述应力曲线图中可以看出，总体来讲工作面压力分布符合矿山压力的显现规律，呈现单峰特征。从靠近工作面位置开始，应力的数值相对来说整体较小，呈现出增长的趋势；随着距离工作面距离的增大，应力表现出先增长后降低的趋势。卸压区一般出现在工作面前方 20 m范围内；应力集中区一般出现在距离工作面 20 m 以外的区域，不同传感器测出的应力集中区的区域范围有所不同，这可能与应力计的灵敏度有关，也可能受到周期来压的影响，总体而言，应力集中区的范围在 20～70 m 范围内。

在上述基础上，选取一个传感器的测试结果具体分析应力在工作面前方的分布状态，测试结果分布如图 2 所示。

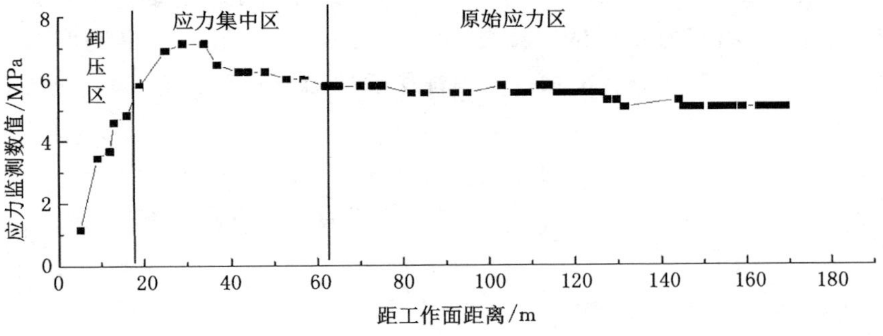

图 2　应力在工作面前方的分布状态

由图可知，沿着工作面推进方向，在 0～34 m 范围内，应力随着与工作面距离的增加迅速增大：在 5～18 m 范围内应力从 1.1 MPa 增加到 5.7 MPa，在 19～62 m 的范围内一直保持较高的值，最大应力出现在工作面前方 34 m 处，达到 7.2 MPa，应力集中系数达到 1.3。当达到峰值应力后开始缓慢下降，最终在 62 m 附近降低到 5.8 MPa 左右，达到原始应力状态。由以上分析可知，6198 工作面前方卸压区范围为 0～19 m，应力集中区范围为 19～62 m，原始应力区为 62 m 以外的区域。

1.3 深部采煤工作面采动应力分布规律

在工作面回采期间,由于受到采动影响,打破了工作面周围煤体和围岩的应力平衡,使工作面前方煤体相应出现卸压区、应力集中区、原始应力区,采空区支撑条件下工作面前后支承压力分布规律见图3,三个区域位置随着工作面的推进而前移。在松弛区,煤岩体已发生屈服并在内部产生了大量的裂隙,呈现塑性状态,其内部赋存的弹性能大部分已得到释放,该区域应力较低,但随着工作面的推进,应力开始逐渐增大,且增速较快,应力变化梯度大;由松弛区到应力集中区,应力值越来越高,煤岩体的变形破裂过程也更为强烈,在此区域内会出现应力的最大值,随后应力开始减小;应力集中区后进入原始应力区,此区域内应力变化不明显,在一定的数值附近波动。

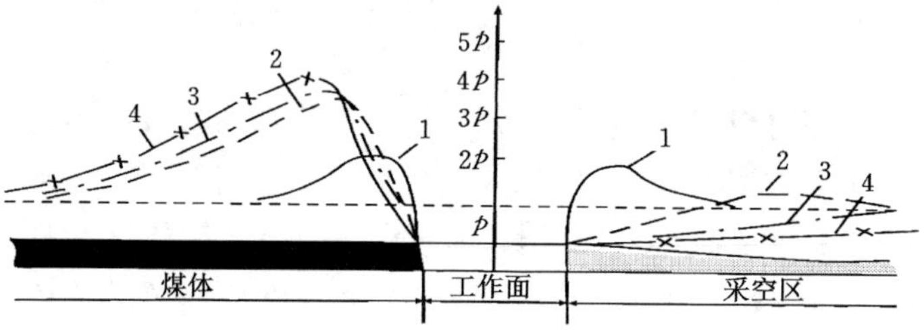

图3 采空区支撑条件下工作面前后支承压力分布规律示意图

采动应力是以原始应力为基础,采动影响后重新分布的结果,因此,采动应力的大小和方向在原始应力的基础上随采动而变化,处于一个动态的、非稳定的状态。煤矿开采中常见影响应力大小的因素有:原始应力、地质构造、关键层、工作面推进速度、煤柱宽度、相邻采空区、工作面长度、采煤工艺等。总结分析潘西煤矿可能引起应力异常增高的因素,主要有以下几个。

(1) 煤层埋深

潘西煤矿后六采区6198工作面煤层等高线−900 m,对应地面标高约为+210 m,因此,煤层埋深均在1 100 m以上,原岩应力大,煤层在地应力作用下发生破坏,因此,地应力是引起潘西煤矿动力灾害的主要因素。

(2) 地质构造

地质构造对采动应力的影响主要表现在方向改变和力的传递上,常见的地质构造有断层和褶皱。在采掘过程中,断层极易发生“活化”,对采动空间应力分布产生影响,煤层边缘部分承受很大压力,冲击地压发生的频率较高。一般开采后,煤层顶板部位断层附近应力增加,煤层底板部位断层附近应力减小,两种情况下水平应力变化幅度相对较大。潘西煤矿地质构造、特别是断层构造异常复杂,工作面受断层F_1影响严重,煤体周围空间的地应力分布不均匀,在断层附近容易形成较大应力集中区。

(3) 关键层

关键层的周期性断裂会引起工作面前方垂直应力分布周期性变化,因此关键层的煤岩力学性能是引起采动应力变化强弱的重要影响因素。从切眼开始,随着工作面的回采推进,前方实体煤内部垂直应力逐渐增大。没有关键层的条件下,垂直应力以极快速度达到最大值,在初次来压之后,垂直应力峰值明显降低。有关键层时,垂直应力集中区及垂直应力峰值区相对没有关键层时较晚,但垂直应力最大值却明显大于无关键层时的情况。

(4) 采掘扰动

采掘扰动强度直接关系着动载应力的产生及强度特征。其中,工作面推进速度决定着采掘扰动强度的大小。推进速度不同,围岩应力转移程度、围岩加卸载速率、煤岩变形及应力分布均有所差异。随着工作推进速度的加快,顶板周期来压步距加大,工作面前方实体煤内部垂直应力峰值向工作面煤壁靠近,峰值大小明显增高。由于推进速度与采动空间内塑性破坏范围、应力集中程度、应力影响范围、应力集中速率等量化关系很难确定,因此应根据现场情况确定合理的推进速度,减少因推进速度过快而引发煤岩动力灾害事故。

2 深部采煤工作面瓦斯分布特征

2.1 深部采煤工作面瓦斯浓度测试

6198 工作面位于—740 下部后六采区,南部邻近 6197 工作面采空区,工作面采用下行通风。在 6198 工作面一共布置 9 个测试区,每个测试区按照工作面煤墙-前溜正上方-支架中间-后溜-后溜近采空区依次布置五个测点,进风巷和回风巷 10 m 范围内每个断面布置 3 个测点,工作面瓦斯浓度现场测试点布置如图 4 所示。

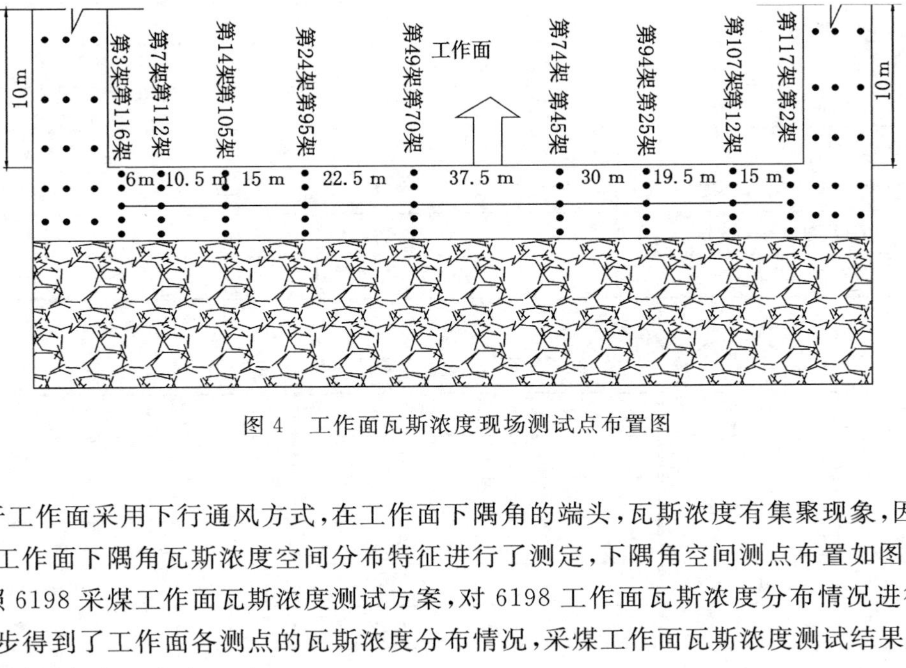

图 4 工作面瓦斯浓度现场测试点布置图

由于工作面采用下行通风方式,在工作面下隅角的端头,瓦斯浓度有集聚现象,因此,重点对 6198 工作面下隅角瓦斯浓度空间分布特征进行了测定,下隅角空间测点布置如图 5 所示。

按照 6198 采煤工作面瓦斯浓度测试方案,对 6198 工作面瓦斯浓度分布情况进行了实际测定,初步得到了工作面各测点的瓦斯浓度分布情况,采煤工作面瓦斯浓度测试结果及下隅角浓度测试结果如表 1 和表 2 示。

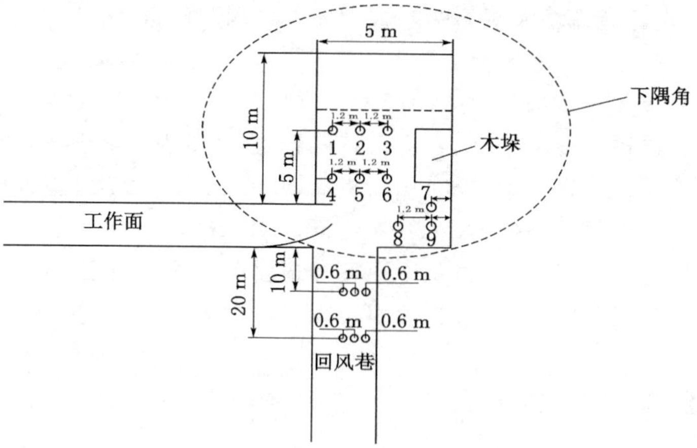

图 5　下隅角瓦斯浓度测点分布图

表 1　工作面瓦斯浓度分布测定结果(%)

序号与位置	工作面煤壁	溜子正上方	支架中间	后支柱靠近采空区
107 号架(距进风巷 16.5 m)	0.11	0.11	0.11	0.10
102 号架(距进风巷 24 m)	0.11	0.10	0.11	0.10
86 号架(距进风巷 48 m)	0.11	0.11	0.11	0.11
63 和 64 号架中间(距进风 81.5 m)	0.12	0.12	0.12	0.11
38 和 39 号架中间(距进风 121 m)	0.13	0.12	0.12	0.12
22 号架(距进风巷 144 m)	0.13	0.13	0.13	0.13
15 和 16 号架中间(距进风巷 102.5 m)	0.13	0.13	0.14	0.13
9 和 10 号架中间(距进风巷 163 m)	0.14	0.13	0.14	0.13
2 和 3 号架中间(距进风巷 174 m)	0.14	0.14	0.14	0.14

表 2　6198 工作面下隅角瓦斯浓度测定结果

测点号	浓度/%	测点号	浓度/%	测点号	浓度/%
1	0.83	6	0.25	11	0.15
2	0.96	7	1.07	12	0.15
3	1.05	8	0.30	13	0.15
4	0.40	9	1.05	14	0.15
5	0.62	10	0.12	15	0.15

2.2　深部采煤工作面瓦斯浓度数据分析

通过对 6198 工作面测定瓦斯浓度分析,6198 工作面的瓦斯浓度分布规律明显:工作面内距进风侧端头距离越远,瓦斯浓度越高,但整体增加不大。由于工作面采用下行通风方式,在工作面下隅角端头,瓦斯浓度有集聚现象。根据上述测定结果,运用软件插值形成等值线理论，对工作面瓦斯浓度场数据进行处理，如图 6～8 所示。考虑到图中瓦斯浓度梯度变化较大，工作面区域瓦斯变化不明显，故把将 6198 工作面分成了采煤工作面和回风巷、下隅角两个部分，从图 6、图 7、图 8 可以清楚地看出工作面和回风巷、下隅角的瓦斯浓度分布和瓦斯浓度的变化规律。

工作面瓦斯浓度场的测定结果很好地为后续隅角治理工作提供了理论依据，图 6 显示工作面、回风巷、下隅角处整体的瓦斯浓度场分布就是风流的流动路线图，风流经过的地方瓦斯浓度较小，其他地方的瓦斯浓度相对较大，而且 6198 工作面和回风巷下隅角的瓦斯浓度相差很大。图 7 显示无论是工作面煤壁、溜子正上方、支架中间还是后支柱近采空区，瓦斯浓度均不超过 0.14%，在 0.1%和 0.14%之间，从工作面进风巷道到工作面回风巷到处瓦斯浓度基本呈增长趋势，这是因为随着风流的流动，风流中携带了越来越多的瓦斯，导致瓦斯浓度越来越大，但工作面瓦斯浓度相对来说整体变化不大，分布较均匀。从图 8 可以看出，回风巷、下隅角处的瓦斯浓度远远高于工作面瓦斯浓度，且下隅角处越靠近采空区，瓦斯浓度越大，甚至达到了 1.15%，已经超过了瓦斯浓度报警值。从图 6～图 8 还可以看出回风巷瓦斯浓度值基本在 0.15%～1.15%之间，且越靠近采空区瓦斯浓度越大，这是因为，浓度大的地方风流较小或者没有风流，导致瓦斯在此集聚，引起瓦斯超限，容易导致发生各种瓦斯事故，应对该区域进行加强通风，驱散瓦斯，解决瓦斯超限问题，消除瓦斯事故隐患。

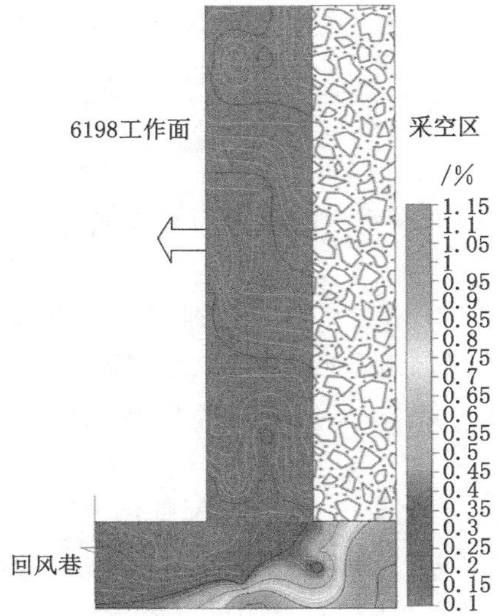

图 6 回风巷、下隅角瓦斯浓度场示意图

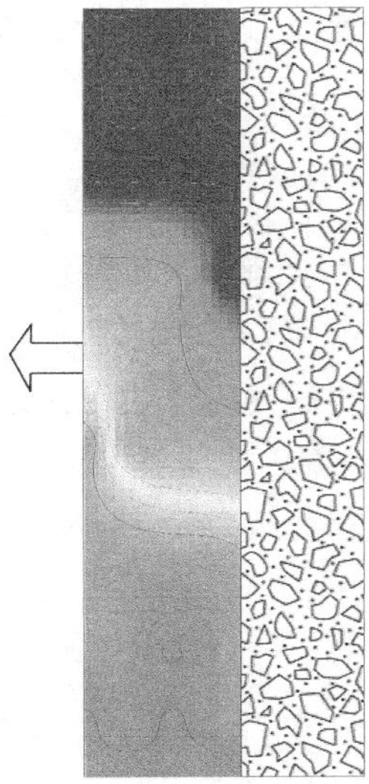

图 7 工作面瓦斯浓度场示意图

2.3 瓦斯地质分析

通过对潘西煤矿煤层瓦斯地质资料研究及实测煤层瓦斯参数，潘西煤矿为低瓦斯矿井，后六采区为局部瓦斯异常区。通过对后六采区已采工作面瓦斯涌出量统计分析及实测原始未采动区煤层瓦斯含量，以及后六采区接近 F_1 逆断层处，预计采面瓦斯涌出量较大，局部存在的零星小断层与大断层间连通性差，瓦斯涌出量较高。6198 工作面未采动区实测煤层原煤瓦斯含量最大值为 2.13 m^3/t。

基于以上原因，预测潘西煤矿瓦斯致灾的主要形式应主要为割煤后瓦斯瞬间释放，并有可

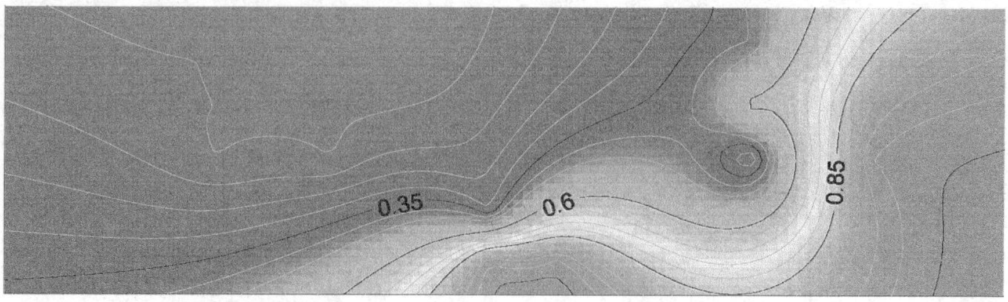

图 8　回风巷、下隅角瓦斯浓度场示意图

能引起瓦斯超限。原因如下：

(1) 后六采区 19# 煤层 6198 工作面实测煤层最大瓦斯含量 2.13 m^3/t，与《防治煤与瓦斯突出规定》给出的参考临界值 8 m^3/t 具有较大差距，发生煤与瓦斯突出的可能性较低。但后六采区内煤层瓦斯含量分布不均匀，断层构造发育，局部瓦斯含量较高，加之煤层应力较高，煤体被破坏后快速释放瓦斯，造成瓦斯超限的风险大。

(2) 矿井后六采区采煤工作面普遍采用下行通风方式，采煤工作面瓦斯自然流动方向与风流方向相反，使工作面瓦斯浓度增加，特别是下隅角位置瓦斯浓度高，具有短时间集聚、超限甚至因处理不当而导致瓦斯爆炸的风险。

3　结论

通过分析深部 6198 工作面采动应力及采动应力作用下煤体瓦斯压力和变化规律，研究了采动应力、地质构造对瓦斯致灾机理，得出以下结论：

(1) 煤体的破坏形式受瓦斯压力和地应力的主导作用决定，瓦斯主导型的破坏表现为煤体多被揉搓，破坏纹路不明显；应力主导型的破坏表现为破裂或破碎，破坏纹路明显。

(2) 受采动应力影响，煤体发生扩容损伤，当采动应力增大时，孔隙率 f 减小，瓦斯压力有一定幅度的增大。

(3) 煤层应力、地质构造对瓦斯致灾的主控因素为采动集中应力主导、瓦斯参与的复合型灾害，19# 煤层存在瓦斯局部积聚现象，工作面煤体在较高应力作用下破碎，灾害发生的动力主要为较高的煤体应力。

(4) 在制定实施防治瓦斯与采动应力技术措施时，要充分考虑瓦斯与采动应力的互相影响因素，确保矿井的安全生产。

瓦斯防治方法与技术篇

贵州盘南煤炭旧屋基有限责任公司 CO_2致裂煤层瓦斯治理技术的应用

刘颖
（贵州省盘州市能源局，贵州六盘水，553537）

摘　要：应用 CO_2 致裂煤层瓦斯治理技术，可以增大煤层透气性，提高煤层瓦斯抽采浓度、抽采量和抽采效率，降低煤层瓦斯含量和瓦斯压力，有效消除煤与瓦斯突出危险性。

关键词：致裂；增透；提高；抽采

0　引言

矿井瓦斯不但对煤矿安全生产有着巨大的威胁，而且对自然界大气层也有着很强的负面作用。瓦斯的主要成分是甲烷，现有数据表明，甲烷对臭氧层的破坏能力是 CO_2 的 7 倍，所产生的温室效应相当于 CO_2 的 21 倍。同时，甲烷又是清洁的高热值能源，由于现有煤矿生产中对井下煤层瓦斯处理技术上的缺陷，使得大量的煤层瓦斯不能高浓度排出，难以达到合理利用的要求。

瓦斯抽采是煤矿井下瓦斯治理的根本途径，也是确保不发生瓦斯事故最重要的手段。由于旧屋基有限责任公司井下煤层属于低透气性煤层，本煤层瓦斯抽放较为困难，目前所采取的措施主要是密集钻孔和长时间抽采，抽采成本较高。因此，提高煤层透气性和瓦斯抽采率、降低抽采成本已成为普遍问题，是亟待解决的技术难题。同时，煤层透气性较好的煤矿也迫切需要降低开采成本的瓦斯抽采新技术和新工艺，有效预防瓦斯事故的发生。

1　CO_2致裂煤层瓦斯治理技术原理

当温度在 31 ℃以下、压力为 7.2 MPa 时，CO_2以液态存在，1 kg 液态 CO_2吸收 60 kJ 的热量能够汽化；当温度与压力超过临界值时，液态 CO_2将在 40 ms 内汽化，CO_2汽化产生高压波，致裂煤层产生增透效果，提高瓦斯抽采效率。利用 CO_2的亲煤特性和其膨胀过程中对煤层吸附瓦斯的驱赶，实现吸附瓦斯解吸，促进瓦斯游离，使煤层透气性和瓦斯游离度双重提高。本方法在具有突出威胁的煤层中使用，可以有效卸压煤层中“瓦斯突出源”。

2 矿井概况

贵州盘南煤炭旧屋基有限责任公司设计生产能力为 90 万 t/a,斜井开拓,中央并列抽出式通风,属煤与瓦斯突出矿井,目前主采 12[#]、17[#]、19[#] 煤层。现设计布置 11194 采煤工作面,走向长度为 500 m,倾向宽 120 m,煤层平均厚度为 4 m,煤层倾角为+8°~+12°,现施工位置为 11194 运输巷掘进工作面开口区域。

贵州盘南煤炭旧屋基有限责任公司 19[#] 煤层的瓦斯基本参数见表 1 所示,采样标高为+1 743 m。

表 1　煤层瓦斯参数测定成果表

参数名称	单位	参数值
最大瓦斯压力值 P	MPa	0.92
最大瓦斯含量值 X	m^3/t	11.31
煤样水分 M_{ad}	%	1.12
煤样灰分 A_{ad}	%	6.72
煤样挥发分 V_{daf}	%	14.06
真密度 TRD	t/m^3	1.40
视密度 ARD	t/m^3	1.36
孔隙率	%	2.86
吸附常数 a	m^3/t	31.8
吸附常数 b	MPa^{-1}	0.899
放散初速度 Δp	/	47
煤的坚固性系数	/	0.35
煤的破坏类型	/	Ⅲ~Ⅳ
钻孔流量衰减系数	d^{-1}	0.032~0.043
煤层透气性系数 λ	$m^2/MPa^2 \cdot d$	0.271 9~0.310 1
煤层可抽性评价	/	可以抽采
抽采钻孔终孔最大间距	m	3.6

3 CO_2致裂煤层瓦斯治理技术应用

3.1 CO_2致裂钻孔设计

如图 1 所示,本次设计 5 个钻孔,其中常孔 A 为对比抽放钻孔,开孔直径为 ϕ94 mm,要求采用压风排渣工艺施工,施工顺序为:致 1[#] →致 2[#] →致 3[#] →致 4[#] →常孔 A,设计参数见表 2。

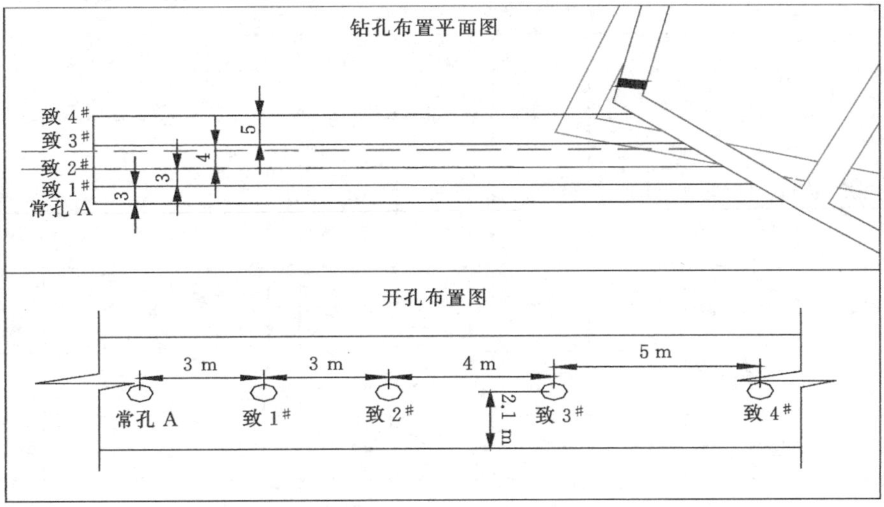

图 1　CO_2致裂钻孔设计图

表 2　致裂钻孔设计参数表

孔号	方位/(°)	倾角/(°)	孔深/m	开孔位置/m
致 1#	232	−4	73.4	距顶板 2.1
致 2#	232	−4	70	距顶板 2.1
致 3#	232	−4	65.6	距顶板 2.1
致 4#	232	−4	60	距顶板 2.1
常孔 A	232	−4	76.7	距顶板 2.1

3.2　现场施工情况

2020 年 3 月 10 日早班开始施工致 1# 钻孔，中班开始做致裂，截至 3 月 12 日中班致裂钻孔已全部施工完毕，3 月 13 早班注浆连管，3 月 14 日早班开始正常抽放。现场严格按照设计要求进行施工，共设计 4 个致裂钻孔，成功致裂 4 个。其中在施工致 1# 钻孔过程中，钻杆钻进第 20 根时遇裂隙水，后来改用水排渣工艺施工。为了保证更好的致裂效果，对钻孔进行了两次致裂。致 2#、致 3#、致 4# 全程使用压风排渣工艺施工，且未遇裂隙水，致裂效果很明显。因为致 1# 与致 2# 钻孔间距为 3 m，致 1# 见裂隙水可能对致 2# 致裂效果造成影响，为了保证效果，现场对致 2# 钻孔也进行了两次致裂。具体施工情况见表 3。

表 3　致裂钻孔现场施工情况表

日　期	施工地点	孔号	方位/(°)	倾角/(°)	孔深/m	见煤岩情况	致裂前浓度/%	备　注
2020.3.10 中班	11194 运输	致 1#	232	−4	69.92	1-80 煤，81-92 岩	70	20 m 见水，改用水施工钻孔，致裂前用压风洗孔
2020.3.11 夜班	11194 运输	致 1#	232	−4	69.92	1-80 煤，81-92 岩	20	第二次致裂
2020.3.11 中班	11194 运输	致 2#	232	−5	69.92	全煤	38	
2020.3.11 中班	11194 运输	致 2#	232	−5	69.92	全煤	70	第二次致裂
2020.3.12 早班	11194 运输	致 3#	232	−5	66.12	全煤	10	
2020.3.12 中班	11194 运输	致 4#	233	−5	61.56	全煤	20	

3.3　CO_2致裂煤层瓦斯治理技术施工成果

现场钻孔施工表明，实施 CO_2致裂煤层瓦斯治理技术对致裂效果起到关键性作用，除致 1# 钻孔遇裂隙水（因 CO_2可溶于水，从而减少了 CO_2有效使用量）导致致裂增透效果下降影响外，致 2#、致 3#、致 4# 钻孔的抽采浓度均有较大提高，提高抽采浓度从 20%～70%不等，如图 2 和表 4 所示。

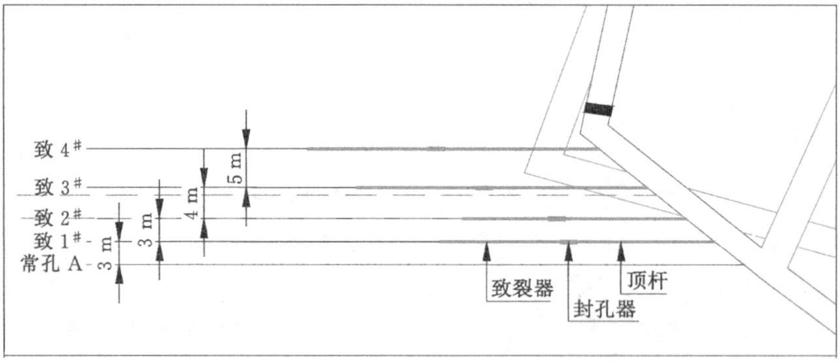

图 2　CO_2 致裂煤层瓦斯治理技术施工成果图

表 4　CO_2致裂前后煤层瓦斯抽采浓度比对表

日　期	施工地点	孔号	方位/(°)	倾角/(°)	孔深/m	见煤岩情况	致裂前浓度/%	致裂后浓度/%	备注
2020.3.10 中班	11194 运输	致 1#	232	−4	69.92	1-80 煤，81-92 岩	70	20	20 m 见水，改用水施工钻孔，致裂前用压风洗孔
2020.3.11 夜班	11194 运输	致 1#	232	−4	69.92	1-80 煤，81-92 岩	20	40	第二次致裂
2020.3.11 中班	11194 运输	致 2#	232	−5	69.92	全煤	38	72	
2020.3.11 中班	11194 运输	致 2#	232	−5	69.92	全煤	70	80	第二次致裂
2020.3.12 早班	11194 运输	致 3#	232	−5	66.12	全煤	10	80	
2020.3.12 中班	11194 运输	致 4#	233	−5	61.56	全煤	20	80	

3.4　抽采参数分析

贵州盘南煤炭旧屋基有限责任公司煤层瓦斯基础参数资料显示，19# 煤层最大原始瓦斯含量为 11.31 m^3/t，煤层坚固性系数为 0.35，最大瓦斯压力为 0.92 MPa，该煤层为突出煤层。

通过对致裂前后瓦斯抽采浓度的对比可以看出，未致裂前钻孔内瓦斯浓度均在 20%左右，致裂后钻孔内瓦斯浓度均有明显提高，特别是致 2#、致 3#、致 4# 钻孔致裂后孔内瓦斯浓度均达到 80%。同时，记录每个钻孔封孔接抽后开始抽采时间，所有钻孔考察时间不低于 15 d，此次选取 16 d 抽采参数进行分析，并于 3 月 29 日现场对致裂区域进行残余瓦斯含量测定，设计钻孔在致 2# 与致 3# 钻孔中间开孔，沿 11194 运输巷掘进方向施工，分别在 30 m 和 50 m 取煤样对致裂区域参与瓦斯含量进行测定，其中在 30 m 测得残余瓦斯量为5.201 m^3/t，50 m 测得残余瓦斯量为 6.200 6 m^3/t，均小于相关规定值，致裂区域瓦斯抽采已达标，效果明显。

4　总结与建议

4.1　总结

（1）在 11194 运输巷实施 CO_2致裂煤层瓦斯治理技术，分析现场抽采参数，本次 CO_2致裂煤层瓦斯治理技术在贵州盘南煤炭旧屋基有限责任公司取得显著效果。

（2）根据 CO_2致裂煤层瓦斯治理技术在贵州盘南煤炭旧屋基有限责任公司的应用，并结合现场抽采参数进行对比，可确定本次致裂是成功的，达到致裂煤层增透的技术要求。

（3）贵州盘南煤炭旧屋基有限责任公司井下 19# 煤层属于极软低透气性煤层，现有抽采钻孔的抽采浓度普遍都不高，甚至部分钻孔浓度为 0，最高仅有 20%，单孔浓度衰减很快，大部分钻孔抽 2 d 左右单孔浓度就衰减到 10%以下。地面瓦斯泵房管道浓度仅有 1%左右，从而导致采用原始的抽采工艺无法满足瓦斯发电和达到安全生产的目的。

(4) 综合致裂前后瓦斯浓度的对比和连管抽放后单孔浓度变化情况分析，结合贵州盘南煤炭旧屋基有限责任公司的煤层特性、抽采现状和瓦斯利用以及目前安全生产形式，该矿井下的煤层应用CO_2致裂煤层瓦斯治理技术是可行的，应用CO_2致裂煤层瓦斯治理技术是提高瓦斯抽采率和利用率的有效途径。

4.2 建议

为保证贵州盘南煤炭旧屋基有限责任公司安全生产和提高瓦斯利用率，建议在今后应用CO_2致裂煤层瓦斯治理技术过程中应做好如下几方面工作：

(1) 优先选择原始条件为致裂区域、没有施工过钻孔的区域，在原始条件下做致裂后抽采效果更佳。

(2) 施工致裂钻孔时应全程采用压风排渣工艺进行施工，避免钻孔水对致裂及抽采效果造成影响。

(3) 施工钻孔时必须使用ϕ94 mm的钻头施工。

(4) 在开钻前现场应具备接管抽采条件，致裂完毕的钻孔及时封孔注浆，并接管抽放，以便更准确计算抽采量。

(5) 现场安设单独的管路抽采参数在线计量装置，有利于系统地收集抽采参数。

(6) 建立健全人工抽采参数比对制度，及时采用单孔多功能瓦斯参数测定仪检测单孔瓦斯抽采浓度、流量、负压等参数，准确掌握单孔浓度及抽采量衰减情况。

基于PLC智能注浆系统的无机缓凝封孔材料研究

程健维[1],王钰[1],傅雪海[2]
(1. 中国矿业大学安全工程学院,江苏徐州,221116
2. 中国矿业大学资源与地球科学学院,江苏徐州,221116)

摘　要:为了解决已有瓦斯钻孔封堵技术中固态封堵材料无法封堵次生裂隙,导致瓦斯抽采后期抽采效果急剧下降的难题,本文提出了一种操作简单、成本低廉、提高钻孔密封效果的瓦斯抽采钻孔密封方法,即通过注浆泵带压注浆的方法将新型无机缓凝封孔材料注入两段膨胀封堵材料形成的密闭空间内对煤岩裂隙进行封堵,并根据此材料提出了一种智能注浆系统。基于PLC实时监测孔内数据,一旦钻孔周围有新生裂隙产生,系统便可自动启动,进行配浆、补浆工作,保证封孔段内浆液始终维持恒压状态,实现动态封堵裂隙。针对新材料,于安顺煤矿进行了现场试验,结果表明,新材料相较于传统材料封孔效果有较大提升,瓦斯浓度提升明显。新的封孔材料和智能注浆系统为瓦斯封孔提供了新思路,对提高钻孔抽采浓度、提高资源利用率、杜绝瓦斯事故具有重要意义。为推进煤矿开采智能化,实现国家碳达峰/碳中和的宏伟蓝图都有积极的现实意义。

关键词:瓦斯抽采;新型无机缓凝封孔材料;PLC;智能注

0　引言

煤炭工业作为重要的基础产业,有力支撑了国民经济和社会平稳较快发展[1-3]。根据国家统计局发布的2019年度《国民经济和社会发展统计公报》,煤炭消费量占我国能源消费总量的57.7%[4]。由于我国经济的持续健康发展仍然需要大量的煤炭资源作为支撑,因此我国煤矿开采范围必然会进一步扩大,开采强度和开采深度也会随之增加,会出现越来越多的高瓦斯矿井,瓦斯灾害对煤矿安全生产的威胁也会增大,严重制约我国煤炭工业的长期健康发展[5-7]。对煤层瓦斯进行抽采是有效降低矿井瓦斯涌出、防止瓦斯爆炸和煤与瓦斯突出灾害的重要措施,也是实现瓦斯回收利用的前提条件[8-10]。其抽采效果除了受煤层赋存构造、钻孔布置方式和抽采系统能力等因素影响以外,瓦斯抽采钻孔封孔质量也是影响抽采效果的重要因因素,钻孔封孔质量的好坏会直接影响到瓦斯抽放浓度和抽采纯量,而封孔材料是提高封孔质量的最重要的因素[11-14]。

目前煤矿井下广泛使用的封孔材料为水泥材料,虽然在封孔初期效果较高,但在矿压和抽采负压联合作用下,瓦斯钻孔新生裂隙不断产生,凝固后的水泥无法有效封堵,因此使用水泥封孔的瓦斯钻孔，抽采后期浓度大幅下降。缓凝材料可有效解决上述难题，在抽采周期内材料保持流动性，可在抽采后期补浆，大幅提高抽采后期浓度[15-17]。

本文根据缓凝液态材料工程应用提出了一种智能注浆系统，利用PLC将压力传感器等安放在瓦斯钻孔中，实时监测孔内数据；一旦钻孔周围有裂隙产生，压力下降、压力传感器示数降低，则装置可以自动启动进行配浆、补浆工作，保证封孔段内浆液始终保持一种恒压状态，实现动态封堵裂隙。相较于传统一次封孔动态封孔可大大提高瓦斯抽采钻孔后期的瓦斯浓度，有效降低瓦斯灾害发生可能。

1 缓凝封孔材料

1.1 缓凝封孔材料简介

本节介绍一种由程健维课题组研制而成的典型、应用效果良好的缓凝封孔材料，主要成分为钠基膨润土和高岭土，辅料有硅酸盐水泥，粉煤灰和三聚磷酸钠等，将其与水按照一定比例混合后，制成的胶合体浆液可以长期保持不脱水，呈现流体状，具有很强的渗透性、悬浮稳定性和高温稳定性。图1为材料在干燥和与水混合后的外观特征，图2为微观保水层状结构表征。

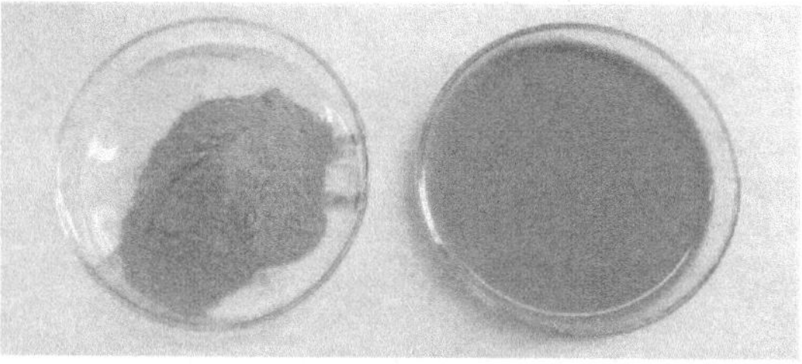

图1 新型无机缓凝封孔材料在干燥和与水混合后状态

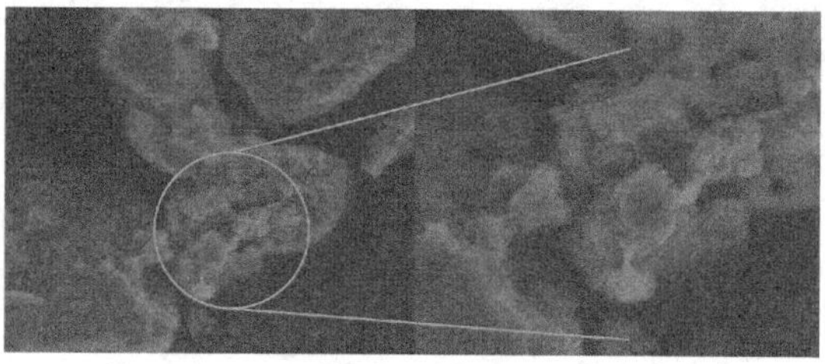

图2 新型无机缓凝封孔材料SEM结构

1.2 新型无机缓凝封孔材料应用环境简介

在煤体中，瓦斯以吸附态和游离态两种状态存储在煤基质中。当外界的瓦斯压力和温度发生变化或给予冲击和振荡、影响了分子的能量时，则会破坏吸附瓦斯和游离瓦斯的动平衡，而产生新的平衡状态[18-20]。通过在煤层中施工抽放钻孔，可破坏动平衡创造大量游离瓦斯。在向煤层和瓦斯集聚区域打钻后，使用缓凝封孔材料对钻孔进行封堵、注浆。使瓦斯气体沿抽采管路流动。初期在较大的压力作用下，浆液会充分扩散至周围微小裂隙中，起到初期封堵微小裂隙的作用。但随着矿压显现，裂隙增多，非凝浆液在压力下扩散至更多的裂隙，同时浆液压力下降，降低了主动封堵性。此时需进行二次(动态)补浆，此时可维持孔内压力，增强浆液的主动封堵能力和流动能力。目前鲜有针对二次(动态)补浆系统的研究，其制约了缓凝封孔材料的封堵性能的发挥，导致后期孔内压力下降、浆液主动封堵性受制约等不足。

2 基于 PLC 的智能注浆系统

针对缓凝浆液的动态补浆难题,本文提出了一种基于 PLC 系统的智能注浆平台。其主要功能为实现基于液态缓凝封孔材料的动态补浆功能,维持孔内注浆压力,保持良好的封堵效果。

2.1 系统简介

基于 PLC 的智能注浆系统,利用电气控制可以实现高效率注浆,实时监测注浆状态。可编程控制器——PLC 在自动化控制领域当中是核心装备,其运行原理是在预先设定好的算法下,结合压力传感器、无纸化记录仪等设备来实现对钻孔注浆状态信息的实时收集,然后经过 CPU 计算后,转换信号向变频器发送控制指令以达到自动控制的目的。一般情况下,整套控制系统都会按照 PLC 的控制算法运行,并且 PLC 提供在线诊断功能,可动态监视系统的运行。在 PLC 的应用中关键的一个部分在于自动控制参数的选定,在 PLC 的控制模式中,有开关量控制,包括运动控制和闭环控制等,其中开关量控制在 PLC 的应用当中是比较常用的一种控制模式,也就是用 PLC 来替换掉继电器,用 PLC 构建逻辑电路。闭环控制也可称为过程控制或者模拟量控制,可根据生产过程的控制对象输出反馈进行校正,如速度、温度等。PLC 利用 A/D 以及 D/A 实现模拟量和数字量之间的转化来实现控制。运动控制主要针对直线运动和圆周运动,专用的模块可以实现对异步电动机、伺服电动机的控制,配上数字控制技术还能实现点位控制。根据以上论述,本团队初步判定该套瓦斯钻孔封堵装备可以实现瓦斯的高效抽采。

通过浆液浓度检测装置检测浆液的浓度,利用控制器智能控制粉料和水的配比,使浆液浓度始终保持在规定值,并推动活塞将混合后符合浓度要求的浆液以一定压力推至封孔段,通过压力传感器反馈封孔段的压强,当封孔段内压力开始下降直到触发浆液补充压力阈值以下时,开始向封孔区间内补充浆液,直至重新达到所需的压力;若注浆压力不足,还可通过辅助注浆孔注浆向封孔段注浆。该方法简单可靠,操作方便,整个注浆过程均为智能控制,可以完全实现无人条件下对抽采瓦斯钻孔封孔状况进行自动监测,使处于恒定压强下的流动性极强的半流体状的浆液可以随时封堵钻孔周围发育的新生裂隙,提高了封孔质量,实现瓦斯钻孔动态封堵过程,提高瓦斯的抽采浓度并延长有效抽采时间,具有广泛的适用性。

缓凝浆液封孔如图 3 所示,PLC 系统如图 4 所示。

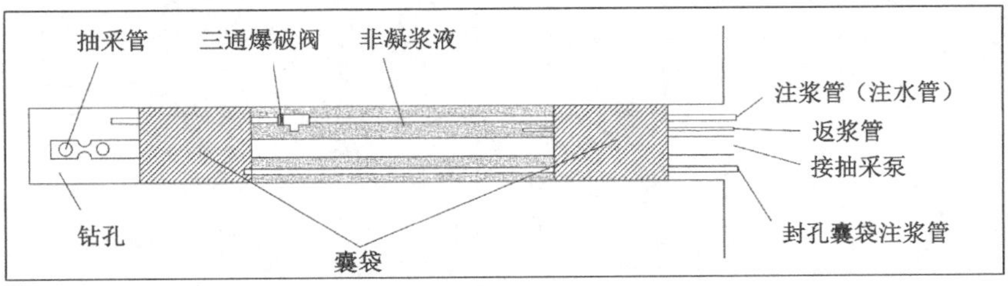

图 3 缓凝浆液封孔钻孔示意图

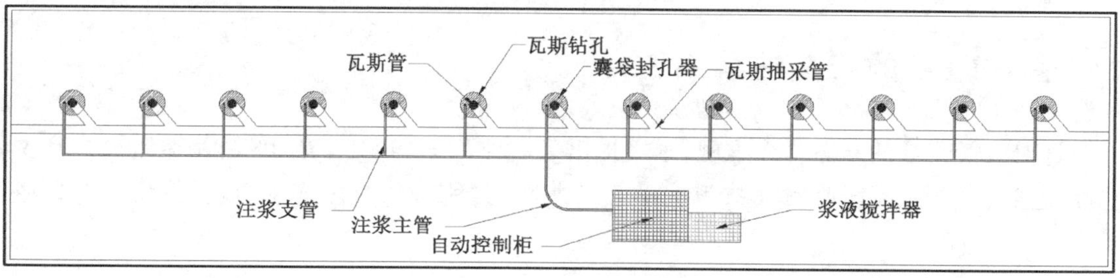

图 4　PLC 系统示意图

2.2　系统组成

（1）监测元件

煤矿瓦斯钻孔注浆后，须对钻孔注浆段补浆，根据压力传感器的反馈信号控制设备补浆。本研究开发了适合封孔材料液体环境的压力传感器，监测量程达 0.1 MPa。

（2）补浆部分

在采掘工作面瓦斯抽采单元，根据实时监测钻场（钻孔）所得到的瓦斯浓度、流量和压力等参数，对注浆过程进行持续调整；通过在每个抽采评价单元支管路测点，部署抽采监测装置，实时监测支管道的瓦斯浓度、气体流量、抽采负压、液体压力等参数；并安装自动调压阀，实现对评价单元支管道抽采负压的自动调节；在采掘工作面附近硐室内部署抽采监控分站，接入抽采单元支管路测点、特征钻场（钻孔）测点监测设备以及自动调压阀装置；实现监测数据实时上传。针对抽采煤层的不同单元、抽采过程的不同阶段，自动调整注浆压力，实现煤矿瓦斯抽采远程自动调控，维持孔内压力，大幅提高抽采瓦斯浓度，增加抽采瓦斯利用量，缩短瓦斯抽采达标周期，让瓦斯抽采从“可视”变为“可视＋可控”，提升矿井瓦斯抽采管理水平，推进煤层气、页岩气开采技术的发展。

2.3　性能测试

试验台模型使用亚克力板制作了三根模拟钻孔管路，内径为 110 mm，长度为 400 mm，并联于智能注浆平台控制柜，同时将压力传感器放置在容器内并将信号连接线接入 PLC 控制柜，如图 5 所示。

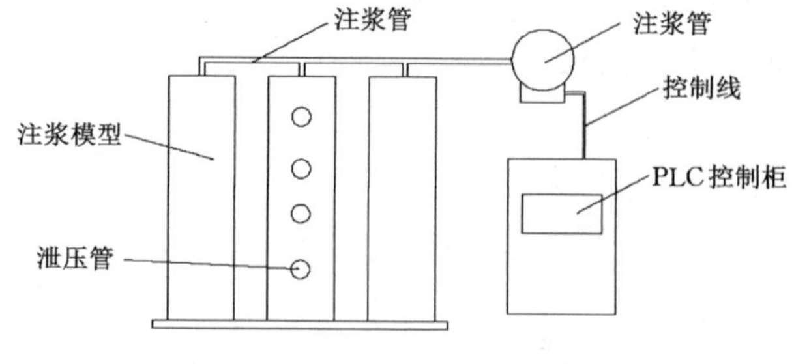

图 5　模拟钻孔管路示意图

随着浆液在注浆泵压力注入下，容器内压力逐渐上升，当达到设定阈值之后(0.8 MPa)，PLC 控制相关管路的电磁阀门关闭，该支路停止注浆，同时其他两个管路不受影响。当最后一个容器压力达到阈值之后，控制柜控制全部的电磁阀门关闭，注浆泵保持几秒注浆压力后在控制柜的控制下关闭电源。当特定管路产生裂隙、浆液流动而使压力下降至补浆阈值时(0.3 MPa)，控制柜控制电磁阀门和注浆泵电源同时开启，再次开始注浆，直至压力达到阈值后关闭。注浆监测实验结果如图 6 所示。

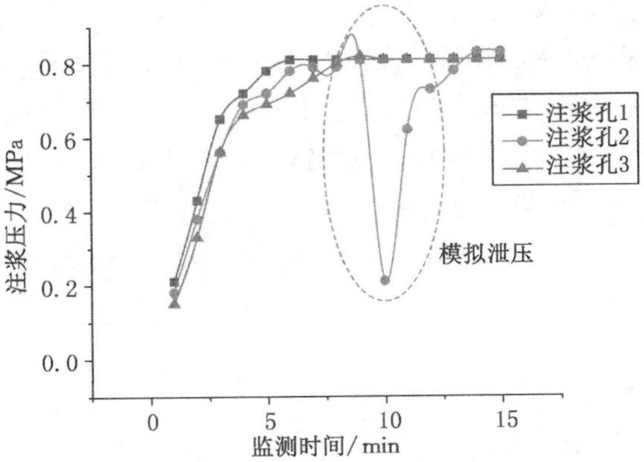

图 6　注浆监测实验结果图

3　现场试验

3.1　工作面简介

此次现场试验选择在贵州安顺煤矿，该矿井产能 60 万 t/a。该矿井为突出矿井，矿井主采 M9 煤层，其原始瓦斯含量为 12.332 7～16.361 8 m^3/t。试验地点选定为 9305 工作面。

3.2　试验方案介绍

考察钻孔瓦斯抽采效果的最重要的参考指标就是瓦斯抽采浓度衰减情况。利用本次实验施工的 15 个瓦斯抽采钻孔进行每周监测两次、为期一个半月的瓦斯浓度监测，可以表征出试验孔瓦斯浓度随着抽采天数的变化情况。该矿封孔工艺为两堵一注，注浆段使用封孔水泥封孔。本研究所采用的新材料在使用上与原封孔工艺仅在封孔材料上有所区分，故可将两种方法做对照分析。

3.3　封孔材料使用简介

钻孔成孔后，依次下 ϕ32 mm 花管、孔底封孔囊袋、ϕ50 mm 瓦斯抽采管、孔口封孔囊袋，进行封孔囊袋注浆工作。将配置好的水泥浆液(固液比 1∶1.5)搅拌均匀，通过注浆管路注入至封孔囊袋中，待膨胀完全，撤下注浆管路，封堵注浆管。缓凝固封堵浆液的浆液固液比设置为 1∶10，配制时先加水再加料，搅拌到用手触摸浆液中无块状物(主要是小颗粒完全溶解)后进行注浆操作。等到返浆管出现返浆后，再开始封住返浆管，并安装压力表在返浆管上，然后继续注浆,当注浆压力达到预定值后停止注浆。试验孔全部施工完成且和瓦斯抽采管路连接以后,对试验孔所在位置的巷道壁面进行喷浆作业。上述步骤完成以后,按照正常步骤接入瓦斯抽采管进行瓦斯抽采作业,此后每天记录瓦斯浓度。

3.4 测试数据分析

在 9305 工作面施工 5 个钻孔,同传统技术水泥封孔做对比分析,其中 CX10-17、补 CX9-60、冲 CX6-7 为传统技术水泥封孔。

由图 7、图 8 对比可知,缓凝浆液封孔相对于传统技术水泥封孔有显著提升,新技术所封钻孔在观测周期内,瓦斯浓度平均值多落入 32.4%～55.3%的区间,全部钻孔的平均瓦斯浓度为 33.1%,相较于传统技术封孔效果提升 0.66 倍;作为对比的水泥孔,单孔平均值为 23.66%、23.33%、12.74%,全部钻孔的平均瓦斯浓度为 19.91%。

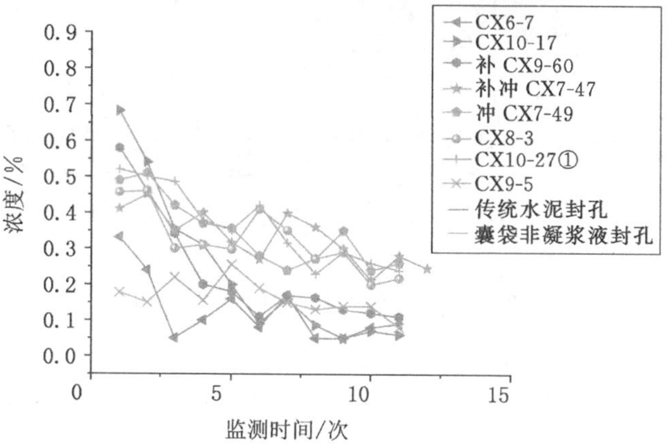

图 7 囊袋封孔和传统技术封孔效果对比图

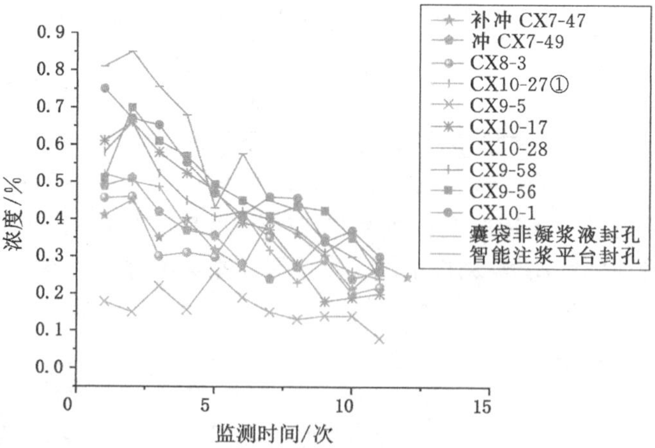

图 8 智能注浆平台封孔效果对比图

使用智能注浆平台对非凝浆液进行动态补浆之后。通过智能控制柜控制补浆,可以在封孔后期显著提升瓦斯封孔质量，继而提升瓦斯抽采浓度。使用之后平均抽采浓度提高至46.74%，提升0.5倍。因此，使用智能注浆平台配合缓凝浆液进行注浆可大幅提高封孔质量、减少漏浆，有效提高瓦斯抽采浓度。

3.5 小结

（1）本节利用自行研制的恒压囊袋封孔装置，采用传统的“两堵一注”方式，结合缓凝固浆液在安顺煤矿进行了现场试验。

（2）开展现场试验，使用智能注浆平台配合非凝固浆液进行多次封孔试验，同对比孔平均浓度相比，平均浓度提升13.2%，单孔最大提升浓度33.4%。

（3）在井下试验中我们发现该浆液可在注浆后一段时间二次注浆，孔内浆液仍维持流动状态，为智能注浆系统自动注浆补浆提供实施条件。若使用智能注浆系统，则可以省去二次注浆带来的人力物力财力损失，使用方便。

4 结语

（1）针对我国煤矿井下钻孔瓦斯抽采浓度低、漏风量大、衰减快的难题，本文提出了使用新型无机缓凝封孔注浆材料封堵瓦斯抽采钻孔的新技术。

（2）提出了智能注浆系统，该系统通过实时监控动态阈值进行自动封堵、通过主机计算得到最优抽采工作方案，达到智能化、成本低、安全可靠、经济效益最大化等诸多效果。

参考文献

[1] 张晓龙.本煤层瓦斯抽采钻孔漏气机理及封孔技术试验研究[D].焦作：河南理工大学，2013.

[2] 魏斌.本煤层瓦斯抽采钻孔注浆封孔工艺优化应用[J].江西煤炭科技，2019(2)：25-27.

[3] 李庭斌.一种瓦斯抽放钻孔套管及封孔新工艺设计[J].陕西煤炭，2020，39(3)：128-132.

[4] 胡胜勇.瓦斯抽采钻孔周边煤岩渗流特性及粉体堵漏机理[D].徐州：中国矿业大学，2014.

[5] 陈磊，赵亚军.煤层立体抽采下瓦斯涌出规律及治理研究[J].煤矿现代化，2014(1)：40-43.

[6] 樊振丽，申宝宏，胡炳南，等.中国煤矿区煤层气开发及其技术途径[J].煤炭科学技术，2014，42(1)：44-49.

[7] 鲜学福.我国煤层气开采利用现状及其产业化展望[J].重庆大学学报(自然科学版)，2000，23(S1)：1-5.

[8] 冯云飞，李哲远.中国煤层气开采现状分析[J].能源与节能，2018(5)：26-27.

[9] 冷水红.基于安全的双燃料发动机的设计探讨[D].南宁：广西大学，2015.

[10] BIBLER C J，MARSHALL J S，PILCHER R C.Status of worldwide coal mine

methane emissions and use[J].International Journal of Coal Geology,1998,35(1/2/3/4):283-310.

[11] 陈专,蔡广超,马驰,等.高岭土的性质及应用[J].大众科技,2013,15(7):90-93.

[12] 黄新杰,王纯洁,高金达,等.阻燃硬质聚氨酯泡沫制备及空气中热解特性[J].塑料,2019,48(5):43-46.

[13] 邝健政.岩土注浆理论与工程实例[M].北京:科学出版社,1999.

[14] 钱亮.新型纳米复合早强剂对煤矿封孔水泥早强效果影响的研究[J].内蒙古煤炭经济,2019(9):52.

[15] 何建才,李浩.顺层钻孔两堵一注带压注浆封孔工艺研究[C]//川、渝、滇、黔、桂煤炭学会2018年度学术年会论文集.成都,2018:124-133.

[16] 王晓东.煤矿瓦斯抽采钻孔主要封孔方式研究[J].石化技术,2019,26(5):232.

[17] 张天军,尚宏波,李树刚,等.矿井瓦斯抽采钻孔封孔装置:CN204060609U[P].2014-12-31.

[18] 姜波,索世平.浅析煤矿瓦斯爆炸成因及防治[J].中国科技博览,2013(17):49-51.

[19] 范存恒.古城煤矿全程注浆封孔技术研究与实践[J].山东煤炭科技,2019(6):104-105.

[20] 郭书明,荆炜琛.瓦斯抽采钻孔立体式“二次封孔”技术研究[J].煤炭科技,2020,41(3):64-66.

地面压裂井下长钻孔强化瓦斯抽采技术的应用效果分析

简阔[1,2]，赵学良[2]，李国富[3]，傅雪海[4]

（1. 太原科技大学能源与材料工程学院，山西晋城，048011；2. 山西晋煤集团技术研究院有限责任公司，山西晋城，048011；3. 煤与煤层气共采国家重点实验室，山西晋城，048012；4. 中国矿业大学煤层气资源与成藏过程教育部重点实验室，江苏徐州，221008）

摘　要：目前"井上下联合抽采瓦斯"理念得到行业普遍认同，成为现代矿井瓦斯治理模式中的重要组成部分。本文结合山西晋城寺河煤矿地面压裂、井下长钻孔强化瓦斯抽采实例，深入分析井上下联合抽采瓦斯的技术原理、压裂工艺与应用效果。结果表明：地面压裂、井下长钻孔强化瓦斯抽采技术显著提高了瓦斯抽采能力，有效降低了煤层中的瓦斯浓度，压裂孔百米抽采瓦斯量明显高于普通千米钻孔，有效改善了煤层的透气性。该项技术在低渗透煤层或者采掘衔接紧张的矿井可以进一步优化应用。

关键词：瓦斯；井上下联合抽采；地面井压裂；长钻孔强化抽采；煤层透气性

随着我国煤层开采向深部进军，瓦斯灾害成为制约高突矿井在深部煤层安全高效生产的主要问题。进入21世纪以来，许多煤矿企业建立了有效的瓦斯治理模式并得以有效推广，比如山西晋煤集团建立了三区联动井上下联合立体抽采模式[1]，淮南矿业集团提出卸压开采、岩巷先行、立体抽采的模式[2-3]，松藻煤业集团提出"三区配套三超前增透抽采"模式[4]等，在这些瓦斯抽采治理技术中，其中"井上下联合抽采瓦斯"理念深入人心，成为现代矿井瓦斯治理模式中的重要组成部分[5-8]。目前，我国每年煤矿区的瓦斯抽采量占全国煤层气抽采量的70%以上[9]。在煤矿区实施煤层气开发，通过地面与井下联合抽采，可以实现矿井瓦斯抽采的最大化，体现"采煤采气一体化"先进瓦斯治理思想[10-15]。基于此，本文以地面压裂、井下长钻孔强化抽采瓦斯技术的实际应用为依据，详细分析技术原理、压裂工艺以及应用效果，以期为井上下联合抽采瓦斯技术的应用提供案例依据。

1　技术原理

前人大量的工程实践表明，压裂作业使得煤储层产生了大量的裂隙，再加上顶底板碎胀作用而使煤层卸压，能有效促进目标区域煤层增透、提高瓦斯治理效果[16-18]。同时，煤岩与顶底板岩石力学性质以及煤储层应力敏感性差异将会对压裂效果产生较大的影响[19-22]。地面压裂井与井下长钻孔连通压裂联合抽采是通过在地面施工垂直井并实施压裂，在井下沿煤层施工定向长钻孔，借助定向钻进技术使地面直井与井下长钻孔交汇贯通，随后对井下定向长钻孔进行有效封孔，利用地面压裂设备通过地面井对目标抽采区域及井下钻孔进行压裂作业，实现对抽采区域煤层增透改造后进行瓦斯抽采。其中，地面与井下联合压裂系统如图 1 所示，有地面直井、井下长钻孔、水力锚封隔器、高压弯头等部分组成。

目前山西晋煤集团探索了“同时布孔压裂”“先压裂后布孔”“先布孔后压裂”等井上下联合抽采瓦斯新技术，确定了地面压裂作业与井下钻孔抽采时空衔接关键参数，形成了一套煤矿生产区地面压裂与井下钻孔相结合的高效瓦斯抽采技术体系。这三种技术的原理如下：

同时布孔压裂：通过巷道揭露的预抽井及井下巷道布置压裂油管，将油管送入煤层长钻孔中并封孔，利用地面大型压裂设备通过油管对煤层段长钻孔进行压裂。

先压裂后布孔：在地面对井下目标煤层进行压裂，然后再井下对目标煤层施工钻孔，进行瓦斯抽采。

先布孔后压裂：在压裂井的预计安全压裂范围外提前布置好井下瓦斯抽采钻孔，然后通过地面井对煤层压裂，利用已施工的钻孔截抽压裂介质在裂缝传播过程中驱替的大量瓦斯。

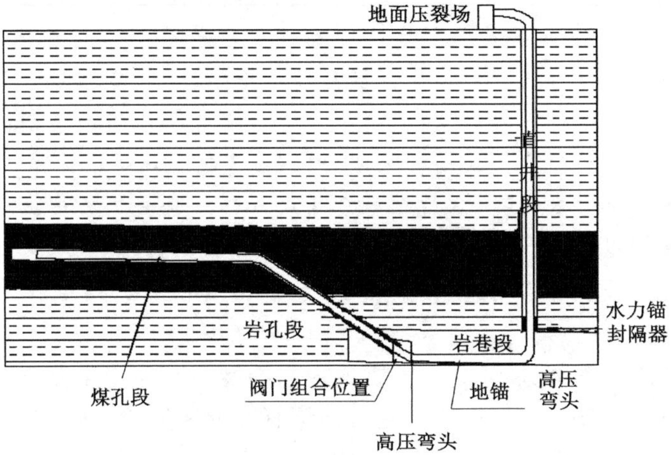

图 1　地面与井下联合压裂系统示意图

2　技术应用效果

2.1　试验地点概况

试验地点为山西晋城寺河煤矿，该矿为高瓦斯高突出矿井，煤层瓦斯含量、甲烷浓度高。寺河煤矿西区大巷由于井下瓦斯压力较大，掘进比较困难。单靠井下钻孔抽采瓦斯，已经不能满足安全生产需求。矿区所采的 3# 煤层属于中硬煤层，坚固性系数在 1.75～2.04 之间，在水压作用下，呈现脆性断裂的特点。基于煤岩体特征，寺河煤矿利用地面已停止抽采的煤层气预抽井作为压裂通道，在西区大巷附近选择 1 口煤层气预抽井，待井下巷道揭露地面井后，从地面向井下定向钻孔进行压裂施工，以改善煤层渗透率，提高煤层透气性，进而提高井下瓦斯抽采效率。该技术为寺河煤矿解决西三盘区煤(岩)巷掘进过程中的瓦斯问题,加快掘进速度,为顺利完成采掘接替任务提供了可行方案。

2.2 压裂钻孔位置选择、布置及压裂工艺设计

对于“井上压裂井下强化抽采技术”,井下压裂钻孔位置的布置尤为重要,直接影响压裂增透效果。压裂钻孔位置的选择需注意以下几点:① 应避开断层、陷落柱等构造;② 应尽量选择未进行过抽采或开采的区域,且保证避开压裂半径区域;③ 应布置在煤层厚度稳定的区域;④ 应避开含水煤(岩)层;⑤ 为方便钻孔及安全封孔,钻孔所经岩层应选择中硬岩层;⑥ 压裂钻孔要能较好地解决所采工作面的瓦斯。

根据寺河煤矿采掘部署,寺河煤矿西区三盘区底部设计掘进一条集中回风巷。西三盘区的煤层瓦斯含量为 22.8 m^3/t 左右,为西区瓦斯含量最高的区域。为规避地面预抽井及井下钻孔的影响,尽量将压裂煤层段布置在“原始煤层”区域。设计的第一次压裂煤层段长度为 100 m,清水压裂(1# 压裂孔);设计的第二次压裂煤层段长度 150 m,加支撑剂压裂(2# 压裂孔)。第一次和第二次压裂的位置部署如图 2 所示。

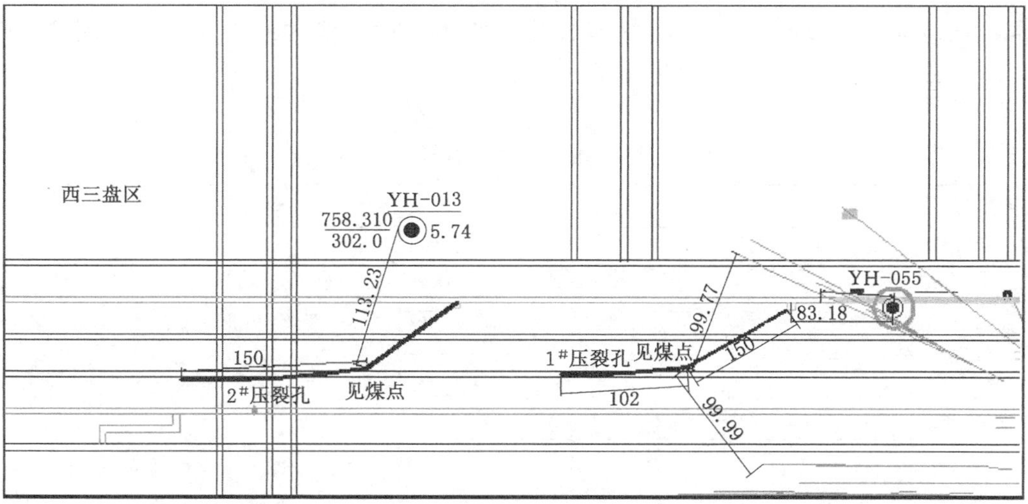

图 2　寺河煤矿西区三盘区地面压裂井位及压裂孔布置

结合寺河煤矿西区实际情况,并结合地面预抽井情况,确定在 YH-056 井布置油管进行压裂。地面 YH-056 于 2007 年年底投运,平均产气量 3 465 m^3/d,最高产气量达到 10 000 m^3/d,之后产之量下降,目前已封井,掘进巷道已揭井。地面直井段刚好位于西三集中回风巷内,大致在巷道掘进方向靠左帮,距左帮 1 m 左右位置。利用该井作为压裂通道,采用地面井压裂井下抽采的方法,待井下巷道揭露地面井后,将地面井与巷道用高压油管进行连接,利用地面压裂系统对井下定向长钻孔实施压裂作业(图 3),以提高煤层透气性,降低压裂影响范围内的突出危险性,提高煤矿瓦斯抽采效率,缩短井下抽采时间,缓解采掘衔接紧张。

两次压裂程序相同,压裂层位是 3# 煤层,厚度 6 m 左右,采用光套管注入的压裂方式,使用活性水压裂液,施工压限为 35 MPa,支撑剂选用石英砂,粒径分别在 0.15～0.30 mm、0.45～0.90 mm、0.8～1.2 mm 三个范围。压裂施工泵注程序设计如表 1 所示,根据施工压力变化

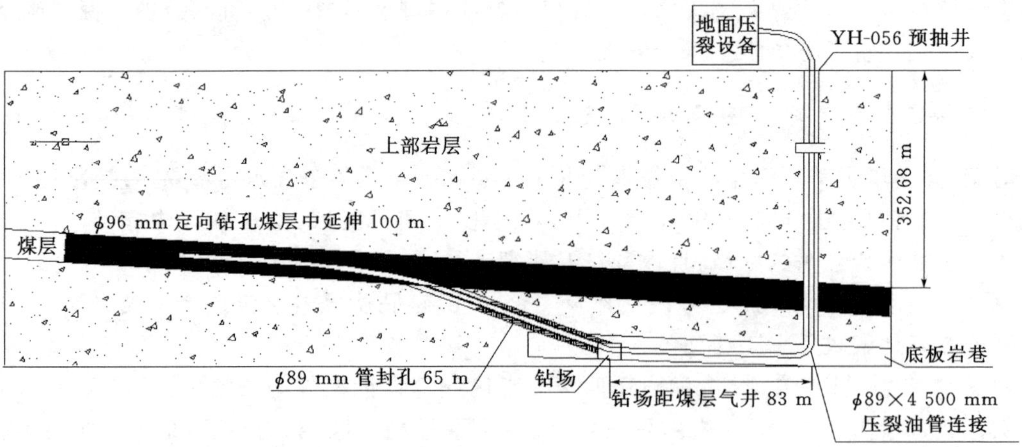

图 3　地面井定向压裂井下长钻孔强化抽采示意图

情况,可适当对注入排量和施工砂比进行变动。按照设计参数进行压裂,先用小排量 1～2 m^3/min,逐步提高压力至 15 MPa,无明显异常,则逐步加大排量,根据压力曲线判断结束压裂作业。

表 1　压裂施工泵注程序

程序	液量/m^3	砂比/%	砂量/m^3	排量/(m^3/min)	备注
前置液(126 m^3)	40				0.15～0.30 mm 石英砂(5 m^3)
	30	3	0.9		
	30	6	1.8		
	26	9	2.3		
携砂液(409 m^3)	90	3	2.7		0.45～0.90 mm 石英砂(30 m^3),尾追 0.8～1.20 mm 石英砂(5 m^3);平均砂比(8.6%)。
	90	6	5.4	7.5～8.5	
	99	9	8.9		
	70	12	8.4		
	40	15	6.0		
	20	18	3.6		
顶替液	4.3				+1.0
合计	539.3		40		

备注:根据施工压力变化情况,可适当对注入排量和施工砂比进行变动。

2.3　效果分析

2014 年 8 月 29 日进行第一次压裂后进行抽采作业,积累抽采达 385 d,最高抽采量 8.74 m^3/min,平均抽采量 3.94 m^3/min,折算钻孔百米抽采瓦斯量为 3.86 m^3/min,抽采最高甲烷浓度 93%,平均抽采浓度为 59.4%,累积抽采时间达 385 d,累积抽采甲烷纯量为 218.66 万 m^3

(图 4)。第二次压裂后，为了考察压裂范围及效果，分别在压裂孔左侧 40 m 和 110 m 两个位置施工顺层考察孔。其中 2# 顺层考察孔位于压裂孔左侧 110 m 处，最高抽采甲烷纯量达 25.2 m^3/min，平均抽采甲烷纯量为 10.67 m^3/min，折算钻孔百米抽采甲烷量 8.21 m^3/min，抽采最高甲烷浓度为 99.4%，平均抽采浓度为 90.35%，2# 顺层考察孔抽采瓦斯时间达 155 d，累积抽采甲烷纯量为 238.35 万 m^3(图 5)。

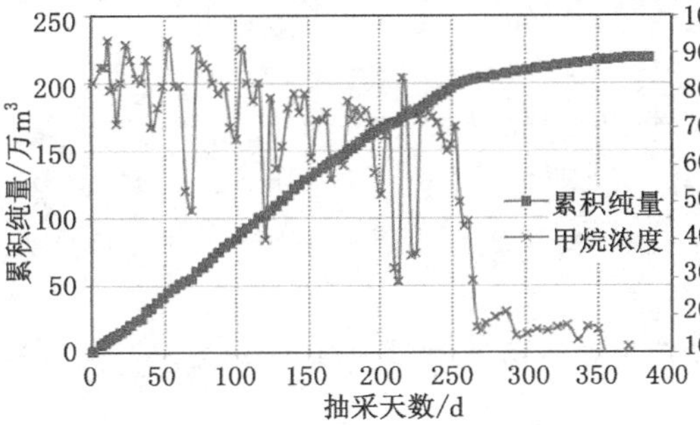

图 4　1# 压裂孔瓦斯抽采积累量与甲烷浓度之间关系

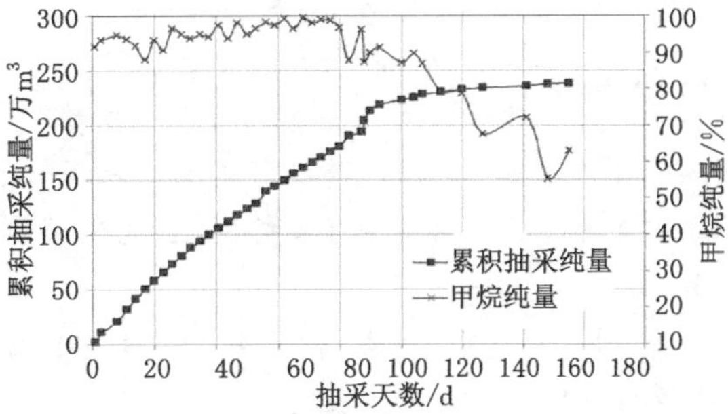

图 5　2# 顺层考察孔瓦斯积累抽采纯量与甲烷纯量之间关系

图 6、图 7 分别为西三盘区集中回风巷(与压裂位置同一巷道)的 3# 井下千米孔和 4# 千米孔抽采数据，普通千米孔的百米抽采甲烷纯量平均为 0.83 m^3/min。而压裂孔(煤层段长 102 m)的百米抽采甲烷纯量达 3.86 m^3/min，明显高于普通的千米孔，是千米孔百米抽采甲烷量的 4.65 倍，可认为压裂达到了较好增透效果，提高了抽采瓦斯量，为煤矿安全回采提供了保障。

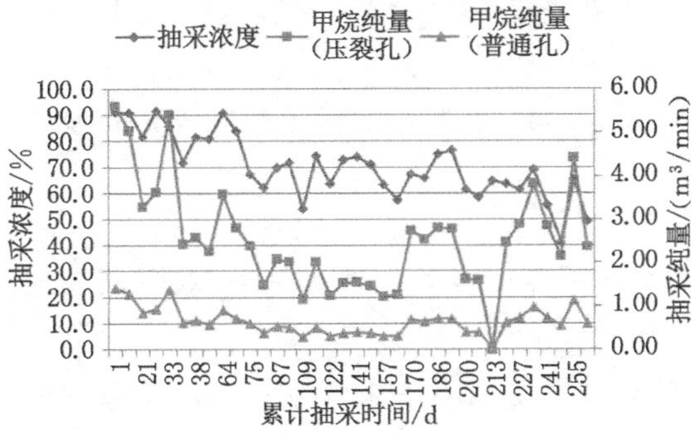

图 6　3# 井下千米孔抽采数据分析

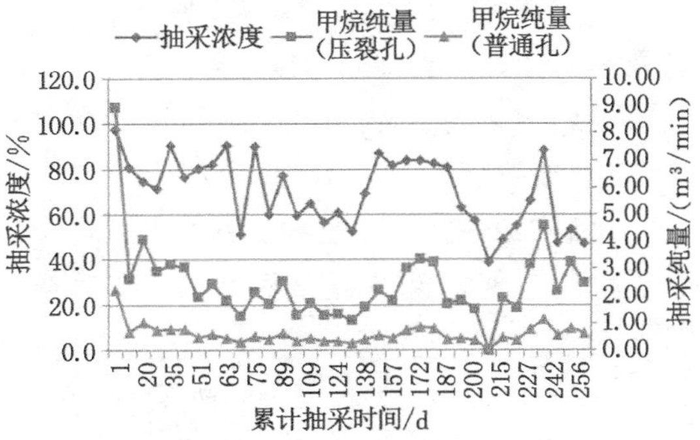

图 7　4# 井下千米孔抽采数据分析

3　结论

(1) 地面压裂、井下长钻孔强化抽采瓦斯技术显著提高了瓦斯抽采能力，从应用效果来看，有效降低了煤层中瓦斯浓度，缩短了瓦斯抽采时间；与井下普通的千米孔相比，压裂孔的百米抽采瓦斯量明显高于普通的千米孔。

(2) 从应用效果来看，井上压裂井下联合强化抽采模式比单一抽采模式要好很多，特别是在低渗透煤层或者采掘衔接紧张的矿井可以得到较好的应用，可以有效改善煤层透气性；但地面压裂与井下抽掘作业是否衔接有序直接关系着该项技术的应用效果,只有不断优化耦合地面和井下作业,才能有效降低煤层瓦斯,保障煤矿安全生产。

参考文献

[1] 李国富,何辉,刘刚,等.煤矿区煤层气三区联动立体抽采理论与模式[J].煤炭科学技术,2012,40(10):7-11.

[2] 袁亮.淮南矿区的瓦斯治理战略[J].中国煤炭,2003,29(10):29-31.

[3] 袁亮.松软低透煤层群瓦斯抽采理论与技术[M].北京:煤炭工业出版社,2004.

[4] 李日富,李保东,张军.松藻矿区煤层气开发技术优选[J].煤矿安全,2011,42(4):31-34.

[5] 刘见中,沈春明,雷毅,等.煤矿区煤层气与煤炭协调开发模式与评价方法[J].煤炭学报,2017,42(5):1221-1229.

[6] 刘小磊,吴财芳.煤层气井上下立体联合抽采新模式[J].煤矿安全,2015,46(7):78-81.

[7] 王保玉,白建平,郝春生,等.煤层气地面井压裂-井下长钻孔抽采技术效果分析[J].煤炭科学技术,2015,43(2):100-103.

[8] 姜小强,樊少武,程志恒,等.基于井上下联合抽采的三区联动瓦斯综合治理模式[J].煤炭科学技术,2018,46(6):107-113.

[9] 中国产业调研网.全球与中国煤层气行业现状调研与发展趋势预测报告[R],2020.

[10] 袁亮,薛俊华,张农,等.煤层气抽采和煤与瓦斯共采关键技术现状与展望[J].煤炭科学技术,2013,41(9):6-11.

[11] 贺天才,王保玉,田永东.晋城矿区煤与煤层气共采研究进展及急需研究的基本问题[J].煤炭学报,2014,39(9):1779-1785.

[12] 张遂安.采煤采气一体化理论与实践[J].中国煤层气,2006,3(4):14-16.

[13] 张志义.晋煤集团高瓦斯矿井煤层气抽采及利用效果[J].煤炭技术,2008,27(11):91-92.

[14] 任建刚,宋志敏,刘高峰,等.煤层气井压裂对井下瓦斯抽采量与涌出浓度影响研究[J].煤炭工程,2013,45(11):96-98.

[15] 申宝宏,刘见中,赵路正.煤矿区煤层气产业化发展现状与前景[J].煤炭科学技术,2011,39(1):6-10.

[16] 蔡峰,刘泽功.深部低透气性煤层上向穿层水力压裂强化增透技术[J].煤炭学报,2016,41(1):113-119.

[17] 郭臣业,沈大富,张翠兰,等.煤矿井下控制水力压裂煤层增透关键技术及应用[J].煤炭科学技术,2015,43(2):114-118.

[18] 张双斌,苏现波,郭红玉,等.煤层气井排采过程中压裂裂缝导流能力的伤害与控制[J].煤炭学报,2014,39(1):124-128.

[19] 朱宝存,唐书恒,张佳赞.煤岩与顶底板岩石力学性质及对煤储层压裂的影响[J].煤炭学报,2009,34(6):756-760.

[20] 冯晴,吴财芳,雷波.沁水盆地煤岩力学特征及其压裂裂缝的控制[J].煤炭科学技术,2011,39(3):100-103.

[21] 陈刚,秦勇,杨青,等.不同煤阶煤储层应力敏感性差异及其对煤层气产出的影响[J].煤炭学报,2014,39(3):504-509.

[22] 孟召平,张纪星,刘贺,等.考虑应力敏感性的煤层气井产能模型及应用分析[J].煤炭学报,2014,39(4):593-599.

嘉禾矿业浦溪井保护层开采可行性对比论证研究

赵鹏涛,徐东方,马合意,曹超,陈滔
(湖南省煤炭科学研究院有限公司,湖南长沙,410004)

摘　要:浦溪井为选择合适的保护层开采方案,结合矿井当前防突工作的实际情况,提出两种保护层开采方案,从突出危险性、地质构造、层间距条件、煤层开采价值等方面综合对比分析两种方案的可行性,并进行了优选,为矿井进一步的防突工作提供科学指导和可靠依据。

关键词:保护层开采;可行性;对比论证;瓦斯治理

0　引言

开采保护层作为有效防治瓦斯事故的区域性措施,可以避免与突出危险煤层的“直接冲突”,提高瓦斯防治的安全性和可靠性。国内外学者从保护层保护范围[1-6]、卸压瓦斯抽采[7-11]、顶底板岩层移动变形规律[12-15]等方面开展了大量理论和实践研究;《防治煤与瓦斯突出细则》中明确提出具备开采保护层条件的突出危险区,必须开采保护层。由此可见,在现有技术条件下,开采保护层结合强化瓦斯抽采对有效地防治煤与瓦斯突出,保障突出危险煤层的安全高效开采具有重要的现实意义[16-18]。同时大量高浓度瓦斯的抽采利用,不仅可以减少大量温室气体的排放,保护人类的生存环境,而且能够促进高效洁净能源的利用[19-20]。

嘉禾矿业有限公司浦溪井隶属湖南省煤业集团嘉禾矿业有限公司,矿井主采煤层为Ⅴ煤层,自投产以来,矿井发生多次煤与瓦斯突出事故,瓦斯灾害严重。为了消除突出危险,矿井不断探索有效治理瓦斯的方法,在采取以底板穿层钻孔预抽煤层瓦斯为主的区域防突措施的同时,开展科研项目攻关以探寻适合矿井煤层条件的强化抽采措施,如进行水力冲孔增透、施工大孔径抽采钻孔等用以提高瓦斯抽采效率,规范抽采达标评判和消突评价等。除此之外,浦溪井还从制度上对瓦斯治理的各个环节做出了相应规定,保证了矿井防突工作的针对性和可操作性,为提高矿瓦斯防治实效做了大量的基础性工作。

为深入贯彻《防治煤与瓦斯突出细则》的相关规定,保证浦溪井的瓦斯治理工作稳步推进,结合矿井当前防突工作的实际情况,提出开采上部Ⅱ煤保护Ⅴ煤(上保护层开采)和开采下部Ⅳ煤保护Ⅴ煤(下保护层开采)两种保护层开采方案,通过从突出危险性、地质构造、层间距条件、煤层开采价值等方面对两种方案进行优选,为矿井的防突工作提供科学指导和可靠依据。

2 工程概况

浦溪井位于湖南省郴州市嘉禾县东北部的袁家矿区，东距郴州市 80 km，西距嘉禾县城 12 km，行政区域属嘉禾县行廊镇管辖。浦溪井于 1983 年建井，1986 末年投产，设计生产能力为 30 万 t/a，实际核定生产能力 15 万 t/a。矿井南北走向长 4.5 km，东西倾向平均宽 1.8 km，矿井面积 7.444 3 km^2，开采深度为＋240～－350 m。采用斜井开拓，共 6 个井筒，均布置在煤层底板岩层中，全矿共划分为 2 个水平，第一水平为－50 m 水平，已经全部回采完毕，第二水平为－250 m 水平，是矿井目前的生产水平。

浦溪井主要含煤地层共 7 层，Ⅱ、Ⅴ、Ⅳ煤发育相对较好，全区可采或局部可采。其中Ⅱ煤厚 0～4.34 m，平均 0.74 m。煤层形态复杂，可采面积占井田总面积的 26.5％；稳定性较差，属于不稳定煤层。Ⅴ煤为矿井开采范围内比较稳定的主采煤层，位于斗岭组中段的中部，上距Ⅱ煤为 19～167.05 m，一般为 60～80 m；下距Ⅵ煤为 19～70 m，一般为 43 m；顶板属软性至中硬性岩石；煤厚 0～13 m，平均为 2.42 m。Ⅵ煤上距Ⅴ煤为 19～70 m，一般为 43 m，煤厚 0～7.99 m，平均为 1.02 m，可采区常被不可采区分割，但单个可采区内有一定的分布范围，可采面积占井田总面积的 25.6％，属不稳定局部可采煤层。浦溪井矿井Ⅱ、Ⅴ、Ⅵ煤主要的瓦斯基本参数如表 1 所示。

浦溪井自投产以来发生了百余次突出事故，瓦斯灾害严重，由此可见，在现有技术条件下，开采保护层已成为防治煤与瓦斯突出首选技术。

表 1　浦溪井Ⅱ、Ⅴ、Ⅵ煤层主要瓦斯参数测定结果汇总表

参数名称	Ⅱ煤	Ⅴ煤	Ⅵ煤
坚固性系数 f	0.48	0.25	0.32
放散初速度 Δp/mmHg	25	19	39
衰减系数 α/d^{-1}	0.352 0	0.01	0.028
绝对瓦斯压力 P/MPa	0.98	1.52	4.30
瓦斯吸附常数 $a/(m^3/t)$	40.388 8	26.738 8	36.646 0
瓦斯吸附常数 b/MPa^{-1}	1.207 4	2.132 8	1.557 2
透气性系数 $\lambda/(m^2/MPa^2 \cdot d)$	0.773 6	0.90	0.17
瓦斯含量 $X/(m^3/t)$	10.06	14.17	19.39

2 保护层开采可行性对比分析

2.1　Ⅱ、Ⅵ煤与Ⅴ煤的层间距对比

根据浦溪井勘探钻孔资料，经统计和计算出矿井范围内Ⅱ煤、Ⅵ煤分别与Ⅴ煤层间距，并利用 Surfer 软件，分别绘制了矿井Ⅱ煤与Ⅴ煤层和Ⅵ煤与Ⅴ煤的层间距等值线图，如图 1、图 2 所示。

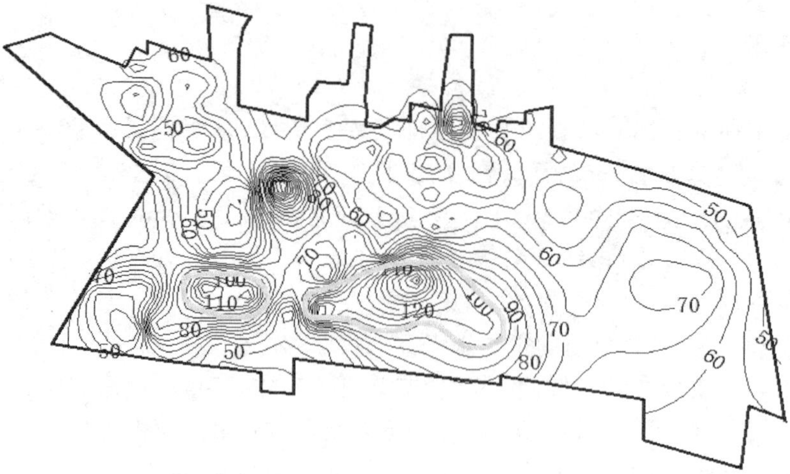

图 1 Ⅴ、Ⅱ煤层间距等值线图

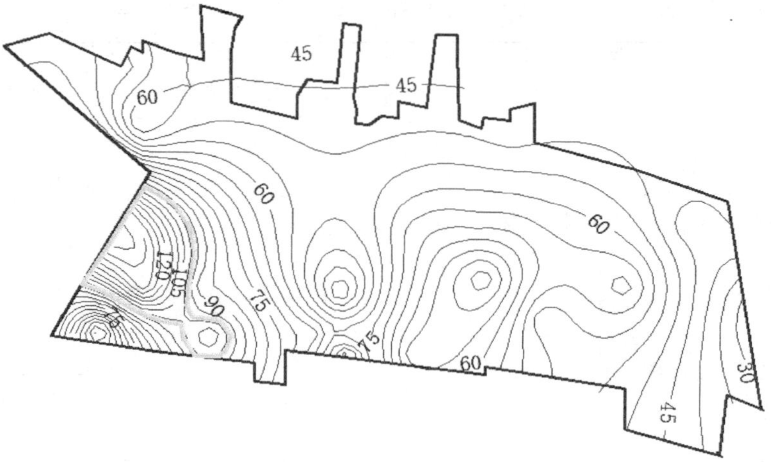

图 2 Ⅴ、Ⅵ煤层间距等值线图

由此可得出浦溪井矿井范围内，Ⅱ煤与Ⅴ煤层的间距最小为 29.95 m，最大为 167.05 m，平均为 67.95 m；Ⅵ煤与Ⅴ煤的层间距最小为 16.24 m，最大为 161.01 m，平均为 66.14 m。Ⅱ煤与Ⅴ煤的层间距统计见表 2，Ⅵ煤与Ⅴ煤层的层间距统计见表 3。

表 2 Ⅱ煤与Ⅴ煤层间距统计表

Ⅱ煤与Ⅴ煤层间距/m	勘探钻孔数量/个	比例
20～30 m	1	0.92%
30～40 m	4	3.67%
40～50 m	17	15.59%
＞50 m	87	79.82%

表 3　Ⅵ煤与Ⅴ煤层勘探钻孔统计表

Ⅵ煤与Ⅴ煤层层间距/m	勘探钻孔数量/个	比例
<50 m	14	35.90%
50～100 m	20	51.28%
>100 m	5	12.82%

由表 2 可知，Ⅱ煤与Ⅴ煤层的层间距在 50 m 以上的占总的勘探钻孔的 79.82%，层间距在 50 m 以下的占 20.18%。根据图 1 可知，Ⅱ煤与Ⅴ煤层间距小于 50 m 的勘探钻孔主要分布在矿井边缘，在矿井目前开拓范围内(矿井整体向斜东翼)分布较少，可以忽略不计。

由表 3 可知，Ⅵ煤与Ⅴ煤层的层间距在 50 m 以下的占总的勘探钻孔的 35.90%，层间距在 100 m 以下的占 87.18%。根据图 2 可知，层间距在 100 m 以上的钻孔只占 12.82%，而且只集中在矿井边缘。

根据《保护层开采技术规范》的有关规定，层间保护范围应根据矿井实际考察结果确定，对暂无实测数据的矿井，可参考表 4 确定。

表 4　保护层与被保护层之间的有效垂距

煤层类别	最大保护垂距/m	
	上保护层	下保护层
急倾斜煤层	<60	<80
缓倾斜和倾斜煤层	<50	<100

浦溪井Ⅱ煤为倾斜煤层，且Ⅱ煤与Ⅴ煤层的平均间距为 67.95 m，若将Ⅱ煤作为Ⅴ煤的上保护层开采，按照表 3 的要求，Ⅱ煤与Ⅴ煤的层间距超过了倾斜煤层条件下上保护层开采的有效保护垂距，保护效果不理想。Ⅵ煤除了矿井北翼部分地区与Ⅴ煤层间距超过 100 m 外，其他区域均满足《保护层开采技术规范》中关于下保护层层间距的要求。

2.2　赋存稳定性分析

根据Ⅱ、Ⅵ煤层勘探钻孔统计数据，将数据导入 Surfer 软件，得到了Ⅱ煤和Ⅵ煤层厚度等值线图(图中黄线范围内为煤厚大于 0.5 m 的区域)，见图 3、图 4 所示。

由统计结果可知，浦溪井矿井范围内，Ⅱ煤层厚度最小为 0.11 m，最大为 3.42 m，平均为 0.77 m。浦溪井Ⅱ煤厚度在 0.5 m 以上的区域主要集中在矿井中部和南翼。

由上表可知，Ⅱ煤层勘探钻孔厚度在 0.5 m 以下的占总的勘探钻孔的 36.70%，勘探钻孔煤层厚度在 0.5 m 以上的占总的勘探钻孔的 63.30%。

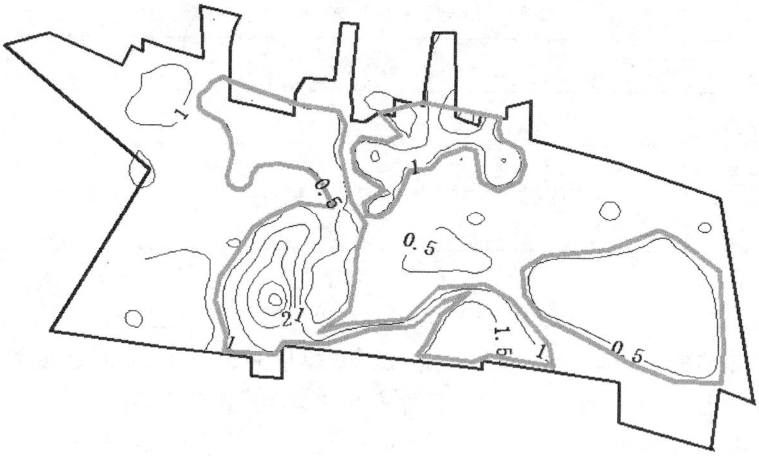

图 3 浦溪井Ⅱ煤层厚度等值线图

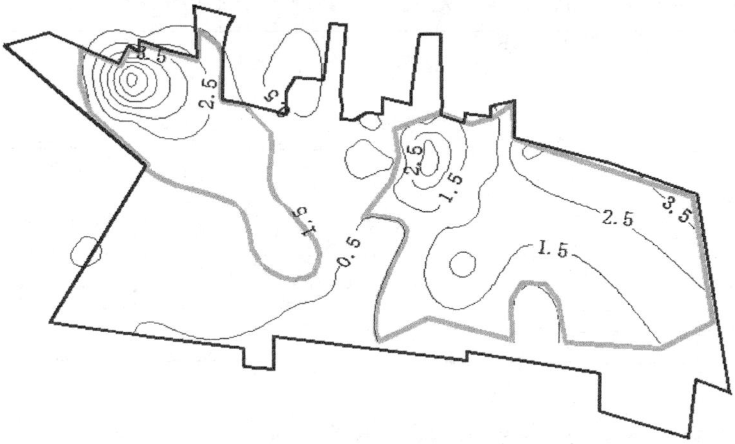

图 4 浦溪井Ⅵ煤层厚度等值线图

表 5 Ⅱ煤层勘探钻孔厚度统计表

Ⅱ煤厚度/m	勘探孔数量/个	比例
＜0.5 m	40	36.70%
0.5～1.3 m	58	53.21%
＞1.3 m	11	10.09%

浦溪井矿井范围内，Ⅵ煤层厚度最小为 0.06 m，最大为 7.99 m，平均为 1.60 m。Ⅵ煤层勘探钻孔厚度统计见表 6。

表 6　Ⅵ煤层勘探钻孔厚度统计表

Ⅵ煤厚度/m	勘探孔数量/个	比例
<0.5 m	14	26.92%
0.5～1.3 m	19	36.54%
>1.3 m	19	36.54%

从图 4、表 6 可知，Ⅵ煤厚度在 0.5 m 以下的占总的勘探钻孔的 26.92%，厚度在 0.5 m 以上的占总的勘探钻孔的 73.08%。

综合分析可知，Ⅱ煤层除煤层薄、稳定性差、连续性差等不利因素外，Ⅱ煤层层位对比还存在一定问题。同时，依据浦溪井地质报告，矿井Ⅱ煤层最多时发育有三层，其中局部还发育有Ⅲ煤层，在层位对比中大多将最厚见煤点与最厚点相连，导致同一矿井Ⅱ煤与Ⅴ煤层最大层间距是最小层间距的 5.58 倍；且统计数据显示部分相邻两个勘探钻孔的Ⅱ煤与Ⅴ煤层间距也常呈现跳跃式变化，在较小范围内相邻煤层间距出现跳跃式变化预示煤层层位对比可靠性可能存在问题。

根据浦溪井开采现状，12 采区、14 采区Ⅱ煤位于矿井－50 m 水平以上，Ⅴ煤层已经开采完毕，无须采用保护层防治瓦斯技术；矿井目前开拓区域中 22 采区和 23 采区部分区域，在不考虑层位对比因素时，Ⅱ煤层厚度在 0.5 m 以上的区域有一定分布范围，但是 22 采区Ⅱ、Ⅴ煤层间距为 60～80 m，23 采区Ⅱ、Ⅴ煤层间距为 60～70 m，均超过了上保护层的有效保护垂距经验值，开采Ⅱ煤上保护层较难有效保护下覆Ⅴ煤层。而浦溪井矿井范围内Ⅵ煤层厚度大于 0.5 m 的区域主要分布在 14 采区和整个南翼区域，由于－50 m 以上的第一水平已经开采完毕，因此可将Ⅵ煤层作为保护层开采的区域主要为矿井 21 采区和 23 采区。

2.3　煤层突出危险性分析

根据浦溪井Ⅱ、Ⅴ煤层参数测定报告可知，浦溪井Ⅱ煤层属于较难～可以抽采煤层，若将Ⅱ煤层作为Ⅴ煤层保护层，Ⅱ煤层在采掘作业前必须进行区域预抽，但Ⅱ煤由于透气性较低，施工抽采钻孔时，抽采效果较差，不能快速地消除突出危险性，加之保护层开采后的卸压时间以及超前距离留设，会对主采煤层的采掘部署造成较大影响。

浦溪井Ⅴ煤层为主采煤层，Ⅵ煤层为局部可采煤层。根据Ⅴ煤层瓦斯地质图编制过程中统计的资料，自建矿以来，Ⅴ煤层共发生过突出 99 次，最大突出煤量为 430 t，最大突出瓦斯量为 46 000 m^3。Ⅴ煤层构造复杂，构造煤分布广泛，煤层瓦斯压力大，是典型的煤与瓦斯突出煤层。由地质勘探钻孔提供的资料，Ⅵ煤层构造煤发育程度相对Ⅴ煤层弱，结合以上信息及邻近矿井的实际生产数据，综合判断可以认为浦溪井Ⅴ煤层突出危险性要强于Ⅵ煤层。因此，在Ⅵ煤层的可采区域，可将Ⅵ煤作为Ⅴ煤层的保护层进行开采。

2.4　地质构造分析

地质构造既可改变煤层赋存形态及煤体结构，又可改变煤层围岩透气性能。褶曲使煤层在背斜、向斜轴部增厚，翼部变薄，褶曲发育部位多为厚煤层区段，同时也呈小断裂发育。煤厚发生变化使瓦斯释放运移、集聚条件相应改变，褶曲轴部煤层瓦斯含量成倍增长，瓦斯压力增大，瓦斯涌出量增高。断裂构造对瓦斯形成后的运移、赋存与分布起着直接控制作用。

顶底板岩性包括岩石的孔隙率、渗透性和孔隙结构，顶底板岩石孔隙率大，连通情况好，渗透性好，孔隙率大，透气性能好，对煤层瓦斯逸散有利，反之有利煤层瓦斯赋存。一般来说，煤层顶底板岩性为致密完整的岩石，如泥岩、页岩、油母页岩时，煤层中的瓦斯容易被保存下来；顶底板为多孔隙或脆性裂隙发育的岩石，如砾岩、砂岩时，瓦斯就容易逸散。

根据浦溪井Ⅱ煤在矿井的主要分布位置，结合矿井地勘钻孔剖面图可知，浦溪井穿过Ⅱ煤的断层主要有 F_{51}、F_{47}、F_{58}、F_{57}、F_{63}，特别是 F_{57}、F_{58}、F_{63} 断层，断层落差在 0～200 m，对Ⅱ煤的破坏很大，破坏了Ⅱ煤层和顶板的完整性，在断层两侧形成破碎带，断层两侧是构造煤易于集中分布的地带，在断层两侧煤层一般都经过了构造应力的挤压、剪切破坏作用，正是这种构造应力破坏了煤层的层理面，原生结构，使煤层呈现出碎裂煤、碎粒煤、粉粒煤和糜棱煤的特性，易于造成煤与瓦斯突出。

根据勘探线剖面图可知，该矿煤层次级背向斜极为发育，煤层赋存受次级背向斜控制明显，且浅部次级褶曲频率明显高于深部，浅部次级褶曲两翼煤层倾角明显大于深部，预示该矿地应力以水平地应力为主导。水平地应力大特别是浅部水平地应力大，纵向裂隙不发育，不利于煤层瓦斯逸散，有利于煤层瓦斯封存，是矿井煤层瓦斯高、压力大的主要地质因素。浅部水平地应力大的区域，矿井始突深度常常较浅，当Ⅱ煤层埋藏深度大于始突深度时，上保护层开采难以起到保护下覆煤层的作用。

根据浦溪井Ⅵ煤在矿井的主要分布位置，结合矿井地勘钻孔剖面图可知，浦溪井穿过Ⅵ煤的断层主要有 F_{47}、F_{58}、F_{57}，F_{57} 断层落差在 25 m，F_{58} 断层落差在 0～60 m，对Ⅵ煤的破坏较大，但 F_{57} 断层位于Ⅵ煤的浅部，F_{58} 断层位于Ⅵ煤的深部，对Ⅵ煤的开采影响相对较小，特别是浦溪井Ⅵ煤赋存相对较好的中部，受到断层的影响较少。除此以外，由剖面图可以看出，相比于Ⅱ煤，Ⅵ煤褶曲较为宽缓，煤层倾角发生明显变化的区域较少，这些都为矿井Ⅵ煤开采创造了有利条件。

Ⅵ煤底板起伏较大，煤层形态厚度变化大，特别是小型褶皱较发育，煤层稳定程度和可采性受到一定影响，在开采过程应及时探明煤层赋存变化，对瓦斯进行提前预抽，防止发生瓦斯突出和瓦斯超限事故。

浦溪井Ⅵ煤层基本顶为厚层状细至中粒砂岩，一般不显层理，厚 0～40 m，一般为 9 m，岩层最大极限抗压强度为 103.75 MPa，属于坚硬性岩石类；Ⅵ煤层一般不具有伪顶，仅局部地区有 0.2～3 m 炭质泥岩分布，开采中常易剥落，使煤层灰分增高；直接顶为黑色泥岩或粉砂质泥岩，厚 0～68 m，平均为 31 m，井田西部及南端部分地区有时缺失，煤层直接和基本顶接触，岩层极破碎，开采中易垮落。Ⅵ煤直接底为粉砂岩，厚 0～14 m，一般为 2～3 m，最大极限抗压强度为 40.80 MPa，属于中硬性岩石类；基本底均为细至中粒砂岩，岩性坚硬。

浦溪井Ⅵ煤层直接顶为厚度较大的泥岩，岩层裂隙不发育，封堵了煤层瓦斯逸散路径，有利于保存瓦斯；直接底为粉砂岩，相对不利于瓦斯的保存。

因此，从地质构造角度，Ⅵ煤层作为保护层的方案要优于Ⅱ煤层作为保护层的方案。

2.5 开采经济性分析

国家发展和改革委员会发布的《生产煤矿回采率管理暂行规定》中关于煤矿最低可采厚度的要求见表 7 所示。

表 7　煤层最低可采厚度表

项目			标准　煤种	炼焦用煤	长焰\不黏\黏\贫煤	无烟煤	褐煤
低可采厚度/m	井工开采	煤层倾角	<25°	0.7	0.8	0.8	1.5
			25°～45°	0.6	0.7	0.7	1.4
			>45°	0.5	0.6	0.6	1.3
	露天开采			1.0			
最高可采灰分 A_d/%				40			
最低可采发热量 $Q_{net,d}$/(MJ/kg)				—	17.0	22.1	15.7

浦溪井Ⅱ煤为低灰、高硫、低磷、高热值的无烟煤，不考虑Ⅱ煤层层位对比存在问题的前提下，Ⅱ煤平均厚度仅为 0.74 m，考虑煤层层位对比时Ⅱ煤平均厚度更薄，不符合表 7 经济合理开采要求。Ⅱ煤不仅仅是煤层厚度小于经济开采厚度，而且稳定性差、变化大、连续性差，而且灰分含量中高，含硫量大于 3%。根据国家规定，煤层含硫量大于 3%的煤层，属禁止开采范围。

综合浦溪井开采实践及地质勘探成果综合分析认为，矿井Ⅱ煤层较薄，只是局部发育，稳定性差、连续性差、难以形成连续开采块段，难以形成有效覆盖下保护层Ⅴ煤层的开采区域。勘探资料显示，相邻地质钻孔Ⅱ、Ⅴ煤层间距时常出现跳跃式变化，预示Ⅱ煤层位对比存在一定的问题，据此推测Ⅱ煤层实际稳定性、连续性更差。根据勘探资料，矿井Ⅱ煤层局部可采点大多处于Ⅱ、Ⅴ煤层间距大的地带，层间距已大于上保护层有效保护的上限值。从矿井次级背向斜发育分布规律可以看出，矿井煤层次级背向斜极为发育，且浅部次级褶曲发育频率明显高于深部，浅部次级褶曲两翼煤层倾角明显大于深部，预示该矿以水平地应力为主导，纵向裂隙不发育，不利于煤层瓦斯逸散，有利于煤层瓦斯封存。浅部水平地应力大的区域，矿井始突深度常常较小，难以有效保护Ⅴ煤层。目前实测Ⅱ煤层瓦斯压力、含量虽然低于Ⅵ煤，但是从吸附常数 a 值看，Ⅱ煤层 a 值明显高于Ⅴ、Ⅵ煤层，Ⅱ煤层吸附瓦斯能力明显高于Ⅴ、Ⅵ煤层；目前Ⅱ煤层实测瓦斯压力、含量偏小与矿井采场远离Ⅱ煤层，实测点偏少有一定的关系。即使Ⅱ煤层可形成连续开采块段，其含硫量高达 3%以上，其煤质也不符合当前环保政策要求。受上述多种因素影响，整个浦溪井至今尚未开采Ⅱ煤层。因此可以认定，浦溪井开采Ⅱ煤层保护Ⅴ煤层瓦斯防治方案技术上难以实现，安全上不够可靠，经济上不够合理。

浦溪井Ⅵ煤层厚 0～7.99 m，平均厚 1.02 m，煤层形态多呈藕节状及透镜状，部分区段呈串珠状煤层，煤层结构一般简单，仅部分区段有分叉现象，属不稳定煤层，局部可采。Ⅵ煤为中灰，中硫、低磷、高热值的无烟煤，为优质煤种，开采经济价值较大，同时浦溪井已经在 1162 工作面、1168 工作面、11610 工作面、2361 工作面对Ⅵ煤进行了开采，根据这几个工作面Ⅵ煤开采经验来看，浦溪井Ⅵ煤开采难度不大，煤质好，开采能实现盈利，不管从开采难易程度还是经济方面，Ⅵ煤开采都是可行的。

综上所述,浦溪井开采下部Ⅵ煤保护Ⅴ煤方案优于开采上部Ⅱ煤保护Ⅴ煤的方案,即Ⅵ煤更适合作为矿井Ⅴ煤的保护层。

3 结论与建议

(1) 通过从突出危险性、地质构造、层间距条件、煤层开采价值等方面对嘉禾矿业浦溪井两种保护层开采方案进行全方面对比优选,得出开采下部Ⅵ煤保护Ⅴ煤方案优于开采上部Ⅱ煤保护Ⅴ煤的方案。

(2) 开采Ⅵ煤层瓦斯治理实行底板穿层区域预抽,区域消除突出危险后方可开采Ⅵ保护层;在开采Ⅵ煤层期间,要对被保护层Ⅴ煤层实行卸压抽采,卸压抽采钻孔必须在Ⅵ煤层开采前完成;卸压抽采Ⅴ煤层瓦斯,可采用地面采动井、井下定向长钻孔等方式。

(3) 开采Ⅵ煤层下保护层保护Ⅴ煤层,要按照规定开展保护效果考察。

(4) 无下保护层开采区域的Ⅴ煤层瓦斯治理,要实行穿层预抽煤层瓦斯区域防治方案。

(5) 对于瓦斯压力大于3 MPa或喷孔严重地带实行区域穿层预抽煤层瓦斯措施的应在全风压条件下实行远程操控钻机,禁止掘、钻平行作业。

(6) 加强保护层开采期间瓦斯防治安全管理,防止误穿煤层,切实加大保护层开采力度,推进矿井瓦斯防治技术进一步升级。

参考文献

[1] 袁亮,薛生.煤层瓦斯含量法确定保护层开采消突范围的技术及应用[J].煤炭学报,2014,39(9):1786-1791.

[2] 王宏图,黄光利,袁志刚,等.急倾斜上保护层开采瓦斯越流固-气耦合模型及保护范围[J].岩土力学,2014,35(5):1377-1382.

[3] 胡国忠,王宏图,袁志刚.保护层开采保护范围的极限瓦斯压力判别准则[J].煤炭学报,2010,35(7):1131-1136.

[4] 武杰,桑树勋,方良才,等.淮南矿区保护层开采卸压范围及瓦斯抽采地面井部署[J].煤田地质与勘探,2010,38(3):10-14.

[5] LI D Q.Underground hydraulic mining of thin sub-layer as protective coal seam in coal mines[J]. International Journal of Rock Mechanics and Mining Sciences, 2014, 67: 145-154.

[6] CHENH D,CHENG Y P,REN T X,et al.Permeability distribution characteristics of protected coal seams during unloading of the coal body[J].International Journal of Rock Mechanics and Mining Sciences,2014,71:105-116.

[7] LIUH B,CHENG Y P,SONG J C,et al.Pressure relief,gas drainage and deformation effects on an overlying coal seam induced by drilling an extra-thin protective coal seam [J].Mining Science and Technology (China),2009,19(6):724-729.

[8] LIU H B,LIU H,CHENG Y P.The elimination of coal and gas outburst disasters by ultrathin protective seam drilling combined with stress-relief gas drainage in Xinggong

coalfield[J].Journal of Natural Gas Science and Engineering,2014,21:837-844.

[9] 程国建.中远距离上保护层开采被保护层卸压时空效应及应用研究[J].矿业安全与环保,2014,41(4):80-83.

[10] WANGL,CHENG Y P,LI F R,et al.Fracture evolution and pressure relief gas drainage from distant protected coal seams under an extremely thick key stratum[J].Journal of China University of Mining and Technology,2008,18(2):182-186.

[11] LIUH Y,CHENG Y P,ZHOU H X,et al.Fissure evolution and evaluation of pressure-relief gas drainage in the exploitation of super-remote protected seams[J].Mining Science and Technology (China),2010,20(2):178-182.

[12] GUO H,YUAN L,SHEN B T,et al.Mining-induced strata stress changes,fractures and gas flow dynamics in multi-seam longwall mining[J].International Journal of Rock Mechanics and Mining Sciences,2012,54:129-139.

[13] LIU Y K,ZHOU F B,LIU L,et al.An experimental and numerical investigation on the deformation of overlying coal seams above double-seam extraction for controlling coal mine methane emissions[J].International Journal of Coal Geology,2011,87(2):139-149.

[14] WANGH F,CHENG Y P,YUAN L,et al.Similarity model tests of movement and deformation of coal-rock mass below stopes[J].Mining Science and Technology (China),2010,20(2):188-192.

[15] YANG W,LIN B Q,QU Y A,et al.Mechanism of strata deformation under protective seam and its application for relieved methane control[J].International Journal of Coal Geology,2011,85(3/4):300-306.

[16] 姚成林.煤层气梯级利用技术探讨[J].矿业安全与环保,2016,43(4):94-97.

[17] 王刚,杨曙光,张寿平,等.新疆煤矿区瓦斯抽采利用技术现状及展望[J].煤炭科学技术,2020,48(3):154-161.

[18] 赵晶,汪东.中远距离煤层群煤与瓦斯协调开发模式研究[J].煤炭科学技术,2016,44(8):127-131.

[19] 李中军.低浓度煤层气利用技术研究现状及应用展望[J].能源与环保,2018,40(6):152-156.

[20] 赵路正.煤矿乏风中的甲烷利用技术经济分析[J].煤炭工程,2017,49(7):97-99.

高位定向长钻孔抽采近距离邻近层瓦斯试验研究

陈滔,赵鹏涛,武贵生,覃佐亚,李爱民
(湖南省煤炭科学研究院有限公司,湖南长沙,410004)

摘　要:针对工作面近距离邻近层瓦斯涌出问题,采用千米钻机施工高位定向长钻孔,对邻近层卸压瓦斯进行抽采。试验表明,该方法能高效并持续抽采邻近层瓦斯,在高效稳定抽采期,5 个试验钻孔瓦斯抽采纯量达到了 10 m^3/min 以上,平均抽采浓度在 45%以上。合理增加钻孔数量,对整个工作面上部裂隙带进行瓦斯抽采,可大幅度减小通风压力和采空区瓦斯涌出量。

关键词:近距离邻近层;高位定向长钻孔;瓦斯抽采

0　引言

对于煤层群开采,受工作面的采动卸压影响,其邻近煤(岩)层的瓦斯会不同程度地涌入开采层工作面,加大工作面瓦斯涌出量,加大风排瓦斯压力,造成工作面瓦斯超限和断电等事故,此时采取邻近层瓦斯抽采是十分必要的。针对邻近层瓦斯抽采方法,国内采用了地面钻井(孔)[1-5]、穿层钻孔[6-8]、高抽巷[9-11]、高位钻孔[12-14]等邻近层瓦斯抽采技术,并获得了显著效果。本文基于山西柳林兴无煤矿有限责任公司工作面通风方式由“U+L”形变为“Y”形所带来的风排瓦斯能力下降、工作面瓦斯超限等问题,采用定向千米钻机施工高位钻孔进行近距离邻近层瓦斯抽采试验,考察其瓦斯抽采效果,为 Y 形通风方式的推广提供有效而可靠的瓦斯治理技术方案。

1　工程概况

山西柳林兴无煤矿有限责任公司位于山西省柳林县,矿区面积 11.630 5 km^2,核定生产能力为 1.75 Mt/a。兴无煤矿属于高瓦斯矿井,矿井采用斜井开拓,通风方法是抽出式。矿井主采 4 煤层,采煤工作面实行综采,单一走向长壁采煤方法,全部垮落法管理顶板。

矿井 4 煤层上部有 2、3、$4_上$煤层三个上邻近层,平均层间距为别为 23 m、18 m、2 m,属于典型的近距离煤层群开采,在 4 煤层工作面回采时,邻近层卸压瓦斯将在短时间内大量涌入,这无疑加大了工作面瓦斯治理难度。

本次试验的工作面为 42207 工作面,平均煤厚为 2.9 m,走向 317°,呈一单斜构造,由北西向南东倾斜，倾角为 3°～8°，平均为 5°；工作面原“U＋L”形通风方式示意图如图 2 所示，由进风巷和辅助进风巷进风以及回风巷和辅助回风巷回风组成，最大风排瓦斯能力达到 46 m^3/min左右。

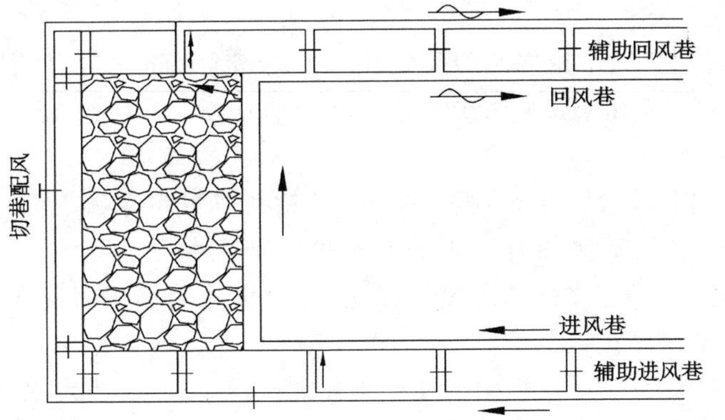

图 1　工作面“U＋L”形通风方式示意图

“U＋L”形通风方式可使工作面上隅角的瓦斯经漏风携带通过联巷进入辅助回风巷中(L 形巷道)，进而有效防止上隅角瓦斯超限。但是因为“U＋L”形通风是直接向采空区通风，所以极易导致采空区遗煤自燃以及引发瓦斯爆炸，因此，《煤矿安全规程》禁止采用“U＋L”形通风方式。兴无煤矿为遵守《煤矿安全规程》和最大限度回收优质煤炭资源，计划开展沿空留巷无煤柱开采技术试验研究，如图 2 所示。该技术是通过有效的巷旁支护和巷内支护技术，将工作面的回采巷道保留下来，作为下一个工作面的一条回采巷道使用，由于 Y 形通风系统掘进工程量低，丢弃煤柱少，不但能有效缓解工作面接替紧张的局面，还能最大限度地采出珍贵的煤炭资源。

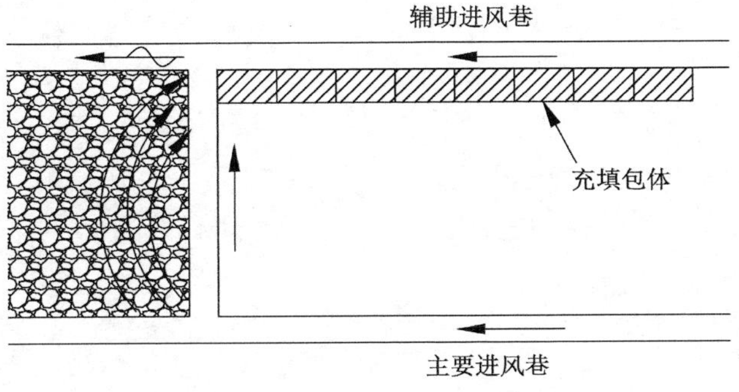

图 2　工作面 Y 形通风方式示意图

Y 形通风虽存在上述优势，但在工作面通风方式改为 Y 形后，必须解决以下难题：① 采空区瓦斯流场将发生改变，原漏入采空区的风流将经过工作面上隅角回流，给工作面带来高浓度瓦斯，易发生瓦斯超限事故；② 工作面风排瓦斯能力大幅度降低，最大风排瓦斯能力仅为 15 m^3/min左右，相较于原“U＋L”形通风方式少了 31 m^3/min 的风排瓦斯能力，需采取针对性瓦斯抽采措施才能满足生产要求。

基于上述实际情况，针对近距离煤层群工作面回采过程中的瓦斯涌出问题，开展高位定向长钻孔抽采近距离邻近层瓦斯实验研究，探索Y形通风工作面有效的瓦斯治理方法。

2 高位定向长钻孔瓦斯抽采的技术优势分析

本次拟采用千米钻机施工定向高位长钻孔对近距离上邻近煤层群的卸压瓦斯进行抽采试验研究，基于本次矿井实际情况，采用千米钻机施工的瓦斯抽采钻孔，具备以下几个方面的优点[15]：

① 采用千米钻机施工合理层位的高位定向长钻孔可以将上邻近煤层群卸压瓦斯在涌入工作面前进行有效拦截，实现对卸压瓦斯的预抽和边采边抽。

② 千米钻机可施工长达数百米的超长钻孔，使得钻孔的抽采时间大大加长，每个钻孔的抽采范围增加，钻孔利用率提高。

③ 相比于普通钻机在施工过程中存在施工偏差问题，千米钻机的钻头采用高速旋转的马达钻进，可实现孔内拐弯和定点钻进，降低钻孔施工出现的偏差。

④ 千米钻机在施工钻孔的过程中，通过多次不断调整钻孔施工位置或退杆再钻进等方式，使钻孔出现分叉孔，从而扩大了钻孔的瓦斯抽采范围，有利于增加瓦斯抽采效果。

采用千米钻机施工的钻孔具备常规钻机所不具备优势，当钻孔连接井下抽采系统时，钻孔内的负压与岩层裂隙间存在一定的压力梯度，则裂隙带内的游离瓦斯不断流向抽采钻孔，从而可以达到预抽上部邻近岩层中的瓦斯，也能够对裂隙带卸压瓦斯进行全程的边采边抽的目的，进而减少工作面瓦斯涌出量。

3 定向长钻孔合理布孔层位

随着工作面的回采，其采空区上部覆岩受力情况在不断地发生变化，相关学者根据受力后导致的上部煤岩层分区分带现象，在竖直方向划分为“竖三带”(图3)，自下而上分别为垮落带、裂隙带和弯曲下沉带。

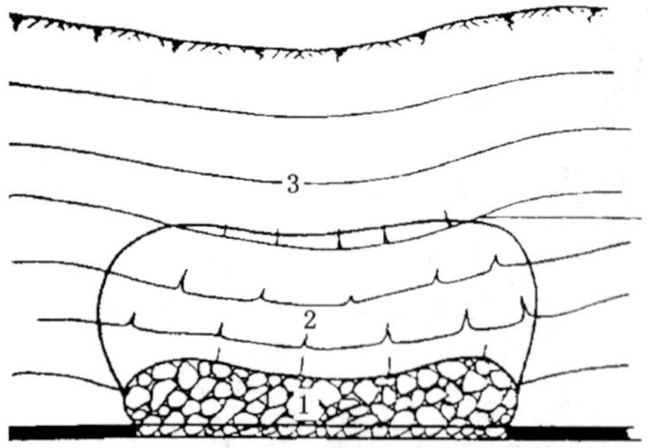

图3 采空区覆岩的分带

1—垮落带；2—裂隙带；3—弯曲下沉带

受采动影响形成的裂隙发育区是邻近层瓦斯抽采钻孔的理想布置区域。如果在采空区上方的垮落带内施工钻孔，抽采钻孔将会被垮落的顶板切断而直接与采空区沟通，导致抽采效果下降甚至终结抽采作用，因此工作面冒落带的高度是抽采钻孔布置的下限。除垮落带内的煤岩体会最终垮落进入采空区外，裂隙带内煤岩层沉降量也比较大，使得该区域内离层裂隙最为发育。由于裂隙带在产生垂直断裂或离层裂隙的同时仍然能保持其原有的岩层带，为大量游离瓦斯提供了十分理想的存储区域，如果不及时采取有效措施，该区域游离瓦斯将会大量涌入工作面，威胁安全生产；若此时向该区域施工抽采钻孔，在游离瓦斯压力和抽采孔的负压共同作用下，将大量高浓度瓦斯抽采出来，从而能有效降低工作面瓦斯涌出量。弯曲下沉带由于竖向发育的裂隙少，与采空区沟通弱，工作面瓦斯难以涌入，因此上邻近层抽采钻孔应布置在该区域以下。

工作面上方覆岩以砂岩、砂质泥岩为主，竖中硬-坚硬程度的岩性，本次按中硬程度的上覆岩层岩性进行计算，工作面采高 M 为 3 m，按照表 1 的冒落带、裂隙带发育高度计算公式，经计算，冒落带高度为 6.86～11.26 m，平均为 9 m；裂隙带高度为 30.11～44.64 m，平均为 37 m。裂隙带瓦斯抽采钻孔一般布置在裂隙带范围内的中上部，因此，将本次试验钻孔的施工高度定在煤层顶板上部 30 m 左右。

表 1　冒落带、裂隙带发育高度计算公式

上覆岩层岩性(单向抗压强度)/MPa	冒落带/m	裂隙带/m	
		计算公式(1)	计算公式(2)
坚硬(40～80)	$H_m=\frac{100M}{2.1M+16}\pm2.5$	$H_{li}=\frac{100M}{1.2M+2.0}\pm8.9$	$H_{li}=30\sqrt{M}+10$
中硬(20～40)	$H_m=\frac{100M}{4.7M+19}\pm2.2$	$H_{li}=\frac{100M}{1.6M+3.6}\pm5.6$	$H_{li}=20\sqrt{M}+10$
软弱(10～20)	$H_m=\frac{100M}{6.2M+32}\pm1.5$	$H_{li}=\frac{100M}{3.1M+5.0}\pm4.0$	$H_{li}=10\sqrt{M}+5$
极软弱(<10)	$H_m=\frac{100M}{7.0M+63}\pm1.2$	$H_{li}=\frac{100M}{5.0M+8.0}\pm3.0$	

4　高位定向长钻孔的布置

在距离停采线以外 80 m 的第一回风巷靠工作面一侧煤体中，布置一个深 4 m、开口长度 8 m、收口长度 5 m、高 3 m 的钻场，用千米钻机施工 5 个直径 ϕ93 mm 的高位定向水平长钻孔，如图 4 所示。

钻场内布置 5 个试验考察钻孔，各钻孔的开孔位置间隔适当距离。最终水平段钻孔距 4 煤层顶板 30 m 左右，钻孔与回风巷的最小水平偏移为 24 m，最大为 52 m，孔间距为 7 m，钻孔总长度均为 300 m。以 2# 钻孔为例，钻孔实际轨迹如图 5 所示，钻孔施工之后按要求进行封孔和连接井下抽采系统。

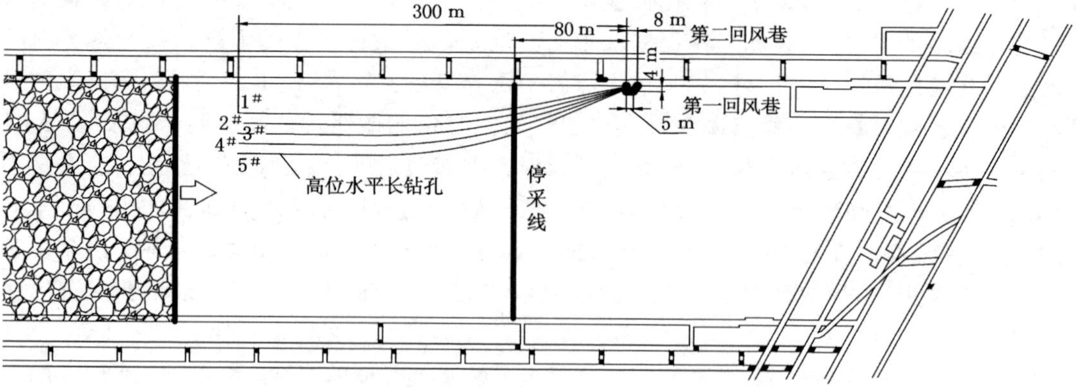

图 4　高位定向水平长钻孔布置图

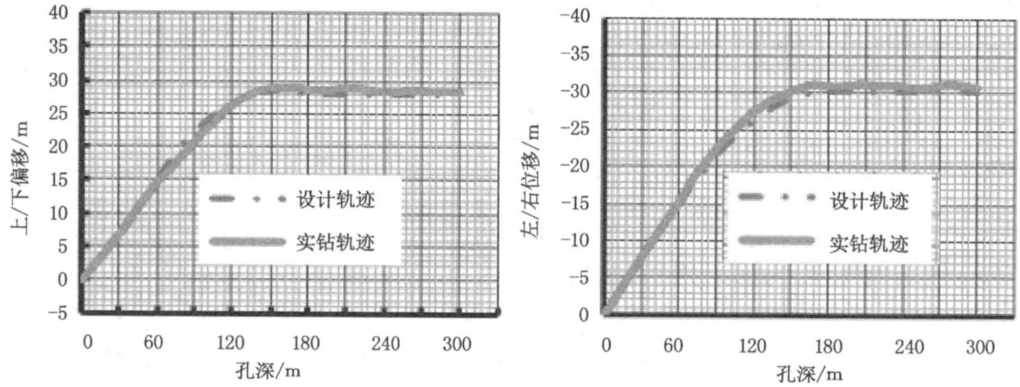

图 5　2# 高位水平长钻孔轨迹图

5　抽采效果分析

高位水平长钻孔的瓦斯抽采浓度和抽采纯量随下部工作面推过终孔的关系分别如图 6、图 7 所示。

从图中可以看出，钻孔开始接抽后即有一定的瓦斯浓度，但瓦斯纯量很小，这是由于工作面的采动卸压瓦斯还未进入高位钻孔的抽采范围内；当工作面推进至过钻孔终孔距离 75 m 左右的距离时，钻孔瓦斯浓度和抽采纯量都明显提高，效果最好的 3# 钻孔初始抽采纯量流量达到 3.5 m^3/min，其他钻孔的抽采纯量也显著提升，但抽采效果存在明显的滞后现象，这是由于工作面后方采空区上部煤岩体的应力变化平衡和分区分带需要一定时间，在此期间大量卸压游离瓦斯不断增加，直至进入钻孔的抽采范围内；之后钻孔进入高效稳定的抽采期，5 个钻孔的瓦斯总抽采纯量达到 10 m^3/min 以上，单孔平均瓦斯抽采纯量达到 2 m^3/min 以上，平均抽采浓度在 45%左右，抽采效果较为理想。

由以上分析可知，Y 形通风方式相较于原“U＋L”形通风方式少了 31 m^3/min 的风排瓦

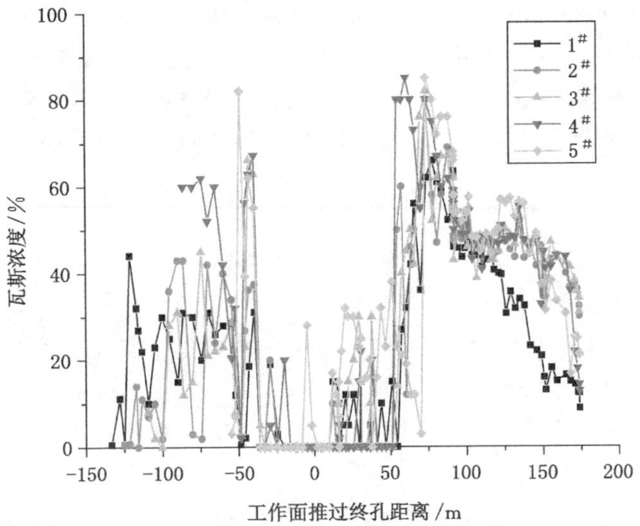

图 6　高位水平长钻孔瓦斯抽采浓度随工作面推进变化图

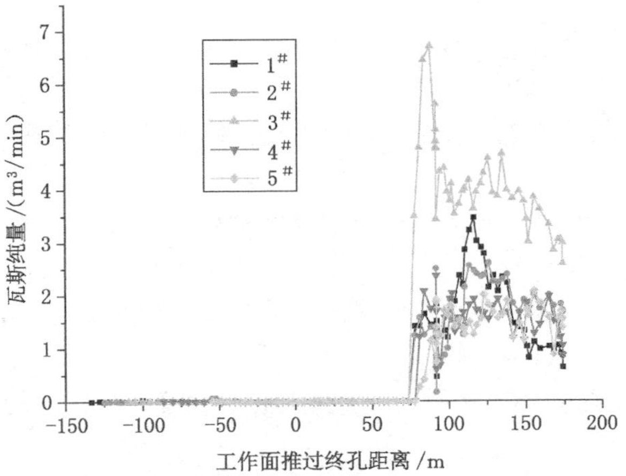

图 7　高位水平长钻孔瓦斯抽采纯量随工作面推进变化图

斯能力，本次试验的钻孔单孔平均瓦斯抽采纯量达到了 2 m^3/min，因此如果合理增加 16 个以上的高位长钻孔覆盖整个工作面上部裂隙带，就可以进行全覆盖全程抽采，进一步增加瓦斯抽采量，解决 Y 形通风造成的风排瓦斯能力下降所带来的工作面瓦斯抽排量减小的问题，保障工作面安全生产。

6　结论

(1) 高位定向长钻孔抽采裂隙带瓦斯存在滞后现象，这是由于采空区上部"竖三带"的形成和瓦斯聚集需要一定的时间。

(2) 本次试验施工的高位定向长钻孔，可全程高效抽采采空区上部裂隙带瓦斯，在稳定期平均瓦斯抽采浓度达到45%左右，单孔瓦斯抽采纯量达到2 m^3/min以上，抽采效果显著，能有效解决Y形通风造成的风排瓦斯能力下降所带来的工作面瓦斯抽排量减小的问题。

(3) 通过此次试验得出，对整个工作面进行全覆盖全程抽采裂隙带瓦斯是可行的，能对近距离上邻近层卸压瓦斯进行有效抽采，保障安全生产，对接替工作面的瓦斯治理具有重大参考意义。

参考文献

[1] 程波，罗伙根，张锋.地面U型钻井抽采低阶厚煤层瓦斯工艺的应用研究[J].矿业安全与环保，2019，46(6)：89-92.

[2] 甘林堂.地面钻井抽采被保护层采动区卸压瓦斯技术研究[J].煤炭科学技术，2019，47(11)：110-115.

[3] 郭向前，李超，张冪，等.采空区瓦斯地面定向钻井抽采效果分析[J].煤炭工程，2019，51(11)：42-45.

[4] 李杰.特厚煤层综放工作面地面钻孔抽采治理瓦斯技术[J].煤炭科学技术，2019，47(3)：150-155.

[5] 袁亮，刘业娇，田志超，等.地面垂直钻孔预抽特厚煤层瓦斯数值试验与应用[J].岩土力学，2019，40(1)：370-378.

[6] 路璐，张夏彭，陈小建，等.新景矿低透气性煤层群邻近层穿层钻孔瓦斯抽采技术[J].煤炭技术，2019，38(9)：76-78.

[7] 李海涛，闫大鹤，浦仕江，等.近距离煤层群保护层开采底板卸压瓦斯抽采技术研究[J].煤炭工程，2020，52(7)：78-82.

[8] 朱红青，霍雨佳，方书昊，等.寺家庄矿综采工作面顶板走向高抽巷合理层位研究[J].煤炭科学技术，2021，49(1)：234-239.

[9] 徐永佳.高瓦斯矿井高抽巷合理布置及终巷位置确定研究[J].煤炭科学技术，2018，46(11)：93-100.

[10] 李德参，何有巨.高抽巷和斜切钻孔联合抽采上隅角瓦斯技术[J].煤炭科学技术，2018，46(S2)：122-125.

[11] 闫保永，李新郑.ZYWL-4000D经济型定向钻机在平山煤矿的应用[J].煤炭技术，2019，38(9)：153-155.

[12] 毕慧杰，邓志刚，赵善坤，等.高瓦斯综采工作面定向高位钻孔瓦斯抽采技术研究[J].煤炭科学技术，2019，47(4)：134-140.

[13] 王月红，吴怡，张九零，等.高位钻孔抽采治理瓦斯技术研究[J].煤炭技术，2019，38(4)：106-108.

[14] 王兆丰，陈滔，潘丰茂，等.极近距离上邻近层瓦斯抽采试验研究[J].河南理工大学学报(自然科学版)，2017，36(1)：12-16.

[15] 王兆丰，田富超，赵彬，等.羽状千米长钻孔抽采效果考察试验[J].煤炭学报，2010，35(1)：76-79.

始封深度对封孔效果影响的试验研究及应用

魏佳男[1]，赵鹏涛[2]，覃佐亚[1]，彭文[1]
（1. 湖南省煤炭科学研究院有限公司，湖南长沙，410004；
2. 湖南科技大学，湖南湘潭，411201）

摘　要：本文通过对抽采钻孔封孔位置的探讨，指出在封孔时需要考虑巷道松动圈对封孔质量的影响，在封孔时需要将始封位置超过巷道松动圈；通过 $FLAC^{3d}$ 软件分别模拟了三五煤矿穿层钻孔和顺层钻孔的巷道卸压松动圈范围，确定了穿层钻孔的合理始封深度为 6 m，顺层钻孔的合理始封深度为 9 m；通过在现场的实际试验，采用始封深度封孔的穿层钻孔的抽采浓度相比常规的钻孔提高了 1.7 倍，采用始封深度封孔的顺层钻孔的抽采浓度相比常规的钻孔提高了 2.2 倍。

关键词：始封深度；松动圈；数值模拟

0　引言

瓦斯抽采是有效治理矿井瓦斯的主要途径，封孔质量是决定抽采效果好坏的重要保障[1,2]。抽采钻孔封孔质量好，不仅能保证煤层瓦斯的有效抽采，对于瓦斯利用的矿井，还能保证发电机组的正常使用[3]。抽采钻孔封孔时由于受到巷道卸压松动圈的影响，钻孔的某一段处于松动圈之内，这一段裂隙孔隙较多，是封孔时导致漏气的主要原因[4,5]。封孔时若是能准确找到钻孔所处卸压松动圈的范围，将钻孔的封孔段绕过松动圈的范围，将大大节约封孔材料的用量，同时也能大大提高封孔的效果[6,7]。

1　合理始封深度的探讨

煤（岩）体的力学性质是分析钻孔所处围岩力学特性的基础。原始状态的煤（岩）体处于三轴压缩的应力平衡状态，当没有外界采掘影响的情况下，处于一种相对稳定的状态。当煤（岩）体受到采掘的影响，应力平衡状态即遭到破坏，应力—应变重新分布直到达到另一种相对平衡的状态[8,9]；在此过程中，巷道周围煤（岩）体出现应力降低的松弛破碎带（即松动圈），松动圈范围内煤岩体强度降低，应力释放，裂隙孔隙增多，不利于瓦斯抽采钻孔的封孔[10]。抽采钻孔

湖南省应急管理厅项目(201909)。

可以看作是一个体积缩小的巷道,但由于钻孔的体积相对巷道的体积可以忽略不计,所以由于钻孔施工所造成的钻孔周围煤(岩)体的破坏可以忽略,此时只需考虑由于巷道掘进后周围煤(岩)体裂隙发育对钻孔封孔的影响。

若封孔位置从松动圈开始,则松动圈这一段封孔效果不好控制,而且额外地增加了封孔长度;若是抽采钻孔从处在巷道松动圈之外的地点进行封孔,将封孔段越过松动圈的范围,此时钻孔周围围岩性质较好,可以有效保证封孔效果,同时节省封孔材料。此时开始封孔的地点距孔口的距离称为始封深度[11,12],其示意图见图1所示。

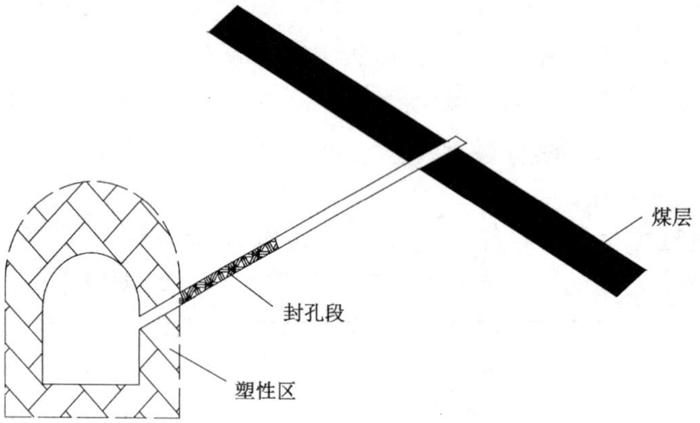

图1　始封深度封孔示意图

2　合理始封深度的数值模拟

瓦斯抽采钻孔合理始封深度的核心问题是确定巷道在开挖扰动下松动圈的范围,本文采用 FLAC^{3d} 软件模拟分析巷道松动圈的范围,来确定试验区合理的始封深度。

2.1　模拟矿井概况

三五煤矿位于桂阳县三五冲矿区内,矿井面积 1.713 4 km^2,开采标高+680～+200 m。三五煤矿主采 VI 煤层,属局部可采煤层,平均煤厚 2.0 m,平均倾角为 32°,矿井采用爆破落煤,全部垮落法管理顶板。三五煤矿属于突出矿井,目前矿井相对瓦斯涌出量为 41.9 m^3/t,相对二氧化碳涌出量为 30.3 m^3/t,瓦斯绝对涌出量为 4.71 m^3/min。

2.2　穿层钻孔合理始封深度的模拟

三五煤矿+320 m 北大巷(兼作抽采巷)净高 2.6 m、净宽为 2.8 m,平均埋深 300 m,模拟北大巷掘进后的应力分布规律。为避免边界效应的影响,模型长度取 50 m,宽度取 50 m,高度取 40 m。根据试验地点的位置,确定在模型左右和前后分别施加 7.5 MPa 的水平应力,在模型上边界施加 7.5 MPa 的垂直应力;采用 Null 单元模拟模拟巷道开挖;模型底部采用固定约束,上部为自由边界,左右前后边界为位移约束,采用均布载荷代替上部岩石重力。数值模拟煤(岩)体参数见表1所示。

表 1　煤(岩)体的力学参数

岩层	体积模量/GPa	剪切模量/GPa	抗拉强度/MPa	内摩擦角/(°)	黏聚力/MPa	密度/(kg/m³)
粉砂岩	11.7	9.24	2.21	36.4	1.37	2 637
泥质砂岩	3.01	2.45	1.42	36.4	0.19	2 619
煤	5.65	3.79	0.11	42.7	0.06	1 590
细砂岩	3.1	2.46	1.2	36.6	0.2	2 754
泥岩	3.2	2.2	1.1	44.3	1.21	2 691

+320 m 北大巷掘进后，巷道周围应力分布见图 2 所示，巷道周围的塑性区分布见图 3 所示。

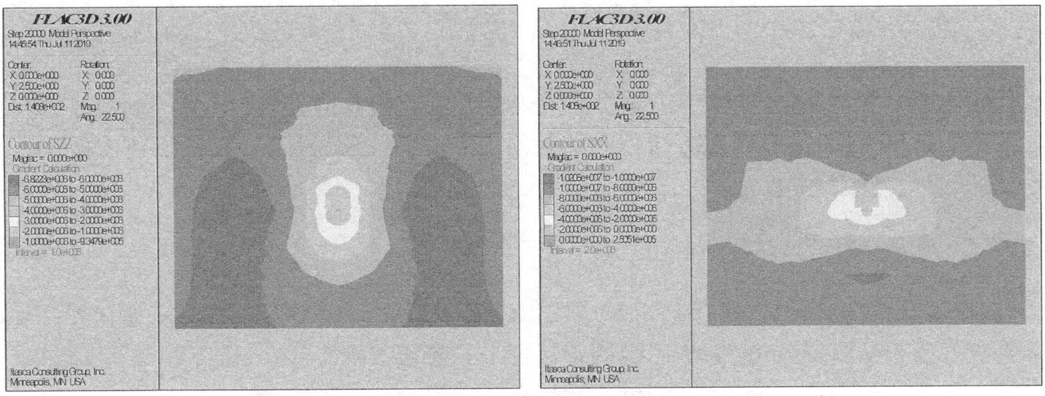

(a)　　　　(b)

图 2　开挖后巷道周围应力分布图

(a) 垂直应力分布；(b) 水平应力分布

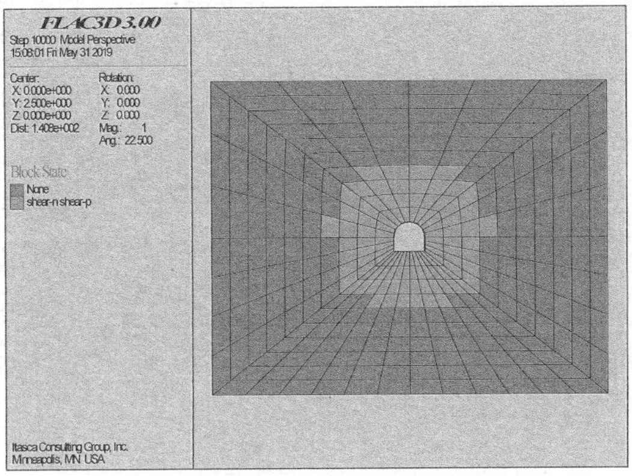

图 3　巷道开挖后塑性区分布图

根据模拟得出的数据，绘制了巷道右侧煤体垂直应力分布曲线，见图 4 所示。

由上述模拟计算得出的巷帮应力分布图和垂直应力曲线可以得出：

(1) 巷道开挖以后，破坏了原岩应力状态，围岩应力重新分布。垂直应力在巷道两帮出现应力集中，在巷道周围出现较大范围的应力降低区，塑性区范围为 0～6.1 m。

(2) 在巷道两帮，距巷帮 0～6.1 m 范围内为垂直应力降低区，在距离巷帮 6.1～9.0 m 范围内为

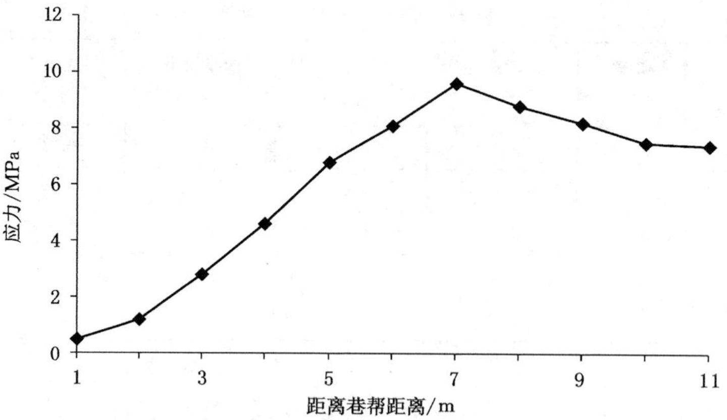

图 4　巷道开挖后垂直应力分布图

垂直应力增加区;距离巷帮 7.4 m 左右垂直应力达到峰值;在距巷帮 9.0 m 时进入原始应力区。

由模拟结果可知,三五煤矿穿层钻孔始封深度不应处在卸压区范围,考虑到实际施工的方便性,将穿层钻孔始封深度定为 6.0 m。

2.3　顺层钻孔合理始封深度的模拟

三五煤矿顺层钻孔模拟地点是 1261 机巷,煤层倾角 30°,煤厚 2 m。煤巷掘进后,煤体中的垂直应力分布见图 5 所示,煤巷周围的塑性区分布见图 6 所示。

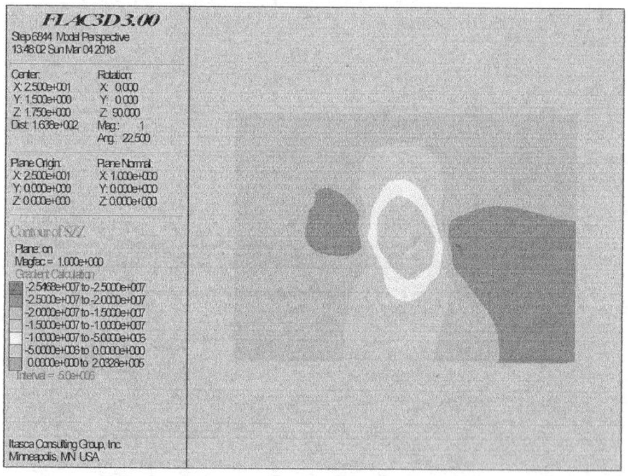

图 5　煤体垂直应力分布图

由图 5、图 6 可知,由于煤巷掘进,煤体中的应力会重新分布。根据模拟得出的数据,绘制了巷道左侧煤体垂直应力分布曲线,见图 7 所示。

由上述模拟计算得到的巷道左帮应力分布图和垂直应力分布曲线可以得出:

(1) 巷道开挖以后,破坏了原岩应力状态,围岩应力重新分布。垂直应力在巷道两帮出现应力集中,在巷道周围出现较大范围的应力降低区,塑性区范围为 0～9.2 m。

(2) 在煤巷两帮,距巷帮 0～9.2 m 范围内为垂直应力降低区,在距离巷帮 9.2～13.5 m 范围内为垂直应力集中带;距离巷帮 11.3 m 左右垂直应力达到峰值;在距巷帮 13.5 m 时进入原

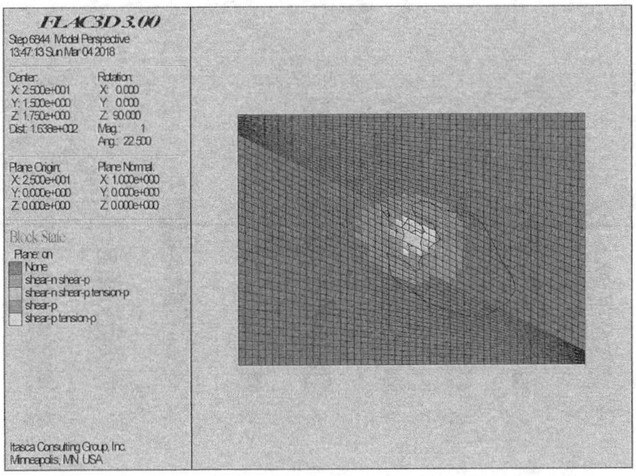

图 6　煤巷周围塑性区分布

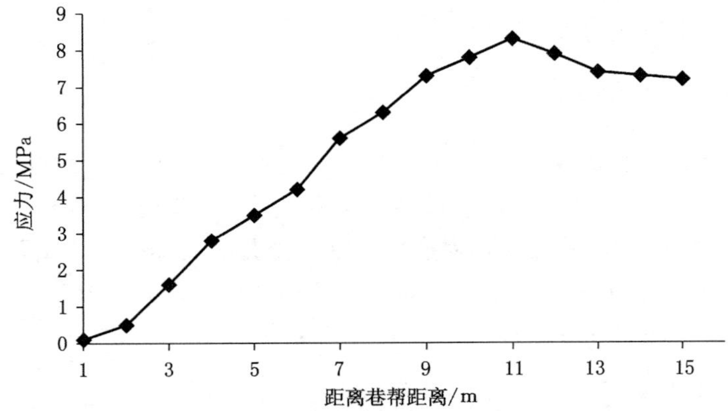

图 7　煤巷左侧垂直应力分布图

始应力区。

由模拟结果可知，三五煤矿顺层钻孔始封深度不应处在卸压区范围，考虑到实际施工的方便性，将顺层钻孔始封深度定为 9.0 m。

3　合理始封深度的现场试验

3.1　穿层钻孔合理始封深度试验

穿层钻孔合理始封深度的试验在＋320 m 北底板巷进行，采用囊袋式封孔方法，共施工试验孔 5 个，对比孔 5 个。试验孔从距孔口 6 m 位置开始封孔，封孔长度 10 m。对比孔从孔口位置开始封孔，封孔长度 10 m。钻孔封孔完成后接抽 1 个月，每天对 10 个钻孔的抽采浓度进行人工统计，各个钻孔抽采 1 个月后的平均瓦斯浓度见图 8 所示。

从图 8 可知，采用始封深度为 6 m 的 5 个试验孔，抽采一个月内单孔平均浓度最低为 31.6%，单孔平均浓度最高为 48.8%；常规封孔的 5 个对比孔一个月内单孔平均浓度最低为 17%，单孔平均浓度最高为了 32.3%。由此可知，采用始封深度为 6 m 的钻孔抽采浓度是采

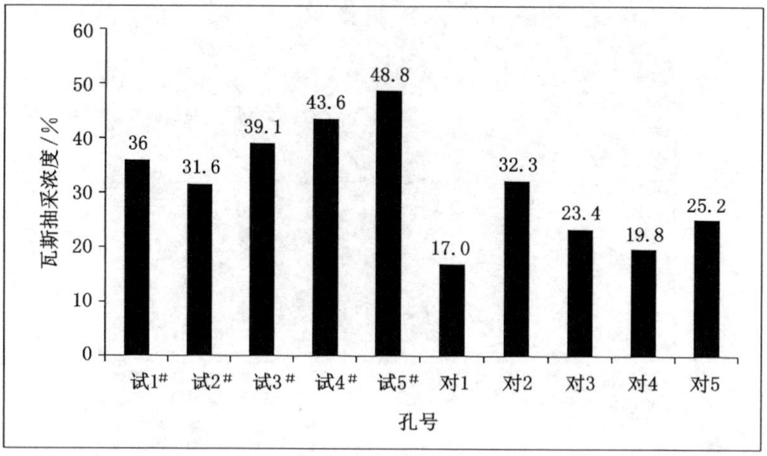

图 8　各钻孔抽采一个月平均瓦斯浓度

用常规封孔的钻孔抽采浓度的 1.7 倍。

3.2　顺层钻孔合理始封深度试验

顺层钻孔合理始封深度试验在 1261 工作面机巷进行，采用囊袋式封孔方法，共施工试验孔 6 个，对比孔 5 个。试验孔从距孔口 9 m 位置开始封孔，封孔长度 10 m。对比孔从孔口位置开始封孔，封孔长度 10 m。钻孔封孔完成后接抽 1 个月，每天对 11 个钻孔的抽采浓度进行人工统计，各个钻孔抽采 1 个月后的平均瓦斯浓度见图 9 所示。

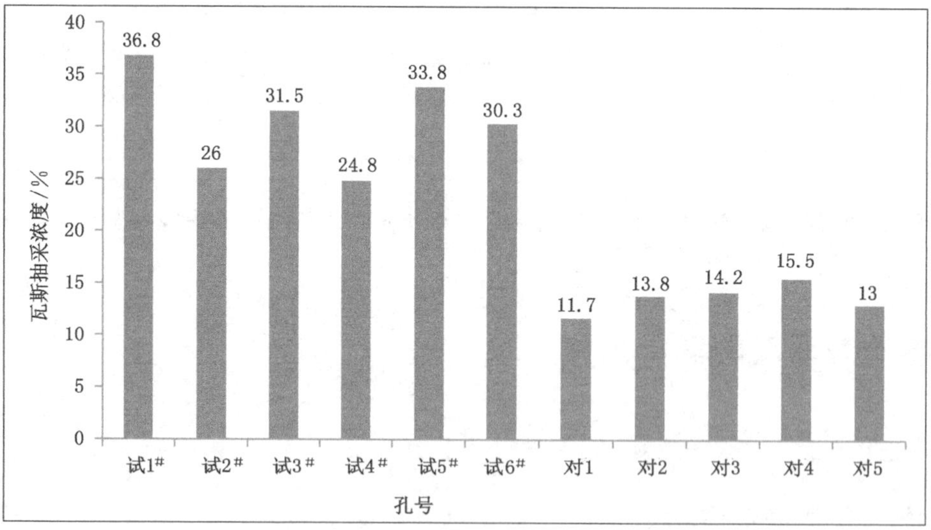

图 9　各钻孔抽采一个月平均瓦斯浓度

从图 9 可知，采用始封深度为 9 m 的 6 个试验孔，一个月内单孔平均抽采浓度最低为 24.8%，单孔平均抽采浓度最高为 36.8%；常规封孔的 5 个对比孔一个月内单孔平均抽采浓度最低为 11.7%，单孔平均抽采浓度最高为 15.5%。由此可知，采用始封深度为 9 m 的钻孔抽采浓度是采用常规封孔的钻孔抽采浓度的 2.2 倍。

4 结论

(1) 本文通过对巷道掘进后松动圈的分布,指出松动圈的存在会大大影响抽采钻孔的封孔质量。

(2) 通过数值模拟得出,三五煤矿穿层钻孔合理的始封深度为 6 m,顺层钻孔的合理始封深度为 9 m。

(3) 通过在+320 m 北大巷进行穿层钻孔封孔试验,得到采用始封深度为 6 m 的钻孔抽采浓度是采用常规封孔的钻孔抽采浓度的 1.7 倍;在 1261 工作面机巷顺层钻孔采用始封深度为 9 m 的钻孔抽采浓度是采用常规封孔的钻孔抽采浓度的 2.2 倍。

参考文献

[1] 唐明云,郑鹏先,戴广龙,等.花眼护孔管对顺层钻孔瓦斯抽采效果的影响研究[J].中国安全科学学报,2019,29(7):90-96.

[2] 唐恩贤,李川.黄陵矿区瓦斯“精准抽采”技术管理体系建设的探索与实践[J].煤矿安全,2019,50(1):144-148.

[3] 熊鹏辉,索根喜,孙晨光,等.煤矿瓦斯“零排放”工程示范及标准研究[J].中国煤层气,2017,14(6):3-5.

[4] 程健维,赵刚,刘雨涛,等.瓦斯抽采钻孔非凝固材料性能与智能封孔装置研究[J].煤炭科学技术,2020,48(2):131-135.

[5] 任培良,王迪,郭香印,等.穿层瓦斯抽采钻孔通管直连新型封孔工艺研究[J].煤矿安全,2020,51(2):34-37.

[6] 吴仁伦,王继林,程辉,等.五阳煤矿本煤层瓦斯超前采动卸压抽采试验[J].煤矿安全,2017,48(2):13-16.

[7] 何缘缘,邢玉忠.低渗透性煤层群邻近层瓦斯卸压抽采技术[J].煤矿安全,2016,47(10):70-72.

[8] 黄启翔,尹光志,姜永东.地应力场中煤岩卸围压过程力学特性试验研究及瓦斯渗透特性分析[J].岩石力学与工程学报,2010,29(8):1639-1648.

[9] 魏国营,王泽华,贾天让.三轴压缩蠕变条件下煤岩裂隙演化规律试验研究[J].河南理工大学学报(自然科学版),2020,39(2):15-21.

[10] 张英.松软破碎煤层瓦斯抽采钻孔失稳机理分析及加固技术[J].煤炭科学技术,2018,46(7):178-183.

[11] 侯松,赵允.高应力破碎围岩巷道定点封孔试验研究[J].煤炭技术,2016,35(11):186-187.

[12] 程志恒.底抽巷穿层钻孔封孔深度与布孔间距优化研究[J].煤炭科学技术,2017,45(2):76-82.

基于GA-RBF神经网络的瓦斯含量预测方法研究

闫磊
(陕西煤业化工技术研究院有限责任公司,陕西西安,710100)

摘　要:遗传算法和径向基函数神经网络可以互补,并且都可以用于非线性时间序列问题的预测。本文研究了基于遗传算法优化的GA-RBF神经网络,建立了煤层瓦斯含量预测模型。实际预测结果表明,该算法具有较高的预测精度和较快的计算速度,有助于矿井瓦斯灾害的预测和防治。

关键词:瓦斯预测;遗传算法;径向基函数神经网络

0　引言

煤矿地质条件复杂,各种气体含量分布不均匀,因此同一井田、同一煤层的瓦斯含量变化很大。瓦斯含量的不均匀分布和含量突变容易引起瓦斯超限和瓦斯爆炸事故,因此,做好煤矿矿井瓦斯含量的监测与预测,具有重要的工程意义。

瓦斯含量预测问题是一个多因素影响作用下的非线性时间序列分析问题,尤其是随着开采深度的增加和地质条件恶化,影响煤层瓦斯含量的因素越来越复杂,非线性性质越来越明显。传统上时间序列预测问题可以采用统计分析方法(Statistical Analysis Method, SAM)解决[1],但是这种方法更多的是用于处理线性系统;对于瓦斯含量预测这种非线性时间序列问题,这种传统的方法预测精度较差,很难满足实际使用要求。

近年来,人工智能技术在气体含量预测中得到了广泛的应用,如基于梯度下降的反向传播神经网络(Back Propagation Neural Network, BPNN)。但BPNN有两个明显的缺点:一是容易收敛到局部极小点,影响预测精度;二是收敛速度慢,导致非常学习速度比较慢,最终整个计算过程花费的时间比较长。在BPNN基础上发展起来的径向基函数神经网络(Radial Basis Function Neural Network, RBFNN)是一种结构简单的局部逼近网络,网络输出与初始权值无关,与BPNN在结构上有本质区别。RBFNN在函数逼近、分类和学习速度等方面优于BPNN,因此更多地被应用在非线性时间序列预测问题的处理中[2-3]。

所有神经网络算法中,参数调整和结构优化是很复杂的一方面工作,往往很难取得满意的效果,需要借助于其他优化算法协助完成。遗传算法(Genetic Algorithm, GA)是一种基于自然选择机制的高效智能搜索算法,与传统的优化方法相比,GA具有许多优点,特别是其全局搜索能力。GA由于其完美的特性,在参数调整和结构优化中是最有效的方法之一[4-5]。因此，本文采用基于遗传算法优化的径向基函数神经网络（Genetic Algorithm-Radial Basis Function Neural Network，GA-RBFNN）对瓦斯含量进行预测。

1 RBFNN 简介

RBFNN 不同于传统的 BPNN，是一种更加复杂的神经网络结构，具有输入层、输出层和单隐层，拓扑结构如图 1 所示。

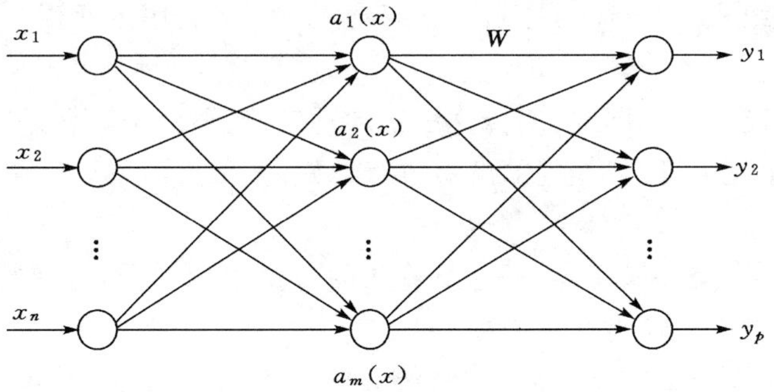

图 1 RBF 神经网络拓扑结构

图 1 显示了神经网络的拓扑结构。在这种结构中，隐藏层由一组径向基函数组成，通常是高斯函数，表达式如下[6]：

$$\alpha_i(x)=\exp\left[\frac{-\parallel x-c_i\parallel^2}{2\sigma_i^2}\right]\quad(i=1,2,\cdots,m)\tag{1}$$

其中，$\alpha_i(x)$ 为隐层的输出；x 为输入样本，$x=[x_1,x_2,\cdots,x_n]$；c_i 为隐层高斯函数的中心；i 为隐层的宽度；m 为隐层神经元的数目。

在 RBFNN 中，隐层的每个神经元都有一个径向基函数 c_i 的中心向量，它与输入样本的维数相同，$c_i=[c_{i1},c_{i2},\cdots,c_{in}](i=1,2,\cdots,m)$，整个网络有 m 个这样的中心。

隐节点定义为从输入样本 x 到径向基函数中心向量 c_i 的欧几里得范数，如下所示：

$$\delta_i(x)=\parallel x-c_i\parallel_2\quad(i=1,2,\cdots,m)\tag{2}$$

每个隐藏节点的实际输出表示从输入样本 x 到径向基函数中心向量 c_i 的偏差度。

输入层实现从 x 到 c_i 的非线性映射，输出层实现从 $\alpha_i(x)$ 到 $y_k(x)$ 的线性映射，即 RBFNN 的输出层是一个线性组合，如下所示：

$$y_k(x)=\sum_{i=1}^{m}w_{ik}\alpha_i(x)\quad(k=1,2,\cdots,p)\tag{3}$$

式中，p 是输出层的个数。

2 GA-RBFNN 原理

2.1 GA 原理

GA 是一种模拟自然界生物进化的自适应启发式全局搜索算法，问题的解决表现为染色体优胜劣汰的过程。通过“染色体”群体一代又一代的不断进化,问题可以通过选择、交叉和变异逐步逼近最优解,最终收敛到最适合环境的个体。

遗传算法的实现过程包括编码、创建种群、适应度计算、选择、交叉和变异算子等。

(1) 编码

使用遗传算法,优化问题的每个解参数形式都需要转换成遗传密码串(也称为个体或染色体)。每个代码代表一个基因,一个基因代码字符串代表问题的解决方案。

(2) 群体

一定数量的个体组成一个群体,这是一个问题集合。集合中的元素个数称为群体的大小。

(3) 适应度函数

生物适应环境的能力是不同的,遗传算法中的适应度函数用来描述个体的适应能力。适应度越大,适应能力也越强,所以相应的解决方案越好。

(4) 遗传算子

遗传算子包括选择、交叉和变异,是遗传算法的主要组成部分,选择算子是根据基因的适应度来确定下一代是被拒绝还是被复制的。

一般来说,适应力强的基因生存的机会较大,反之,适应力低的基因生存的机会较小。交叉算子以一定的交换概率随机选择两个个体随机交换部分染色体,产生两个新个体,这使得进化过程朝着一个更优的解决方向发展。变异算子以小概率随机改变染色体串的一些位,即 1 到 0 和 0 到 1。变异算子可以补偿种群多样性的损失,防止算法陷入局部最优,保证种群不断进化,最终找到全局最优解。

2.2 GA-RBF 算法的实现

RBFNN 设计的核心问题是确定隐藏节点的数目、基本函数的中心和宽度,以满足目标误差尽可能小的要求。

网络结构优化和参数学习分为训练和进化两个阶段。

首先,在初始化阶段,将隐藏层节点的个数、中心 c_i 和每个隐藏节点的宽度 i 编码为染色体,并随机产生 N 个个体构成初始种群。

其次,用梯度下降法训练中心参数 c_i 和隐节点数染色体对应的宽度参数 i ,用最小二乘法训练网络的线性权值。

然后,利用遗传算法对隐层节点数进行优化,两个过程交替进行,最终得到优化后的 RBF 网络具有最小隐藏节点和不同宽度参数。

为了用遗传算法求解 RBF 网络结构优化问题,引入布尔向量 $\boldsymbol{U}^{\mathrm{T}}=[u_1,u_2,\cdots,u_m]$,其中, $u_i=\{0,1\}$ 。$u_i=1$ 表示存在隐藏节点, $u_i=0$ 表示不存在隐藏节点。

建立能量函数,获得与问题最优解相对应的最小值,如下所示:

$$E=\frac{1}{2p}\sum_{p}\sum_{k}(t_{pk}-o_{pk})^2 \tag{4}$$

式中, p 为训练样本数; k 为输出层节点数; t_{pk} 为 p 样本上 k 个神经元的期望输出; o_{pk} 为第 p 个样本中的第 k 个神经元的 RBF 网络输出。

适应度函数如下:

$$f=\begin{cases}C_{\max}-E & C_{\max}>E \\ 0 & C_{\max}\leqslant E\end{cases} \tag{5}$$

式中，$C_{\max}$ 可以是进化过程中 E 的最大值。

每个布尔向量 $\boldsymbol{U}^{\mathrm{T}}$ 对应生成两条染色体：一条是中心参数染色体，另一条是宽度参数染色体。中心参数染色体 $\boldsymbol{U}_c^{\mathrm{T}}$ 和宽度参数染色体 $\boldsymbol{U}_\sigma^{\mathrm{T}}$ 以实数编码。

具体实现步骤如下：

(1) 随机产生 N 组 $\boldsymbol{U}^{\mathrm{T}}$ 作为初始种群。假设第一个个体是最优的，最优适应值是 $f_{\max}$。

(2) 采用梯度下降法和线性加权法对网络中心和宽度参数进行最小二乘训练。计算种群中每个个体的适应度 f，删除不满足可行域条件的隐藏节点。重复此操作，直到所有节点都是可行的区域节点。如果存在全零个体，则重新生成该个体。

(3) 假设 $f_{\text{new-max}}$ 是种群中适应度函数的最大值，如果 $f_{\text{new-max}}>f_{\max}$，则 $f_{\max}=f_{\text{new-max}}$，则 $f_{\text{new-max}}$ 对应的个体被保存为最优个体；否则，如果 $f_{\text{new-max}}<f_{\max}$，则 $f_{\min}=f_{\text{new-max}}$，则 $f_{\min}$ 对应的个体被保存为最优个体，$f_{\max}$ 不变。

(4) 如果大多数个体的隐藏节点数相同，即“1”的数目相同(例如大于 95%)，则将相同的隐藏节点数记录为 m。选择具有最大适应度的个体，转到步骤(6)，否则转到步骤(5)。

(5) N 组权重采用选择、交叉、变异等遗传操作，然后转到(2)。

(6) 选择适应度最大的个体继续执行梯度下降法多次，直到满足中心和宽度参数的精度要求；或者根据步骤(4)中的 m 分类，通过 K-近邻(K-Nearest Neighbours, K-NN)算法获得中心和宽度参数。

3 基于 GA-RBFNN 的瓦斯含量预测

3.1 气体特性参数

以华北某煤层为例，采用 GA-RBFNN 进行瓦斯含量预测。

影响煤层瓦斯含量的因素很多，不仅与煤的形成条件有关，而且与煤形成后的地质变化有关。根据煤层瓦斯地质条件，确定影响瓦斯含量的主要因素有：煤层埋深、地质构造、煤层顶底板岩性、煤层厚度和变质程度。

为了便于建立预测模型，根据煤层的自身特点和对瓦斯含量的影响，对煤层顶、底板的地质构造和岩性进行了定量描述，所有这些因素构成 GA-RBFNN 的六个输入向量。

煤层埋深的取值是煤层顶板到基岩面的距离，以正断层从钻孔到煤层的水平距离为地质构造参数，挥发分代表煤的变质程度。根据含砂率和粒度对煤层顶底板岩性进行定量，粒径最大、含砂量最高的砂岩取 1，含砂量最低的泥岩取 5，粉砂岩、砂质泥岩和碳质泥岩分别为 2、3、4。

本文根据局部煤层的钻孔数据，同时考虑到样本的多样性和均匀性，选取 100 个钻孔数据作为训练样本，剔除异常样本数据，以保证精度，部分数据如表 1 所示。

表 1　GA-RBFNN 部分训练数据

序号	基岩深度/m	煤层厚度/m	与正断层水平距离/m	顶板岩性	底板岩性	挥发分/%
1	189.2	3.78	6.02	3	4	43.00
2	231.9	3.98	4.03	1	2	39.00
3	233.1	4.01	9.73	5	3	42.02
4	136.9	3.98	6.03	5	5	40.29
5	180.7	4.02	7.63	3	3	41.02

3.2　预测结果分析

首先，通过优化计算将所有训练样本划分为六种模式分类，从而得到 6-6-1rbf 网络拓扑结构六个输入节点、六个隐藏节点和一个输出节点(含气量)。

其次，在基于 GA-RBFNN 的瓦斯预测模型中，各样本参与学习和训练，直至达到计算精度要求。经过网络训练，得到 10 个不同深度、不同岩性顶板的钻孔数据，结合这些数据并利用底板结构特征对试样进行含气量预测。

此外，为了评价 GA-RBF 神经网络的有效性，本文还采用了传统的 BP 神经网络，利用与 GA-RBF 神经网络相同的样本数据对瓦斯含量进行了预测，对比结果如表 2 所示。

表 2　GA-RBFNN 与 BPNN 预测结果比较

序号	实际含气量/(m^3/t・r)	GA-RBFNN 预测结果/(m^3/t・r)	GA-RBFNN 相对偏差/%	BPNN 预测结果/(m^3/t・r)	BPNN 相对偏差/%
1	5.37	5.30	1.3	5.76	7.3
2	5.89	5.90	0.2	6.02	2.2
3	4.32	4.30	0.4	5.01	15.9
4	4.90	4.89	0.2	5.02	2.4
5	4.39	4.30	2.0	4.90	11.6
6	4.90	4.88	0.4	5.12	4.5
7	5.90	5.89	0.2	5.29	10.3
8	6.09	6.00	1.5	6.32	3.8

计算结果表明，基于 GA-RBFNN 预测模型的最大相对误差为 6%，平均相对误差为 0.7%，基于 BP 网络模型的最大相对误差为 15.9%，平均相对误差为 4.7%。结果表明，GA-RBFNN具有较高的预测精度和较低的误差。

此外，在实际计算过程中，当达到相同精度时，GA-RBFNN 的收敛速度明显高于 BPNN。

4　结论

根据 RBF 神经网络的特点，将遗传算法应用于 RBF 神经网络。利用遗传算法优化 RBF

神经网络的隐节点数、基函数中心和宽度参数，实现网络结构的优化。将 GA-RBF 神经网络应用于煤层含气量预测中，得到了煤层含气量预测结果。结果表明，该算法具有较高的预测精度和计算速度，可以为煤矿瓦斯灾害的防治提供强有力的数据支持。

参考文献

[1] 于不凡.国外几种常用的煤和瓦斯突出的日常预测法[J].工业安全与防尘，1987，13(3)：32-37.

[2] 樊栓保.国内外煤与瓦斯突出预测的新方法[J].矿业安全与环保，2000，27(5)：17-19.

[3] 贺振武.基于 RBFNN 的煤与瓦斯突出预测研究[D].太原：太原科技大学，2011.

[4] 贺振武，陈立潮，郭勇义，等.核 k 均值 RBFNN 的煤与瓦斯突出预测研究[J].计算机与数字工程，2011，39(7)：1-5.

[5] 唐亮，李春生，许虎，等.基于 BP 和 RBFNN 的神经网络算法在瓦斯预测中的应用及比较[J].中国安全生产科学技术，2007，3(6)：31-34.

定向长钻孔预抽煤层瓦斯影响因素分析及对策建议

陈蒙磊[1,2],龙祖根[1,2],付金磊[1,2]
(1. 贵州省煤矿设计研究院有限公司,贵州贵阳,550025;
2. 贵州省矿山安全科学研究院有限公司,贵州贵阳,550025)

摘　要:定向长钻孔抽采是瓦斯防治的有效手段,由于我国煤炭开采条件复杂,定向长钻孔抽采应用过程中仍面临着多重挑战。本文从钻机的型号、进尺及适用条件三方面介绍了定向钻进技术发展历程,并将影响定向长钻孔瓦斯抽采效果的因素划分成三类,重点对抽采因素、钻孔因素及地质因素进行分析。通过定向长钻孔在瓦斯抽采应用中存在的主要问题,提出了针对定向长钻孔易塌孔、抽采效果评价困难、瓦斯抽采浓度低等问题的解决方案,以期为定向长钻孔瓦斯抽采技术发展提供一些新思路。

关键词:定向长钻孔;瓦斯抽采术;抽采方法;抽采效果

0　引言

煤与瓦斯突出是煤矿中一种极其复杂的动力现象,是煤矿最主要的动力灾害事故之一,严重威胁井下工作人员的人身安全。随着开采深度的增加,地应力也将随之增加,在高地应力作用下,煤层的渗透率将进一步降低,进而使井下瓦斯抽采难度增大。长期以来,瓦斯问题一直困扰着贵州的煤矿安全生产,突出矿井与高瓦斯矿井占全省矿井总数的74.41%,全省约有44%的矿井是煤与瓦斯突出矿井[1],其中突出矿井占全国的28.23%,这些矿井瓦斯含量高,地质结构复杂[2],瓦斯重特大事故时有发生,矿井安全形势严峻。已有研究表明,通过钻孔抽采瓦斯是防治煤与瓦斯突出事故的最有效的方法之一[3]。定向长钻孔技术具有轨迹可精确控制、钻孔可弯曲、钻孔有效距离长、施工成本低及施工速度快等优势,在煤矿大区域瓦斯抽采中具有巨大的优势和广泛的应用前景。随着定向钻孔在瓦斯抽采中被广泛应用,如何提高定向长钻孔的瓦斯抽采效率等问题亟待解决。因此,有必要总结定向长钻孔瓦斯抽采的影响因素,深入分析引起抽采效果不佳的原因,提出相应的对策,为定向长钻孔瓦斯抽采提供技术支撑。

资助基金:贵州复杂地质条件大区域预抽煤层瓦斯技术及装备研究(黔科合支撑[2020]4Y049)。

1 定向钻进技术发展现状

国内定向钻进设备的成功研发使定向钻进技术在煤矿中的应用成为可能。国内采用定向钻孔抽采瓦斯的矿井逐渐增多，如贵州青龙矿[3]和新田煤矿[4]采用中煤科工集团生产的定向钻机施工，均取得了显著效果。山西焦煤集团公司采用35台多种型号的定向钻机对旗下矿井进行施工，钻进效率为1 500～3 500 m/月·台，日最高进尺达到200 m/台以上[5]。随着多款定向钻进设备研发成功并在矿井中成功应用，国内定向钻进技术逐渐走向成熟。国内一些定向钻进设备应用情况如表1。

表1 国内矿井定向钻进钻机装备应用情况统计

时间	设备名称	应用地点	实施效果	适用条件
1996～1999	MK-6型全液压钻机	阳泉一矿	定向钻进603 m	岩石瓦斯抽采钻孔厚煤层、高瓦斯矿区
1997～2000	M-700型近水平坑道钻机	抚顺矿务局老虎台煤矿	沿煤层定向钻进404.5 m	厚煤层、高瓦斯矿区
1999～2002	MK-7型步履式全液压坑道钻机	铜川陈家山煤矿	沿煤层定向钻进865 m	钻孔倾角0～±10°，稳定中硬煤层
2003	澳大利亚的VLD-1000定向钻机	山西亚美大宁能源公司	定向钻进1 002 m	煤层地质条件较好
2005～2007	ZDY6000LD	中煤科工集团西安研究院有限公司	最大主孔深811.8 m，分支孔深211.8 m	稳定中硬煤层
2007	VLD-1000定向钻机	白箕沟矿	孔深1 023 m，终孔直径94 mm	半煤半岩地层
2019	ZYWL-6000DS	恒泰煤矿	钻孔主孔孔深达627 m	中厚稳定煤层

2 定向长钻孔抽采效果影响因素分析

诸多因素都能够对定向钻孔的抽采效果产生影响，这些因素可归纳为抽采因素、钻孔因素及地质因素。

2.1 抽采因素分析

（1）抽采负压

国内学者利用模拟技术和实地测算等手段对抽采负压进行了大量研究，抽采负压能够对瓦斯抽采效果产生重要影响[6-8]，过高或过低的抽采负压都不利于矿井瓦斯治理。抽采负压会使裂隙中游离瓦斯流出并在裂隙瓦斯间产生压力差[9]，促使瓦斯不断被抽出。抽采钻孔附近负压分布[10]可表示为：

$$P_x = P_1 + \frac{\lambda \rho_x (R - r_0)^2 (P_0^2 - P_1^2)}{2\pi P_n P_0 t \varphi^5 L^2} \times \left[n + \frac{abcP_0(2+bP_0)}{(2+bP_0)^2}\right]\left\{\frac{2f_x}{5}[L^5 - (L-x)^5] + (f_x + 4\varphi) \times [L^4 - (L-x)^4] + \frac{2(f_x + 8\varphi)}{3}[L^3 - (L-x)^3]\right\}$$

式中，λ 为煤层透气性系数，$m^2/(MPa^2 \cdot d)$；P_x 为距离孔口 x 处的压力，MPa；P_1 和 P_0 分别为孔口负压和煤层瓦斯压力，MPa；P_n 为标准大气压力，MPa；φ 为钻孔直径，m；R 为钻孔内瓦斯流动的影响半径，m；t 为抽采时间，d；ρ_x 为距离孔口 x 处瓦斯气体密度，kg/m^3；L 为钻孔长度，m；n 为单位体积煤体含游离的瓦斯含量，m^3/t；a 为煤体最大吸附瓦斯量，m^3/t；b 为吸附常数，MPa^{-1}；c 为煤体参数，%；f_x 为距离孔口 x 处修正后的管壁摩擦系数。

由上式可知，瓦斯气体在沿着钻孔内流动时，由于管壁的摩擦作用，将会受到沿程阻力和局部阻力，在负压作用下将产生一定程度的压损，并且当抽采时间增加时，从煤体基质中扩散的瓦斯量所占比例进一步提高，进而将克服更大的阻力，因此抽采负压提供瓦斯流动的动力不断减小。在抽采后期，即使继续增高抽采负压，实际抽采增量也会低于抽采前期，同时为满足受力平衡，通过周边裂隙涌入钻孔的空气也将增大，裂隙将逐渐发育，进而漏风阻力逐渐减小，漏风量不断变大。此时，提升抽采负压瓦斯抽采效果提升很小，还会导致漏风量增加，不利于矿井瓦斯治理。

(2) 抽采时间与抽采半径

定向钻孔长度更长，抽采影响范围更广，抽采时间和抽采半径的确定也更复杂。抽采时间增加时，抽采量呈指数减少趋势；随着抽采时间的增加，抽采区域内瓦斯含量和钻孔周围瓦斯压力减小[11]，瓦斯抽采率也降低。研究表明，抽采半径和抽采时间有着密切的关系，抽采半径与抽采时间呈正相关[12-14]。现行的抽采时间和抽采半径的确定方法是基于普通钻孔进行的，长距离定向钻孔的抽采时间和抽采半径的确定还没有统一的方法。

(3) 抽采气密性

抽采钻孔气密性直接影响抽采浓度和负压。抽采钻孔、封孔材料、煤体等形成相互影响的系统，漏气通道存在于该系统内，漏气点主要有 3 种类型(图 1)：① a 类为封孔材料与抽采管之间存在漏气通道；② b 类为封孔材料与钻孔孔壁之间存在漏气通道；③ c 类为钻孔周围煤体裂隙发育且破碎，形成复杂的漏气通道。

外界空气在孔内负压的作用下，通过这 3 种类型的漏气通道进入钻孔和抽采管内部，导致煤体内原始高浓度瓦斯气体被稀释。目前常见的封孔技术可将 a、b 类漏气进行较理想的密封，而 c 类漏气因复合裂隙具有不规律性、非直接接触、分布不确定等特点而难以密封。而且目前漏气检测技术及装备难以精准确定出漏气位置，尤其是对于定向长钻孔瓦斯抽采而言，面临的挑战更大。

2.2 钻孔因素分析

(1) 钻孔孔径

同等条件下，钻孔孔径越大，瓦斯抽采的效果就越好，这是因为孔径增大使煤壁暴露面积

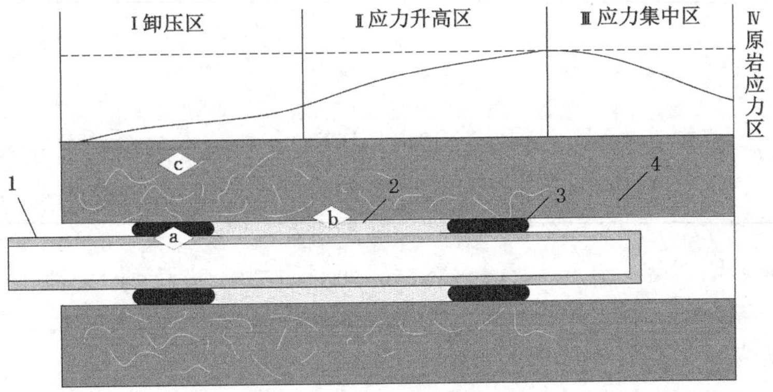

图1 漏气示意图

1—抽采管；2—封孔器；3—封孔材料封隔段；4—煤体；a、b、c为漏气点

增大，钻孔周边煤体卸压范围变大[15]。据研究，当定向钻孔孔径由96 mm提升至113 mm时，钻孔中气体流量增加50%以上，孔径提升至153 mm时气体流量增加了150%[16]；孔径由120 mm提升至203 mm时，钻孔的瓦斯抽采混量是提升至120 mm钻孔的1.77倍[17]。仅就单因素来说，钻孔孔径对抽采效果的影响高于钻孔间距和抽采负压[16]。

钻孔在施工过程中，煤体内部原有的应力平衡状态被打破，因煤层具有强度低、流变性强等特点，致使钻孔自稳时间以及稳定变形期较短，从而使得孔周煤体在较短的时间内进入加速变形阶段，发生堵孔、塌孔和缩径等现象；而大孔径钻孔自稳时间以及稳定变形期更短，稳定性差更差[18]，护孔难度更高。现有的钻护一体化技术放入的筛管直径普遍较小，现存的技术条件和设备不支持在易塌孔煤层利用大孔径定向长钻孔进行瓦斯抽采。

(2) 钻孔孔深

定向钻孔深度越大，瓦斯抽采率增大，平均百米钻孔初始瓦斯流量也越大[19]；然而，钻孔长度增加后，瓦斯在钻孔中流动时摩擦阻力也增大，孔内会出现抽采负压衰减也越多，抽采负压的衰减必然伴随着抽采效果的削弱。如何解决定向长钻孔的负压衰减问题，提高长钻孔瓦斯抽采效果仍需进一步研究。

(3) 布孔方式

目前对抽采系统的优化多集中在确定抽放时间、钻孔位置等参数。钻孔布孔方式会直接影响瓦斯抽采效果，合理的布孔方式能够显著提高瓦斯的抽采效率[11,20]。因此，需要通过模拟分析和现场测试的方法，对布孔方式进行分析研究，减少抽采盲区，找出最佳的布孔方式。

(4) 成孔方法

钻孔施工过程中，周围煤岩体应力平衡状态被破坏，极易造成钻孔失稳坍塌、孔壁变形等现象；随着抽采时间的增加，钻孔容易发生蠕变缩径现象，会造成钻孔有效断面缩小甚至钻孔堵塞等现象，致使瓦斯抽采效果降低。定向长钻孔深度更大，发生钻孔塌孔、堵塞等的可能性更高。针对如何提升钻孔的有效长度，减少塌孔和钻孔堵塞等问题，学者们进行了大量研究，针对松软煤层研发出了专门的钻孔施工方式，如螺旋钻进技术和空气套管钻进技术等[21]；如放入套管对钻孔进行保护，取得了较好的效果[22-26]。但这些技术不够成熟，都存在一些问题，如螺旋钻进技术容易发生卡钻、掉钻现象，钻护一体化技术仅能放入较小孔径的筛管，容易发生堵塞筛管现象。

2.3 地质因素分析

地质因素主要影响瓦斯赋存及分布。围岩对煤层瓦斯赋存的影响主要取决于围岩的隔气和透气性能。围岩透气性好,则煤层中瓦斯含量和瓦斯压力就较低,瓦斯涌出量就小。地质构造对瓦斯赋存影响较大,不同的地质构造致使瓦斯分布不均匀,不同类型的构造形成不同的瓦斯储存条件。如紧闭褶皱区瓦斯含量往往较高,而封闭型断层会抑制瓦斯排放,开放型则有利于瓦斯排放。一般来说,煤的变质程度越高则生成的瓦斯量越大,煤层瓦斯含量越大;煤的变质程度还会影响煤对瓦斯气体的吸附。

针对地质因素提高瓦斯抽采效率,常用的手段是采用增透措施,提高煤层透气性。近年来关于煤层增透技术的研究较多,主要的增透方法有水力化措施、二氧化碳爆破、高压空气爆破、电脉冲冲击波等[27],通过采取增透措施能够有效提高煤层透气性,显著提高瓦斯抽采率。例如平煤十矿和阳煤新景二矿在采用水力压裂技术后瓦斯抽采量分别增加了 14 倍和 10 倍[27]。利用超高压水力割缝技术提高煤层透气性,增透后钻孔抽采纯量增加了 3.8 倍,抽采半径提高了 90%,钻孔瓦斯抽采效果显著提高[28]。现有文献多是针对某种增透方法进行研究分析,但增透方法尚未形成完整的理论体系,增透机制的研究尚未达成共识。

3 提高定向长钻孔瓦斯抽采效果的技术对策

定向钻进技术发展迅速,利用定向钻孔抽采瓦斯在许多矿井中取得了显著的效果,但依然存在上述亟待解决的诸多问题,这些问题可以通过采用图 2 所示的技术对策来解决。

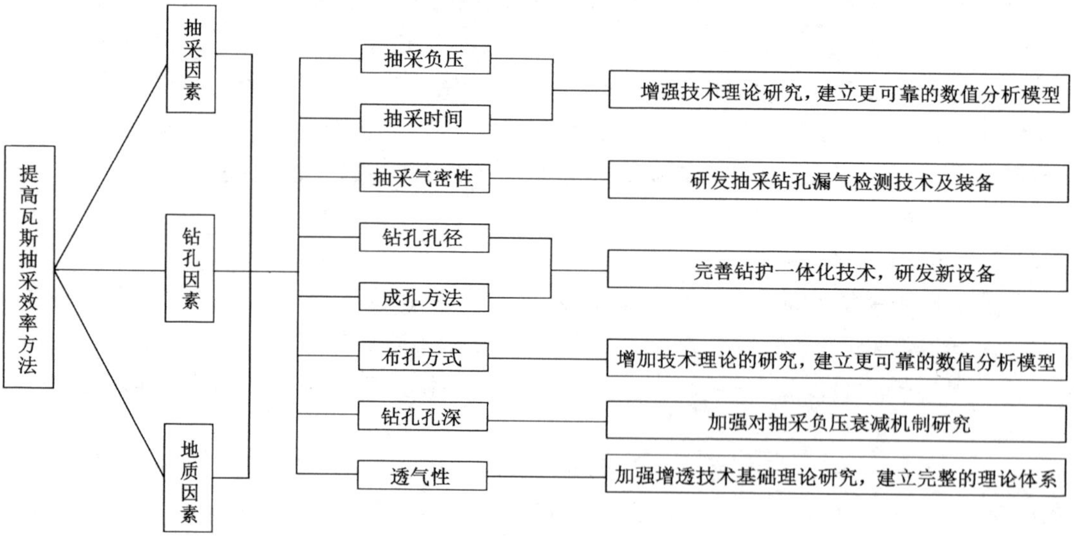

图 2 提高瓦斯抽采效果的技术对策

(1) 针对抽采负压、抽采时间、抽采半径、布孔方式等参数没有统一的问题,应加强相关理论的研究,建立更可靠的数值分析模型,创建适用性更加广泛的确定方法。

(2) 针对抽采钻孔漏风及漏风点难检测的问题，可以在分析巷道塑性区分布特征的基础上，确定钻孔合理的始封深度、封孔长度和封孔注浆压力；研发新型抽采钻孔漏气检测技术及装备，精准确定出漏气位置，进而研发抽采钻孔二次封孔技术及装备，对钻孔进行二次封孔，提高瓦斯抽采浓度。

(3) 针对软煤层塌孔现象、大孔径定向长钻孔成孔技术不成熟的问题，需要研发新的钻进设备，提高设备的排渣效率、增强轨迹控制效果以增加成孔效率，完善钻护一体化技术等。

(4) 针对定向长钻孔抽采负压衰减和煤层增透机制尚不明确的问题，应加强基础理论的研究工作，建立可靠的分析预测模型。

(5) 针对定向长钻孔抽采效果评价难的问题，应建立大区域实时监测系统，对瓦斯抽采过程进行实时监测，建立适合定向长钻孔特点的评价方法；同时，研发长钻孔瓦斯含量定点取样、精准测试技术及装备。

4 结语和建议

在大区域瓦斯治理中，定向长钻孔较普通钻孔具有巨大的优势，定向长钻孔瓦斯抽采技术在我国已经进行了广泛应用，但远未解决地质条件复杂矿井的瓦斯抽采技术瓶颈。针对定向长钻孔瓦斯抽采出现的问题，可以采用加强基础理论研究，增加技术积累和研发新装备等技术对策来解决。

参考文献

[1] 梁道富，魏泽云，李希建，等.长距离定向钻孔大区域瓦斯治理技术及应用[J].煤炭技术，2020，39(6)：93-96.

[2] 徐晓乾，孟应芳，段正鹏，等.贵州省煤层气(瓦斯)开发适用性技术分析[J].煤田地质与勘探，2019，47(6)：8-13.

[3] 孔庆军，褚志伟.碎软煤层气动定向钻进技术在青龙煤矿的应用[J].工矿自动化，2020，46(10)：14-18.

[4] 陈祖国.千米定向钻机在新田煤矿的应用[J].煤矿现代化，2020(2)：7-8.

[5] 杨晓红，柴文忠.千米定向钻机在山西焦煤集团的应用情况分析[J].山西焦煤科技，2020，44(3)：4-8.

[6] 程远平，董骏，李伟，等.负压对瓦斯抽采的作用机制及在瓦斯资源化利用中的应用[J].煤炭学报，2017，42(6)：1466-1474.

[7] 郭王飞.采空区顶板高位钻孔抽采效果影响因素研究[J].能源与节能，2021(2)：168-170.

[8] 魏泽云.长距离定向钻孔瓦斯涌出规律与抽采机理研究[D].贵阳：贵州大学，2020.

[9] 牛嘉野军.煤矿定向长钻孔瓦斯抽采技术研究与应用[J].机械管理开发，2021，36(1)：149-151.

[10] 王凯，赵旭生，戴林超.顺层瓦斯抽采钻孔内负压分布规律研究[J].煤矿安全，2014，45(5)：1-4.

［11］ 闫庆.不同钻孔漏气影响因素条件下瓦斯抽采效果研究[J].能源与环保,2021,43(3):34-38.

［12］ 董红娟,张金山,李文哲,等.顺层定向千米长钻孔抽采半径时变规律研究[J].煤矿安全,2017,48(3):9-12.

［13］ 赵涛.保德矿瓦斯抽采方案优化研究[D].阜新:辽宁工程技术大学,2017.

［14］ 任东海.千米定向钻机在有效抽采半径测定中的研究与应用[J].能源与节能,2020(5):97-98.

［15］ 张琳.顺层钻孔抽采瓦斯影响因素分析[J].技术与市场,2020,27(5):125-126.

［16］ 郭恩超.顶板大直径钻孔定向钻进技术优化研究与应用[J].煤炭与化工,2020,43(2):102-105.

［17］ 何健,郭孝星.大孔径"以孔代巷"高位定向裂隙带抽采钻孔瓦斯治理技术研究[J].煤,2021,30(4):5-8.

［18］ 张鹏,秦政,李峰.松软煤层大孔径瓦斯抽采钻孔护孔技术研究[J].煤炭与化工,2021,44(3):92-95.

［19］ 王兆丰,田富超,赵彬,等.羽状千米长钻孔抽采效果考察试验[J].煤炭学报,2010,35(1):76-79.

［20］ 许石青,余婕,田世祥,等.采空区瓦斯高位定向长钻孔抽采技术研究[J].矿业研究与开发,2021,41(4):27-31.

［21］ 石智军,姚克,姚宁平,等.我国煤矿井下坑道钻探技术装备40年发展与展望[J].煤炭科学技术,2020,48(4):1-34.

［22］ 王凯,赵旭生,李树刚.抽采负压沿顺层钻孔分布规律及应用研究[J].矿业安全与环保,2021,48(2):81-86.

［23］ 张鹏,秦政,李峰.松软煤层大孔径瓦斯抽采钻孔护孔技术研究[J].煤炭与化工,2021,44(3):92-95.

［24］ 李瑞敬,郝国强,蓝成仁.高位定向长钻孔近距离煤层瓦斯抽采技术试验研究[J].建井技术,2021,42(1):30-33.

［25］ 张杰.煤矿井下复杂岩层跟管定向钻进技术研究[J].钻探工程,2021,48(4):73-78.

［26］ 徐瑞,王新琨,曹建军,等.大孔径定向长钻孔成孔及筛管护孔技术研究[J].科学技术创新,2021(1):139-140.

［27］ 唐建平,胡良平.煤矿井下低透气性煤层增透技术研究现状与发展趋势[J].中国煤炭,2018,44(3):122-126.

［28］ 陆占金,李生舟.赵固二矿坚硬煤层超高压水力割缝增透技术应用[J].煤炭工程,2021,53(4):76-80.

基于 ArcGIS 的瓦斯地质信息可视化系统开发与实现

衡献伟[1,2],龙祖根[1,2],朱权洁[3]
(1. 贵州省煤矿设计研究院有限公司,贵州贵阳,550025;
2. 贵州省矿山安全科学研究院有限公司,贵州贵阳,550025;
3. 华北科技学院应急技术与管理学院,北京,101601)

摘　要:矿井瓦斯地质信息管理多数是以 CAD 格式的电子数据和其纸质图纸的输出形式为主,使得各部门对这些数据的使用相对独立,且易丢失、难于共享,因而导致矿井瓦斯地质信息成果管理混乱。基于上述背景,利用 ArcGIS 开发了一套瓦斯地质地理信息系统。首先,完成了基于 AutoCAD 格式的瓦斯地质图到 ArcGIS 格式的数据转换;其次,在分析瓦斯地质图形要素的基础上,完成了基于 ArcGIS 的瓦斯地质空间信息结构表和属性信息结构表及数据库的建立,为瓦斯地质数据的空间分析和查询等功能奠定基础;最后,以 Visual Studio 2008 +ArcGIS Engine 为开发工具,在 ArcSDE+Oracle 数据库的支持下,通过 C# 编程语言实现了基于 C/S 模式下的瓦斯地质信息网络管理、共享、查询、空间分析及专题图分析等功能。研究结果显示,该系统应用 GIS 技术对 CAD 格式的瓦斯地质信息数据进行分析、处理,并充分利用 GIS 的空间分析功能对瓦斯地质信息数据进行空间和属性管理,使隐含的瓦斯地质规律实现可视化表达。

关键词:瓦斯地质;地理信息系统;ArcGIS;瓦斯灾害

0　引言

瓦斯是地质成因的、复杂的气体地质体,受地质条件的控制[1]。在煤矿开采过程中,瓦斯地质信息数据源复杂、数据量较大,并且时效性强,这些无疑是矿井瓦斯地质信息管理的重点和难点。瓦斯地质图的编制能最大限度地集中反映矿井瓦斯地质信息,揭示瓦斯地质规律,进行瓦斯灾害预测及防治。它是瓦斯地质学科研究成果的综合反映,是煤炭管理工程技术人员相互交流的共同语言;是一种能够直观、全面展示矿井瓦斯地质信息资料的可视化方式;能反映矿井瓦斯涌出规律,划分不同级别的瓦斯地质单元,预测突出危险性;能系统地反映矿井瓦斯地质资料,跟踪瓦斯地质信息。它是分析瓦斯赋存特征、研究瓦斯变化规律,开展瓦斯预测

基金项目:贵州省自然科学基金(重点)项目(黔科合基础[2019]1426);贵州省科技计划资助项目(黔科合重大专项字[2018]3003—1);煤与瓦斯突出动态监测与智能预警技术研究项目(黔科合平台人才[2019]5675)。

预报和防灾、减灾的基础性图件。它使矿井瓦斯地质资料得到高度的集中,并不断地积累、补充、深化和完善,使各级领导和管理人员综合考虑瓦斯灾害防治和资源开发利用,更容易使瓦斯地质研究成果纳入生产管理,转化为生产力。实践证明,编制矿井瓦斯地质图可以有效地解决瓦斯地质信息管理过程中存在的难题,是瓦斯治理研究、交流、决策的重要平台,极大地提高了瓦斯地质理论及相关技术在现场的应用效率[2-4]。

目前,我国煤矿瓦斯地质图的编制多数是基于 AutoCAD 环境制作和纸质输出保存的,存在数据不易管理、查询困难及不能直观反映瓦斯地质规律等弊端,其空间分析、远程数据传输及数据共享等方面与我国信息化矿井的要求更是有很大差距。并且随着煤矿的深水平开采,影响煤矿安全的瓦斯地质因素更加突出,特别是煤矿安全监测监控系统的普及,使瓦斯地质信息量在飞速膨胀,这些数据难以及时有效地利用,必将产生管理的相对滞后[5]。所以需要开发一个适应煤矿企业发展的地理信息系统数据平台来有效管理瓦斯地质信息。

GIS 技术在煤矿企业的应用和普及,使我国的煤矿信息化程度得到了很大提高。加上瓦斯地质学科的日益完善,煤矿瓦斯地质的信息化管理已成为矿山安全管理的主要发展趋势之一[6]。目前,信息化技术已在我国煤矿安全管理方面得到广泛应用[7]。

GIS 及其技术在煤矿上的应用必然会迅速促进煤矿企业的信息化进程,为煤矿企业的良性发展带来新的契机[8]。GIS 与煤矿安全生产、管理方面的研究主要有:徐承彦等[9]于 1995 年探讨并建立了煤与瓦斯突出数据库和突出矿井基本信息及突出防治情况数据库,并完成了相应的信息管理系统的开发。该系统功能比较全面,包括信息录入、查询、修改及统计绘图功能。毛善君[10]于 1998 年在分析煤矿空间信息特点的基础上,建立了适用于煤矿的地理信息系统数据模型,主要包括全要素的结构化不规则三角网与 GIS 一体化的数据模型等。张海荣、毛善君等[11]于 1999 年完成了基于 GIS 技术的煤矿地测综合管理信息系统,该系统全面、系统地分析了煤矿地测综合管理信息系统的构成及信息特点,同时介绍了矿山地测信息系统的需求分析方法及网络化管理设计,进而提出了矿山地测综合管理信息系统的总体目标。沈海鸿等[12]利用 GIS 技术,应用信息集成构建了包括多个变量的、多维的、实时更新的可视化信息平台,实现了区域预测、决策的一体化。张宏伟等[13]结合平顶山矿区的生产实际,把 GIS 技术引入煤与瓦斯突出的区域预测中,构建了相应的信息管理系统,提高了对煤与瓦斯突出信息的处理水平。在国外,2001 年美国矿业局开发了自动化矿业信息处理系统(AIMIS)[14];另外国外矿山专用信息系统还有 Datamime、GRASS、Micromime 等[15]。

针对煤矿瓦斯地质信息管理存在数据源多、信息量大且多数信息既有空间数据信息的存储,又有属性信息的描述等问题,以已编制的矿井瓦斯地质图为基础,采用 GIS 技术、网络传输技术和数据库技术,完成瓦斯地质地理信息系统数据平台的开发,实现具有空间特征的瓦斯地质信息查询(基于图形的查询、基于属性的查询)、编辑、空间分析、专题图及瓦斯地质信息的远程网络管理等功能,从而提高瓦斯地质规律的可读性,最大限度地实现资源共享,为指导安全生产、抢险救灾提供一种科学、快捷的新方法。

1 系统总体架构

1.1 系统总体结构

在 C/S 模式下完成桌面平台的开发,使其能运行在局域网内,实现数据的编辑、入库等

GIS 的数据管理功能。操作平台选择了 Windows 2003。根据矿井瓦斯地质信息数据具有的数据量大、动态变化且与空间位置密切相关等特征，需采用大中型关系数据库管理信息系统来同时存储空间信息和属性数据。考虑目前主流的商业数据库系统 SQL Server、Oracle、DB2 等，本平台采用 Oracle 10g 存储瓦斯地质空间信息和属性数据。通过空间数据库引擎 ArcSDE 访问存储在 Oracle 中的空间和属性数据，并实现对其操作。Oracle 10g 具有高性能、低管理开销的特点，其安全性的增强，更有利于对大量的用户进行管理[16]。采用 Microsoft Visual Studio 2008 和 ESRI ArcGIS Engine 开发包作为开发工具及 C# 编程语言完成功能开发。后台数据库采用 ArcSDE＋Oracle 管理瓦斯地质空间实体信息和属性数据，系统结构如图 1 所示。

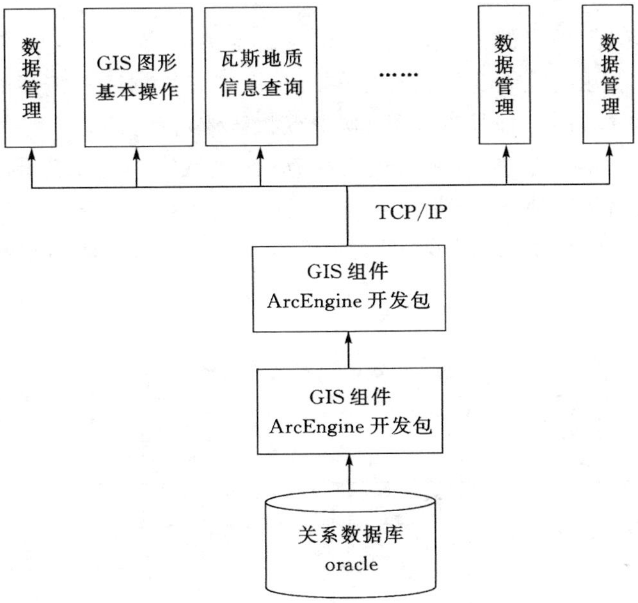

图 1　系统总体结构图

1.2　开发环境介绍

(1) ArcGIS

ArcGIS Engine 是一组跨平台的嵌入式软件开发包，是 ArcGIS 软件产品的最底层组件，它不但可以构建定制的 GIS 及桌面应用程序，还可以向已有的应用程序增加新的功能，能有针对性地提供 GIS 的功能[17]。该开发包包含 3 个主要的集合，即控件、工具和工具条、对象库。

GIS 是 20 世纪 60 年代发展起来的新兴技术，它是一项管理和研究空间数据的技术系统，以计算机软硬件技术为基础，实现对空间数据按地理坐标或其空间位置进行多种处理和对数据的有效管理及研究各种空间实体之间的相互关系。ArcGIS 软件为用户提供一个可伸缩的、全面的 GIS 平台，是美国环境系统研究所公司(Environmental Systems Research Institute)献给用户的一套从低级到高级、可无缝扩展的 GIS 平台。ArcGIS 为用户提供了一个统一的地理信息系统开发平台，其组成包括四个基础框架和数据服务器 ArcSDE。

(2) Microsoft .NET 应用平台

它为程序开发者提供了一个新的程序开发平台(.NET Framework)、新的开发工具(Visual Studio.NET)和新的开发语言(C#)。.NET Framework 是在 Microsoft .NET 上开发的基础，是创建和运行应用程序的环境，它提供了一个跨编程语言的统一编程环境。C# 是针对.NET平台的新型编程语言，不但继承了 Java、C++等面向对象编程语言的强大功能，而且还继承了 VB、Delphi 等语言的可视化功能。被推崇为开发.NET Framework 应用程序的最好语言。

1.3 数据库的建立

空间数据库是本数据平台的核心，主要用来存放矿井瓦斯地质空间实体数据。空间数据库设计的主体是将要表达的空间实体以一定的组织形式在数据库中表达的过程。将瓦斯地质信息空间实体分为点、线、面三种基本类型，其中点状实体包括井口、钻孔、瓦斯含量测定点、瓦斯压力测定点、突出点、动力点、瓦斯涌出量统计点等；线状实体包括煤层底板等高线、压力等值线、含量等值线、涌出量等值线、煤巷及岩巷等；面状实体包括突出危险区、瓦斯涌出量区域、煤层气资源划分块段等。系统仅根据不同的要素类进行分层，设计的空间数据表结构如表 1 所示。

表 1 空间数据库表结构

图层代码	图层名称	图层类型	备注
YCLD_point	涌出量点	点	
YCLDZX	涌出量等值线	线	
YCLQY	涌出量区域	面	
……	……	……	……

1.4 CAD 到 ArcGIS 的数据转换及数据库的建立

CAD 文件是实体或元素都包含在一个文件中，以图层形式管理的；ArcGIS 文件则是根据点、线、面要素类型进行分层管理，且较 CAD 文件管理严密[18]。由于两种文件的数据结构完全不同，二者之间的转换结果也往往不尽如人意，容易丢失很多重要的数据信息。使转换过程更简单、更有效，尽可能地减少人工操作过程，实现转换过程的自动化，是当前共同关注的问题。基于 CAD 格式的瓦斯地质图到 ArcGIS 格式的数据转换过程如图 2 所示。

2 系统平台构建

2.1 数据来源

系统研究的瓦斯地质地理信息系统数据平台所需要的数据，是以已有的瓦斯地质图为基础，获取所需的矿井瓦斯地质信息资料，包括瓦斯和地质两方面的内容[19]。

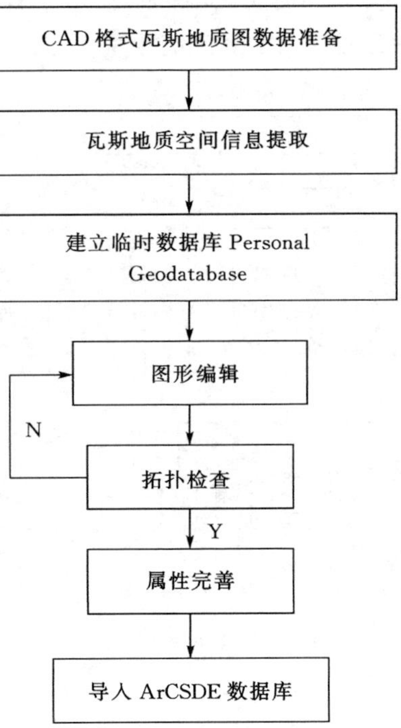

图2　CAD到ArcGIS数据转换过程

瓦斯方面内容包括:① 各种瓦斯参数的现场测定点。如实测瓦斯含量点、实测瓦斯压力点、突出点等,分别按其坐标绘制点位,并且标注其实测数值。(2) 各种瓦斯等值线。根据确定的瓦斯风化带和甲烷带,在甲烷带内绘制掘进巷道的绝对瓦斯涌出量等值线、采煤工作面相对瓦斯涌出量等值线、瓦斯含量等值线等。(3) 各种瓦斯参数在井田范围内的分区、分带线,或瓦斯地质单元的划分。根据实测的矿井瓦斯含量、瓦斯涌出量及突出危险程度的差异,进行块段划分。

地质方面的内容包括:能反映井田范围内与瓦斯赋存及煤与瓦斯突出分布相关的地质因素,如井田地质构造、煤岩产状及变化、煤层围岩的岩性特征、煤层厚度及变化等。它们在瓦斯地质图上分别用等值线、等厚线、等高线、等深线表示或者将各种实际材料转换为地质指标,然后以各种地质指标等值线或分区带线表示。

经过对矿井调查分析,发现大多数矿井仍不具备功能完善的矿井地理信息系统,矿井瓦斯地质信息仅仅集中反映在以 AutoCAD 为基础的图形文件中,不利用对瓦斯地质信息的空间和属性分析。因此,以某矿瓦斯地质图为例,根据编制矿井瓦斯地质图的原理和内容要求,对矿井瓦斯地质图展现的瓦斯地质信息进行了筛选和数据转换,为瓦斯地质地理信息系统数据平台的功能开发奠定了基础。

2.2　功能设计及实现

根据编制矿井瓦斯地质图的目的,尽可能地集中瓦斯地质信息,展示瓦斯地质规律及瓦斯灾害预测与防治的成果。而 GIS 的特性决定了其大部分的分析结果也将以图形的形式显示和表达。因此,在设计各功能模块的同时,采用当前流行的 Windows 界面标准对程序的界面进行了优化,以提高本程序的易用性。详细的程序界面功能划分如图 3 所示。

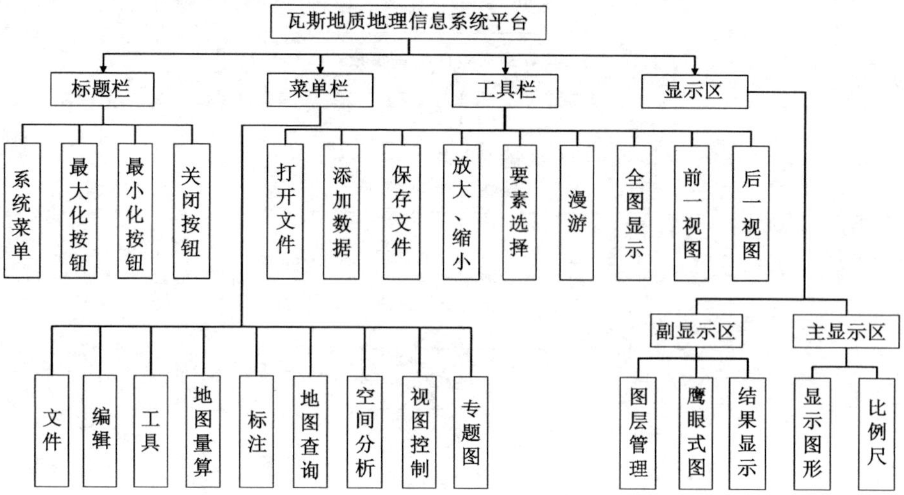

图 3　程序界面功能划分

在开发过程中首先添加了 GIS 的基本功能,如放大、缩小、全图显示、前一视图、后一视图、要素选择、点击查询等,软件主界面如图 4 所示,各功能按钮如图 5 所示。通过点击这些按钮,用户可以方便地在平台主显示区实现瓦斯地质图的放大、缩小、漫游、查询等基本操作。

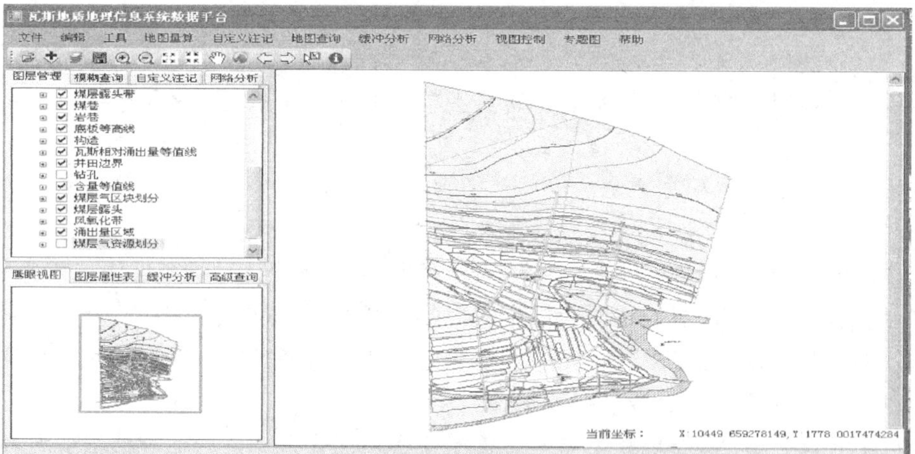

图 4　主界面

图 5　基本功能按钮

各操作按钮与功能见表 2。

表 2　操作按钮与功能对应表

按钮							
功能	打开文件	加载数据	添加图层	保存	放大	缩小	中心缩小
按钮							
功能	中心放大	漫游	全图显示	前一视图	后一视图	要素选择	点击查询

3　工程实例

3.1　工程背景

以某矿瓦斯地质图为例，完成了 CAD 格式到 ArcGIS 格式的数据转换，并通过空间数据库引擎 ArcSDE 导入 Oracle 数据库中。然后将开发的桌面操作平台应用于局域网，通过调用“ArcSDE 链接”，实现基于 C/S 模式下的瓦斯地质信息远程网络传输及共享，将提取的瓦斯地质图应用于开发的桌面操作平台，并应用其功能。

3.2　瓦斯地质信息的空间查询

空间查询是 GIS 的主要功能之一，主要分为三类：基于属性的查询、基于空间位置的查询和距离查询，其中距离查询包括长度、面积和角度的查询[20]。针对煤矿瓦斯地质信息数据源多、数据量大的特点，为了使工程技术人员能够快速、方便地获取所需要的瓦斯地质信息，设计完成了基于属性、基于空间位置和空间距离及面积的查询功能。

基于属性的查询是根据需求的属性信息来查询其相应的空间位置，并将查询结果以高亮的形式出现在主显示区，系统分别设定了高级查询和模糊查询。如在高级查询窗口选择瓦斯含量点图层，然后选择含量值(HLZ)字段，点击“显示所有字段值”，则会在“显示查询结果”栏里显示所有含量点的含量值信息，然后点击要查看的含量值，则其空间位置将在主显示区以高亮的形式出现，结果如图 6 所示。在模糊查询时，只需输入某个字段的部分信息，就会在模糊查询结果栏及主显示区显示包含该信息的所有空间点位置。如输入“风井”，查询结果如图 7 所示。

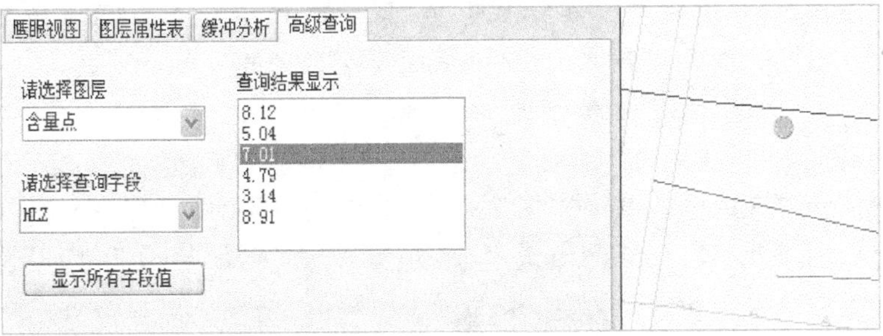

图 6　高级查询

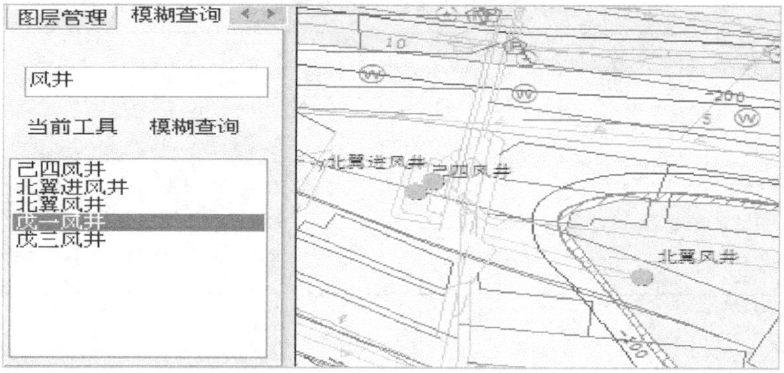

图 7　模糊查询

基于空间位置的查询是根据对象的空间位置来查询空间实体相关的属性信息，通过鼠标在主显示区点击要查看的空间实体对象，查询结果会以弹出对话框的形式显示要查询的信息。如查看瓦斯含量点的信息时，查询结果对话框将会显示该点的瓦斯含量、标高、埋深等信息，结果如图 8 所示。

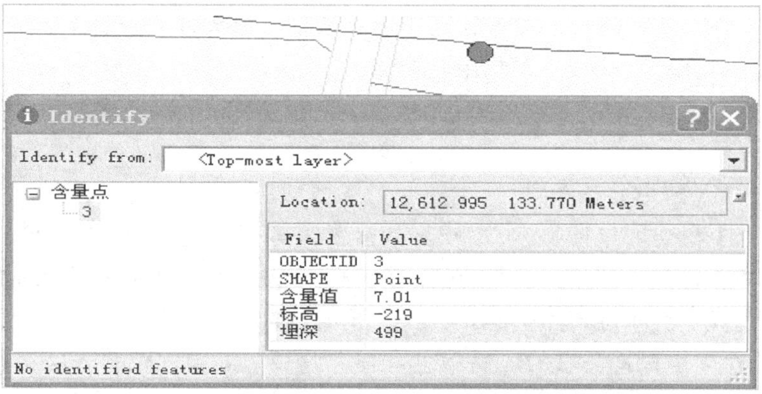

图 8　基于空间位置的查询

空间距离和面积的查询功能可以帮助工程技术人员测量矿井空间内任意两点或多点组成的线段的实际距离，是非常实用的测量工具。如工程技术人员进行面积测量时，可以在瓦斯地质图上任意勾画多边形，然后系统自动计算选中区域的面积并以高亮的形式显示，如图 9 所示。进行距离测量时，只需用鼠标在图上画出一条线段或多点组成的线段，系统就会自动按照图形当前的缩放比例，计算出两点或整个线段的实际距离并高亮显示，可以帮助技术人员快速准确地测定某段巷道的长度及资源储量信息，从而制定合理的生产计划。

3.3　瓦斯地质信息专题图分析

系统开发的柱状专题图分析某矿采煤工作面的相对瓦斯涌出量信息。在“设置选项框”中选择瓦斯涌出量点图层及相对瓦斯涌出量字段，并勾选“单字段”勾选框，即可完成基于柱状专题图的瓦斯涌出量信息可视化表达，其结果如图 10 所示。根据图上反映的采煤工作面的相对瓦斯涌出量变化情况可知，工作面的瓦斯涌出分布不均匀，即采煤工作面中间部分相对瓦斯涌

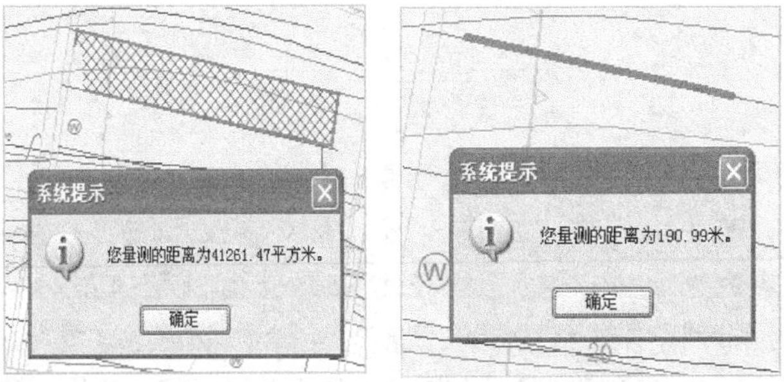

图 9　面积测量和距离测量示例

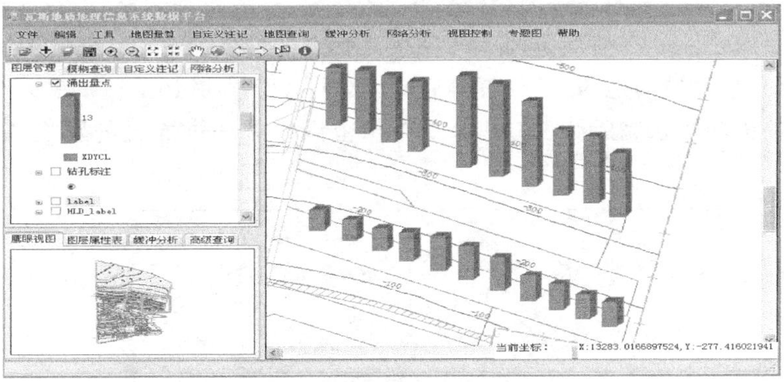

图 10　瓦斯涌出量专题图分析

出量较大，两端偏小，且外段瓦斯涌出量略小于里段。从图中两个工作面的瓦斯涌出情况对比可知，该区域内的瓦斯涌出量具有随煤层底板等高线的增加而增大的趋势。

基于分级符号的瓦斯地质信息分析主要实现根据某一类瓦斯地质信息，如突出总煤量或瓦斯总量，通过分级符号图进行危险程度划分，统计了某矿发生煤与瓦斯突出的信息（突出地点、突出总煤量和瓦斯总量等），根据突出总煤量大小划分 4 个等级，结果如图 11 所示，从图中可以直观地分析突出强度的大小。

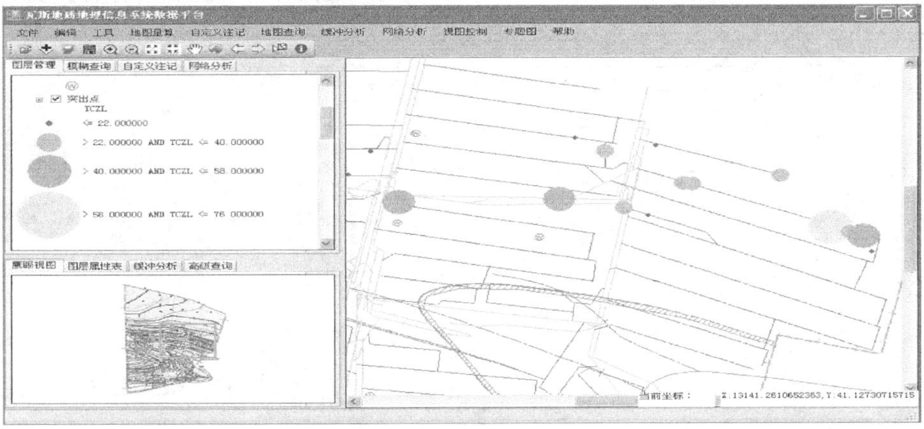

图 11　分级符号图分析

3.4　瓦斯地质信息的空间分析

(1) 缓冲分析

利用该功能进行缓冲分析时,不但能根据某种因素的影响程度设定合适的缓冲范围,而且能将缓冲范围内的所有矿井构筑物,如避难硐室、压风自救系统等在缓冲查询结果栏中显示,主要为煤矿生产和抢险救灾服务,帮助工程技术人员进行科学决策。如当某地点发生瓦斯爆炸时,可根据矿井监测系统提供某点瓦斯浓度信息,来设定合适的缓冲距离,生成缓冲面(即爆炸影响范围),为抢险救灾提供有效空间。当采用煤层瓦斯参数结合瓦斯地质分析的区域预测方法时,根据突出点及具有明显突出预兆的位置分布与构造带的关系,结合相邻区域突出点或有明显突出预兆的位置分布与地质构造的关系,确定构造线两侧突出危险区边缘到构造线的最远距离,划分开采区域的地质构造线两侧的突出危险区时,其影响范围的划分可以利用本模块提供的缓冲分析功能来完成。以分析某矿井田范围内牛庄逆断层的影响范围为例,结果如图 12 所示。

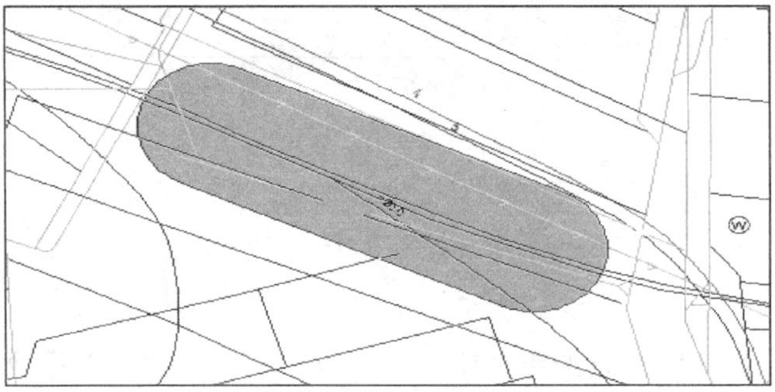

图 12　断层影响范围

(2) 网络分析

主要通过将某矿巷道网络图生成的网络数据集来完成此功能。用户只需在巷道网络中设置起点和终点,系统会自动搜索在巷道空间网络内所选定的两点之间是否存在路径,而且能找出最短路径并在主显示区高亮显示,如图 13 所示。

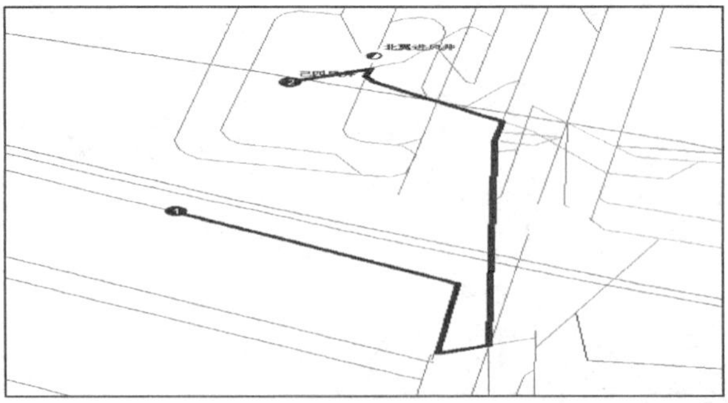

图 13　最佳路径选择

3.5 瓦斯地质图的自定义标注

该功能的应用主要是针对瓦斯地质信息活跃、动态变化的特点，能够在瓦斯地质图上及时标注出现瓦斯涌出异常等地点，并且实现了自定义标注功能。技术人员根据出现异常的情况，可以自定义地标注“警醒”内容，实现结果如图 14 所示。

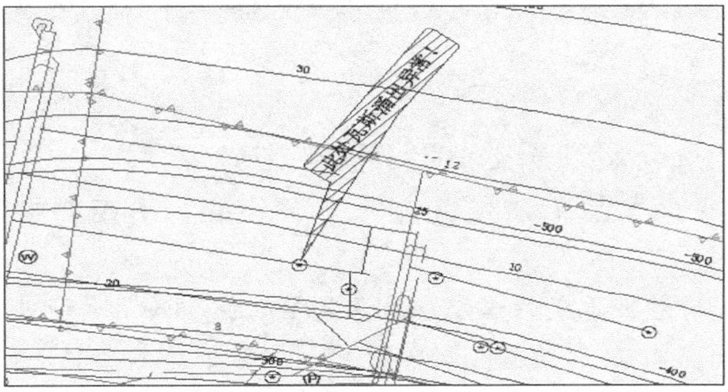

图 14　瓦斯异常区标注

5　结论

本文详细介绍了基于 ArcGIS Engine 的瓦斯地质地理信息系统数据平台的开发过程及应用实例。首先介绍了总体设计和开发环境，其次完成了实验数据的来源分析及平台界面的设计和优化，然后详细阐述了瓦斯地质地理信息系统数据平台的主要功能及实现方法，最后介绍了研究成果在某矿的应用情况。得出以下几点初步结论：

(1) 分析了 CAD 和 ArcGIS 两种数据格式的差异，并以某矿瓦斯地质图为例实现了 CAD 格式的瓦斯地质图到 ArcGIS 格式的转换，指出了转换过程存在的问题。

(2) 综合分析了研究内容的数据来源和 ArcGIS 数据组织形式，构建了瓦斯地质空间信息和属性信息表，并在此基础上建立了瓦斯地质空间数据库和属性数据库。

(3) 利用空间数据引擎 ArcSDE 与大型关系型数据库管理系统 Oracle 进行连接，通过 SQL 授权命令实现数据库的分角色管理，实现了基于 C/S 模式下的瓦斯地质信息远程共享。

(4) 采用 VS2008＋ArcGIS Engine 作为前端开发工具，在 ArcSDE＋Oracle 后台数据库的支持下，通过 C＃编程语言开发了瓦斯地质地理信息系统数据平台，实现了瓦斯地质信息的网络数据库管理及空间查询(基于属性的查询、基于空间位置的查询、距离和面积查询)、空间分析(缓冲分析、网络分析)、专题图等功能。

低渗煤层超高压水力割缝钻孔抽采影响半径研究

王苏健，刘文静，梁少剑，李刚
(陕西煤业化工技术研究院有限责任公司，陕西西安，710000)

摘　要：为了解决矿井低透气性煤层水力割缝预抽钻孔间距合理设计的难题，以彬长孟村矿 401103 工作面为研究背景，采用理论计算及现场实验的分析方法，通过水射流的破壁理论计算，研究了喷嘴出水射流的衰减速度；通过分析煤体割缝后力学特征分析，研究了煤体缝槽的理论切割深度；通过现场压降法对低渗煤层水力割缝钻孔抽采影响半径进行现场压力观测研究，得到了抽采影响半径随抽采时间的增加而增加的结论，为现场超高压水力割缝技术推广应用提供理论指导。

关键词：低渗煤层；水力割缝；抽采半径；弹塑性体；瓦斯压力

0　引言

针对煤层低透气性的特点，目前采取的主要措施为钻孔预抽煤层瓦斯。由于地质条件复杂，导致钻孔布置较密、预抽时间长，仍难以达到抽采达标要求。因此，通过采用超高压水利割缝技术对钻孔进行卸压增透，钻孔煤段内利用高压水刀进行切割，形成若干缝槽，从而增大煤(岩)体的卸压空间，改善煤层内瓦斯的流动条件，提高渗透率，进而提高钻孔的影响范围，实现煤层的快速消突和瓦斯的高效抽采以及减少施工量的目的。

目前，低渗煤层卸压技术主要有水力压裂及水力割缝，众多学者对超高压水射流技术进行了研究。葛兆龙等[1]研究了割缝钻孔抽采影响半径与缝槽圆盘、渗透率、抽采时间、瓦斯压力等因素的关系；李东洋[2]、石瑞鹏[3]、张其智[4]等对割缝施工工艺技术及参数进行了研究；李岩[5]、刘非非[6]、刘晋刚[7]等对煤体割缝卸压机理进行深入研究；张建国[8]、尹亮亮[9]、陈淼[10]、惠功领[11]等主要分析了对水力割缝卸压防冲技术；于洪[12]、唐建平[13]、刘志伟[14]等从割缝钻孔瓦斯抽放效果方面进行了评价；沈春明等[15]等对割缝对煤体得渗透性影响进行了研究。

目前学者的研究大多集中在工艺、技术及机理等，对超高压水力割缝钻孔的抽采影响半径研究较少。受煤层压力及冲击地压的影响，煤体破碎卸压对施工工艺及封孔质量施提出了更高的要求。针对煤层超高压水力割缝技术存在的影响半径不明确的难题，因此，以低渗煤层割缝影响半径作为研究对象，通过超高压水力割缝卸压理论模型的分析和现场实验分析，研究深孔割缝煤体的力学特征、卸压范围，为低渗煤层深孔超高压水力割缝卸压机理提供一定理论支持，同时为低渗煤层超高压水力割缝技术推广应用提供理论指导。

1 水力割缝缝槽形态研究

割缝缝槽的形态与水射流的流场分布密切相关，因此，首先分析水射流流场。高压水射流可简化为均流流体自有限固壁面喷出，射流划分为截然不同的三个区域，分别为自由射流区、冲击射流区、壁面射流区，如图 1 所示。

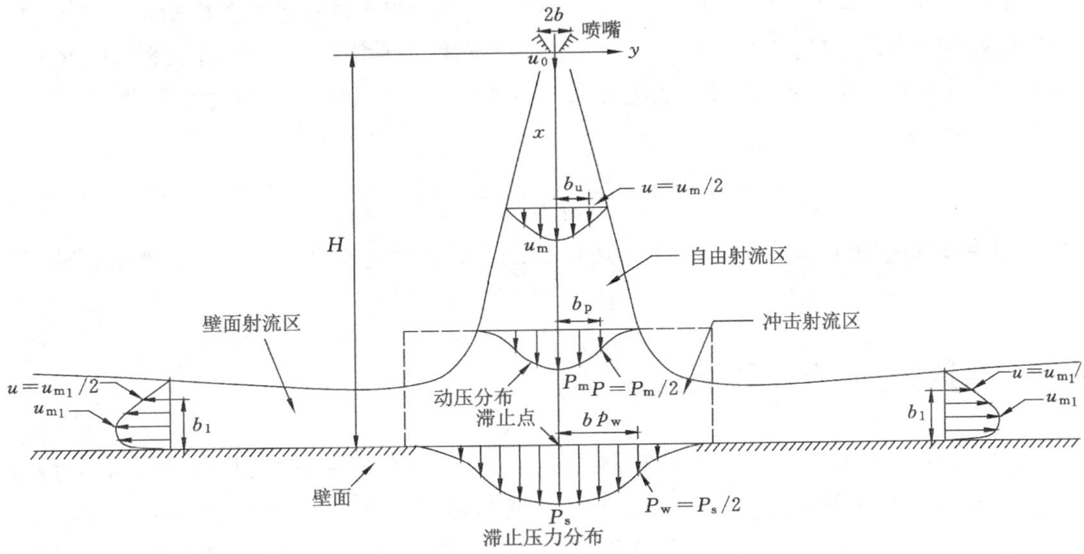

图 1 射流流场分区图

由图 1 可知，水流自喷嘴喷出以后，将自由射流区水流分为初始段与主体段，初始段由喷嘴射出的高压水流速度近似于均匀分布。高速流体与钻孔内空气由于速度差异，喷射过程中由于水的黏性作用，射流与空气交界面成湍流涡旋，水射流与空气不断地进行动量交换，钻孔内空气因此被卷吸进入射流内部。受卷吸效应影响，不断进行气液掺混作用的部分为剪切层；未受卷吸效应影响、速度保持喷嘴出口速度的部分为势流核。随着喷距的增加，受卷吸作用的影响，射流速度降低剪切层增厚，最终势流核内水射流速度降至喷嘴出口速度以下，势流核消失，水射流进入全部由剪切层构成的自由射流区主体段。

将水射流看成压缩性为 0、具有连续性的特征。由贝努利方程可得：

$$gZ_1+\frac{P_1}{\rho}+0.5v_1^2=gZ_2+\frac{P_2}{\rho}+0.5v_2^2 \tag{1}$$

式中，g 为重力加速度；ρ 为水的密度；P_1 为喷嘴入口压力；P_2 为喷嘴出口压力；v_1 为喷嘴入口速度；v_2 为喷嘴出口速度。

由于 $P_1 \gg P_2$，$v_1 \gg v_2$，因此假设 $P_2=0$，$v_1=0$，可知：

$$P_1=\frac{\rho v_2^2}{2} \tag{2}$$

$$v_2=\sqrt{\frac{2P_1}{\rho}} \tag{3}$$

主体段在卷吸效应影响下,射流轴心速度继续衰减,射流范围呈线性扩展;不同射流横断面上,无量纲速度与无量纲径向坐标均分布在同一条曲线附近,表现出极强的自模拟性。上述现象的产生,是由于剪切层卷吸空气过程中产生的有规律的涡旋,称之为相干结构或者拟序结构。射流的剪切层由大尺度涡旋组成,涡旋随着射流轴向运动时出现配对现象,配对过程中空气被卷入射流内部,射流范围沿程扩展与涡旋产生、消失密切相关。

冲击射流区沿射流轴线方向存在极大的压力梯度,射流主体流动逐步由轴向流动转变为径向流动,受壁面约束与卷吸效应双重影响,冲击区射流紊动强度大于自由射流区。壁面射流区分为具有壁面边界层流动特性的内层射流与具有自由射流流动特性的外层射流。壁面射流半径扩展速度较小、径向速度衰减较快,近壁面处射流紊动强度大于管流,外层射流的卷吸效应影响内层射流的速度分布,使得近壁边界层厚度降低,边界层速度也与管流不同,此时射流轴心速度分布为:

$$v_{\mathrm{m}}=\frac{13.2d_0 v_2}{L+4d_0} \tag{4}$$

式中,v_m为距离喷嘴出口L处的射流轴心速度,m/s;d_0为喷嘴半径,m;v_2为喷嘴出口处射流速度,m/s。

2 水力割缝缝槽力学模型分析

煤层进行超高压水力割缝,在钻孔径向形成具有一定高度和深度的圆盘式缝槽,经过高压水射流的冲击,缝槽周围煤体的应力重新分布,由近及远依次形成塑性区、弹性区和原岩应力区。因此,割缝缝槽的抽采影响范围需要深入研究钻孔的设计。针对煤体的非均质多孔介质作出简化,取二维横截面作为分析对象,视为理想弹塑性体,如图 2 所示。

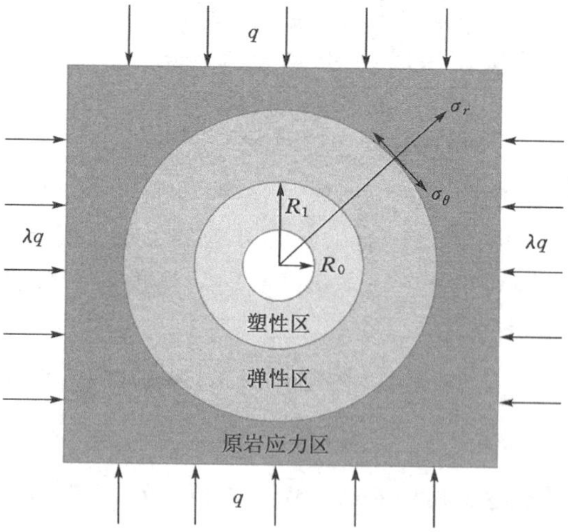

图 2　缝槽应力状态分布图

由图可知,在极坐标条件下,煤(岩)体径向应力平衡微分方程为:

$$\frac{\mathrm{d}\sigma_r}{\mathrm{d}r}+\frac{\sigma_r-\sigma_\theta}{r}=0 \tag{5}$$

煤体破坏采用 Mohr-Coulomb 准则，缝槽周围煤体塑性区应力解为：

$$\sigma_\theta = \frac{1+\sin\varphi}{1-\sin\varphi}\sigma_r + \frac{2c\cos\varphi}{1-\sin\varphi} \tag{6}$$

式中，R_0 为缝槽半径，m；σ_θ 为切向应力，MPa；σ_r 为煤体内摩擦角，(°)；c 为煤体之间的黏聚力，MPa。联立式(5)、式(6)，取 $r=R_0$，$\sigma_r=p_i$，得到缝槽周围径向应力 σ_r 与切向应力 σ_θ 分别为：

$$\sigma_r = (p_i + c\cot\varphi)\left(\frac{r}{R_0}\right)^{\frac{2\sin\varphi}{1-\sin\varphi}} - c\cot\varphi \tag{7}$$

$$\sigma_\theta = (p_i + c\cot\varphi)\left(\frac{1+\sin\varphi}{1-\sin\varphi}\right)\left(\frac{r}{R_0}\right)^{\frac{2\sin\varphi}{1-\sin\varphi}} - c\cot\varphi \tag{8}$$

依据应力叠加原理，当 $r=R_1$ 时，缝槽周围应力场分布为：

$$\sigma_\theta = -2q_1 - \sigma_R + 4q_2\cos 2\theta \tag{9}$$

$$q = q_1 - q_2, \lambda q = -(q_1+q_2) \tag{10}$$

联立式(7)～式(10)，得到塑性区宽度 R_1 为：

$$R_1 = R_0\left\{\left[\frac{(1+\lambda)q}{2(p_i+c\cot\varphi)} + \frac{2(1-\lambda)q\cos 2\theta}{2(p_i+c\cot\varphi)} + \frac{2c\cot\varphi}{2(p_i+c\cot\varphi)}\right](1-\sin\varphi)\right\}^{\frac{1-\sin\varphi}{2\sin\varphi}} \tag{11}$$

3 现场试验

本次试验选取在 401103 工作面回顺东进行抽采钻孔超高压水力割缝试验，煤层倾角平缓，倾斜带最大倾角不超过 8°，为近水平煤层。煤层有爆炸性，属于自燃煤层，地温以一级热害为主，4 号煤层为冲击地压煤层，煤层抗压强度为 15.9～25.7 MPa，平均为 19.25 MPa，煤岩类型以暗淡煤为主，夹半暗及半亮型煤。本次采用压降法，其基本原理为在钻孔的抽采影响圈内，煤体的瓦斯压力会不断降低，在抽采钻孔周边不同距离地点布置孔口密封的测试钻孔，通过测定测试钻孔内瓦斯压力的变化，即可确定钻孔的抽采影响半径。

3.1 试验钻孔布置及结果分析

通过在回顺煤壁布置一个割缝孔和 6 个压力测试孔，试验测试半径分别为 2 m、3 m、4 m、5 m、6 m、7 m，剖面布置如图 2 所示。测试钻孔的施工参数见表 1 所示，各试验钻孔均采用同一施工参数，沿巷道走向按照设计开孔间距施工。

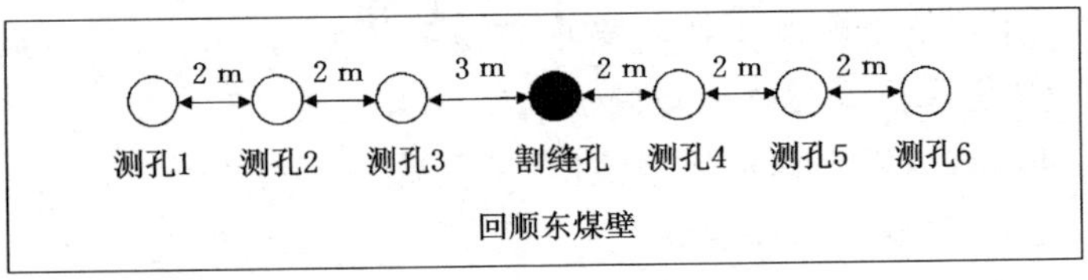

图 3　高压水射流割缝孔间距试验钻孔具体布置图

表 1　孔间距试验钻孔布置参数

名称	孔深 /m	方位角 /(°)	倾角 /(°)	孔径 /mm	孔间距 /m	割缝间距 /m	封孔长度 /m	备注
割缝孔	180	270	3	113	3	10	15	割缝
测孔	180	270	3	113	3		15	不割

测试孔联网抽采后，待测试孔压力稳定后，在有效抽采时间内瓦斯压力变化情况如图 3 所示。由图 3 可知，随着抽采时间的变化，钻孔压力整体呈现逐渐降低趋势。测试孔 1、测试孔 2 及测试孔 6 的变化趋势不明显，基本稳定状态，说明水力割缝抽采影响半径小于 5 m 范围；测试孔 3、测试孔 4 及测试孔 5 随着抽采时间的增加，瓦斯压力逐渐减小，不同抽采时间钻孔影响半径也有所不同。由图 3 测孔 4 可知，抽采时间为 12 d 左右抽放半径在 2 m；由测孔 3 可知，抽采时间为 18 d 时抽采影响半径为 3 m；由测孔 5 可知，抽采时间为 45 d 时，抽放影响半径可达 4 m 左右。

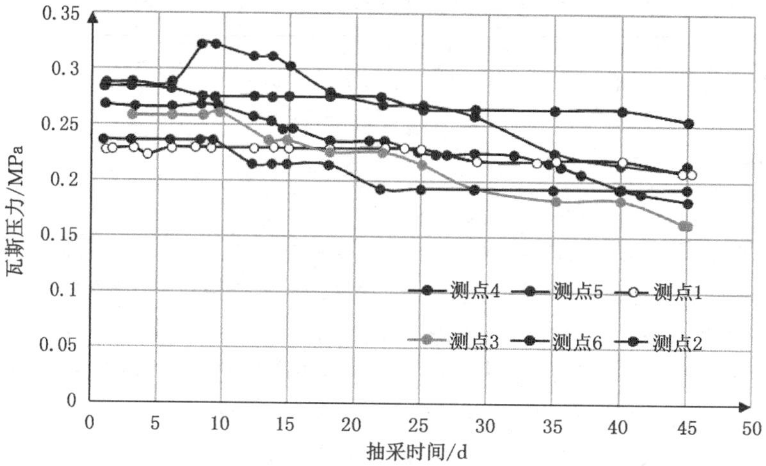

图 4　钻孔瓦斯压力曲线图

4　结论

(1) 理论计算了水射流喷嘴流出速度呈现衰减的趋势，冲击射流区沿射流轴线方向存在极大的压力梯度，射流主体流动逐步由轴向流动转变为径向流动。

(2) 将缝槽二维横截面视为理想弹塑性体，利用煤(岩)体径向应力平衡微分方程及 Mohr-Coulomb 准则计算割缝缝槽的深度。

(3) 随着抽采时间的变化，钻孔压力整体呈现逐渐降低趋势，抽采影响半径逐渐增大，抽采时间为 45 d 时，抽放影响半径可达 4 m 左右。

参考文献

［1］ 葛兆龙，梅绪东，贾亚杰，等.高压水射流割缝钻孔抽采影响半径研究[J].采矿与安全工程学报，2014，31(4)：657-664.

［2］ 李东洋，粟登峰，严福文.高压水射流割缝钻孔的布置方式对瓦斯抽采效果影响[J].山东煤炭科技，2016(6)：56-58.

［3］ 石瑞鹏.基于高压水射流割缝的煤层增透技术[J].山西焦煤科技，2021，45(2)：30-32.

［4］ 张其智，林柏泉，孟凡伟，等.高压水射流割缝对煤体扰动影响规律研究及应用[J].煤炭科学技术，2011，39(10)：49-52.

［5］ 李岩.高压水射流割缝技术卸压增透机理及应用研究[J].山东煤炭科技，2020(7)：81-83.

［6］ 刘非非，黄渊跃，徐全，等.进退式高压水射流割缝对煤层卸压增透效果的影响[J].煤矿安全，2014，45(9)：165-168.

［7］ 刘晋刚.高压水射流割缝参数试验研究[J].山西煤炭，2020，40(1)：69-72.

［8］ 张建国，林柏泉，翟成.穿层钻孔高压旋转水射流割缝增透防突技术研究与应用[J].采矿与安全工程学报，2012，29(3)：411-415.

［9］ 尹亮亮，潘一山，李忠华，等.高压水射流割缝防治冲击地压的数值模拟[J].科学技术与工程，2010，10(5)：1225-1230.

［10］ 陈淼，李宝玉，李超，等.水力割缝防突技术在掘进工作面的应用[J].中国煤炭，2010，36(5)：96-98.

［11］ 惠功领，吕有厂.高压水射流割缝防突技术研究与应用[J].煤矿现代化，2006(2)：40-41.

［12］ 于洪.高压水射流割缝提高穿层钻孔瓦斯抽放效果的试验[J].煤炭工程，2011，43(9)：37-39.

［13］ 唐建平，胡良平.煤矿井下低透气性煤层增透技术研究现状与发展趋势[J].中国煤炭，2018，44(3)：122-126.

［14］ 刘志伟.低渗煤层高压水射流割缝强化瓦斯抽采技术研究[J].中国安全生产科学技术，2019，15(7)：75-80.

［15］ 沈春明，林柏泉，吴海进.高压水射流割缝及其对煤体透气性的影响[J].煤炭学报，2011，36(12)：2058-2063.

孟村低渗煤层水力割缝卸压增透技术工艺参数研究

王苏健，贺斌雷，梁少剑，杨琛
(陕西煤业化工技术研究院有限责任公司，陕西西安，710000)

摘　要：针对孟村矿低透气性煤层瓦斯抽采效率低的难题，本文提出了超高压水力割缝卸压增透技术，研究了孟村矿低渗煤层水力割缝卸压增透技术的工艺参数。现场试验得出孟村矿超高压水射流割缝工艺参数：割缝半径为0.8 m，即估算割缝宽度平均为6 cm、水力割缝压力为85 MPa和90 MPa时，水力割缝的时间为13 min时，煤渣的排出效果比较显著；试验得到单孔割缝15次，割缝间距为10 m，割缝孔间距设为3 m比较合适。应用表明，采用超高压水力割缝增透技术明显改善煤层的透气性，达到了快速卸压增透的目的，对于水力割缝强化卸压增透措施的现场应用和基础理论研究具有重大的指导意义。

关键词：瓦斯抽采；低渗透煤层；超高压水力割缝；卸压增透；水锁效应

0　引言

孟村矿井是彬长集团开发建设的特大型现代化矿井之一，位于陕西省黄陇侏罗纪煤田彬长矿区中西部。当前孟村矿采取区域预抽、掘前预抽、边掘边抽、采前预抽、上隅角埋管抽采和高抽巷抽采等综合瓦斯抽采方法，在现场实践中取得了较为理想的效果。但由于煤层透气性差、瓦斯压力及含量大，瓦斯抽采效果不理想，导致矿井抽掘采关系非常紧张。因此，亟需一种行之有效的煤层瓦斯增透方法，增加煤层的透气性，提高瓦斯的抽采效率。

瓦斯抽采是瓦斯治理的重要手段，但我国煤层透气性系数普遍较低，瓦斯抽采难度大，所以煤层增透技术一直是瓦斯防治技术的研究重点。我国煤层透气性普遍偏低，地应力情况复杂，采前瓦斯抽采困难，而且随着煤矿开采深度的逐步增加，地应力增大，瓦斯含量和瓦斯压力也在增加[1-5]。目前，用于煤层增透的措施主要有深孔预裂爆破、水力压裂、水力扩孔和水力割缝等[6]。近年来，水力割缝技术以其安全、环保、高效、无热等特点在含瓦斯煤岩体卸压增透方面具有无可比拟的优势，受到广大瓦斯治理工作者的青睐[7]。基于上述理念，国内相关学者开展了一系列低渗透气性煤层水力割缝卸压增透技术的相关研究。魏思祥等[8-10]对影响水力割缝的因素(如速度、流量能量、压力、割缝深度等)进行了分析，并构建水力割缝的相关模型。孟亚帅等[11-13]通过现场实验，研究了高压水射流割缝工艺的关键施工参数。宋宜猛等[14-18]对不同条件下水力割缝的应用进行了研究。

研究表明，由于矿井地质条件的差异，水力割缝技术存在部分矿区应用效果不理想的情况，在技术转化过程也存在一些差异，因此水力割缝增透技术工艺参数也需要进一步研究。本文针对孟村矿低透气性、瓦斯难以抽采的情况，对孟村矿超高压水力割缝技术工艺参数进行研究和分析，对于彬长矿区水力割缝强化卸压增透措施的现场应用研究具有重大的指导意义。

1　超高压水力割缝卸压增透原理

高压水射流割缝是一种充分利用高压水作为冲击动力来源，从钻孔孔壁至煤（岩）体进行“扫圈式”切割、排渣，最终在煤（岩）体中形成缝槽的技术。这种方法是用钻割一体钻头在煤（岩）层中先打一定孔径的卸压钻孔，退钻时在钻孔内利用高压水射流沿孔壁对煤（岩）体进行切割，在垂直钻孔方向形成多条具有一定宽度和深度的扁平缝槽，利用水流将切割下来的煤（岩）渣排出孔外，如图 1 所示。

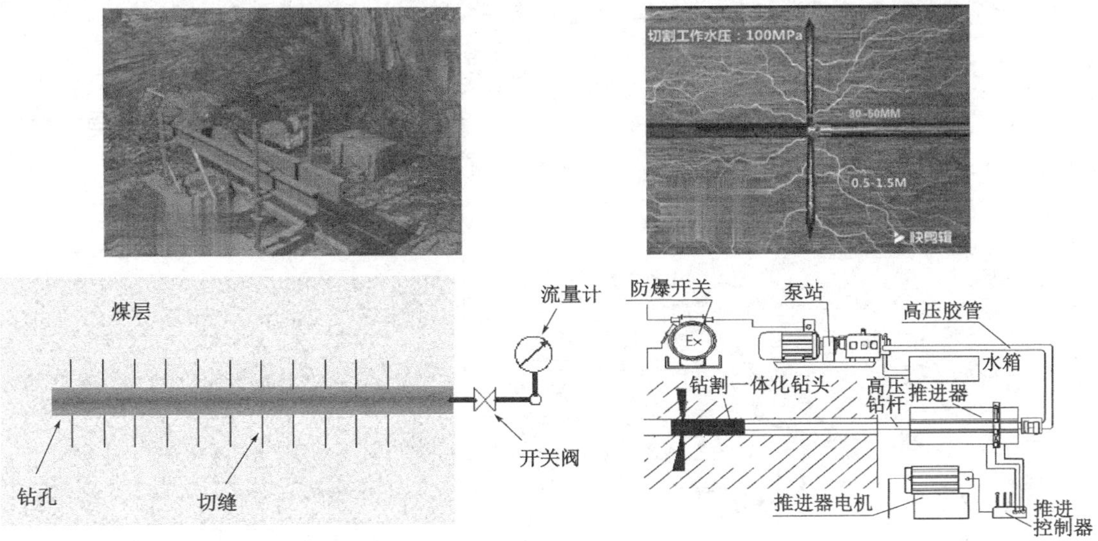

图 1　高压水射流割缝示意图

采用高压水射流割缝措施后，形成的扁平缝槽相当于在局部范围内开采了一层极薄的保护层，达到层内的自我解放，给煤层内部卸压、瓦斯释放和流动创造了良好的条件，其结果是缝槽上下的煤体在一定范围内得到较充分的卸压，增大了煤层的透气性能，使缝槽周围的煤体向缝槽产生一定的位移，扩大了缝槽卸压和排放瓦斯的范围。同时，缝糟周围会形成新的孔裂隙，与原有裂隙、孔隙之间互连互通构成裂隙网络，等价于煤体内部的很多小钻孔加速煤体的卸压和瓦斯的解吸运移。割缝钻孔改变了传统普通钻孔的瓦斯流动，破坏普通钻孔周围应力集中形成的瓶颈效应的同时，创造了瓦斯运移和释放的通道，提升了瓦斯抽采效率，降低了预抽时间，减少了瓦斯抽采打孔数，实现快速高效抽采瓦斯的目的。图 2 为高压水射流割缝卸压增透原理图。

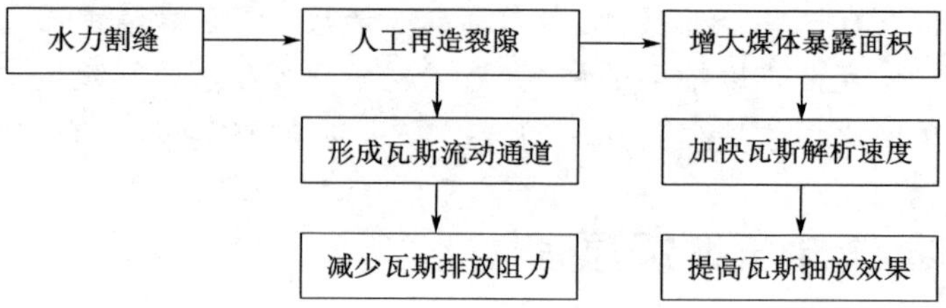

图 2　高压水射流割缝卸压增透原理图

2　超高压水力割缝技术工艺

2.1　超高压水力割缝系统

高压水射流割缝系统设备有钻割一体钻头、高压输水钻杆、进口高压旋转器、独立转头、钻切转换器、高压输水胶管、高压泵组、水箱等组成。在进行切割时，用钻机作为推进旋转器，不对现有的钻机进行任何改动。图 3 为高压水射流割缝系统连接示意图。

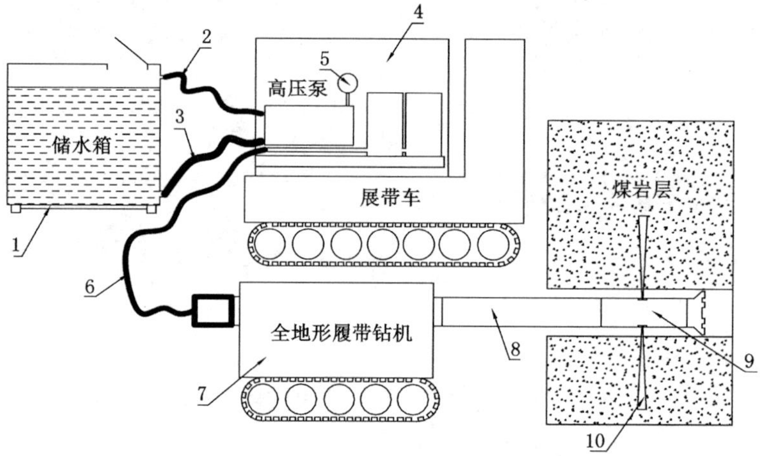

图 3　KFS-40-113 型高压水射流式煤层割缝装置示意图

1—储水箱；2—回水管；3—进水管；4—高压泵总成(含履带车)；5—压力表；
6—高压输水胶管；7—履带钻机；8—高压输水钻杆；9—钻割一体化钻头；10—切割缝隙

2.2　高压水力割缝试验工艺流程

钻机、高压泵等设备转运至钻场→固定钻机、高压泵等设备→确定方位、倾角→开孔→钻进至终孔→连接高压管路→开启高压泵→钻机旋转钻头切割→关闭高压泵→泄压→拆除预定的钻杆→连接高压管路→开启高压泵→钻机旋转钻头切割→关闭高压泵→退钻。高压水力割缝试验工艺流程如图 4 所示。

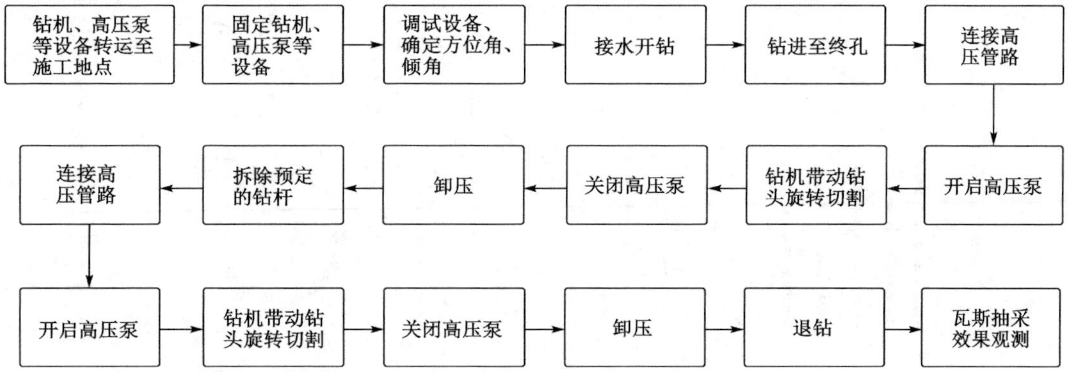

图 4　高压水力割缝试验工艺流程图

3　超高压水力割缝技术现场工艺参数测定

3.1　工作面概况

孟村矿 401102 工作面为 401 盘区的第二个采煤工作面，走向长度为 2 100 m，可采走向长度为 1 920 m，倾向长度为 180 m，煤层厚度为 18.0～23.9 m，平均可采厚度为 13 m，煤层视密度为 1.36 t/m^3，煤层底板标高为＋265～＋305 m，采煤工艺为综采放顶煤，全部垮落法管理顶板。煤层具有强冲击倾向性，顶板具有弱冲击倾向性，底板无冲击倾向性。401102 工作面相对瓦斯涌出量为 3.12 m^3/t，绝对瓦斯涌出量为 29 m^3/min。

3.2　割缝半径的测定

(1) 试验方案

在 401102 工作面运顺(东)迎头的中间距底板 2 m 处施工 1 个深 13 m 的切割孔，进行高压水射流割缝半径的测定。在钻孔内进行 5 次割缝(后退 1 m 开始割缝)，割缝间距为 1 m，每次 7 min，割缝压力为 80 MPa，割缝距煤壁 5 m 处停止割缝，多次利用高压水将割缝孔内的煤渣冲出。割缝完成以后，为防止割缝后地应力及冲击地压对割缝及裂隙造成损坏，立即对割缝孔灌注加固材料普瑞特，使普瑞特完全填充割缝缝槽及受割缝扰动影响产生的裂隙。割缝半径测定钻孔具体布置参数如表 1 所示，割缝半径测定钻孔平面布置如图 5 所示。

表 1　割缝半径测量钻孔布置参数

名称	孔深/m	方位角/(°)	倾角/(°)	孔径/mm	割缝间距/m	备注
试验孔	13	270	＋1.5	113	1	割缝完进行普瑞特的灌注

待普瑞特彻底固化后，在割缝孔两侧掘进 1 m 宽的巷道，缓慢地将第一个割缝缝槽和裂隙凿出来，以便测试割缝半径和观察割缝周围裂隙的演化规律，并将距煤壁 5 m 处的割缝切

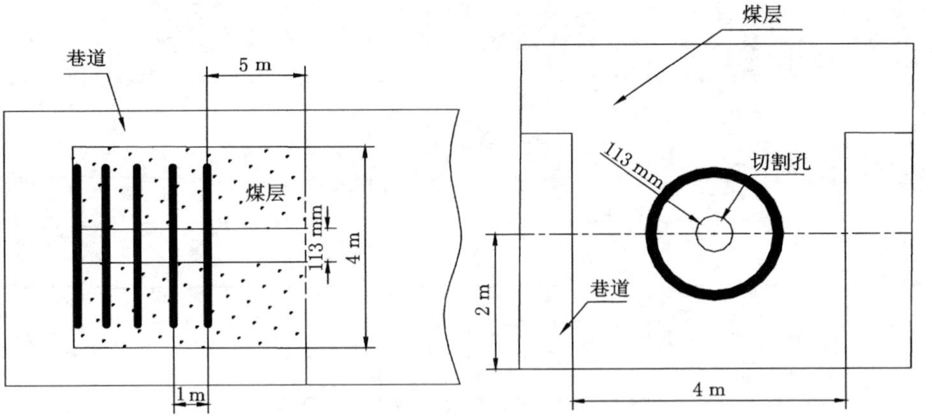

图 5　刨煤法测半径钻孔布置示意图

割孔的一侧完全凿出来，从而测试割缝宽度。

(2) 试验结论

待普瑞特凝固稳定 48 h 后，开始沿割缝钻孔轴心(按半径 1 m 开始)使用风镐在两边逐步刨落煤体，通过普瑞特白色边缘确定割缝最远边界。经现场实际测量，从开始发现普瑞特时距钻孔中心距离为 0.83 m，最小割缝宽度为 3 cm，钻孔中心割缝最大宽度为 10 cm，即确定高压水射流的割缝半径为 0.8 m，估算割缝宽度平均为 6 cm。刨煤法割缝半径及缝宽测量现场如图 6 所示。

(a)

(b)

图 6　刨煤法测割缝半径和宽度现场图

(a) 割缝半径测定现场；(b) 割缝宽度测定现场

3.3 单刀割缝煤渣量和最佳割缝时间的测定

（1）试验方案

根据高压水射流割缝系统压力，选取压力为 85 MPa 和 90 MPa 下不同时间段的单缝煤渣排出量，每组分别选取 2 个钻孔进行试验。为控制变量，在 401102 工作面运顺副帮同一区域施工 4 个钻孔，每个钻孔在距煤壁 14 m 处进行割缝，每个钻孔只割一个缝。每个钻孔打钻到预定位置，退后 1 m 后开启高压泵，缓慢加压到预定压力，用 5 mm 的过水筛子每分钟接取一次不同压力下单缝排出的煤渣量，将接取的煤渣装入编织袋并编号，直到钻孔出清水停止试验。考虑试验过程中过水筛子遗失部分细小的煤粉，因此用三个试验样瓶接取割缝过程中的煤渣，选取部分接取的煤渣和样瓶中的煤渣，带到试验室烘干，通过计算确定高压射流割缝过程中煤渣量的变化规律。

（2）试验结论

根据 401102 工作面高压水射流过水筛子接取的不同时间段煤样质量的变化情况（图 7）可以发现，随着割缝时间的增大，煤渣量的整体变化情况经历上升和下降两个阶段。割缝煤渣量排出上升阶段：由于随着碰嘴距离煤壁的距离较小及高压水射流束撞击时煤层压实程度较小，导致受高压水射流应力波的强力冲击，产生大量煤渣并被冲出钻孔。割缝煤渣量排出下降阶段：由于碰嘴距离煤壁的距离逐渐变大及割缝周围煤层逐渐被压实，割缝过程中煤渣排出的量逐渐减少。

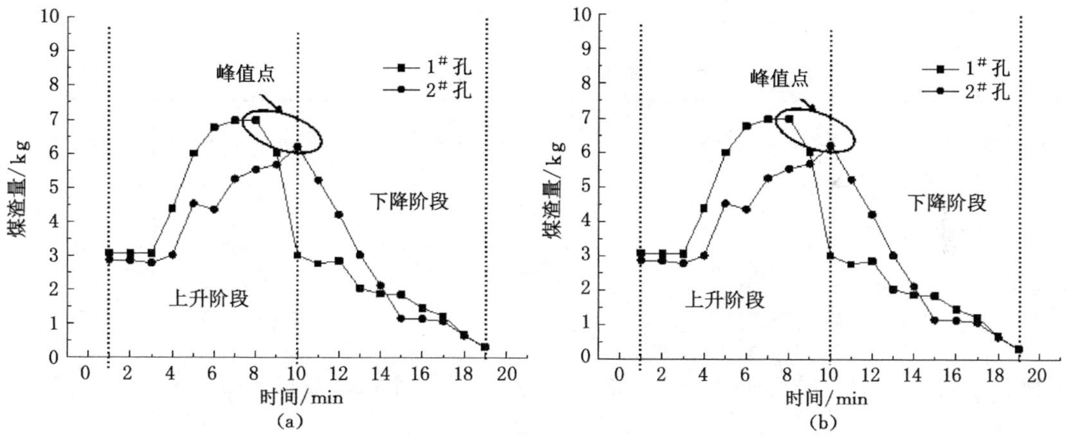

图 7　高压水射流割缝不同压力下不同时间煤渣量变化情况图

(a) 85 MPa 压力下不同时间煤渣量变化情况；(b) 90 MPa 压力下不同时间煤渣量变化情况

从图 7 可以看出，在割缝压力为 85 MPa 时，煤渣量排出的峰值点在 11 min 左右，平均出渣量为 2 kg/min，最大出渣量为 4.41 kg；而割缝压力为 90 MPa 时，煤渣排出的峰值点在 8 min和 10 min 左右，平均出渣量为 2 kg/min，最大出渣量为 6.98 kg。

根据高压水射流割缝单缝煤渣累积量变化情况（图 8），在割缝压力为 85 MPa 时，17 min 内累计出渣量为 34.4 kg；而割缝压力为 90 MPa 时，19 min 内累计出渣量为 63.1 kg。割缝压力在 85 MPa 和 90 MPa 时，在 17 min 以后煤渣累计增量逐渐变平缓，其中在 4～13 min 之间出渣量的增量较大，13～17 min 之间出渣量增加逐渐减缓。

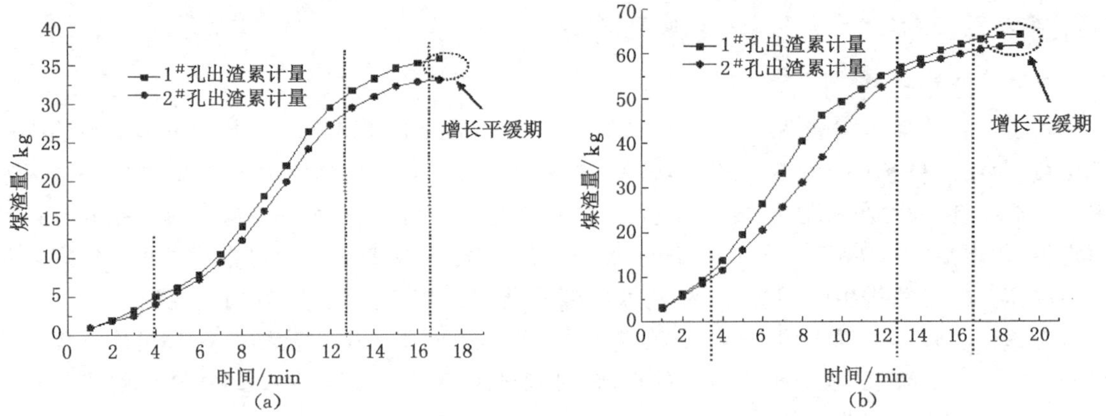

图 8 高压水射流割缝不同压力下出渣累积量变化情况图

(a) 85 MPa 压力下出渣累积量变化情况;(b) 90 MPa 压力下出渣累积量变化情况

3.4 单孔割缝煤渣量的测定

通过现场割缝出渣装袋估算,试验钻孔割缝 11 次(割缝间距 14 m),平均总出渣量为 5.86 t/孔(含水);钻孔割缝 15 次(割缝间距 10 m),平均总出渣量为 6.21 t/孔(含水),如表 2 所列。试验时孔内割缝时间均为 7 min/次,泵压为 80～86 MPa,平均为 85 MPa。

表 2 割缝单孔出渣总量统计表

割缝刀数	割缝钻孔出渣量/t															平均出渣量/t
	1	2	3	4	5	6	7	8	9	10	11	12	13	14	15	
11 刀	5.8	5.6	6.0	5.9	5.9	5.8	5.9	6.0	5.9	5.9	5.8	5.9	5.8	5.9	5.8	5.86
15 刀	6.1	6.2	6.3	6.2	6.4	6.2	6.3	6.2	6.0	6.1	6.3	6.2	6.1	6.3	6.2	6.21
差值	0.3	0.6	0.3	0.3	0.5	0.4	0.4	0.2	0.1	0.2	0.5	0.3	0.3	0.4	0.4	0.35

根据钻孔切割 11 刀和 15 刀的出渣量统计情况,可以计算每刀割缝出渣量的平均值为:

$$m_{平均}=\frac{m_{差}}{n_{差}}=\frac{0.35}{4}=0.087\ 5\ (\mathrm{t}) \tag{1}$$

由于高压水射流割缝钻孔的煤渣量主要由钻孔煤渣量和割缝煤渣量两部分组成,继而钻孔单孔出渣量的计算公式为:

$$M_{单孔}=M_{总}-m_{平均}\times n \tag{2}$$

经计算得到 85 MPa 压力下割缝孔钻进过程中出渣量的平均值为 4.9 t/孔(含水)。

3.5 割缝间距试验

在 401102 工作面运顺东(巷道里程 900 m 处)组织施工,施工水力割缝钻孔 2 组,割缝次数分别为 11 次和 15 次,对比钻孔 1 组(表 3)。割缝钻孔在巷道正帮施工,对比钻孔在巷道副帮进行施工,设计施工水力割缝钻孔 37 个,孔间距为 1.5 m。

表 3　割缝间距试验钻孔布置参数

名称	孔深/m	方位角/(°)	倾角/(°)	孔径/mm	封孔方法	封孔深度/m	割缝压力/MPa	刀数	缝距/m
第一组试验孔	160	90	+1.5	113	两堵一注	12	85	11	14
第二组试验孔	160	90	+1.5	113	两堵一注	12	85	15	10
对比孔	160	270	+1.5	113	两堵一注	12	/	/	/

通过对 401102 工作面运顺的水力割缝孔瓦斯抽采数据进行分析，割缝 15 次的瓦斯抽采浓度是未割缝的 2.11 倍，瓦斯抽采纯量是未割缝的 2.78 倍；割缝 11 次的瓦斯抽采浓度是未割缝的 1.17 倍，瓦斯抽采纯量是未割缝的 1.26 倍，如表 4 所列。

表 4　401102 工作面高压水射流割缝割缝间距试验瓦斯抽采效果对比

试验组	瓦斯浓度/%			瓦斯纯量/(m^3/min)		
	最大值	最小值	平均值	最大值	最小值	平均值
割缝 15 次	63.2	0.14	12.431	54.56	0.0826	8.929
割缝 11 次	55.4	0.14	6.896	34.41	0.087	4.055
对比区	61.4	0.26	5.889	72.86	0.174 2	3.207
15 次的增量	1.8	−0.12	6.542	−18.3	−0.091 6	5.722
15 次平均倍数	2.11 倍			2.78 倍		
11 次的增量	−6	−0.12	1.007	−38.45	−0.087 2	0.848
11 次平均倍数	1.17 倍			1.26 倍		

3.6　孔间距试验

在 401103 工作面回顺东施工水力割缝钻孔，割缝次数为 15 次(割缝间距 10 m)，孔间距为 3 m，孔深 180 m，同时施工一组对比钻孔，封孔长度都为 15 m(表 5)。

表 5　孔间距试验钻孔布置参数

名称	孔深/m	方位角	倾角/(°)	孔径/mm	孔间距/m	割缝间距/m	封孔长度/m	备注
第一组试验孔	180	270	3	113	3	10	15	割缝
第二组试验孔	180	270	3	113	1.5	10	15	割缝
对比孔	180	270	3	113	3		15	不割

通过对401103回风巷水力割缝区域与普通实验区域抽采数据进行对比,可以得到:实验区割缝钻孔瓦斯抽采浓度和抽采纯量均大于普通钻孔瓦斯抽采浓度和抽采纯量,割缝钻孔是普通钻孔瓦斯抽采浓度的2.24倍(倍数),抽采纯量是原始纯量的2.61倍(平均倍数)(表6)。

表6　401102运顺水力割缝孔间距试验瓦斯抽采效果对比表

位置	瓦斯浓度/%			瓦斯纯量/(m^3/min)		
	最大值	最小值	平均值	最大值	最小值	平均值
试验区	66.44	0.44	16.47	0.57	0.001	0.047
对比区	41.35	0.16	6.94	0.29	0.000 4	0.014
增量	1.61	2.75	2.37	1.97	2.5	3.36
平均倍数	2.24倍			2.61倍		

结合上述割缝间距得出以下结论:割缝压力为85 MPa、孔间距为1.5 m时,割缝15次的瓦斯抽采浓度是未割缝的2.11倍,瓦斯抽采纯量是未割缝的2.78倍,考虑抽采时间及水力割缝孔间距试验结果,因此确定割缝孔间距设为3 m比较合适。

5　结论

(1) 通过现场试验,测得孟村矿超高压水射流割缝工艺参数:割缝半径为0.8 m,估算割缝宽度平均为6 cm;水力割缝压力为85 MPa和90 MPa、水力割缝的时间为13 min时,煤渣的排出效果比较显著,最佳割缝时间为13 min;试验得到单孔割缝15次,割缝间距为10 m,割缝孔间距设为3 m比较合适。

(2) 通过401102工作面运顺钻孔超高压水力割缝试验,对钻孔进行了合理的封孔设计,将割缝钻孔与普通钻孔瓦斯抽放效果进行对比,得到如下结论:割缝钻孔是普通钻孔瓦斯抽采浓度的2.24倍(平均倍数),抽采纯量是原始纯量的2.61倍,验证了超高压水力割缝技术提升瓦斯抽采的效果。

参考文献

[1] 张晓刚,姜文忠,都锋.高瓦斯低透气性煤层增透技术发展现状及前景展望[J].煤矿安全,2021,52(2):169-176.

[2] 苏现波,宋金星,郭红玉,等.煤矿瓦斯抽采增产机制及关键技术[J].煤炭科学技术,2020,48(12):1-30.

[3] 吕进国,李守国,赵洪瑞,等.高地应力条件下高压空气爆破卸压增透技术实验研究[J].煤炭学报,2019,44(4):1115-1128.

[4] 赵旭生,刘延保,申凯,等.煤层瓦斯抽采效果影响因素分析及技术对策[J].煤矿安全,2019,50(1):179-183.

[5] 王世斌,吴学明,王鹏,等.矿井瓦斯“2-111”高效抽采新理念[J].陕西煤炭,2019,38(5):1-5.

[6] 徐雪战.低透气煤层超高压水力割缝与水力压裂联合增透技术[J].煤炭科学技术，2020,48(7):311-317.

[7] 文虎，秦康，郑学召，等.水力切割技术在煤矿安全领域的应用及发展前景[J].煤矿安全，2019,50(6):74-77.

[8] 魏思祥，杨威，乔时和.气液两相射流冲蚀性能的研究[J].煤矿安全，2017,48(4):13-15.

[9] 李晓红，王晓川，康勇，等.煤层水力割缝系统过渡过程能量特性与耗散[J].煤炭学报，2014,39(8):1404-1408.

[10] 唐巨鹏，杨森林，李利萍.不同水力割缝布置方式对卸压防突效果影响数值模拟[J].中国地质灾害与防治学报，2012,23(1):61-66.

[11] 孟亚帅.高压水力割缝技术在瓦斯抽采中的应用[J].山东煤炭科技，2020(10):98-100.

[12] 陈新生.超高压水力割缝增透技术在告成矿的应用与研究[J].科技创新与应用，2020(29):183-184.

[13] 时歌声.超高压水力割缝增透卸压规律研究与应用[J].煤炭科技，2020,41(1):23-26.

[14] 宋宜猛，王敏，王安虎，等.超高压水射流切割煤层增透试验研究[J].能源与环保，2017,39(4):44-47.

[15] 刘生龙，周玉竹，邱居德，等.超高压水力割缝在坚硬突出煤层石门揭煤预抽瓦斯防突措施中的应用[J].矿业安全与环保，2017,44(5):64-67.

[16] 刘志伟，张帅.高瓦斯突出煤层底抽巷合理布置研究[J].煤炭科学技术，2018,46(10):155-160.

[17] 蔡武，窦林名，王桂峰，等.煤层采掘活动引起断层活化的力学机制及其诱冲机理[J].采矿与安全工程学报，2019,36(6):1193-1202.

[18] 杨兆彪，秦勇.地应力条件下的多层叠置独立含气系统的调整研究[J].中国矿业大学学报，2015,44(1):70-75.

注浆加固技术在三软煤层工作面围岩控制中的研究与应用

关欣杰，梁少剑，刘文静，杨琛
(陕西煤业化工技术研究院有限责任公司，陕西西安，710000)

摘　要：开采三软煤层时，顶板岩层在采动动压影响下较为破碎，特别是在地质构造影响下，采煤生产面临煤壁片帮、顶板落矸等问题，现阶段主要采用注浆方式解决上述问题。对注浆前后煤体的垂直应力、水平应力、工作面前方塑性区及煤体变形量进行分析，可以得出：随着注浆后煤体的强度得到提高，工作面前方煤壁的超前支承压力峰值及水平应力峰值增加，且峰值应力点距煤壁的距离有所减小；注浆加固后，煤体的变形量也有所降低。随着注浆压力的增加，工作面前方的塑性区宽度有所减小，工作面前方煤体变形量随着注浆压力的增大逐渐变小。

关键词：深孔注浆；顶板破碎；应力集中；超前注浆

1　注浆加固作用机理分析

注浆加固技术是一种针对易破碎松软煤岩体的加固技术[1]，它是通过向煤岩体内加注固化材料浆液，充填并固结松软煤岩体中的裂隙面来提高封孔段周围煤体的强度，增加煤岩体黏结性、抗压性及塑性[2]，加固煤岩体，增加端面距的稳定性和延长稳定时间，提高煤壁的整体强度，减少片帮冒顶的发生，为工作面的安全生产创造条件[3]。

根据煤(岩)体物理力学性质以及破坏机理的方向考虑，裂隙煤(岩)体注浆加固作用机理具体包括如下四种作用：网络骨架作用、黏结补强作用(提高变形刚度及抗剪强度)、充填压密作用、转变煤(岩)体破坏机制作用等。

(1) 网络骨架作用

在注浆加固封孔段实施过程中，固化材料浆液在泵压、自身膨胀压力的作用下，渗入到周围煤体的裂隙和孔隙中，经过充分反应后，煤体内会产生新的网络骨架结构[4]。加固后的煤体内充满了固化材料所形成的浆脉，并以厚薄不一的片状或者条状分布，这些浆脉相互连通形成网状骨架。因此，要求研制的固化材料应具备良好的韧性、整体致密性、耐老化性和抗干裂性。

(2) 黏结补强作用

通过对松软易碎煤体进行加固，封孔段周围煤体的整体内聚力及抗拉、抗剪强度都将大幅度提高。另外，经固化材料加固之后，封孔段周围煤体弱面被牢牢地黏结在一起，煤体整体性也会大大提高。因此，固化材料不仅可以把煤壁前方已经处于塑性状态的破碎煤岩体黏结在一起，还能够使煤壁处的煤体保持完整并具备一定的承载能力。。

(3) 充填压密作用

在注浆压力的作用下，封孔段的固化材料浆液可以把相互连通的煤岩体裂隙充满，加上材料自身的膨胀作用，某些充填不到的封闭裂隙和孔隙也将会被压密，这样就可以增大并提高封孔段周围煤体的弹性模量和弹性强度，有利于封孔段周围的围岩稳定。

(4) 转变破坏机制作用

根据断裂力学观点可知，对于连续介质，应力集中会形成于其裂隙在收到荷载时，在裂隙端部会出现最大应力集中区域，裂隙端部半径、长度以及煤体大小决定着其应力的集中程度。裂隙通过加压注浆加固后，浆液压入到裂隙中并会形成一定大小的膨胀压力，同时浆液对煤体具有一定的黏结效果[5]，这些效果会大大降低应力集中现象，甚至可以消除应力集中区域，以此来改变煤体破坏机制，进而改善煤体力学性质。

2 FLAC^{3D}计算原理及计算模型的构建

(1) FLAC^{3D}计算原理

有限差分法可能是解算给定初值和(或)边值的微分方程组的最古老的数值方法。近年来，随着计算机技术的飞速发展，有限差分法以其独特的计算风格和计算流程在数值方法家族中异军突起，以崭新的面貌在众多科学领域的复杂问题计算分析中出现。

FLAC 程序建立在拉格朗日算法基础上，特别适合模拟大变形和扭曲。FLAC 采用显式算法来获得模型全部运动方程(包括内变量)的时间步长解，从而可以追踪材料的渐进破坏和垮落，这对研究采矿设计是非常重要的[6]。此外，程序允许输入多种材料类型，亦可在计算过程中改变某个局部的材料参数，增强了程序使用的灵活性，极大地方便了在计算上的处理。FLAC 程序具有强大的后处理功能，用户可以直接在屏幕上绘制或以文件形式创建和输出打印多种形式的图形。使用者还可根据需要，将若干个变量合并在同一幅图形中进行研究分析。

(2) 计算模型的构建

澄合矿区合阳矿现采 5# 煤层 1508 工作面，该煤层平均倾角为 5°，平均煤厚 4.5 m，采用走向长臂采煤法。工作面长度 150 m，走向长度 1 600 m。

如图 1 所示为数值模型的力学结构，模型假设两侧边界仅有垂直位移，没有水平位移，上覆岩层自重用均布载荷代替，模型底边岩层均没有水平和垂直位移。设置开切眼宽度为 5 m，工作面每次向前推进 2.5 m，当工作面向前推进 25 m 后，在煤壁前方顶、底板处分别布置两条测线，对工作面前方煤体压缩量进行监测，并在煤壁前底板上方 2.5 m 处布置测线，监测超前支承压力及水平应力。

依据现场实际情况建立走向数值模型(图 2)，模型长 200 m，宽 10 m，高 40 m，煤层厚度为 4.5 m，倾角为 5°，顶板总厚 16.56 m，底板总厚 18.93 m，共划分有 173 922 个节点、162 000 个单元，采用摩尔—库仑模型进行计算。模拟时，距离左边界 35 m 处设置开切眼，切眼宽度为 5 m。工作面推进一次的距离为 2.5 m，设置工作面共回采 25 m，使得模型两边各留有35 m 的边界并保证回采采场位于模型的中部，减小模型边界对工作面支承压力的影响范围。本数值模拟忽略注浆孔及注浆工艺对模型参数的影响，直接将注浆加固后的煤体参数赋予煤层，分析注浆加固前、后的煤壁稳定性的变化规律。

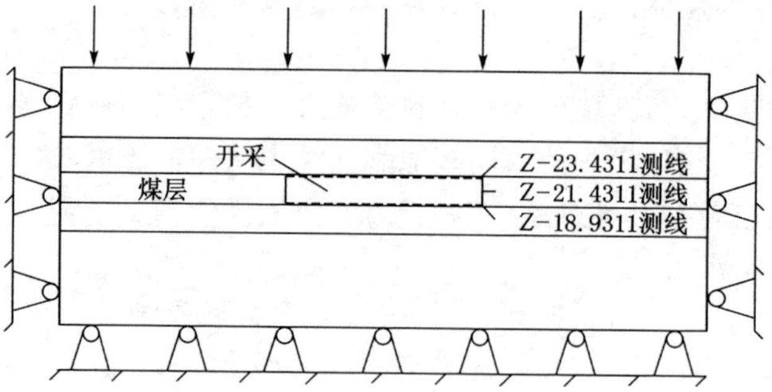

图 1　采场计算模型及边界条件

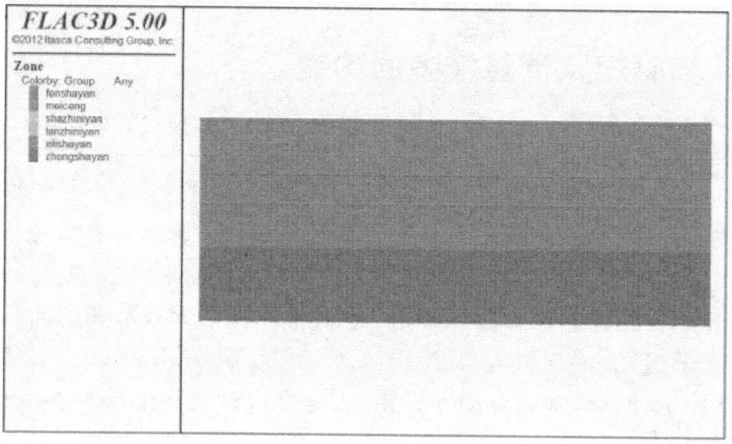

图 2　数值模型

3　注浆加固模拟计算分析

模拟过程中，监测工作面煤壁前方煤体中各点的垂直应力与水平应力随注水的变化规律。

(1) 垂直应力分布规律

如图 3 所示为注浆前、后工作面煤壁前方超前支承压力等值线分布图。图上所示工作面自左向右推进，在注浆后超前支承压力峰值较注浆前有所增加，且峰值点到煤壁之间的距离缩短，即支承压力峰值向煤壁侧移近。由此可见，随着煤体强度的增加有利于承载来自顶板的压力，有效缓解了煤壁承压不足带来的片帮、失稳等问题[7]。

如图 4 所示为注浆前、后工作面前方煤体底板上方 2.5 m 处(煤层中)超前支承压力曲线。注浆前煤壁超前支承压力在第 5 m 处达到了最大的 23.01 MPa。注浆后超前支承压力在煤壁前方 3 m 处达到最大的 25.8 MPa。由此可见，在对煤体进行注浆加固后，随着煤体强度的增加，超前支承压力的应力峰值点到煤壁之间的距离缩短了 40%，应力峰值增加了 10.8%，煤体的承载能力得到有效提升并吸收了更多来自顶板的压力。

(2) 水平应力分布规律

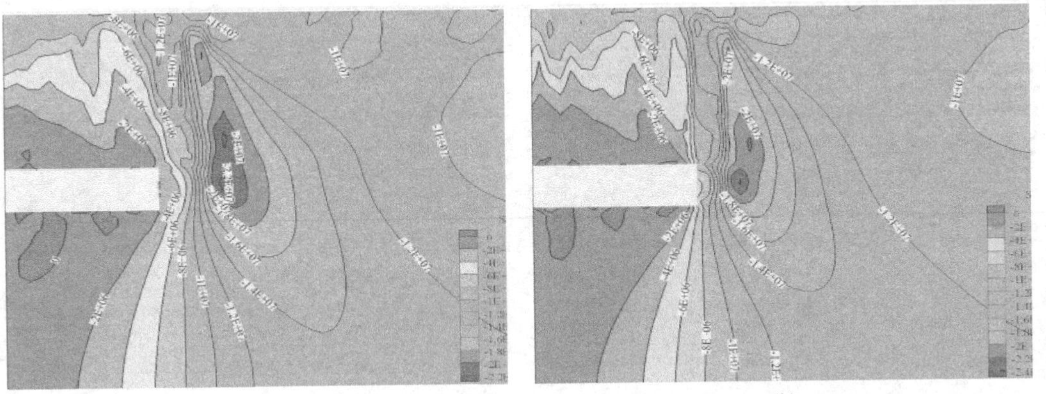

(a)　　　　　　　　　　　　(b)

图 3　注浆前后煤壁前方超前支撑压力分布云图

(a) 注浆前；(b) 注浆后

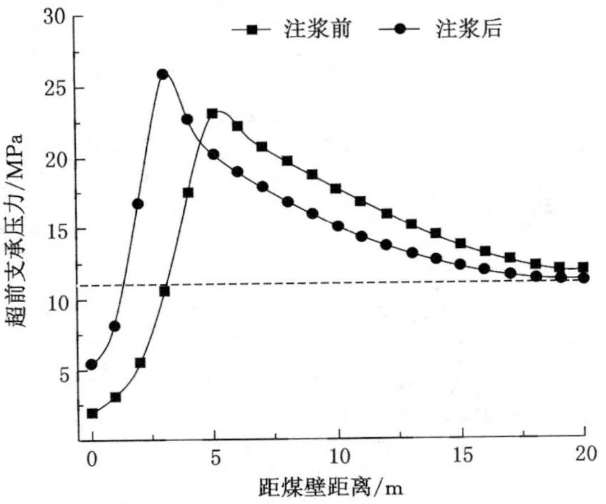

图 4　注浆前后煤壁超前支撑压力

如图 5 所示为注浆前、后工作面前煤体底板上方 2.5 m 处(煤体中)的水平应力等值线分布云图。工作面由左向右推进，左侧为采空区，右侧为工作面煤壁。煤层开采之后，煤壁靠工作面自由空间的水平应力得到释放，煤壁的水平应力比较小，且水平应力向煤壁深处呈抛物线状逐级递增。如图所示，在注浆前煤壁前方低应力区域宽度较长，水平应力峰值距离煤壁较远；注浆加固后，随着工作面的推进煤壁前方水平应力明显降低，应力降低区宽度有所减小，水平应力峰值顶到煤壁的距离显著缩短。

如图 6 所示为注浆前后煤壁前底板上方 2.5 m(煤体中)处水平应力曲线。在注浆前，工作面前方水平应力峰值点距离煤壁 10 m，其应力峰值为 10.23 MPa。注浆后，工作面前方水平应力峰值点距离煤壁 5 m，其应力峰值为 9.26 MPa。可见在注浆加固后，随着煤体强度的增加，煤壁前方的水平应力峰值点到煤壁的距离减少了 50%，水平峰值应力降低了 9.5%。

(3) 工作面前方塑性区情况分析

如图 7 所示为注浆前、后工作面前方煤体的塑性区分布图。从图中可直观地看出，在注浆

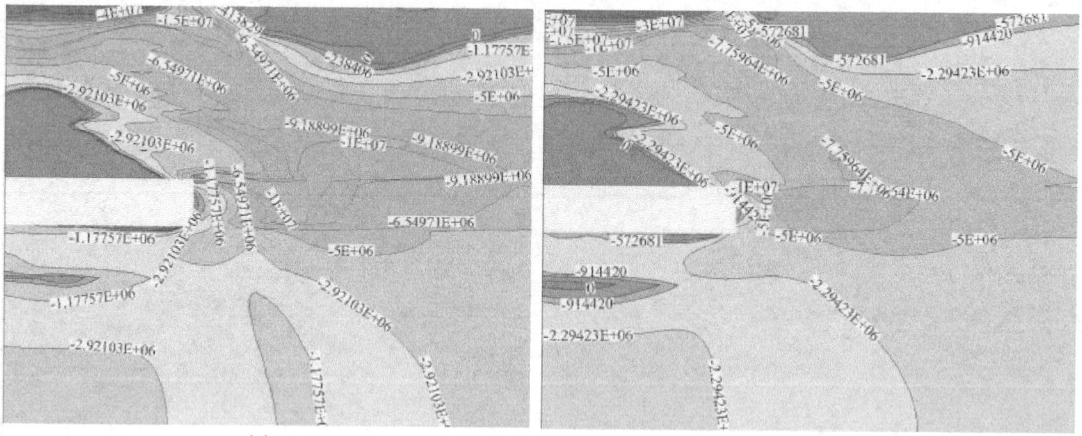

(a)　　　　　　　　　　　　(b)

图 5　注浆前后水平应力云图分布

(a) 注浆前;(b) 注浆后

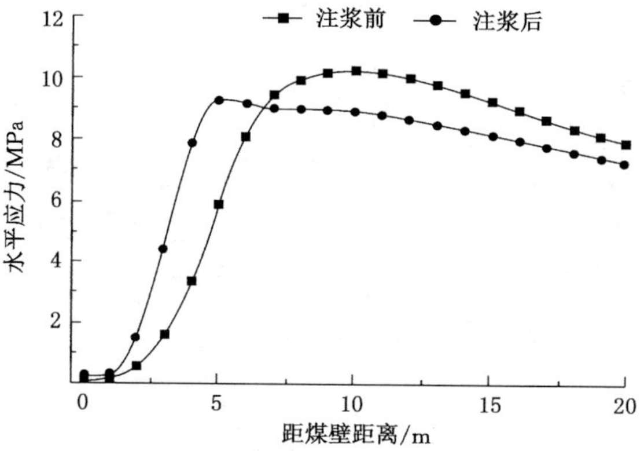

图 6　注浆前后煤壁超前支撑压力

加固后,煤壁前方塑性区由加固之前的 3 m 降低到 2 m,塑性区降低了 33.33%,说明注浆加固后的煤体强度得到了有效的改善,其承压能力增强,且大大减小了煤壁片帮的风险,缓解了煤壁内支承压力作用引起的片帮、失稳现象,工作面煤壁稳定性提高了。

(4) 煤体变形量分析

建立数值模型时,在工作面前方 20 m 范围内于煤层顶、底板分别布置两条测线,对注浆加固前、后工作面前方煤体的变形量进行分析(图 8)。由图可见,在注浆加固前,工作面前方 4 m范围内的煤体受力变形量变化最为显著,其中在煤壁处最大变形量达到了 28.44 cm,而煤壁前方 5 m 处的煤体变形量仅为 4.26 cm,且 5 m 之后的煤体变量逐渐减小。注浆加固后,随着煤体强度的增加,煤壁前方煤体的压缩变形量得到有效的控制,其中煤壁端的最大变形量为 6.09 cm,比注浆前降低了 79%,且煤体变形显著的距离仅有 3 m,煤壁前方 3 m 之外的煤体变形量大大减小。由此可见,对煤体进行注浆加固使得煤体强度得到有效提高,降低了工作面前方煤体的变形量,大大降低了煤壁片帮事故的风险。

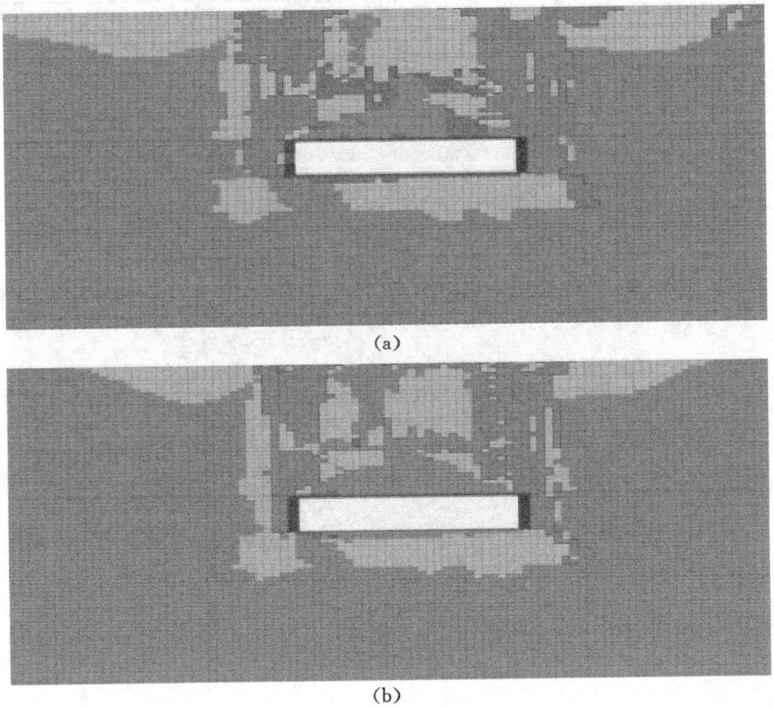

图 7　注浆前后工作面前方塑性区分布图

(a) 注浆前;(b) 注浆后

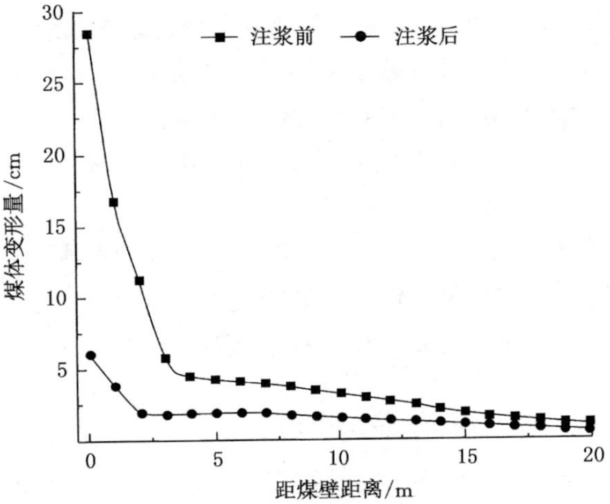

图 8　注浆前后煤体的变形曲线图

4　注浆压力对煤壁稳定性影响模拟

(1) 注浆压力对煤壁稳定性影响模拟

进行煤层注浆之后,钻孔周围一定范围内将形成孔隙压力,因此在模拟不同注浆压力煤壁稳定性之前,需先模拟注浆钻孔周围的应力场,得出注浆孔压场的分布规律。根据工程现场注浆反馈,工作面的注浆压力在 4～10 MPa,故本次模拟分别对注浆压力为 4 MPa、6 MPa、8 MPa、10 MPa 进行模拟,注浆模型见图 9 所示。

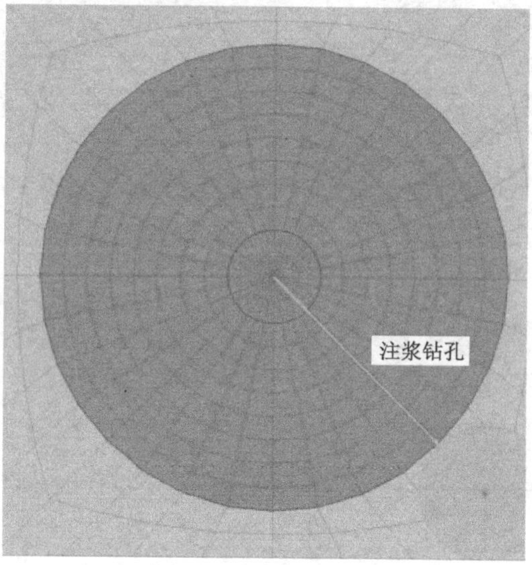

图 9　注浆模型

根据工程实际情况,钻孔直径为 42 mm,孔深 8 m,模型长 6 m,高 6 m,宽 8 m。在 $FLAC^{3D}$ 程序中进行渗流计算,需要用到的主要参数有渗透系数、密度、孔隙率和流体体积模量及流体抗拉强度等,其中煤体的渗透系数是最主要的参数。根据合阳矿相关地质资料显示,煤体渗透系数 $k=1.35\times10^{-10}$ $m^2/Pa\cdot sec$。浆液的密度为 1 200 kg/m^3,煤的干密度为 1 320 kg/m^3。分别对模型进行注浆压力为 4 MPa、6 MPa、8 MPa、10 MPa 的注浆模拟,注浆 1 h后分析煤体孔压场的分布情况,如图 10 所示。

根据模拟结果得出在不同注浆压力下沿注浆孔径向的孔隙压力分布曲线,如图 11 所示。从图 11 可见,随着注浆压力增大,距离钻孔相同距离的孔隙压力增大,孔隙压力扩散范围也增大,孔隙压力与钻孔的距离呈双曲线关系,即距离一定的条件下,随注浆压力的增大,孔隙压力升高。

根据实际施工要求,对工作面煤壁进行注浆加固,即在工作面煤壁进行钻孔注浆对煤体进行加固。以此建立工作面的倾向 $FLAC^{3D}$ 数值模型如图 12 所示。如图所示的工作面注浆加固数值模型,长度为 50 m,高度为 40 m,宽度为 50 m,工作面长度约为 50.2 m,在工作面底板上方布置 11 个直径为 42 mm 的钻孔,钻孔间距为 4.5 m,孔深为 8 m,倾角为 11°。工作面每天向前推进 2.5 m,同时工作面每推进 2.5 m 对煤壁进行注浆加固。现对不同注浆压力情况下对煤壁稳定性影响进行模拟分析,选择 4 MPa、6 MPa、8 MPa、10 MPa 等 4 种不同的注浆压力对煤体进行加固,分析在该注浆压力条件下煤壁的稳定性及受力状态。

(2) 注浆压力对单一钻孔的应力影响

现仅对单一钻孔实施注浆加固,当注浆压力分别为 4 MPa、6 MPa、8 MPa、10 MPa 的情况下,加固后钻孔周围煤体的垂直应力分布情况如图 13 所示。

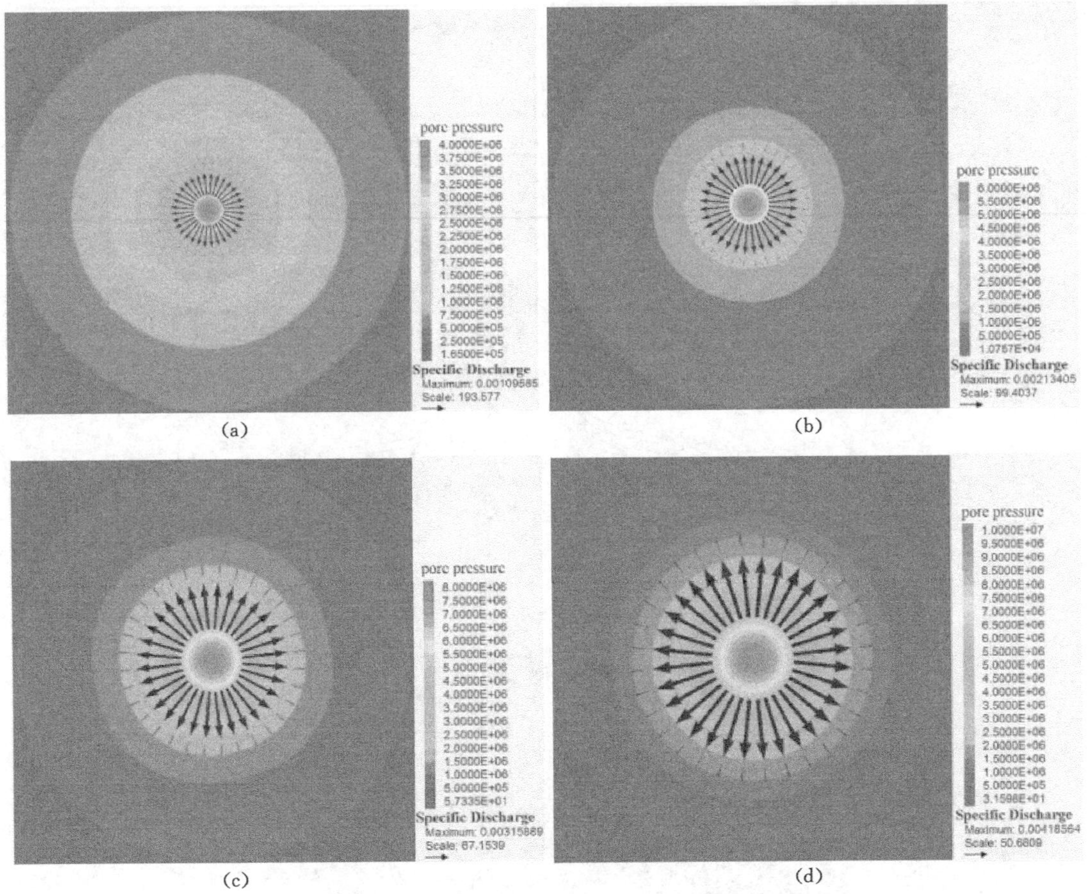

图 10　不同注浆压力下孔隙压力分布云图

(a) 注浆压力为 4 MPa；(b) 注浆压力为 6 MPa；(c) 注浆压力为 8 MPa；(d) 注浆压力为 10 MPa

由图 13 可见，随着注浆压力的增大，浆液影响半径变化并不明显，基本保持在 1.5 m 左右。加固的煤体所承受的垂直应力随着注浆压力的增加而增大，当注浆压力为 4 MPa 时，钻孔周围已加固煤体所受垂直应力最小，为 4.48 MPa；当注浆压力为 10 MPa 时，钻孔周围已加固煤体所受垂直应力达到最大值，为 7.73 MPa。即注浆压力越大，加固后煤体承受垂直应力越大，而钻孔两边未进行注浆加固的煤体垂直应力约为 1.68 MPa，远小于注浆钻孔周围煤体的垂直应力。实施注浆加固后，随着煤体强度的增加，可吸收更多来自上方顶板的压力。

(3) 注浆压力对工作面煤壁的垂直应力影响

现按照注浆施工要求，先对工作面煤壁进行钻孔注浆加固，再进行开挖，每开挖 2.5 m 再进行注浆加固，往复循环直至开挖到 25 m，保留 25 m 煤体，使工作面采场处于模型的中央。如图 14 所示是工作面推进至 25 时工作面煤壁的垂直应力分布情况。在 0 m 处布置注浆钻孔，之后每 4.5 m 布置一个钻孔，由图可见工作面煤壁垂直应力在钻孔附近时骤然增加，而在钻孔中间部位减小，应力呈现波浪起伏势态。当注浆压力为 4 MPa 时，加固后的煤体所受最大垂直应力为 5.14 MPa；当注浆压力为 10 MPa 时，加固后的煤体所受最大垂直应力达到 7.56 MPa。即随着注浆压力的增加，工作面煤壁所受垂直应力也随之增加。

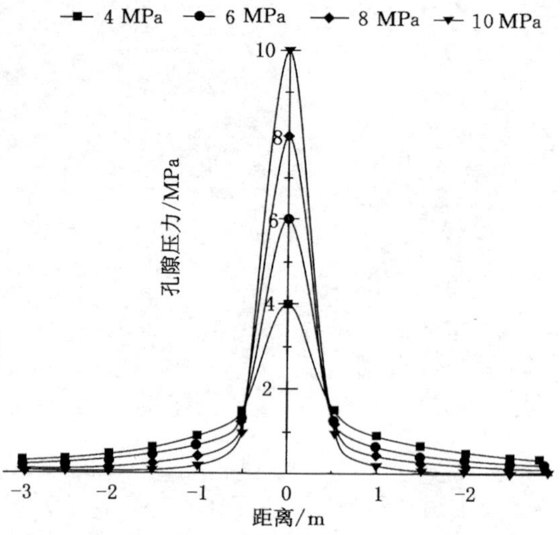

图 11　注浆孔孔隙压力分布曲线

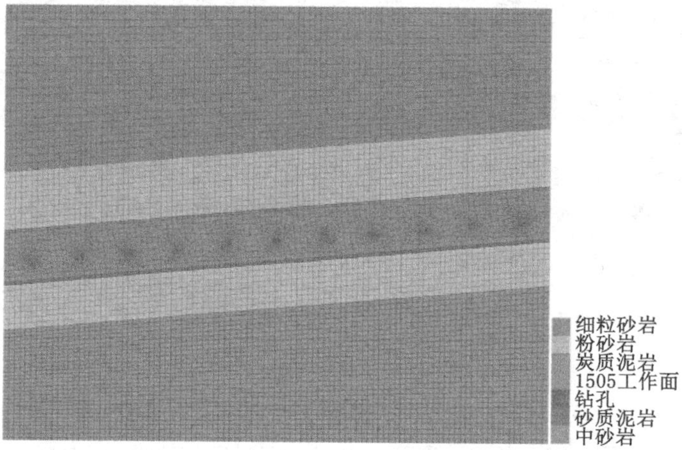

图 12　工作面注浆加固数值模型

(4) 注浆压力对煤壁超前支撑压力的影响

如图 15 所示,在注浆压力分别为 4 MPa、6 MPa、8 MPa、10 MPa 的情况下工作面煤壁前底板上方 2.5 m 处(煤体中部)垂直应力(超前支承压力)分布图。

由图 15 可见,当注浆压力为 4 MPa 时,支承压力峰值点距工作面煤壁 5 m,支承压力峰值大小为 25.01 MPa;当注浆压力为 6 MPa 时,支承压力峰值点距工作面煤壁 5 m,支承压力峰值大小为 25.30 MPa;当注浆压力为 8 MPa 时,支承压力峰值点距工作面煤壁 4.6 m,支承压力峰值大小为 25.90 MPa;当注浆压力为 10 MPa 时,支承压力峰值点距工作面煤壁 4.6 m,支承压力峰值大小为 26.26 MPa。由此可知,随着注浆压力的增加,支承压力峰值点向工作面煤壁侧移动,且峰值逐渐略有增大。

(5) 注浆压力对煤体变形量的影响

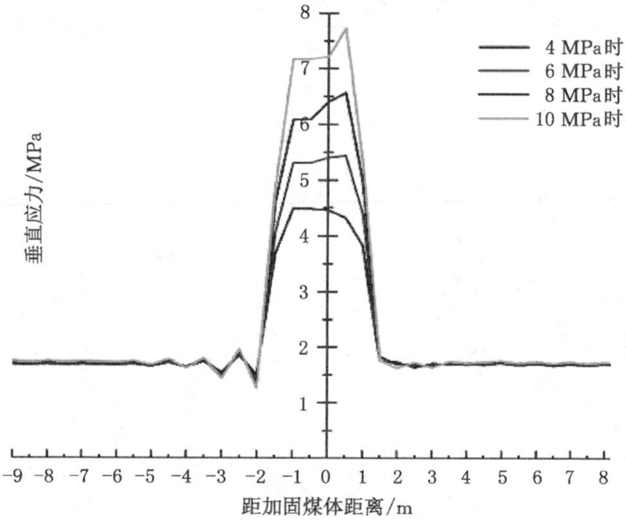

图 13　不同注浆压力情况下钻孔周围煤体的垂直应力

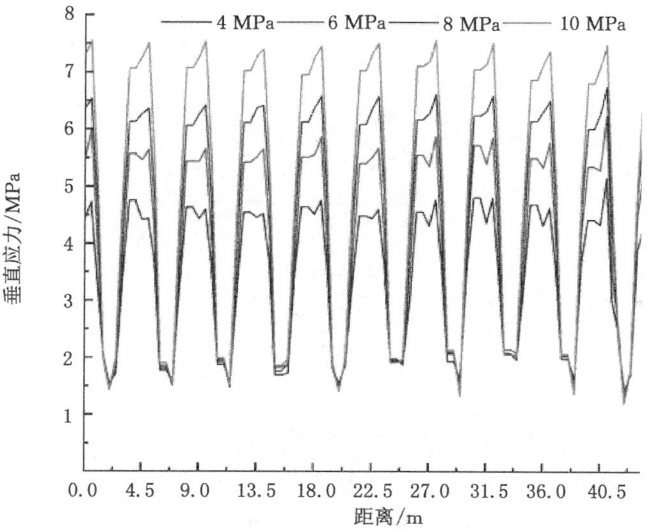

图 14　不同注浆压力情况下煤壁的垂直应力

建模时在工作面前方煤层顶板设置一系列的监测点，监测点起始位置距离煤壁为 0 m，之后每隔 0.5 m 设置一个监测点，监测距离 20 m，总共设置 201 个监测点，同理在煤层的底板设置对应的 201 个监测点。模拟完成之后输出各个监测点垂直方向的位移，将对应位置监测点的位移作差得到该位置的煤体压缩变形量，如图 16 所示。

由图 16 可见，当注浆压力为 4 MPa 时，煤体变形量在煤壁前方 4.8 m 范围内最为显著，最大前行量达到了 39.67 cm，5 m 之后煤体变形量注浆降低；当注浆压力为 6 MPa 时，煤体变形量在煤壁前方 4.3 m 范围内最为显著，最大前行量达到了 38.20 cm，4.3 m 之后煤体变形量注浆降低；当注浆压力为 8 MPa 时，煤体变形量在煤壁前方 3.8 m 范围内最为显著，最大前行

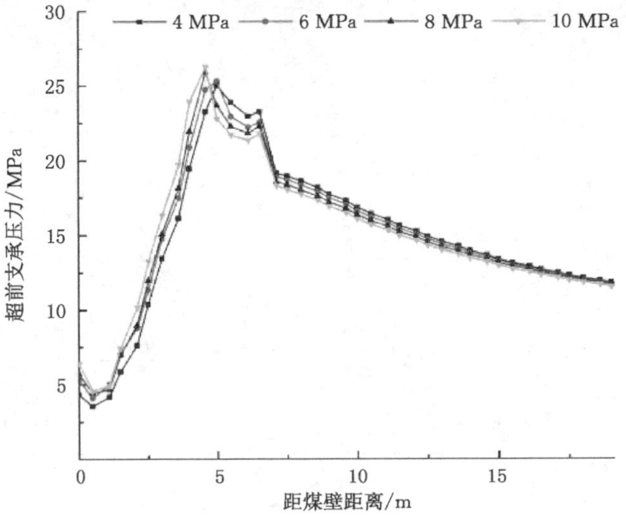

图 15　不同注浆压力对超前支承压力的影响

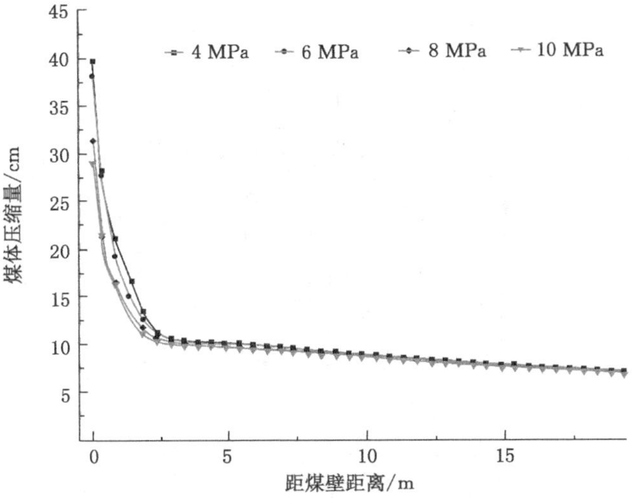

图 16　不同注浆压力对煤体变形量的影响

量达到了 31.30 cm,3.8 m 之后煤体变形量注浆降低;当注浆压力为 10 MPa 时,煤体变形量在煤壁前方 3.3 m 范围内最为显著,最大前行量达到了 29.08 cm,3.3 m 之后煤体变形量注浆降低。随着注浆压力的增加,煤体强度逐渐增强,工作面前方煤体的变形量逐渐减小,有效提高了煤壁的稳定性,大大改善了煤壁片帮、失稳等灾害。

5　结语

(1) 裂隙煤(岩)体注浆加固作用机理具体包括四种作用:网络骨架作用、黏结补强作用(提高变形刚度及抗剪强度)、充填压密作用、转变煤岩体破坏机制作用等。

(2) 建立工作面走向数值模拟,对注浆前、注浆后煤体的垂直应力、水平应力、工作面前方塑性区及煤体变形量进行分析得出:随着注浆后煤体的强度得到提高,工作面前方煤壁的超前支承压力峰值及水平应力峰值增加,且峰值应力点距煤壁的距离有所减小;工作面前方塑性区宽度随随煤体强度的提高而减小;注浆加固后,煤体的变形量也有所降低。

(3) 建立了工作面倾向数值模型,分析了不同的注浆压力对工作面煤壁稳定性及前方塑性区、煤体变形量的影响,得出:随着注浆压力的增大,被加固煤体处所受垂直应力增大;当注浆压力从 4 MPa 增至 10 MPa 时,煤壁超前支撑压力有所增加,且应力峰值点到煤壁的距离有所减小;随着注浆压力的增加,工作面前方的塑性区宽度有所减小;工作面前方煤体变形量随着注浆压力的增大逐渐变小。

参考文献

[1] 晁先进.采煤工作面破碎顶板注浆加固技术及应用[J].煤炭科技,2020,41(5):78-79.

[2] 刘泉声,周越识,卢超波,等.含裂隙泥岩注浆前后力学特性试验研究[J].采矿与安全工程学报,2016,33(3):509-514.

[3] 刘宏杰.注浆技术在松软煤层孤岛工作面中的应用[J].煤矿机电,2020,41(3):75-77.

[4] 赵会波,王涛.孤岛综放工作面三角煤失稳机理及控制技术[J].煤炭工程,2020,52(9):61-65.

[5] 吴怀国,魏宏亮,田凤兰,等.矿用高分子注浆加固材料性能特点及研究方向[J].煤炭科学技术,2012,40(5):27-29.

[6] 熊祖强,范传河,袁印.空巷似膏体材料充填技术研究[J].煤炭科学技术,2015,43(5):13-16.

[7] 张永.综采工作面过断层超前深孔注浆技术应用研究[J].安徽理工大学学报(自然科学版),2013,33(3):63-68.

煤层底板巷穿层钻孔与水力冲孔联合抽采瓦斯模拟研究

范超军[1,2],文海欧[1],杨雷[1],贯策[1],汤进宝[1],韩军[1]
(1. 辽宁工程技术大学矿业学院,辽宁阜新,123000;2. 中煤科工集团沈阳研究院有限公司煤矿安全技术国家重点实验室,辽宁沈阳,113122)

摘　要:受浅部煤炭资源耗竭的影响,我国煤矿逐渐转入深部开采,而深部煤层具有"高地应力、高瓦斯压力和低透气性"特征,瓦斯灾害危险性增大,严重威胁着煤矿安全生产。瓦斯抽采能够降低煤层瓦斯压力和含量,是防治矿井瓦斯灾害的主要措施。将煤体简化为孔隙一裂隙双重结构和单渗透率的连续介质,在考虑了气体滑脱效应和气水两相渗流的综合作用下,建立了煤层中瓦斯运移的渗流一应力耦合模型,包括瓦斯渗流场、水渗流场和应力场的控制方程以及孔隙率、渗透率演化方程,在此基础上模拟了水力冲孔与普通抽采孔相结合的底板巷穿层抽采瓦斯过程,利用瓦斯抽采结果评价巷道掘进的突出危险性,并进行工程实践验证。结果表明:瓦斯抽采能降低煤层瓦斯压力,减缓瓦斯释放速率,构建的渗流一应力耦合模型能够较为准确地反演钻孔和冲孔抽采瓦斯规律;采用底板巷穿层钻孔与水力冲孔联合瓦斯抽采方案后,煤层瓦斯压力和含量分别降低到 0.5 MPa 和 5.68 m^3/t 以下,分别降低了 23%～75%和69.13%～70.27%。

关键词:低透煤层;瓦斯抽采;底抽巷;流固耦合;数值模拟

0　引言

随着煤矿开采深度的增加,煤层内瓦斯压力和含量增高,煤与瓦斯突出、瓦斯爆炸等瓦斯事故相继发生,严重威胁着煤矿安全生产[1,2]。底抽巷穿层钻孔抽采瓦斯能够降低煤层瓦斯压力和含量,消除突出危险性,是防治瓦斯事故的有效途径[3]。合理的抽采钻孔布置参数能避免钻孔间的抽采盲区,提高瓦斯抽采量,减小钻孔施工量,降低瓦斯抽采工程的成本。弄清煤层中瓦斯运移规律,是确定合理抽采钻孔参数的关键[4]。

对于瓦斯在煤层中运移规律,学者们研究了煤与瓦斯的相互作用关系,认为煤层受力变化、瓦斯压力变化会使煤体变形,引起孔隙率和渗透率发生变化,提出了较多气固耦合模型,如梁冰[5]、徐涛[6]和 Connell[7]等建立了不同应力条件下煤与瓦斯气固耦合模型;之后,将瓦斯吸

基金项目:国家自然科学基金资助项目(52004117,52074146,51874159);辽宁省自然科学基金重点联合项目(2020-KF-13-05);中国博士后科学基金面上项目(2020M680975);辽宁省教育厅科学技术研究项目(LJ2020JCL005)。

附/解吸作用对煤体变形影响引入了气固耦合模型中[8-10]。实际上，煤层中水的存在将占据煤层气运移的通道，使煤层气相对渗透率降低，水对煤体骨架也具有压力作用[11,12]。同时，煤层中的瓦斯气体流动与液体流动有很大的不同，这是由于有效渗透率依赖于瓦斯气体的可压缩性和压力[13]。煤层渗透率对瓦斯气体压力的依赖性，即滑脱效应(Klinkenberg 效应)，对气体的流动行为有着重要的影响[14]。在以往的研究中，地下水和滑脱效应常常被忽略，给抽采钻孔设计、瓦斯抽采量计算造成较大误差[15,16]。

本文考虑了气体滑脱效应和气水两相渗流的综合作用下，建立了由瓦斯渗流场、水渗流场和应力场组成的煤层中瓦斯运移渗流-应力耦合模型，将数学方程组嵌入有限元软件，模拟了底板巷穿层钻孔和水力冲孔联合抽采瓦斯过程，分析了瓦斯抽采后巷道掘进过程中的突出危险性，并根据设计方案进行现场工程应用。研究结果为优化抽采钻孔布置方式提供指导。

1　煤层中瓦斯运移的渗流-应力耦合作用模型

根据煤层瓦斯赋存环境，提出如下假设[10,15-17]：① 煤体是一种孔隙—裂隙双重结构、单渗透率的弹性连续介质；② 地下水仅赋存、运移于裂隙中，瓦斯同时以吸附态和游离态赋存、运移于孔隙和裂隙中，裂隙由水和瓦斯所饱和，瓦斯吸附/解吸过程在瞬间完成；③ 瓦斯运移与煤储层的孔隙结构密切相关，并被视为串联的 3 个步骤：首先，瓦斯从煤基质的孔隙壁解吸，满足朗缪尔吸附定律；然后，在浓度梯度作用下瓦斯从煤基质的孔隙扩散到裂隙中，满足 Fick 扩散定律；最后，瓦斯从裂隙渗流到气井中，满足 Darcy 渗流定律；④ 瓦斯为理想气体，符合理想气体状态方程；⑤ 忽略气体的体积力；⑥ 以拉应力为正，孔隙压力为负。

1.1　*渗流场控制方程*

煤层是一种具有孔隙—裂隙结构的层状固体可燃矿物，其孔隙—裂隙空间中充满了大量的吸附/游离态瓦斯及地下水。煤基质中瓦斯由吸附和游离态气组成，单位体积的煤基质中瓦斯质量可定义为[18]：

$$m_m = \varphi_m \rho_g + V_{sg} \rho_s \rho_{gs} \tag{1}$$

式中，φ_m为基质孔隙率；ρ_g为瓦斯的密度，kg/m^3；V_{sg}为吸附瓦斯含量，m^3/kg；ρ_s为煤骨架的密度，kg/m^3；ρ_{gs}为标准状态下瓦斯的密度，kg/m^3。

根据理想气体状态方程，瓦斯的密度为：

$$\rho_g = \frac{M_g}{RT} p \tag{2}$$

式中，M_g为气体摩尔质量，kg/mol；R 为气体摩尔常量，J/(mol·K)；p 为气体压力，MPa；T 为煤层温度，K。

煤基质中吸附的煤层气体积，可用修正朗缪尔方程表示[10]：

$$V_{sg} = \frac{V_L p_m}{P_L + p_m} \tag{3}$$

式中，V_L为朗缪尔体积常数，m^3/kg；p_L为朗缪尔压力常数，Pa；p_m为基质中煤层气压力，MPa。

瓦斯最开始处于吸附和解吸动态平衡状态，基质内孔隙瓦斯压力等于裂隙瓦斯压力。当平衡状态因抽采而被打破,吸附状态的瓦斯解吸,并在浓度梯度的作用下以扩散为主导地运移到裂隙系统中。根据 Fick 扩散定律,煤基质中瓦斯的质量守恒方程为[13]:

$$\frac{\partial m_{\mathrm{m}}}{\partial t}=-\frac{M_{\mathrm{g}}}{\tau RT}(p_{\mathrm{m}}-p_{\mathrm{fg}}) \tag{4}$$

式中,p_{fg}为裂隙中瓦斯压力,MPa;τ 为瓦斯解吸时间,体现了煤基质的放散能力,等于当基质解吸 63.2%的吸附瓦斯所用的时间,可通过煤样的解吸实验获得。

将式(1)～式(3)带入式(4),可得到煤基质中瓦斯运移方程:

$$\frac{\partial}{\partial t}\left(\frac{V_{\mathrm{L}}p_{\mathrm{m}}}{P_{\mathrm{L}}+p_{\mathrm{m}}}\rho_{\mathrm{s}}\frac{M_{\mathrm{g}}}{RT_{\mathrm{s}}}p_{\mathrm{s}}+\varphi_{\mathrm{m}}\frac{M_{\mathrm{g}}}{RT}p_{\mathrm{m}}\right)=-\frac{M_{\mathrm{g}}}{\tau RT}(p_{\mathrm{m}}-p_{\mathrm{fg}}) \tag{5}$$

裂隙系统中同时存在地下水和瓦斯,流体的运移为气-水两相流状态;煤基质为裂隙提供了质量源,裂隙系统的气相质量守恒方程为[19]:

$$\frac{\partial(s_{\mathrm{g}}\varphi_{\mathrm{f}}\rho_{\mathrm{g}})}{\partial t}+\nabla\cdot(\rho_{\mathrm{g}}\vec{q}_{\mathrm{g}})=(1-\varphi_{\mathrm{f}})\frac{M_{\mathrm{g}}}{\tau RT}(p_{\mathrm{m}}-p_{\mathrm{fg}}) \tag{6}$$

$$\frac{\partial(s_{\mathrm{w}}\varphi_{\mathrm{f}}\rho_{\mathrm{w}})}{\partial t}+\nabla\cdot(\rho_{\mathrm{w}}\vec{q}_{\mathrm{w}})=0 \tag{7}$$

式中,S_{g}为气相饱和度;φ_{f}为裂隙孔隙率;$\vec{q}_{\mathrm{g}}$ 为瓦斯流速,m/s;s_{w}为水相饱和度;ρ_{w}为水密度,kg/m^3;$\vec{q}_{\mathrm{w}}$ 为水流速,m/s。

考虑滑脱滑脱效应,结合气—水两相渗流的广义 Darcy 定律,裂隙中瓦斯和水的流速为[19,20]:

$$\vec{q}_{\mathrm{g}}=-\frac{kk_{\mathrm{rw}}}{\mu_{\mathrm{g}}}\left(1+\frac{b_1}{p_{\mathrm{fg}}}\right)\nabla p_{\mathrm{fg}} \tag{8}$$

$$\vec{q}_{\mathrm{w}}=-\frac{kk_{\mathrm{rw}}}{\mu_{\mathrm{w}}}\nabla p_{\mathrm{fw}} \tag{9}$$

式中,k 为裂隙绝对渗透率,m^2;k_{rg}为气相的相对渗透率;μ_{g}为气相动力黏度,Pa·s;b_1为滑脱因子,Pa;μ_{w}水相动力黏度,Pa·s;p_{fw}为裂隙中水压力,MPa。

将式(8)带入式(6),将式(9)带入式(7),可得到瓦斯和水的渗流场控制方程:

$$\frac{\partial}{\partial t}\left(\varphi_{\mathrm{f}}\frac{M_{\mathrm{g}}}{RT}p_{\mathrm{fg}}\right)+\nabla\cdot\left(-\frac{M_{\mathrm{g}}(p_{\mathrm{fg}}+b_1)}{RT}\frac{kk_{\mathrm{rw}}}{\mu_{\mathrm{g}}}\nabla p_{\mathrm{fg}}\right)=(1-\varphi_{\mathrm{f}})\frac{M_{\mathrm{g}}}{\tau RT}(p_{\mathrm{m}}-p_{\mathrm{fg}}) \tag{10}$$

$$\frac{\partial}{\partial t}(s_{\mathrm{w}}\varphi_{\mathrm{f}}\rho_{\mathrm{w}})+\nabla\cdot\left[-\rho_{\mathrm{w}}\frac{kk_{\mathrm{rw}}}{\mu_{\mathrm{w}}}\nabla p_{\mathrm{fw}}\right]=0 \tag{11}$$

1.2 应力场控制方程

煤体为双重孔隙介质,其力学特性受到孔隙和裂隙的影响。煤体的总应变是应力引起的应变,瓦斯和水引起应变,瓦斯吸附解吸引起应变,温度变化导致的应变之和[17]:

$$\varepsilon_{\mathrm{ij}}=\frac{1}{2G}\sigma_{\mathrm{ij}}-\left(\frac{1}{6G}-\frac{1}{9K}\right)\sigma_{\mathrm{kk}}\delta_{\mathrm{ij}}+\frac{\alpha_{\mathrm{m}}p_{\mathrm{m}}+\alpha_{\mathrm{f}}p_{\mathrm{f}}}{3K}\delta_{\mathrm{ij}}+\frac{\varepsilon_{\mathrm{a}}}{3}\delta_{\mathrm{ij}} \tag{12}$$

式中,δ_{ij}为 Kronecker 符号;D 为等效煤体弹性模量,GPa,$D=1/[1/E_{\mathrm{s}}+1/(aK_{\mathrm{n}})]$;$G$ 为煤体剪切模量,GPa,$G=D/2(1+\upsilon)$;K 为煤体体积模量,GPa,$K=D/3(1-2\upsilon)$;K_{s}为煤骨架体积模量,GPa,$K_{\mathrm{s}}=E_{\mathrm{s}}/3(1-2\nu)$;$E_{\mathrm{s}}$为煤骨架弹性模量,GPa;$K_{\mathrm{n}}$为裂隙刚度;GPa;$\upsilon$ 为泊松比;α_{m}和 α_{f}分分别为孔隙和裂隙对应的 Biot 有效应力系数,$\alpha_{\mathrm{m}}=1-K/K_{\mathrm{s}}$,$\alpha_{\mathrm{f}}=1-$

$K/(aK_n)$；ε_a为骨架吸附瓦斯应变；p_f为裂隙流体压力，MPa；a 为基质体的宽度，m。

骨架吸附瓦斯应变与吸附量成正比[13]：

$$\varepsilon_a = \alpha_{sg} V_{sg} \tag{13}$$

式中，α_{sg}为吸附应变系数，kg/m^3；V_{sg}为瓦斯吸附量，m^3/kg。

根据弹性力学，煤储层的几何关系和静力平衡关系分别为：

$$\begin{cases} \varepsilon_{ij} = \dfrac{1}{2}(u_{i,j} + u_{j,i}) \\ \sigma_{ij,j} + F_i = 0 \end{cases} \tag{14}$$

式中，F_i为体积力，MPa；u_i为 i 方向上的位移，m；$i = x$、y、z。

联立式(12)和式(14)，得考虑孔隙压力、温度变化和吸附的修正 Navier 方程，即应力场控制方程为：

$$Gu_{i,jj} + \frac{G}{1-2\upsilon}u_{j,ji} - \alpha_m p_{m,i} - \alpha_f p_{f,i} - K\varepsilon_{a,i} + F_i = 0 \tag{15}$$

1.3 孔隙率与渗透率方程

孔隙率和渗透率作为抽采过程中瓦斯在煤体中运移的关键性参数，与所受应力和煤体固有材料特性密切相关。煤基质中孔隙率可表示为[21]：

$$\varphi_m = \frac{1}{(1+S)}[\varphi_{m0}(1+S_0) + \alpha_m(S - S_0)] \tag{16}$$

式中，$S = \varepsilon_v + p_m/K_s - \varepsilon_a$；$\varepsilon_v$ 为煤的体积应变；下标“0”代表初始值。

裂隙孔隙率可定义为[21]：

$$\varphi_f = \varphi_{f0} - \frac{3\varphi_{f0}(\Delta\varepsilon_a - \Delta\varepsilon_v)}{\varphi_{f0} + 3K_f/K} \tag{17}$$

式中，K_f为改进裂隙刚度，$K_f = bK_n$，GPa；b 为裂隙宽度，m。

采用立方定律表示煤层裂隙渗透率比率与孔隙率比率之间的关系[22]，

$$\frac{k}{k_0} = \left(\frac{\varphi_f}{\varphi_{f0}}\right)^3 \tag{18}$$

将式(17)带入式(18)，可得裂隙渗透率为：

$$k = k_0\left[1 - \frac{3(\Delta\varepsilon_a - \Delta\varepsilon_v)}{\varphi_{f0} + 3K_f/K}\right]^3 \tag{19}$$

式中，k_0为初始渗透率，m^2。

将式(5)、式(10)、式(11)和式(15)联立为煤层中瓦斯运移的渗流—应力耦合作用模型，可通过编程将偏微分方程组嵌入有限元软件，模拟底板巷穿层钻孔抽采瓦斯规律。

2 几何模型与定解条件

2.1 研究背景

平顶山某矿井田南北长约 4 km，东西宽约 3 km，井田面积为 12.87 km^2，核定生产能力为 140 万 t/a。井田位于矿区东部、李口向斜南西翼东部仰起端的过渡地带，总体为走向 NWW、倾向 NNE 的单斜构造,主要构造包括 NW 向发育的逆断层与郭庄背斜断褶带,以及牛庄逆断层、F_2 逆断层与十矿向斜断褶带。该矿共发生煤与瓦斯突出动力现象 28 次,瓦斯突出类型主要表现为压出、突出、倾出三种,最大突出瓦斯量为 25 704 m^3,最大突出煤量为 293 t。随着浅部煤炭资源的枯竭,煤炭开采逐渐向深部转移,煤层表现出赋存条件复杂、高地应力、高瓦斯和低渗透性等特征,瓦斯抽采的难度加大,突出危险性增加。

31020 工作面位于三水平西翼下山上部(图 1),南邻已回采完毕的 17220 采面,北邻尚未采掘的 31040 采面,东邻己七二七轨道下山。31020 工作面开采己$_{15}$煤层,煤层整体赋存较稳定,结构简单,煤层倾角为 8°～11°,平均为 10°。煤层厚度在 3.2～4.5 m,平均煤厚为 3.3 m,原始瓦斯含量为 14.97 m^3/t,原始瓦斯压力为 1 MPa,原始地温为 29.4～32.2 ℃。31020 进风巷走向长为 761 m,沿己$_{15}$煤层顶板掘进,与上覆己$_{14}$煤层间距为 11～14 m,与下覆己$_{16\text{-}17}$煤层间距 1.5～12 m。在 31020 进风巷底板瓦斯抽放巷外错 20 m 处进行施工,两巷层间距为 18 m。31020 进风巷标高为－630～－696 m,垂直埋深 880～976 m。巷道截面为 4.6 m×3.4 m,采用矩形锚网索梁支护,排距 700 mm。

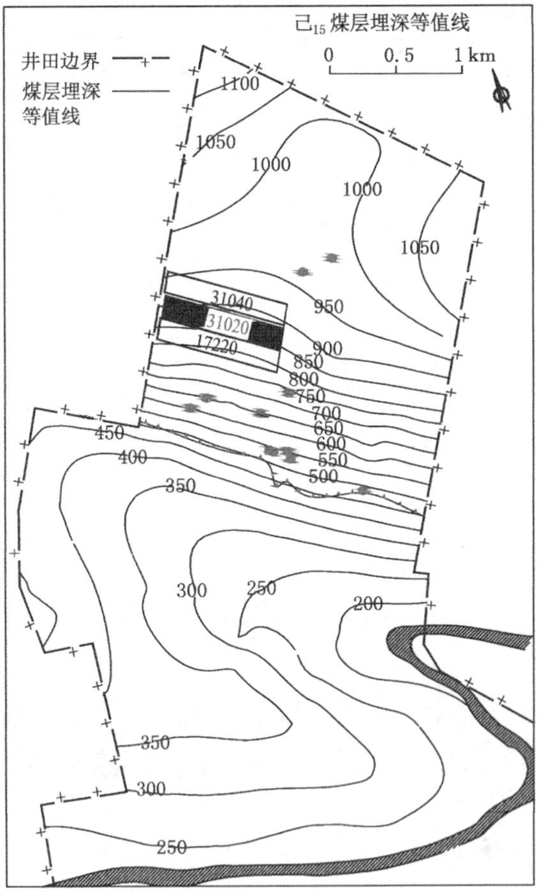

图 1　31020 工作面示意图

2.2 几何模型的构建

31020 进风巷需采用有效的瓦斯抽采措施，降低煤层瓦斯压力，保证掘进工作面在掘进期间安全作业。因此，采用底板巷穿层钻孔瓦斯抽采方案对 31020 进风巷区域防突措施。从底板巷开口向里 35 m 处开始，每 6 m 设计一组钻孔，每组设计钻孔 9 个，其中水力冲孔 3 个，孔径 89 mm，钻孔控制范围为 31020 进风巷两帮轮廓线外 15 m，孔深以见己$_{15}$煤层顶板 0.5 m 为准。在底板巷施工穿层预抽钻孔 127 组，其中普通抽采钻孔 1143 个，水力冲孔 318 个。此外，从底板巷开口往里 462 m 钻孔处开始施工水力冲孔（超前 31020 进风巷 15 m），向 31020 进风巷方向施工 54 组水力冲孔，每组间隔 6 m，每组水力冲孔 6 个，平均孔深 28 m，孔径 89 mm。图 2 为底板巷穿层瓦斯抽采钻孔布置方案及平面布置图。其中，截面 A—A 和截面 B—B 分别有 9 个钻孔（3 个水力冲孔＋6 个普通抽采孔）和 6 个水力冲孔，如图 3 所示。

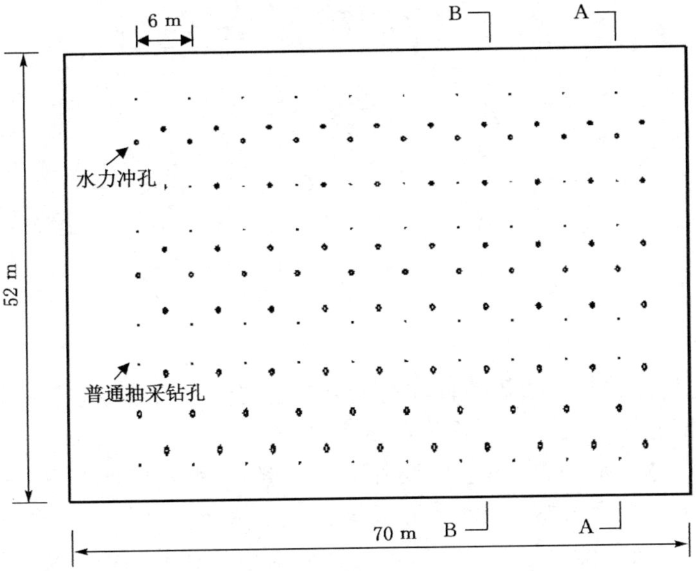

图 2　底板巷穿层瓦斯抽采钻孔布置方案平面图

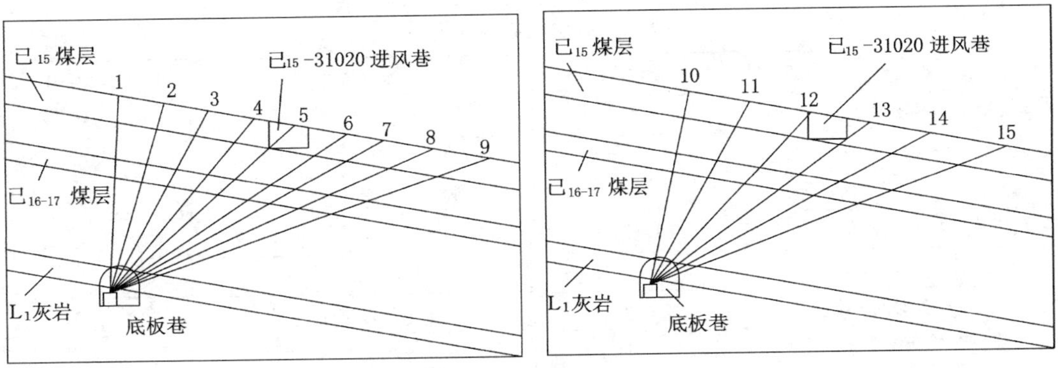

图 3　底板巷预抽煤层瓦斯钻孔布置图

(a) 截面 A—A 钻孔布置；(b) 截面 B—B 钻孔布置

根据31020进风巷瓦斯抽采方案，建立数值计算模型，研究进风巷掘进工作面的瓦斯抽采效果与瓦斯运移特征，如图4所示。在几何模型中设置两条参考线，用于观测煤层中瓦斯压力的变化，分别为位于煤层中部的参考线C—D，以及31020进风巷的轴线的参考线E—F。

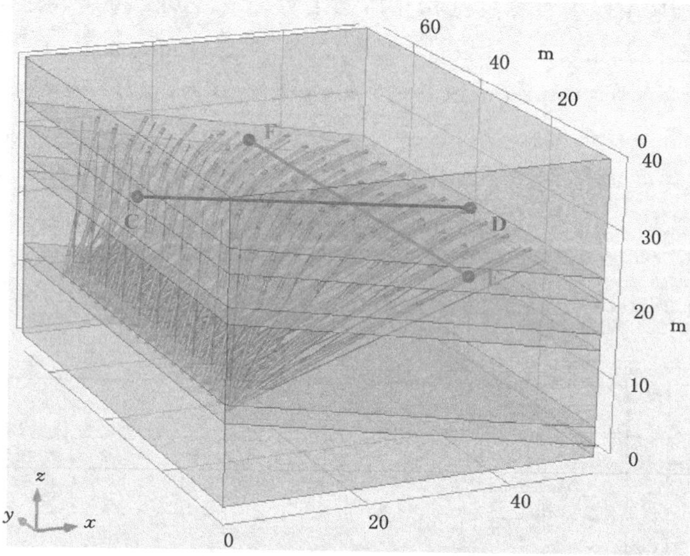

图4　31020进风巷瓦斯抽采几何模型

2.3　定解条件的确定

数值模拟的定解条件包括边界条件和初始条件。对于底板巷穿层钻孔抽采瓦斯模拟的边界条件，在模型顶部施加 z 方向的上覆岩层重力15.3 MPa，x 方向施加18.8 MPa水平应力，y 方向施加12.8 MPa水平应力，底部边界设置为无位移的固支边界，即水平、垂直位移均设置为零，其余两个水平方向为限制水平位移的滑动边界。模型的四周为不渗透边界，即边界处无瓦斯和水等流体的流动。模型外部渗流边界为瓦斯无渗透边界，抽采钻孔孔壁设定为狄氏边界条件，抽采负压为20 kPa。针对底板巷穿层钻孔抽采瓦斯模拟的初始条件，煤层初始瓦斯压力为1.0 MPa，初始渗透率为 1.8×10^{-17} m^2，其他相关参数见表1。

表1　数值模拟采用的相关参数

参数名称	参数值	参数名称	参数值
煤层初始瓦斯压力 p_0/MPa	1.0	地层温度 T_0/K	300
瓦斯吸附体积常数 V_L/(m^3/kg)	0.026 6	吸附应变系数 ε_{max}/(kg/m^3)	0.06
瓦斯吸附压力常数 P_L/MPa	0.568	瓦斯摩尔质量 M_g/(g/mol)	16
瓦斯动力黏度 μ_g/(Pa·s)	1.84×10^{-5}	摩尔气体常数 R/[J/(mol·K)]	8.314
水动力黏度 μ_w/(Pa·s)	1.03×10^{-3}	标况温度 T_s/K	273.5
瓦斯解吸时间 τ/d	1.21	标况大气压力 p_s/kPa	101
煤体初始孔隙率 φ_{m_0}	0.035	煤体密度 ρ_c/(kg/m^3)	1 410
煤体初始裂隙度 φ_{f_0}	0.012	初始渗透率 k_{f_0}/m^2	1.8×10^{-17}
滑脱因子 b_k/MPa	0.36	煤体泊松比 v	0.35

3 数值模拟结果分析

3.1 瓦斯抽采模拟结果分析

随着抽采时间的增加，煤层瓦斯压力逐渐降低，降低范围也逐渐扩大，直至扩展到整个煤层。抽采不同时间后煤层瓦斯压力分布如图 5 所示。当抽采 10 天时，煤层中钻孔周围瓦斯压力降低范围较小；而抽采 120 天时，瓦斯压力降低更加明显，煤层中大部分区域的瓦斯压力从初始瓦斯压力 1 MPa 降低到小于 0.4 MPa。可以看出，水力冲孔的抽采效果明显好于普通抽采钻孔，其主要原因包括：第一，水力冲孔将煤体冲出钻孔，扩大了钻孔的孔壁与煤层的接触面积；第二，煤体被冲出后，水力冲孔周围的煤体发生卸荷，提高了煤层渗透率，加快了瓦斯向钻孔运移的速度，从而促进了瓦斯抽采效率。

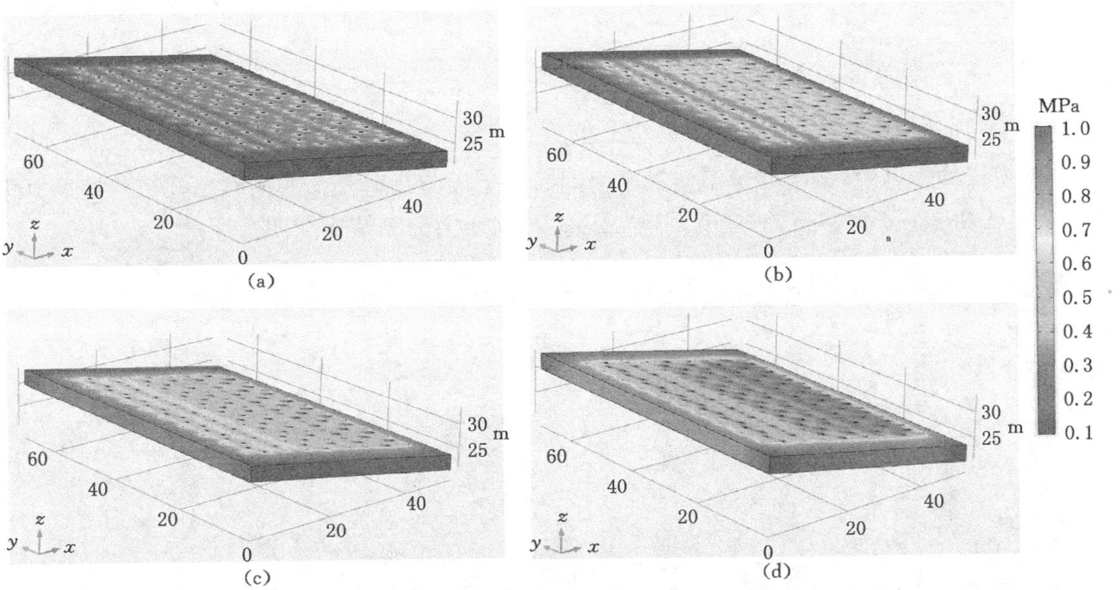

图 5　抽采不同时间后煤层中瓦斯压力分布云图

(a) 抽采 10 d 后的瓦斯压力；(b) 抽采 30 d 后的瓦斯压力；

(c) 抽采 60 d 后的瓦斯压力；(d) 抽采 120 d 后的瓦斯压力

提取煤层中参考线 C—D 和参考线 E—F 上瓦斯压力，分别如图 6(a)和图 6(b)所示。随着瓦斯抽采的进行，参考线上的瓦斯压力逐渐降低。在抽采的初期瓦斯压力降低较快，而随着煤层与钻孔的瓦斯压力梯度降低，瓦斯运移速度减小，在抽采后期瓦斯压力较慢。参考线 E—F靠近钻孔，在钻孔周围的瓦斯压力变化幅度越大，因此参考线 E—F 上瓦斯压力变化更加明显。参考线 C—D 位于煤层倾斜方向上，受布孔方式的影响，钻孔穿过靠近巷道侧的煤层的倾角较小，在煤层内钻孔的长度和钻孔壁的面积越大，该区域(20～45 m)内瓦斯压力降低值越大，抽采效果更加明显。例如，当抽采 120 d 时，在距离 20～45 m 范围内的瓦斯压力最大值为 0.357 MPa，而在距离 10～20 m 范围内的瓦斯压力最大值为 0.475 MPa。

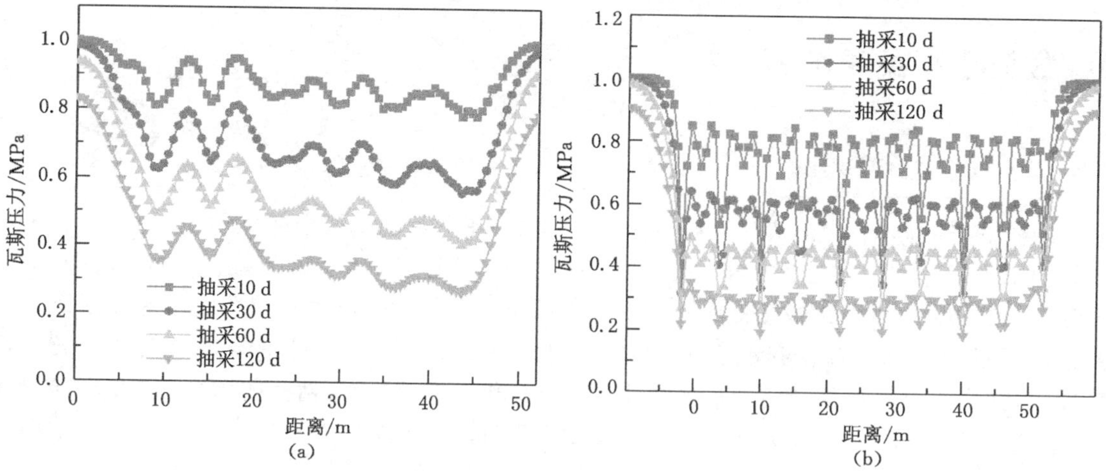

图 6　抽采不同时间后煤层中瓦斯压力分布曲线

(a) 参考线 C—D 上的瓦斯压力;(b) 参考线 E—F 上的瓦斯压力

3.2　瓦斯抽采后巷道掘进过程中瓦斯分布规律分析

将不同抽采时间后煤层瓦斯压力分布作为巷道掘进时煤层中瓦斯的初始压力，导入突出危险性模拟的模型中，再次评价不同抽采时间后发生煤与瓦斯突出的危险性。瓦斯抽采 10 d、30 d、60 d 和 120 d 后巷道掘进 60 m 时煤层中瓦斯压力分布情况如图 7 所示。

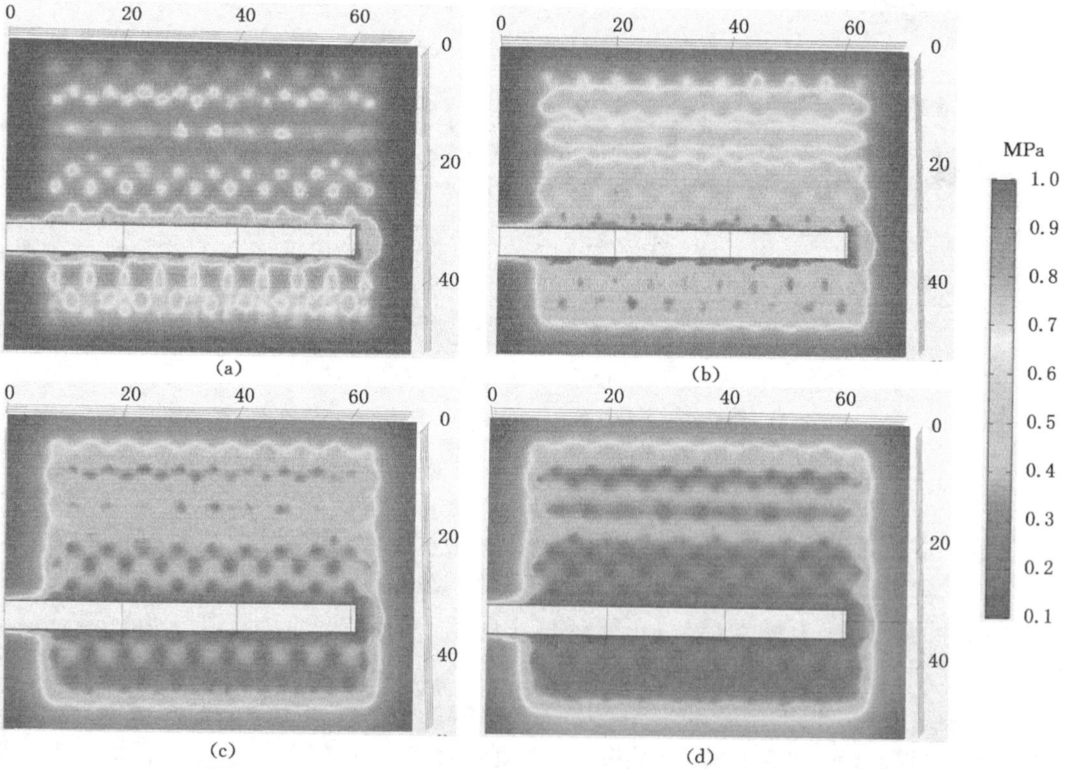

图 7　抽采不同时间后巷道掘进 60 m 时煤层中瓦斯压力分布

(a) 抽采 10 d 后的瓦斯压力;(b) 抽采 30 d 后的瓦斯压力;

(c) 抽采 60 d 后的瓦斯压力;(d) 抽采 120 d 后的瓦斯压力

抽采 10 d 后，煤层中瓦斯压力大于 0.8 MPa，掘进工作面前方煤层中的瓦斯快速运移到巷道，瓦斯压力降低值较大。随着抽采时间增加，巷道壁与煤层的瓦斯压力梯度降低，掘进工作面前方煤体瓦斯运移速度降低，在短时间内运移出来的瓦斯量大大减少。当抽采 120 d，煤层中瓦斯压力降低到 0.3～0.4 MPa，煤层中瓦斯在煤壁短暂的暴露时间内变化不大，突出危险被消除，能够有效控制突出的发生。

4 抽采效果检验

采用残余瓦斯含量和残余瓦斯压力评价方法，即在 31020 进风巷的底板巷施工穿层钻孔进行残余瓦斯含量和残余瓦斯压力测定。当残余瓦斯含量小于 6 m^3/t，残余瓦斯压力小于 0.6 MPa时，判断区域防突措施有效。如果残余瓦斯含量大于等于 6 m^3/t 或残余瓦斯压力大于等于 0.6 MPa 时，继续执行区域防突措施，直至达到区域达标为止。在 31020 进风巷低位瓦斯治理巷开口向里 50 m 至 500 m 处每 50 m 施工一组测试钻孔，共布置 10 组，每组 2 个孔，孔径 75 mm，每个孔均测试残余瓦斯含量和残余瓦斯压力，结果见表 2 所示。

表 2 瓦斯压力与瓦斯含量测定结果

钻孔位置	钻孔编号	测点垂深/m	测点标高/m	最大压力/MPa	瓦斯含量/(m^3/t)
底板巷开口向里 50 m 处	B1-1 号	904	−654	0.3	5.066 7
	B1-2 号	904	−654	0.35	4.703 2
底板巷开口向里 100 m 处	B2-1 号	906	−656	0.25	4.833 8
	B2-2 号	906	−656	0.3	4.186 9
底板巷开口向里 150 m 处	B3-1 号	909	−659	0.4	5.485 3
	B3-2 号	909	−659	0.5	4.733
底板巷开口向里 200 m 处	B4-1 号	910	−660	0.35	4.871 6
	B4-2 号	910	−660	0.3	5.229
底板巷开口向里 250 m 处	B5-1 号	911	−661	0.3	5.021 9
	B5-2 号	911	−661	0.4	5.685 9
底板巷开口向里 300 m 处	B6-1 号	913	−663	0.45	4.596 5
	B6-2 号	913	−663	0.4	4.345 4
底板巷开口向里 350 m 处	B7-1 号	915	−665	0.3	5.100 5
	B7-2 号	915	−665	0.3	4.830 1
底板巷开口向里 400 m 处	B8-1 号	918	−668	0.4	5.003 8
	B8-2 号	918	−668	0.5	4.915 6
底板巷开口向里 450 m 处	B9-1 号	918	−668	0.3	5.262 2
	B9-2 号	918	−668	0.4	5.040 8
底板巷开口向里 500 m 处	B10-1 号	920	−670	0.3	5.256 9
	B10-2 号	920	−670	0.35	5.117 7

根据测定结果，在底板巷穿层钻孔瓦斯抽采方案下，煤层瓦斯压力降低了 23%～75%，瓦斯含量降低了 69.13%～70.27%。最大瓦斯压力和最大瓦斯含量分别降低到 0.5 MPa 和 5.68 m^3/t 以下。31020 进风巷掘进过程中，未出现瓦斯动力现象。采取预抽煤层瓦斯的区域性措施降低了煤层内瓦斯压力和含量，消除了突出危险，保证了巷道掘进过程的安全施工。

5 结论

(1) 建立了煤层中瓦斯运移的流-固耦合作用模型，包括瓦斯渗流场、水渗流场和应力场的控制方程，以及孔隙率、渗透率演化方程，综合考虑了气体滑脱效应和气水两相渗流的影响。

(2) 模拟了水力冲孔与普通抽采孔相结合的底板巷穿层抽采瓦斯过程，并利用抽采结果再次评价巷道掘进的突出危险性。结果表明，瓦斯抽采能降低煤层瓦斯压力，减缓瓦斯释放速率，有效防治突出。

(3) 采用底板巷穿层钻孔与水力冲孔联合瓦斯抽采方案进行工程实践，煤层瓦斯压力降低了 23%～75%，降低到了 0.5 MPa 以下，瓦斯含量降低了 69.13%～70.27%，降低到了 5.68 m^3/t 以下。

参考文献

[1] PALMER I.Coalbed methane completions:a world view[J].International Journal of Coal Geology,2010,82(3/4):184-195.

[2] CHEN S D,TANG D Z,TAO S,et al.Implications of the *in situ* stress distribution for coalbed methane zonation and hydraulic fracturing in multiple seams,western Guizhou, China[J].Journal of Petroleum Science and Engineering,2021,204:108755.

[3] 毕慧杰,邓志刚,赵善坤,等.高瓦斯综采工作面定向高位钻孔瓦斯抽采技术研究[J].煤炭科学技术,2019,47(4):134-140.

[4] FAN C J,LI S,ZHANG H H,et al.Rational boreholes arrangement of gas extraction from unloaded coal seam[J].Advances in Civil Engineering,2018,2018:1-9.

[5] 梁冰,章梦涛,王泳嘉.煤层瓦斯渗流与煤体变形的耦合数学模型及数值解法[J].岩石力学与工程学报,1996,15(2):40-47.

[6] 徐涛,唐春安,宋力,等.含瓦斯煤岩破裂过程流固耦合数值模拟[J].岩石力学与工程学报,2005,24(10):1667-1673.

[7] CONNELL L D.Coupled flow and geomechanical processes during gas production from coal seams[J].International Journal of Coal Geology,2009,79(1/2):18-28.

[8] 郭平,曹树刚,张遵国,等.含瓦斯煤体固气耦合数学模型及数值模拟[J].煤炭学报,2012,37(S2):330-335.

[9] 尹光志,李铭辉,李生舟,等.基于含瓦斯煤岩固气耦合模型的钻孔抽采瓦斯三维数值模拟[J].煤炭学报,2013,38(4):535-541.

[10] XIA T Q,ZHOU F B,LIU J S,et al.Evaluation of the pre-drained coal seam gas quality[J].Fuel,2014,130:296-305.

[11] 陈仕阔.裂隙煤岩气水两相渗流与固体变形耦合作用研究[D].沈阳:东北大学,2012.

[12] 李胜,张浩浩,范超军,等.考虑基质瓦斯渗流的煤层流固耦合模型[J].中国安全科学学报,2018,28(3):114-119.

[13] ZHU W C,LIU J,SHENG J C,et al.Analysis of coupled gas flow and deformation process with desorption and Klinkenberg effects in coal seams[J].International Journal of Rock Mechanics and Mining Sciences,2007,44(7):971-980.

[14] HU G Z,WANG H T,FAN X G,et al.Mathematical model of coalbed gas flow with klinkenberg effects in multi-physical fields and its analytic solution[J].Transport in Porous Media,2008,76(3):407-420.

[15] FAN C J,ELSWORTH D,LI S,et al.Thermo-hydro-mechanical-chemical couplings controlling CH_4 production and CO_2 sequestration in enhanced coalbed methane recovery[J].Energy,2019,173:1054-1077.

[16] LIU T,LIN B Q,FU X H,et al.Modeling coupled gas flow and geomechanics process in stimulated coal seam by hydraulic Flushing[J].International Journal of Rock Mechanics and Mining Sciences,2021,142:104769.

[17] 刘清泉,程远平,李伟,等.深部低透气性首采层煤与瓦斯气固耦合模型[J].岩石力学与工程学报,2015,34(S1):2749-2758.

[18] FAN C J,ELSWORTH D,LI S,et al.Modelling and optimization of enhanced coalbed methane recovery using CO_2/N2 mixtures[J].Fuel,2019,253:1114-1129.

[19] THARAROOP P,KARPYN Z T,ERTEKIN T.Development of a multi-mechanistic,dual-porosity,dual-permeability,numerical flow model for coalbed methane reservoirs[J].Journal of Natural Gas Science and Engineering,2012,8:121-131.

[20] CLARKSON C R,QANBARI F.Transient flow analysis and partial water relative permeability curve derivation for low permeability undersaturated coalbed methane wells[J].International Journal of Coal Geology,2015,152:110-124.

[21] WU Y,LIU J S,ELSWORTH D,et al.Development of anisotropic permeability during coalbed methane production[J].Journal of Natural Gas Science and Engineering,2010,2(4):197-210.

[22] LI S,FAN C J,HAN J,et al.A fully coupled thermal-hydraulic-mechanical model with two-phase flow for coalbed methane extraction[J].Journal of Natural Gas Science and Engineering,2016,33:324-336.

基于常规理化参数的瓦斯吸附量快速预测模型研究

洪溢都，陈伯辉
(福州大学环境与资源学院，福建福州，350108)

摘 要：为了解决常规瓦斯吸附量测试时间长、费用昂贵的问题，通过构建人工神经网络，实现基于常规理化参数的瓦斯吸附量快速预测。本研究收集了贵州省多个地区的煤样数据，选取工业组分和孔隙率作为输入参数，以瓦斯吸附量为输出参数，初步构建了二者之间的快速预测模型。通过测试数据验证表明，吸附常数 a 的预测准确性在 86.07%，吸附常数 b 的预测准确性是 87.80%。由此可见，该模型的预测结果相对准确，为后续的相关研究奠定了基础，同时也为其他地区的瓦斯预测提供了借鉴。

关键词：瓦斯；人工神经网络；工业组分；孔隙率；预测

0 引言

煤炭是我国最重要的能源之一，其蕴藏量居世界第三位，目前占我国一次能源消费总量的60%左右。近十年来，我国原煤产量从 2008 年约 29 亿 t，增长至 2018 年约 37 亿 t，极大地满足了我国经济发展的需求。煤炭需求的快速增长也带来了煤炭采掘深度增加、开采条件恶化、煤矿事故频发等问题。煤矿瓦斯事故不仅会严重破坏矿井通风系统等井巷设施，还会造成大量的人员伤亡，对井下安全生产构成巨大的威胁。2021 年 3 月 25 日，山西省华阳新材料科技集团石港煤业有限公司发生煤与瓦斯突出事故，造成 4 人死亡。2021 年 4 月 9 日，贵州黎明能源集团有限责任公司金沙县东风煤矿发生煤与瓦斯突出事故，造成 8 人死亡。2021 年 4 月 12 日，国家矿山安监局发出关于加强煤矿瓦斯超限等报警处置监督检查工作的通知，要求各产煤地区、有关部门和煤矿企业要深刻汲取事故教训，建立完善瓦斯超限等报警处置工作制度，强化对风险监测预警系统使用和维护，强化瓦斯超限等报警风险分析研判，强化对瓦斯超限等报警处置的现场检查，强化对瓦斯超限等违法违规行为的处理处罚。煤矿瓦斯也是一种高效的清洁资源，其发热量高达 33.5～36.8 MJ/m^3。近 10 年来，我国在煤层气勘探开发领域取得了举世瞩目的成就，产量快速增长，极大地满足了我国能源需求[1]。由此可见，瓦斯既是灾害源，也是清洁能源，想要实现有效控防，就需要详细掌握煤层的瓦斯赋存量，而准确评估煤层瓦斯含量就需要明确煤体的瓦斯吸附特性。

基金项目：国家自然科学青年资助项目(51904285)。

在描述煤对瓦斯的吸附特性方面有许多理论和方法，最常用的方法有朗缪尔方程。张志英等[2]基于朗缪尔方程探究不同温度和压力下页岩解吸附的规律。张天军等[3]基于朗缪尔方程探究了煤样粒径对煤吸附瓦斯能力的影响。刘高峰等[4]基于朗缪尔方程探究了高温高压平衡水条件下的煤体瓦斯吸附规律。秦跃平等[5]基于朗缪尔方程，建立了煤粒瓦斯吸附数学模型，编制解算程序对煤粒瓦斯吸附过程进行数值分析，得到煤粒内部瓦斯压力的变化规律及累积吸附量与时间的关系曲线。虽然将气体含量和压力数据拟合到朗缪尔方程很简单，但是在实验室中对该数据进行测量既费时又相对昂贵。因此，有研究者开始尝试利用机器学习算法对吸附能力进行预测。Meng 等[6]采用四种机器学习算法（ANN、RF、SVM 和 XGBoost）学习预测了页岩的吸附量，发现 XGBoost 的预测最为准确。Chen 等[7]采用留一法（leave-one-out algorithm）训练数据，发现其最终的预测结果要好于常规预测模型。向旻等[8]用深度信念网络进行煤层气含气量进行预测，发现预测结果要好于 BP 神经网络、多元回归统计以及朗缪尔方程三种方法。王书芹[9]采用深度学习相关方法，解决瓦斯浓度预测、瓦斯浓度状态信息辨识和瓦斯突出因素估计的问题，从而构建瓦斯突出事故的预警模型。颜爱华[10]利用多元线性回归、神经网络、支持向量机等理论模型建立煤矿煤层瓦斯含量预测模型并进行了精度比较，结果表明，支持向量机预测模型是较为精确、科学的瓦斯含量预测方法。Meng[11]等基于 ANN 算法精确预测了煤体中的超临界二氧化碳吸附，其预测结果与朗缪尔方程计算结果相似，并且仅需要借助基础的理化参数。Li 等[12]使用 K-邻近算法评估了页岩气的含量，但是预测结果仍然不够准确。陈志礼等[13]基于 4 个岩样、80 组吸附实验数据，对 BP 网络进行训练和检验，结果表明该模型具有较高预测精度，可用于分析多因素同时作用下的页岩吸附情况。刘爱华等[14]建立了煤变质程度、储层压力、温度及煤质特征支持向量机模型并进行了训练和测试，发现 SVM 模型预测结果和实测结果误差小，是预测煤层含气量的新途径。连承波等[15]发现选取适当的测井参数，利用支持向量机回归方法建立的煤层气含量预测模型，其预测结果与实测结果的误差小。虽然近年来在煤矿瓦斯领域的相关研究层出不穷，但是基于常规理化参数对瓦斯吸附能力的预测研究相对少见。

本文借助机器学习算法，从训练样本集构建、模型训练与优化评估等方面系统构建了基于机器学习的快速预测方法，并以大量实测数据为例，构建了基于工业组分分析和孔隙率预测瓦斯吸附量的预测模型并进行实例校验。

1　基于人工神经网络的快速预测模型

1.1　人工神经网络简介

感知器是 Frank Rosenblatt 在 1957 年所发明的一种人工神经网络，它可以被视为一种最简单形式的前馈式人工神经网络，是一种二元线性分类器。Frank Rosenblatt 给出了相应的感知器学习算法，常用的有感知器学习、最小二乘法和梯度下降法。譬如，感知器利用梯度下降法对损失函数进行极小化，求出可将训练数据进行线性划分的分离超平面，从而求得感知器模型，但是缺陷在于需要人为确定合适的、能符合预期的输入与输出的权重。神经网络的出现就是为了解决刚才的坏消息。具体地讲，神经网络的一个重要性质是它可以自动地从数据中学习到合适的权重参数。正如所期望的那样，增加更多的神经元会增加可解决问题的难度。

这些神经元分别执行它们的计算并堆叠在一个层中，这个层为隐层。所以，在该层堆叠的神经元称为隐层神经元。而隐层数量的增加可以提高网络的性能，有助于学习复杂的非线性模式。

常用机器学习算法主要解决回归、聚类和分类三大问题。回归算法预测数据为连续性数据，主要包括线性回归、逻辑回归等，其中逻辑回归可以解决分类问题。聚类算法预测数据为类别型数据，且类别未知，主要为 K-means 聚类算法。分类算法预测数据为类别型数据，且类别已知，主要算法包括最近邻算法、支持向量机、人工神经网络、逻辑回归、决策树和随机森林等。本文所用模型主要基于人工神经网络解决回归问题(图 1)。

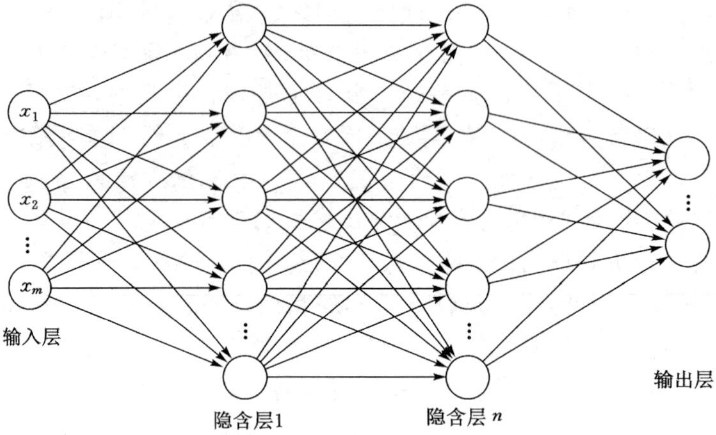

图 1　人工神经网络示意图

激活函数会将输入信号的总和转换为输出信号。经常使用的激活函数主要是 sigmoid 函数和 Tanh 函数。损失函数是表示神经网络性能的“恶劣程度”的指标，即当前的神经网络对监督数据在多大程度上不拟合，在多大程度上不一致。

常用的损失函数主要包括：

(1) 均方根误差(Root Mean Squared Error, RMSE)

均方根误差是观测值与真值偏差的平方和与观测次数 m 比值的平方根，是用来衡量观测值同真值之间的偏差，RMSE 相当于 L2 范数，次数越高，计算结果就越与较大的值有关，而忽略较小的值，如果有一个预测值与真实值相差很大，那么 RMSE 就会很大。RMSE 公式为：

$$RMSE(X,h)=\sqrt{\frac{1}{m}\sum_{i=1}^{m}[h(x^{(i)})-y^{(i)}]^2}$$

(2) 均方误差(Mean Square Error, MSE)

均方误差真实值与预测值的差值的平方求和，对比 MAE，MSE 可以放大预测偏差较大的值，可以比较不同预测模型的稳定性，应用场景相对多一点。MSE 公式为：

$$MSE(X,\mathrm{h})=\frac{1}{m}\sum_{i=1}^{m}[h(x^{(i)})-y^{(i)}]^2$$

(3) 平均绝对误差(Mean Absolute Error, MAE)

平均绝对误差是绝对误差的平均值，能更好地反映预测值误差的实际情况。MAE 公式为：

$$MAE(X,h)=\frac{1}{m}\sum_{i=1}^{m}|h(x^{(i)})-y^{(i)}|$$

(4) 标准差(Standard Deviation,SD)

标准差是方差的算数平方根,是用来衡量一组数自身的离散程度。SD 公式为:

$$SD=\sqrt{\frac{1}{N}\sum_{i=1}^{N}(x_i-u)^2}$$

式中,u 是 x_i 的平均值。

(5) 交叉熵误差

$$E=-\sum_{k}t_k\ln y_k$$

式中,y_k 是神经网络的输出;t_k 是正确解标签,并且 t_k 中只有正确解标签的索引为 1,其他均为 0(one-hot 表示)。

机器学习使用训练数据进行学习,严格来说,就是针对训练数据计算损失函数的值,找出使该值尽可能小的参数。因此,计算损失函数时必须将所有的训练数据作为对象。也就是说,如果训练数据有 100 个的话,需要把这 100 个损失函数的总和作为学习的指标。当数据量过大的时候,由于损失函数计算量过大,为了减少计算。通常从全部数据中选出一部分,作为全部数据的“近似”。神经网络的学习也是从训练数据中选出一批数据(称为 mini-batch,小批量),然后对每个 mini-batch 进行学习。

1.2 训练样本数据预处理

训练样本集的准确构建是基于机器学习研发预测模型的根本,一定程度上直接决定了预测模型的精确度和泛化能力,因此通常需要对数据进行预处理。常用的数据预处理方法有以下几种。

(1) 归一化处理

归一化处理,是指每个维度都通过标准偏差来进行缩放或者确保每个维度最大值和最小值在－1～1 之间。

(2) 零中心化处理

零中心化处理是指减去每个维度的平均值,进而使得数据是以零为中心的。数据云集中在原点的周围。在图像处理中,零中心化处理是一种常用的数据预处理的方式。

(3) PCA 算法和白化处理

PCA 和白化是数据预处理的另一种方式。在这个过程中,应用 PCA 算法将协方差矩阵变成对角矩阵,或者对数据进行白化处理,那意味着在 PCA 处理后对数据进行压缩,使协方差矩阵变成单位矩阵,这种预处理方式在机器学习中经常用到。

本文中数据预处理主要采用归一化法,计算方法主要参照以下公式进行处理:

data_pro = (data − data_mean)/(data_max − data_min)

式中,data_pro 为处理后数据;data 为原始数据;data_mean 为数据的平均值;data_max 为数据的最大值;data_min 为数据的最小值。

1.3 模型的构建

综上所述,可以构建如图 2 所示的神经网络学习模型。

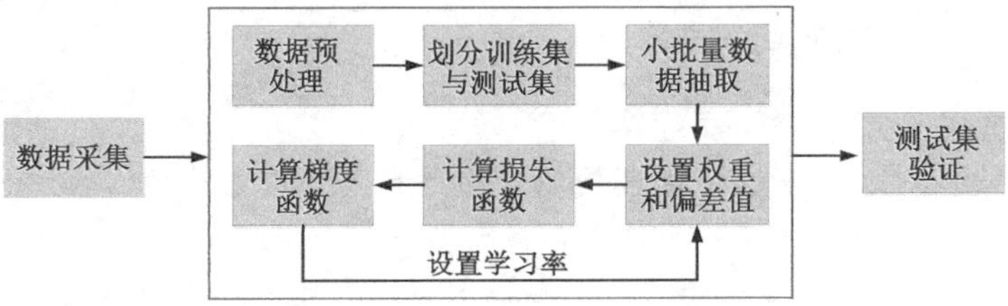

图 2　神经网络模型结构示意图

2　贵州地区煤样的瓦斯极限吸附量快速预测与校验

煤炭是贵州工业中的支柱型产业之一，煤炭工业为贵州的经济社会高速发展做出了巨大贡献，资源赋存量与区位优势使得贵州地区的煤炭在西南地区独占鳌头[16]。因此，针对贵州地区的煤样开展快速预测研究具有重要的科学意义和工程价值。

瓦斯吸附能力通常是煤体自身理化性质的综合体现，但是常规的瓦斯吸附测试耗时长、费用高，而常规的煤体理化性质测试具有检测快速、简单易操作等特点。因此，本文选用煤样的工业组分和孔隙率作为输入参数，以瓦斯吸附量为输出，构建二者之间的快速预测模型。

煤的工业分析是指包括煤的水分(M)、灰分(A)、挥发分(V)和固定碳(Fc)四个分析项目指标的测定的总称。煤的工业分析是了解煤质特性的主要指标，也是评价煤质的基本依据。通常煤的水分、灰分、挥发分是直接测出的，而固定碳是用差减法计算出来的。广义上讲，煤的工业分析还包括煤的全硫分和发热量的测定，又叫煤的全工业分析。根据分析结果，可以大致了解煤中有机质的含量及发热量的高低，从而初步判断煤的种类、加工利用效果及工业用途，根据工业分析数据还可计算煤的发热量和焦化产品的产率等。煤的工业分析主要用于煤的生产开采和商业部门及用煤的各类用户，如焦化厂、电厂、化工厂等。

煤是一种具有复杂孔隙结构的多孔介质，含有大量的孔隙，大到断层、层理面等宏观裂隙，小到分子或原子微观缺陷。煤体表面吸附瓦斯量的多少与煤体表面积的大小密切相关，而煤体表面积的大小则和煤体孔径分布特征有关[17]。简而言之，煤体孔隙特征与煤体的瓦斯吸附能力息息相关。

朗缪尔方程中有吸附常数 a 和吸附常数 b，其中吸附常数 a 标志着煤体的极限瓦斯吸附量。本文中的研究主要利用工业组分和孔隙率分别预测吸附常数 a 和吸附常数 b，进而基于朗缪尔方程获得煤样的瓦斯吸附量。

本次采集的煤样数据来自金沙、清镇、普安等多个区域，总共有 975 组数据。从图 3 可以看出，煤样的理化参数(工业组分和孔隙率)与瓦斯极限吸附量的不存在明显的线性关系。因此此类数据需要借助人工神经网络开展非线性拟合训练。数据模型中训练集与测试集按照 8∶2 随机划分。吸附常数 a 的训练集训练 1 000 轮，每轮样本数目为 200，学习率为 0.01。在训练过程中，随着训练次数的增加，损失函数值逐渐降低(图 4)。最终得到的训练模型对测试集进行验证，得到确定系数为 86.07%。这意味着训练模型设置相对合理，预测结果较为精确。吸附常数 b 的训练集训练 100 轮，每轮样本数量 10，学习率 0.3。在训练过程中，随着训练次数的增加，损失函数值逐渐降低(图 5)，得到的确定系数是 87.80%。总体而言，两个参数的确定系数都大于80%,其预测结果准确率较高,在实际应用中可以有效辅助快速预测煤样的瓦斯吸附量。

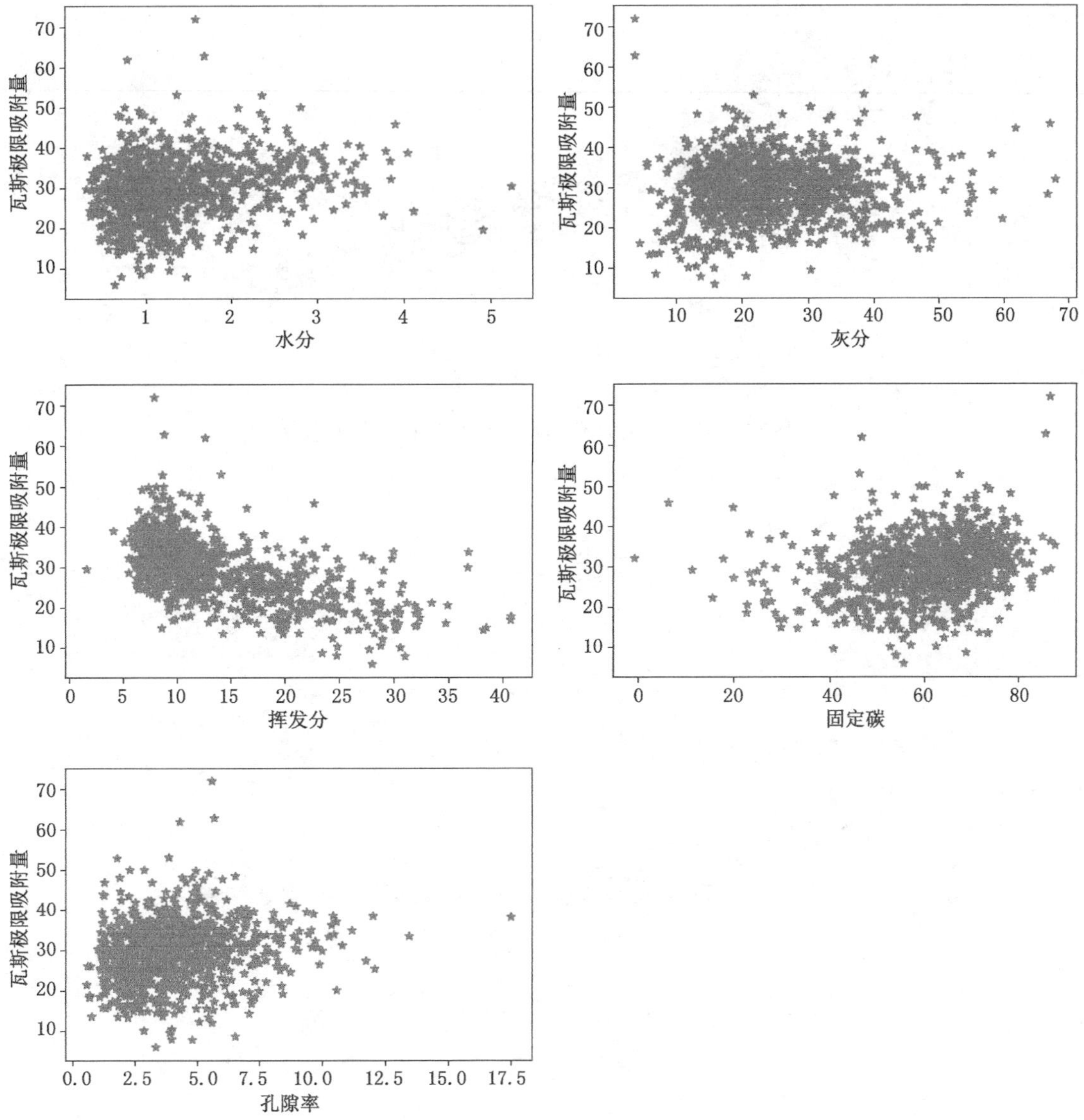

图3 不同参数与瓦斯极限吸附量的关系

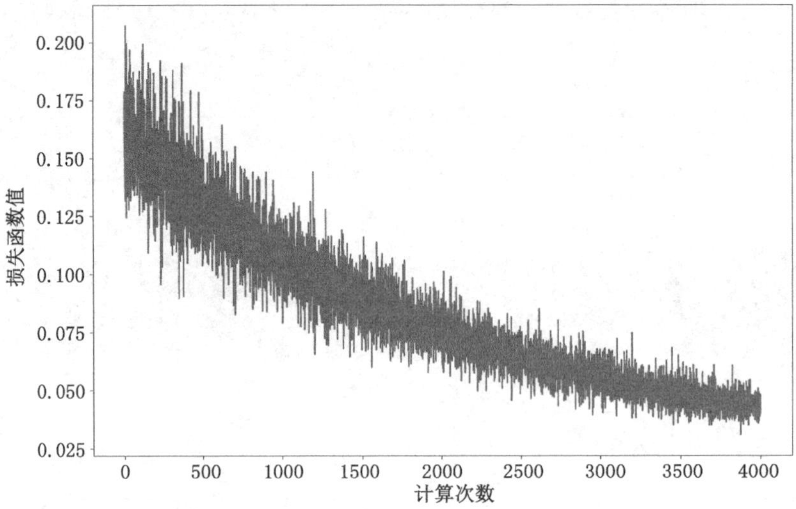

图 4　吸附常数 a 的损失函数值与计算次数的关系

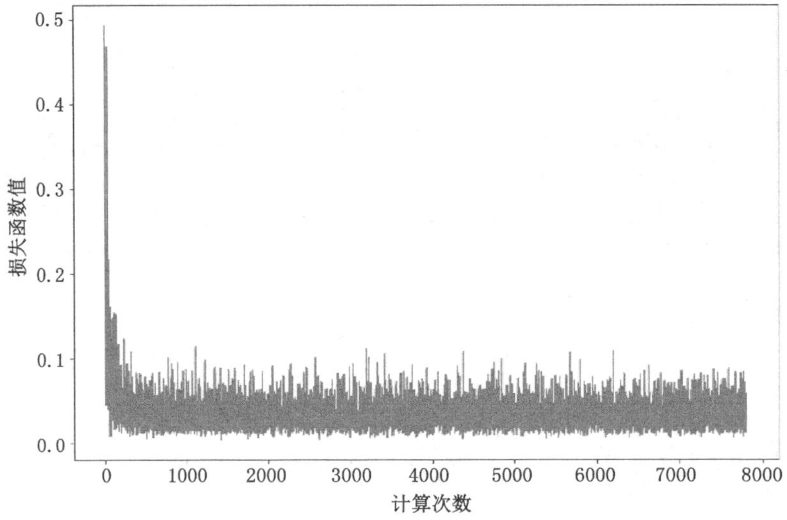

图 5　吸附常数 b 的损失函数值与计算次数的关系

3　结论

本文提出了基于人工神经网络的瓦斯吸附量的快速预测模型，以贵州地区的煤样数据为例，对快速预测模型进行训练和验证。总体而言，吸附常数 a 和吸附常数 b 的确定系数都大于80％，其预测结果准确率较高，在实际应用中可以预测煤样的瓦斯吸附量。但是该模型否适用于其他地区的煤样吸附量预测，需要进一步验证。

参考文献

［1］ 徐凤银，王勃，赵欣，等."双碳"目标下推进中国煤层气业务高质量发展的思考与建议［J］.中国石油勘探，2021，26(3)：9-18.

［2］ 张志英，杨盛波.页岩气吸附解吸规律研究［J］.实验力学，2012，27(4)：492-497.

［3］ 张天军，许鸿杰，李树刚，等.粒径大小对煤吸附甲烷的影响［J］.湖南科技大学学报(自然科学版)，2009，24(1)：9-12.

［4］ 刘高峰，张子戌，宋志敏，等.高温高压平衡水条件下煤吸附 CH_4 实验［J］.煤炭学报，2012，37(5)：794-797.

［5］ 秦跃平，刘鹏.煤粒瓦斯吸附规律的实验研究及数值分析［J］.煤炭学报，2015，40(4)：749-753.

［6］ MENG M，ZHONG R Z，WEI Z L.Prediction of methane adsorption in shale：Classical models and machine learning based models［J］.Fuel，2020，278：118358.

［7］ CHEN Y T，JIANG S，ZHANG D X，et al.An adsorbed gas estimation model for shale gas reservoirs via statistical learning［J］.Applied Energy，2017，197：327-341.

［8］ 向旻，齐兴华，张峰玮，等.深度学习在煤层气测井解释中的应用研究［J］.地质与勘探，2020，56(6)：1305-1312.

［9］ 王书芹.基于深度学习的瓦斯时间序列预测与异常检测［D］.徐州：中国矿业大学，2018.

［10］ 颜爱华.煤层瓦斯含量多源数据分析及其预测研究［D］.北京：中国矿业大学(北京)，2010.

［11］ MENG M，QIU Z，ZHONG R，et al. Adsorption characteristics of supercritical CO_2/CH_4 on different types of coal and a machine learning approach［J］.Chemical engineering journal，2019，368：847-864.

［12］ LI J，ZHOU S X，GAUS G，et al.Characterization of methane adsorption on shale and isolated kerogen from the Sichuan Basin under pressure up to 60 MPa：Experimental results and geological implications［J］.International Journal of Coal Geology，2018，189：83-93.

［13］ 陈志礼，宁正福，杜华明，等.基于改进 BP 神经网络的页岩吸附量预测模型［J］.断块油气田，2018，25(2)：208-212.

［14］ 刘爱华，傅雪海，王可新，等.支持向量机预测煤层含气量［J］.西安科技大学学报，2010，30(3)：309-313.

［15］ 连承波，赵永军，李汉林，等.基于支持向量机回归的煤层含气量预测［J］.西安科技大学学报，2008，28(4)：707-710.

［16］ 杜学领.贵州省煤炭工业发展探讨［J］.煤炭经济研究，2020，40(1)：54-62.

［17］ 李子文，林柏泉，郝志勇，等.煤体孔径分布特征及其对瓦斯吸附的影响［J］.中国矿业大学学报，2013，42(6)：1047-1053.

采空区高位抽采技术在焦作矿区的应用与研究

易书钢[1],李学臣[1,2],郝殿[1]
(1. 河南焦煤能源有限公司科学技术研究所,河南焦作,454150;
2. 焦作煤业(集团)有限责任公司,河南焦作,454150)

摘　要:为了保证焦作矿区采空区高位抽采效果,解决焦作矿区放顶煤、大采高综采工作面瓦斯治理难题,本文采用理论研究、现场试验和数学分析相结合的研究方法,在现场考察焦作矿区采煤工作面采空区瓦斯涌出规律的基础上,在焦作矿区多对矿井开展常规高位孔、定向高位孔和高位巷抽采规律考察研究,结合“竖三带理论”和“椭抛带理论”,确定试验工作面高位孔和高位巷合理的施工方法、布置层位,并依据实际高位抽采技术的实际应用效果,提出了焦作矿区常规高位孔、定向高位孔和高位巷抽采技术的选用原则。

关键词:瓦斯涌出源;高位钻孔;高位巷;合理层位;瓦斯抽采

0　引言

焦作矿区是我国煤与瓦斯突出灾害最严重的矿区之一,生产矿井为煤与瓦斯突出矿井,回采二$_1$煤层,构造煤发育,软硬煤分布不均。焦作矿区煤层瓦斯含量为15～38 m^3/t,瓦斯压力实测最高达2.42 MPa,煤层透气性系数为0.11～5.86 m^3/(MPa^2 · d),吸附常数 a 最大为50.201 m^3/t,b 最小为0. 862 MPa^{-1},钻孔瓦斯流量衰减系数为0.026～0.030 1 d^{-1},具有高含量、低压力、吸附能力强、煤层透气性较低的特征。煤层中的大量瓦斯以吸附状态存在,孔裂隙中的游离瓦斯量少,难以形成较高的瓦斯压力梯度,瓦斯含量下降至一定数值后,瓦斯对煤体持续破坏的能力相对较低,瓦斯突出治理的难度大。

在覆岩裂隙变化规律研究上,周世宁院士、刘天泉院士提出了工作面上覆岩层的“横三区”“竖三带”理论,钱鸣高、许家林等提出了卸压瓦斯抽采的“O”形圈理论,李树刚等提出了采动裂隙的“椭抛带理论”,上述理论为安全开采产和瓦斯治理提供了重要指导。工程实践中常将冒落带上部和裂隙带下部作为高位抽采的主要区域,通过在冒落带上部和裂隙带下部布置高位钻孔和高位巷道,防止卸压瓦斯经过裂隙带的采动裂隙流向冒落带和采煤工作面造成的瓦斯超限。近年来,焦作矿区综合采用网格式抽采、浅孔卸压抽采、高位抽采、采空区埋(插)管抽采、岩巷穿层抽采等技术,基本实现突出区域消突和安全采掘。为了适应综采放顶煤技术和大采高开采工艺下更复杂的瓦斯治理需要,工程技术人员针对不同开采工艺下瓦斯涌出规律和高位抽采技术进行了进一步研究和考察。

1 焦作矿区采煤工作面采空区瓦斯涌出规律

1.1 采煤工作面瓦斯涌出源的测定

采煤工作面瓦斯的涌出取决于煤层自然因素和矿山技术条件等诸多因素，随着采煤工作面向前推进，采场内煤层、岩层变形、垮落而卸压，在浓度差和通风负压的作用下瓦斯涌出到采空区和工作面回风系统。掌握采煤工作面主要瓦斯涌出源，查明各个来源的涌出比例，可以为采取针对措施防止瓦斯提供重要的依据。

在焦作矿区九里山矿 16051 工作面、1508 工作面、14141 工作面，古汉山矿 16031 工作面、17041 工作面、1604 工作面，通过均匀布置测点，测定不同位置的风量和瓦斯浓度，将瓦斯涌出源分为煤壁(包括下分层瓦斯涌出)、落煤、采空区(残煤)3 个部分。工作面回采参数如表 1 所示，实测工作面瓦斯涌出情况如表 2 所示。

表 1　工作面回采参数对比表

工作面	开采工艺	采高/m	走向/m	倾向/m	平均煤厚/m
16051	分层综采	3	494.1	116.3	7
14141	分层综采	2.9	748	108.3	6.9
16031	分层综采	3	730	157	5.3
17041	分层综采	3	523.5	193	4.8
1508	放顶煤综采	3.2	263.5	157.5	4
1604	放顶煤综采	2.8	994	152	5.3

表 2　工作面瓦斯涌出情况对比表

工作面名称	瓦斯涌出量							
	开采工艺	煤壁及围岩 /(m^3/min)	占比 /%	落煤 /(m^3/min)	占比 /%	采空区 /(m^3/min)	占比 /%	合计 /(m^3/min)
16051	分层综采	0.93	22.22	3.02	72.22	0.23	5.56	4.18
17041	分层综采	0.45	33.33	0.67	50.00	0.22	16.67	1.34
14141	分层综采	0.32	7.71	2.66	64.10	1.17	28.19	4.15
16031	分层综采	0.52	9.27	1.99	35.57	3.08	55.15	5.58
1508	放顶煤综采	0.05	2.18	1.22	53.28	1.02	44.54	2.29
1604	放顶煤综采	0.54	16.4	1.11	33.6	1.65	50	3.30

1.2 采煤工作面瓦斯涌出源分析

依据焦作矿区六个采煤工作面统瓦斯涌出量实测结果可知，分层开采工作面主要瓦斯涌出源为：落煤瓦斯涌出(取各工作面平均值)，约占 55.47%，其次是采空区涌出，约占 26.39%和煤壁及围岩涌出，约占18.13%。放顶煤开采工作面主要瓦斯涌出源为:采空区(取各工作面平均值)，约占47.27%，其次是煤壁落煤涌出，约占43.44%;煤壁及围岩涌出，约占9.29%。

分层开采工作面的采空区瓦斯涌出总体低于放顶煤开采工作面的采空区瓦斯涌出，分层开采期间，采空区瓦斯涌出主要来自已采上分煤层的浮煤和下分层煤的瓦斯涌出;而放顶煤开采期间采空区瓦斯涌出主要来自开采过程中的不完全开采的遗煤和经放煤口进入采空区的浮煤。由于焦作矿区煤层的强吸附性，分层开采的下分层的瓦斯解吸能力一般低于放顶煤过程中被扰动时的解吸能力，故分层开采采空区瓦斯涌出相对要小。

各工作面的平均落煤瓦斯涌出高达51.46 %。为了有效解决这一问题，焦作矿区各采煤工作面普遍采用了煤层注水措施，通过注水减少回采过程中的瓦斯涌出。各工作面平均采空区瓦斯涌出占比33.35%，说明针对采煤工作面尤其是放顶煤工作面实施有效的采空区高位抽采具有必要性。

2 高位抽采效果考察及技术参数考察

2.1 常规高位孔

(1) 钻孔布置及抽采效果

中马村矿39021工作面区域地质构造较为复杂，断层较发育，原煤瓦斯含量为15.42～19.37 m^3/t，原始瓦斯压力为1.3 MPa;残余瓦斯含量为2.95～5.96 m^3/t，残余瓦斯压力为0.1 MPa。采用走向长壁综合机械化采煤法，全部垮落法处理采空区，根据冒落带和裂隙带高度计算经验公式，中马村矿39021工作面的计算冒落带高度为6.8～11.2 m，裂隙带高度为30.1～41.3 m。

39021工作面高位孔布置方法为:从切眼以东75 m处开始，每隔40～50 m布置一组4个高位孔，共计16组64个高位。钻孔终孔层位距煤层顶板18～24 m，距回风巷水平投影0～28 m，设计孔深68～89 m，孔径 ϕ94 mm，每组钻孔压茬距大于30 m。将各组钻孔抽采数据全部放在一个坐标系里，分别以高位钻孔终孔距顶板距离、高位钻孔距回风巷距离为横坐标轴，以高位钻孔抽采瓦斯纯量为纵坐标轴建立坐标系，绘制高位钻孔抽采参数变化曲线，如图1所示。

(2) 常规高位孔合理布置参数

从图1可以看出，当高位钻孔终孔层位与工作面垂距为10～14 m、与回风巷中线距离为11～17 m时，该工作面单组高位钻孔抽采效果最为理想，抽采纯量可达到0.8 m^3/min。

2.2 定向高位钻孔

(1) 钻孔布置及抽采效果

古汉山矿16031工作面煤层原始瓦斯含量为25.08 m^3/t，煤层原始瓦斯压力为1.07 MPa，采用走向长壁综合机械化采煤法，全部垮落法处理采空区，根据冒落带和裂隙带高度计算经验公式，16031工作面的计算冒落带高度为6.8～11.2 m，裂隙带高度为30.1～41.3 m。

古汉山16031工作面施工5个高位钻孔，钻孔终孔位置位于16031回风巷下帮8～28 m，距煤层顶板26～41 m处。1#孔孔深336 m，方位角36.5°，孔径 ϕ96 mm，开孔倾角10°，开孔位

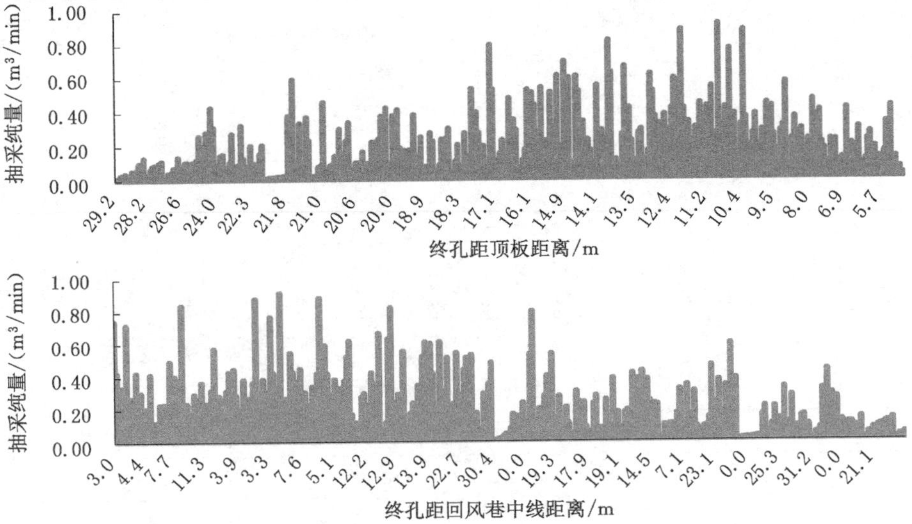

图 1　距高位钻孔终孔位置与抽采纯量关系

置距煤层顶板以上 1 m 处，终孔位置位于 16031 回风巷下帮 8 m，距煤层顶板 29.5 m 处。2[#] 孔孔深 264 m，方位角36.5°，孔径 ϕ96 mm，开孔倾角 10°，开孔位置距煤层顶板以上 1 m 处，终孔位置位于 16031 回风巷下帮 18 m，距煤层顶板 26 m 处。3[#] 孔孔深 291 m，方位角36.5°，孔径 ϕ96 mm，开孔倾角 10°，开孔位置距煤层顶板以上 1 m 处，终孔位置位于 16031 回风巷下帮 28 m，距煤层顶板 29.5 m 处。4[#] 孔孔深 252 m，方位角 36.5°，孔径 ϕ96 mm，开孔倾角 10°，开孔位置距煤层顶板以上 1 m 处，终孔位置位于 16031 回风巷下帮 13 m，距煤层顶板 30 m 处。5[#] 孔孔深 228 m，方位角 45°，孔径 ϕ96 mm，开孔倾角 8°，开孔位置距煤层顶板以上 1 m 处，终孔位置位于 16031 回风巷下帮 24 m，距煤层顶板 41 m 处。高位孔平面、剖面图如图 2 所示。

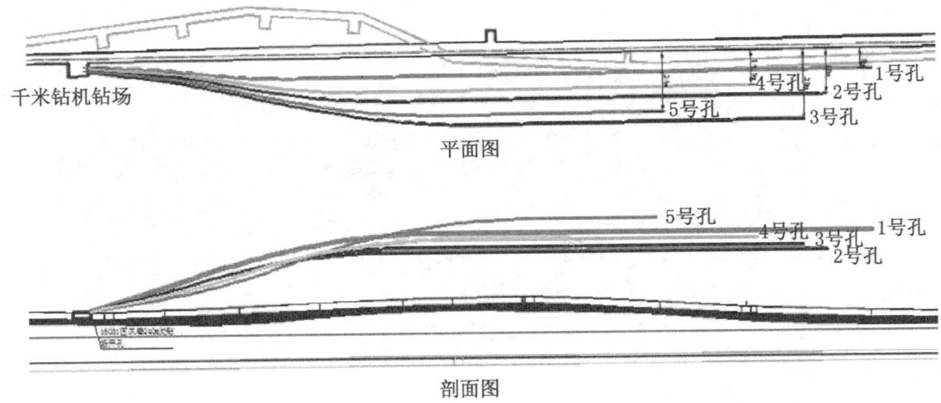

图 2　16031 工作面定向高位孔平面、剖面图

结合"横三区""竖三带"理论、采动裂隙"O"形圈、采动裂隙椭抛带理论(图 3)，将各组钻孔中抽采较好的区域绘制出最佳抽采区域的范围(表 3)，可作为工作面高位钻孔的合理布置的参考层位。工作面回采以来工作面钻孔抽采纯量、风排瓦斯量变化曲线图见图 4 所示。

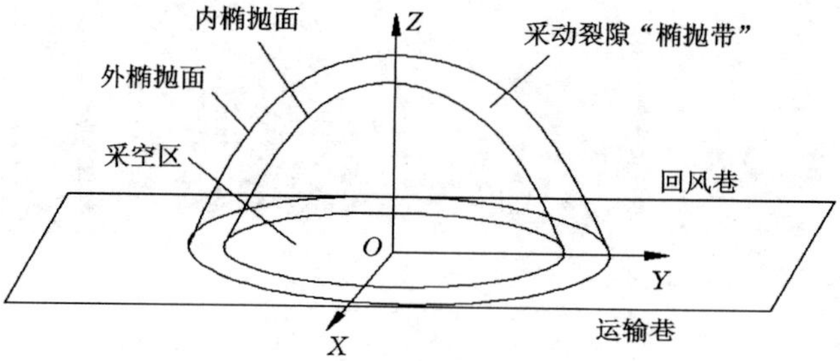

图 3　椭抛带示意图

表 3　高位孔最佳抽采区域表

平距/m	合理层位/m	平距/m	合理层位/m
0	4.77～8.32	16	17.93～30.32
2	6.96～13.40	18	19.02～31.70
4	8.95～17.14	20	20.01～32.92
6	10.78～20.19	22	20.90～33.99
8	12.46～22.78	24	21.70～34.92
10	14.01～25.04	26	22.41～35.71
12	15.43～27.01	28	23.02～36.37
14	16.73～28.76	30	23.54～36.9

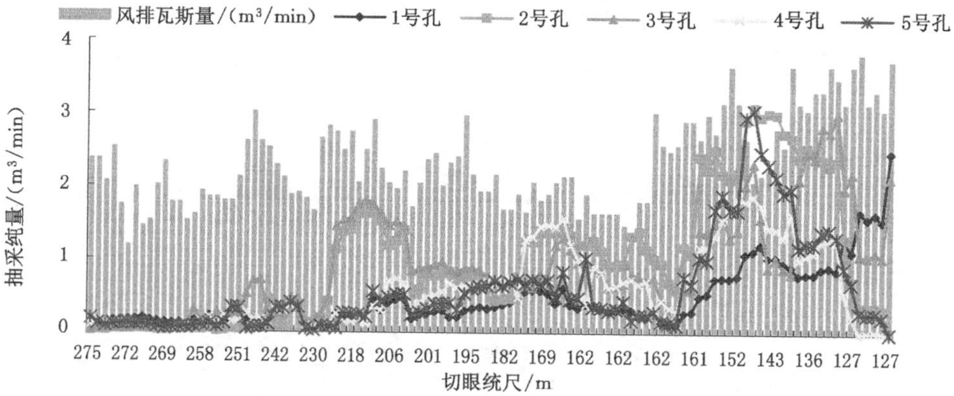

图 4　钻孔抽采纯量、风排瓦斯量变化曲线图

(2) 定向钻孔合理布置参数

从图 5 和表 3 可以看出，1# 和 2# 定向高位钻孔处于比较合理的层位，即距煤层顶板高度 26～36 m、距离回风巷下帮 18～28 m，高位钻孔抽采效果较好，此时抽采纯量最高可达到 2～3 m^3/min。

2.3 顶板高位巷

(1) 巷道布置及抽采效果

古汉山矿 1604 高位巷设计长度为 876.3 m，位于在煤层顶板以上，属于煤层顶板岩巷，距煤层顶板 13～25 m，平均为 15 m，与 1604 回风巷平距 20～40 m。工作面回采以来，高位钻孔抽采参数变化如图 5 所示。

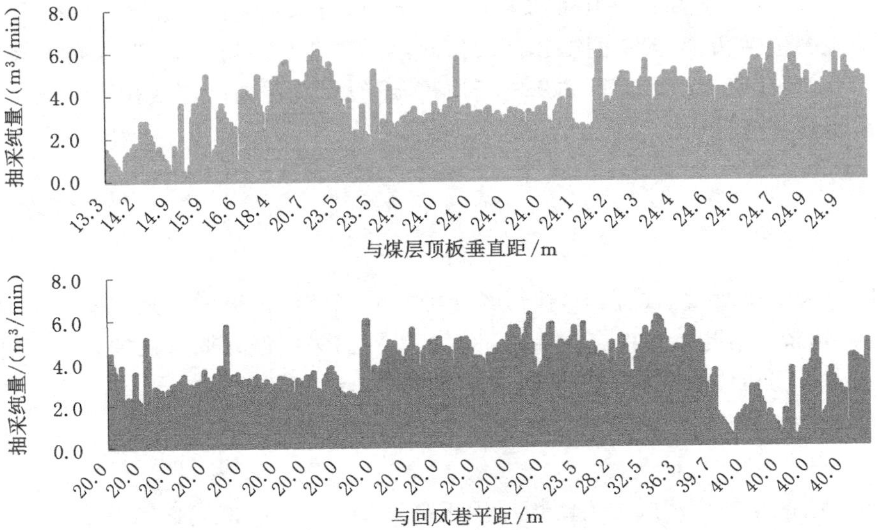

图 5 1604 工作面回风流瓦斯涌出量和高抽巷抽采纯量变化曲线图

(2) 顶板高位巷合理布置参数

从图 5 可以看出，当高位巷处于比较合理的层位，即距煤层顶板高度 16～24 m、距离回风巷 20～32 m，顶板高位巷抽采效果较好，此时抽采纯量最高可达到 4～6 m^3/min。

2.4 工作面瓦斯治理措施效果分析

统计焦作矿区六个工作面风排瓦斯量、高位抽采量、埋(插)管抽采瓦斯量，绘制表格如表 4 所示。

表 4 工作面风排、高位抽、埋(插)管抽情况表

工作面	风排瓦斯量/(m^3/min)	占比/%	开采工艺	高位抽采方式	高位抽采/(m^3/min)	占比/%	埋(插)管/(m^3/min)	占比/%	合计
16051	4.18	67.29	分层	常规高位孔	1.99	32.07	0.04	0.64	6.21
17041	1.34	56.52	分层	常规高位孔	0.80	33.56	0.24	9.92	2.38
14141	4.15	68.60	分层	常规高位孔	1.40	23.14	0.50	8.26	6.05
16031	5.08	62.49	分层	定向高位孔	3.2	34.71	0.25	2.80	8.53
1508	2.29	51.02	综放	高位巷	1.66	36.94	0.54	12.03	4.49
1604	3.30	50%	综放	高位巷	3.30	50%	0	0	6.60

六个工作面在采取高位抽采和埋(插)管措施后,高位抽采占比23.14%～50%,各种抽采形式合计抽采率均达到30%以上,工作面风排瓦斯量符合规定,整体抽采效果较理想。从抽采钻孔抽采量占比看,埋(插)管抽占比小于12.03%,但对于防治工作面上隅角瓦斯超限具有显著效果,因此它是采空区瓦斯治理的重要措施。

从本文考察的常规高位钻孔、定向高位钻孔和高位抽采钻孔的抽采效果看,在三种高位抽采方式中,高位巷抽采的抽采量和抽采率总体高于高位钻孔抽采,已考察的高位巷最佳抽采纯量(4～6 m^3/min)约为定向高位钻孔抽采量(2～3 m^3/min)的两倍。定向高位钻孔抽采量和抽采率高于常规高位钻孔,考虑不同工作面回采时绝对瓦斯涌出量不同,对采空区高位抽采能力的要求也不同,因此经过相应计算和瓦斯涌出量预测后,用定向高位钻孔或常规高位钻孔代替高位巷抽采也具有可行性。

3 结语

焦作矿区综采工作面回采过程中,落煤瓦斯涌出和采空区瓦斯涌出是主要瓦斯涌出源,常规高位钻孔、定向高位钻孔和顶板高位巷均可实现工作面采空区瓦斯有效抽采,但顶板高位巷抽采效果最佳。不同高位抽采技术的现场考察表明:

(1) 试验工作面常规高位钻孔的合理层位为工作面垂距10～14 m,与回风巷中线距离为11～17 m。

(2) 定向高位钻孔的合理层位为距煤层顶板高度26～36 m,距离回风巷下帮18～28 m。

(3) 顶板高位巷的合理层位为距煤层顶板高度16～24 m,距离回风巷20～32 m。

(4) 工程应用中,可依据瓦斯涌出量大小合理选用定向高位钻孔或高位巷抽采治理采空区瓦斯技术,考虑常规高位孔有效抽采时间短,可作为定向高位钻孔和高位巷措施的有效补充。

参考文献

[1] 李树刚,林海飞,赵鹏翔,等.采动裂隙椭抛带动态演化及煤与甲烷共采[J].煤炭学报,2014,39(8):1455-1462.

[2] 李广义,许彦鹏.采空区顶板超长定向高位钻孔瓦斯抽采技术研究[J].煤炭工程,2017,49(8):88-91.

[3] 许超,刘飞,方俊.高位定向长钻孔瓦斯抽采技术及抽采效果分析[J].煤炭工程,2017,49(6):78-81.

[4] 李文福,贾佳,徐文杰,等.高瓦斯煤层覆岩空间破裂微震探测及应用[J].煤炭工程,2021,53(3):89-92.

[5] 赵承方,王金宝.高位定向长钻孔在低透气性突出煤层中的应用研究[J].煤炭与化工,2019,42(9):117-120.

[6] 聂敏忠.朱庄煤矿高位钻孔瓦斯抽放技术的应用[J].煤炭科学技术,2008,36(8):55-57.

[7] 钱鸣高,刘听成.矿山压力及其控制[M].北京:煤炭工业出版社,2005.

[8] 李世雄.顶板走向高位钻孔瓦斯抽采技术的研究及应用[J].煤炭与化工,2021,44(2):109-111.

[9] 李彦明.基于高位定向长钻孔的上隅角瓦斯治理研究[J].煤炭科学技术,2018,46(1):215-218.

[10] 唐一博,孙越,王润,等.高位钻孔抽放技术在许疃煤矿的应用[J].煤矿安全,2011,42(9):98-101.

[11] 张正林.覆岩采动裂隙带瓦斯运移规律及其抽取与利用研究[D].西安:西安科技学院,2001.

[12] 李树刚.综放开采围岩活动及瓦斯运移[M].徐州:中国矿业大学出版社,2005.

[13] 吕晓来,杨宏民,范尚崇,等.高抽巷联合高位钻孔治理上隅角瓦斯合理层位研究[J].煤炭技术,2021,40(4):69-73.

[14] 陈沁东,赵建国,杨冬冬.大直径定向钻孔高效成孔钻进技术应用[J].煤炭工程,2021,53(4):49-55.

[15] 华帅,毕寸光,徐星.高位钻场合理布置间距问题探讨[J].河南工程学院学报(自然科学版),2020,32(4):30-33.

碎软薄煤层区域瓦斯探测用井下梳状孔密闭取芯工艺研究

龙威成,孙四清,方俊,贾秉义
(中煤科工集团西安研究院有限公司,陕西西安,710077)

摘　要:煤层瓦斯含量测定是掌握煤层原始瓦斯赋存和抽采后剩余瓦斯状况的最直接有效方法。针对淮北矿区某矿新采区井下无法采用常规方式进行长距离煤层瓦斯含量测定的现状,结合矿井主要煤层为碎软薄近距离煤层的实际,提出了碎软薄煤层区域瓦斯探测用井下梳状孔密闭取芯技术工艺。工程试验选择在矿井新采区回风上山大巷的3个地点开展,设计施工了3个底板梳状定向钻孔进行密闭取芯测定,获得了3个合格瓦斯含量样品,测定6_3煤瓦斯含量为7.48 m^3/t,7_1煤瓦斯含量为9.75 m^3/t,8_2煤瓦斯含量为12.13 m^3/t。研究表明,碎软薄煤层区域瓦斯探测用井下梳状孔密闭取芯技术较好地解决了碎软薄煤层长距离取芯的难题,提高了碎软薄煤层瓦斯含量测定准确度,实现了采区大范围、超前精准探测煤层瓦斯赋存状况的目的。

关键词:密闭取芯;瓦斯含量;煤矿井下;碎软薄煤层;梳状孔

0　引言

矿井瓦斯一直是井工煤矿的主要致灾因素之一,严重威胁矿井的安全生产。随着煤炭开采进入深部以后,开采环境发生急剧变化,瓦斯赋存条件变得更加复杂[1-2]。瓦斯含量是表征是煤储层储气特征的重要参数,准确获取瓦斯含量是矿井瓦斯灾害预测与防治、煤层气资源评价及开发的基础性工作。研究表明,常规取芯测定的瓦斯含量低于储层的实际瓦斯含量,主要原因在于煤层瓦斯含量测定的常规取芯为敞开式取芯,因煤芯暴露时间长,损失气量估算不准确导致[3-5]。为了精准测定煤层瓦斯含量,众多科技工作者在瓦斯含量测定方法方面做了大量研究。张宏图等[6]基于采用负压使煤样进入到钻杆内部进行煤样输送的原理,提出了深孔快速取样系统。邹银辉等[7]研发了钻孔引射取样工艺及装置,该方法能迅速地从钻孔底部取出煤层新鲜样品。陈绍杰等[8]研发的钻机反转定点取样技术及装置,可保证煤样纯度并实现定点取样。王兆丰等[9]研究认为,温度降低能够抑制瓦斯解吸,促进煤芯吸附瓦斯,减少瓦斯逸

基金项目:国家科技重大专项(2016ZX05045—002—002);天地科技股份有限公司科技创新创业资金专项项目(2020—TD—MS010)。

散,并据此提出低温冷冻取芯方法。为快速测定煤层瓦斯含量,安丰华等[10]提出利用解吸率初期具有一致性的特点来确定煤层瓦斯含量,该方法无须选用解吸模型,减少残存瓦斯含量测试过程。隆清明[11]发明了多级喷射助力水尾,完善了深孔定点快速取样技术,实现了 2 min 内快速定点取样,并提出了煤层瓦斯含量间接快速测定方法。张帅等[12]研究基于实验室瓦斯解吸试验,提出了一种基于钻屑瓦斯解吸规律的瓦斯含量快速测定方法。上述研究成果,较好地解决了孔口接样取芯煤样不纯和不定点、钻孔岩芯管取芯时间长的问题,一定程度上提高了瓦斯含量测试准确度,但仍存在方法局限性[13],敞开式取芯的瓦斯损失量估算不准的问题仍然无法解决。

出于减少煤芯在装罐前的瓦斯逸散量考虑,齐黎明、李红涛等[14-15]开展了密闭液封堵条件下的煤芯瓦斯解吸规律实验研究,密闭条件下的瓦斯解吸量呈现不同程度的降低,并据此提出采用密封液封堵煤样的卸压密闭取样方式进行定点取样。林柏泉等[16]采用活塞密封取样通道,提出一种煤矿密封取样装置及其使用方法。笔者所在研究团队,在调研石油及天然气水合物等领域较早提出的保压密闭取芯技术[17-18]的基础上,针对煤层赋存相对较浅、储层压力较低、取芯要求不高的需要,研发了基于球阀双端密封原理的煤层密闭取芯技术,并在普通短钻孔中进行了试验,试验结果表明,煤层密闭取芯技术减少了损失气量估算环节,有效提高煤层瓦斯含量测试精度[19]。近年来,研究将密闭取芯瓦斯含量测定技术应用于定向长钻孔中,并在晋城等中硬煤层矿区进行试验[20-21],取得了初步成效,但对于碎软煤层中密闭取芯未开展过相关试验,效果如何有待考察。为此,本文以淮北矿区某矿新采区大范围超前探测瓦斯含量的需求为指引,研究适合于碎软薄煤层的井下煤层区域瓦斯探测用梳状孔密闭取芯技术工艺,开展密闭取芯工程试验,以期为碎软薄煤层井下大区域超前钻孔精准定点、准确测定瓦斯含量提供技术和装备支持。

1 碎软薄煤层区域瓦斯探测用井下梳状孔密闭取芯技术工艺

1.1 密闭取芯装置

煤矿井下长距离密闭取芯技术及装置的应用为井下区域超前探测煤层瓦斯提供了技术和装置支撑。工程实践表明,长距离密闭取芯技术解决了煤矿井下钻孔取芯因煤芯暴露时间过长而导致所取煤芯测定瓦斯含量结果不准确的问题。长距离定点密闭取芯装置体积小,重量轻,坚实耐用,解体性好、便于拆卸和维护,与定向钻探装备、钻具、泥浆泵、瓦斯解吸仪等设备的配套和衔接十分方便,取芯过程操作简单。密闭取芯装置采用三筒单动、可控式蓄能升压、取芯解吸一体化等结构设计,实现长距离、精准定点、密闭取芯及准确测定煤层瓦斯含量。图 1 为井下长距离密闭取芯装置结构示意图,装置(含取芯钻头)全长约 1.30 m,取芯外筒最大直径 ϕ89 mm,取芯钻头最大直径为 ϕ98 mm,广泛适用于目前煤矿井下常见定向钻孔。

该装置主要由取芯外套、取芯内筒、推动筒、悬挂总成、液压推动头、投球装置、密闭取芯钻头以及钻杆转接头等构件组成,其中取芯内筒、推动筒、液压推动头、投球装置等构件安装在密闭取芯装置内部。

1.2 碎软薄煤层区域瓦斯探测用梳状孔密闭取芯瓦斯含量测定工艺

针对碎软薄煤层难以施工顺层长钻孔的特点,提出了区域瓦斯探测用顶、底板梳状长钻孔

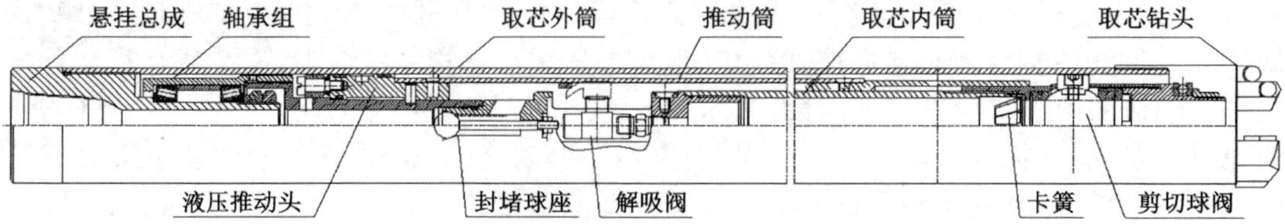

图1　密闭取芯装置结构示意图

密闭取芯瓦斯含量测定技术工艺。首先分析测试区域的地质条件，绘制煤层预想剖面图，地质资料缺乏时应施工勘查孔查清煤层赋存和展布情况。根据煤层顶、底板岩性特征选择最佳布孔层位，为利于密闭取芯应优先考虑采用目标煤层底板梳状孔，之后开展取芯钻孔轨迹及密闭取芯测点设计。钻孔孔口段钻进和下入套管并固孔后，进行主孔无芯段钻进，之后按设计要求拐弯开出第一个分支并钻进至见煤点。停钻并退出孔内所有钻具，更换适用于密闭取芯投封堵球用的取芯钻杆。将密闭取芯装置及钻头与取芯钻杆连接，由取芯钻杆依次连接下入第一个分支孔孔底，根据孔内残渣情况适当冲洗钻孔。启动钻机钻进取芯。此过程中，钻头钻取煤样，取芯内筒收集煤样，达到取芯长度后停钻；由取芯钻杆和水辫连接处投入橡胶球，泥浆泵加压将橡胶球送至投球装置的球座中，球座底部的导水孔被堵塞，泥浆泵持续泵注加压，由此产生的液压推动液压总成“剪断”销钉并向前运动，联动关闭取芯内筒的球阀和解吸球阀，完成煤芯密闭步骤。然后关停泥浆泵并将系统卸压，提钻回收密闭取芯装置至孔口，卸下密闭取芯装置，取出取芯内筒并进行气密性检查，连接瓦斯解吸装置，即可进行现场解吸。如该分支孔设计多个取芯测点，则重新换装密闭取芯装置后再次钻取，否则可继续施工主孔段和第二个分支孔进行密闭取芯，之后设计取芯测点全部完成取芯。流程详见图2所示。

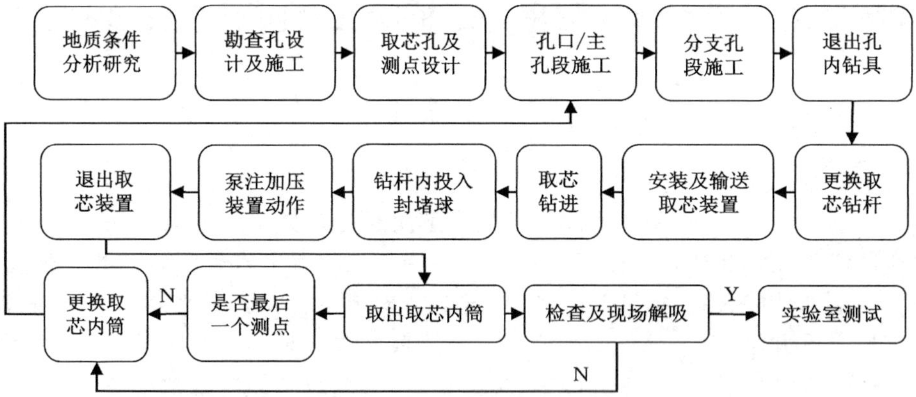

图2　碎软薄煤层区域瓦斯探测用密闭取芯技术工艺流程图

1.3　碎软煤层密闭取芯钻进参数优化

为了顺利获取梳状孔煤芯样品，依据碎软煤层易被钻井液冲蚀的特点，密闭取芯参数设计在参考《煤层气含量测定用密闭取芯方法》的相关要求的基础上，结合以往其他矿井的工程实践经验取值，总体原则是钻压、钻速、流量等参数在正常取值的基础上有所降低。初选碎软煤层密闭取芯钻进参数如表1所示，钻压取值9.8～29.4 kN，钻速取值40～60 r/min，流量取值

50～70 L/min，试验过程中根据钻遇情况适当调整。

表 1　碎软煤层密闭取芯钻进参数

序号	参数	单位	正常取值	碎软煤层取值	备 注
1	钻压	kN	钻头直径的 0.14～0.59 倍	9.8～29.4	密闭取芯钻头直径 ϕ98 mm；碎软煤层，降低钻压
2	钻速	r/min	60～80	40～60	碎软煤层，降低钻速
3	流量	L/min	75～100	50～70	清水介质

2　工程试验

2.1　*矿井及试验区地质概况*

（1）矿井地质

试验矿井位于淮北煤田的东南缘，在地层区划上属于华北地层区鲁西地层分区徐宿小区，区内所发育地层由老到新层序为青白口系、震旦系、寒武系、奥陶系、石炭系、二叠系、侏罗系、白垩系、新近系和第四系。矿井基本上为一走向近东西、倾向北的单斜构造，地层倾角平缓，倾角一般为 10°～20°，地质构造复杂。矿井含煤地层为石炭系、二叠系，二叠系山西组、下石盒子组、上石盒子组为本矿主要含煤地层，含煤地层总厚约 1 000 m；含 1～10 煤计 10 个煤层（组）30 余层，其中可采煤层有 2_2、2_3、3_2、6_0、6_1、6_2、6_3、7_1、7_2、8_1、8_2、9、10 煤等 13 层。可采煤层厚度总体较薄，试验目标煤层 6_3煤厚度为 0～2.81 m，平均为 0.98 m，变异系数为 51%，煤层顶板岩性以泥岩为主，砂岩、粉砂岩零星分布；7_1煤层厚度为 0～4.78 m，平均为 1.70 m，变异系数为 56%，煤层结构复杂，含 1～2 层夹矸，煤层顶板岩性以泥岩、粉砂岩为主，砂岩次之；8_2煤层厚度为 0～5.54 m，平均为 1.65 m，变异系数为 48%，煤层结构复杂，一般含 1～2 层夹矸，煤层顶板以砂岩为多，少泥岩、粉砂岩。

（2）试验区地质

试验区位于井田西部，含煤地层共有 6_0、6_1、6_2、6_3、7_1、7_2、8_1、8_2、9 共 9 层。该采区开拓期间测定了部分 6_1、7_1煤层瓦斯相关参数，6_1煤层瓦斯放散初速度为 13～20，煤的坚固性系数 f 值为 0.15～0.68，煤层破坏类型为Ⅲ～Ⅳ类，局部软分层厚度为 0.10～0.20 m，瓦斯压力为 0.58～2.00 MPa，瓦斯含量为 6.90～9.40 m^3/t；7_1煤层瓦斯放散初速度为 11～13，煤的坚固性系数 f 值为 0.30～0.52，煤层破坏类型为Ⅲ～Ⅳ类，局部软分层厚度为 0.30～0.50 m，瓦斯压力为 0.62～2.15 MPa，瓦斯含量为 6.30～10.40 m^3/t。资料分析表明，试验区煤层煤体破碎，瓦斯含量和瓦斯压力总体较高。

根据试验点附近勘探钻孔柱状图分析，试验点目标煤层为煤层群分布，煤层间距较小，各层层厚及间距见表 2。6_3煤层厚度为 1.05 m，埋深约为 474 m，顶板为层厚 4.95 m 的泥岩，底板为层厚 4.39 m 的泥岩；7_1煤层厚度为 2.00 m，埋深约为 496 m，顶板为层厚 2.63 m 的泥岩，底板为层厚 3.63 m 的泥岩；8_2煤层厚度为 2.40 m，埋深约为 532 m，顶板为层厚 7.98 m 的细砂岩，底板为层厚 7.14 m 的粉砂岩。

表 2　试验区地层简表

层号	岩性	煤层号	层厚/m	累深/m
1	粉砂岩		4.56	467.04
2	煤层	6_2	1.19	468.23
3	泥岩		4.95	473.22
4	煤层	6_3	1.05	474.28
5	泥岩		4.39	478.70
6	煤线		0.53	479.23
7	粉砂岩		11.32	491.20
8	泥岩		2.63	493.87
9	煤层	7_1	2.00	495.90
10	泥岩		3.63	499.59
11	煤层	7_2	0.56	500.16
12	泥岩		3.58	503.80
13	细砂岩		13.39	517.40
14	煤层	8_1	1.48	518.90
15	粉砂岩		2.86	521.80
16	细砂岩		7.98	529.90
17	煤层	8_2	2.40	532.35
18	粉砂岩		7.14	539.60

2.2　钻孔及密闭取芯设计

由于试验区仅开拓部署了底板回风及运输上山大巷，根据试验区实际采掘部署选择回风上山大巷与上部、中部、下部车场作为钻场，实施煤层底板梳状钻孔进入煤层进行密闭取芯，每个目标煤层布置 1 个底板梳状钻孔，主孔布置于煤层底板较为稳定的砂岩层中，每个钻孔设计施工两个分支孔(测点编号 C_1 和 C_2)，如图 3 所示。其中，第一个分支进入煤层还兼顾作为煤层勘查孔，以及时掌握煤层展布特征，适时调整后续主孔、分支孔施工和密闭取芯相关参数。为了便于密闭取芯装置在孔内输送，采用前进式开分支，即第一个分支孔遇煤后立即开展密闭取芯工作，取芯完成后再施工后续主孔和第二分支孔。

定向梳状钻孔密闭取芯时的钻具组合为：ϕ98 mm 取芯钻头＋ϕ89 mm 煤层密闭取芯装置＋转换接手(煤层密闭取芯装置自带)＋转换接手(ϕ73 mm 外平转大通径三棱螺旋钻杆丝扣)＋ϕ73 mm 大通径三棱螺旋钻杆＋…＋ϕ73 mm 大通径三棱螺旋钻杆＋ϕ73 mm 普通水辫。

为保证密闭取芯装置顺利下入钻孔取芯位置，钻孔钻遇预计见煤点前，应充分冲洗钻孔，将孔内岩屑冲洗干净。此外，由于目标煤层为薄煤层，为保证足够的取芯进尺，钻孔钻遇煤层

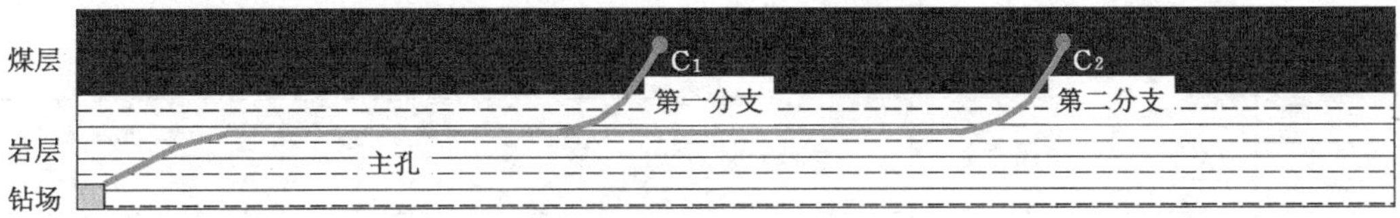

图 3 底板梳状孔密闭取芯钻孔布置示意图

应立即停钻，提出孔内所有钻具。密闭取芯钻头宜用细沙网包裹并箍紧，防止孔内残渣或钻井液中悬浮颗粒进入取芯工具造成管路堵塞或杂质混入。

2.3 密闭取芯及瓦斯含量测定

为保证密闭取芯样品质量，取芯钻进过程适时调整了钻进流量、钻压等参数，共进行了 8 次密闭取芯试验。其间遇到了钻孔塌孔卡钻、密闭取芯装置无法送至设计取芯分支孔、误穿透目标煤层、煤芯采取率低等一系列问题，6_3煤、7_1煤和 8_2煤最终共获得了 3 个合格样品。

3 个密闭取芯样品均以小块状、颗粒状为主(图 4)，样品质量为 280～349 g，满足井下瓦斯含量测定对煤芯质量的要求。MB-63-1 样品多呈 1～2 cm 碎块状，以及碎粒状，灰黑色，玻璃光泽；从小块煤中初步判断为半暗煤；夹镜煤线理及中细条带；棱角状、阶梯状断口；煤体较疏松，手捻呈碎块状；小块状煤中裂隙较发育，裂隙近垂直于层理，裂隙多切穿显微组分分层，初步判定为碎裂结构煤，煤层层理较为连续。MB-71-1 样品多呈 1～2 cm 碎块状，以及少量碎粒状，灰黑色，玻璃光泽；从碎块煤中初步判断为半亮煤；煤岩成分以亮煤为主，夹镜煤细～宽条带；贝壳状、阶梯状断口；煤体较疏松，手捻呈小块状；小块状煤中裂隙较发育，裂隙近垂直于层理，裂隙多切穿显微组分分层，初步判定为碎裂结构煤；煤中含有少量灰黑色泥岩矸石碎块。MB-82-1 样品由于整体为粒状，宏观煤岩成分及煤体结构无法观测。

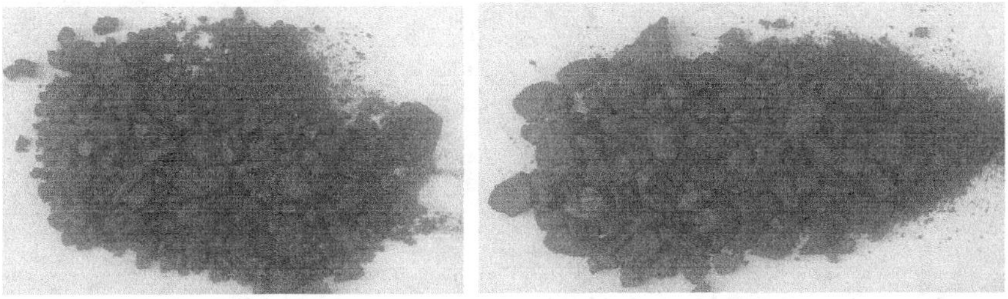

(a) (b)

图 4 密闭取芯样品照片

(a) MB-63-1；(b) MB-71-1

样品在进行现场解吸测试后，及时送回实验室进一步测试。常规取芯的煤层瓦斯含量测定包括损失气量、解吸气量和残余气量测定。由于密闭取芯实现了煤芯在钻孔孔底原位密闭，避免了煤芯在退出钻具及自然解吸过程中的瓦斯逸散，因此密闭样品瓦斯含量测定仅参考《煤层瓦斯含量井下直接测定方法》(GB /T 23250—2009)测定解吸气量和残余气量。煤层瓦斯含量测定结果见表 3，本次测定 6_3煤瓦斯含量为 7.48 m^3/t；7_1煤瓦斯含量为 9.75 m^3/t；8_2煤瓦斯含量为 12.13 m^3/t。

表 3　梳状孔煤层密闭取芯瓦斯含量测定结果

样品编号	煤层号	采样地点	采样深度/m	工业分析/%			原煤瓦斯含量/m^3/t
				M_{ad}	A_{ad}	V_{ad}	
MB-63-1	6_3	中部钻场	483	2.42	16.75	25.80	7.48
MB-71-1	7_1	上部钻场	175	1.37	12.82	29.86	9.75
MB-82-1	8_2	下部钻场	408	1.26	9.89	27.06	12.13

3　结论

(1) 提出了碎软薄煤层区域瓦斯探测用井下梳状孔密闭取芯技术工艺，优化密闭取芯钻进和密闭参数，选择了淮北矿区某矿井煤层底板上山岩巷实施定向梳状钻孔，对采区内 6_3、7_1 和 8_2煤层进行密闭取芯，获得了 3 个密闭取芯样品。密闭取芯样品的宏观煤岩描述和瓦斯含量测定结果显示，6_3和 7_1煤层煤芯多呈 1～2 cm 碎块状以及碎粒状，灰黑色，玻璃光泽，煤体较疏松，手捻呈小块状，初步判定为碎裂结构煤，6_3煤煤岩成分以暗煤为主，7_1煤煤岩成分以亮煤为主；样品质量为 280～349 g，满足井下煤层瓦斯含量测试要求，测定 6_3煤瓦斯含量为 7.48 m^3/t；7_1煤瓦斯含量为 9.75 m^3/t；8_2煤瓦斯含量为 12.13 m^3/t。

(2) 井下梳状孔密闭取芯技术初步实现了碎软薄煤层长距离、多点、大范围精准定点取芯，但仍存在煤芯采取率低、取芯成功率低等问题。仰孔大角度穿煤虽然有利于钻取煤芯，但钻探施工难度大，且煤孔段缩短不利于钻遇煤层判定和保证取芯进尺。针对碎软煤层特点，下一步将研究压风钻进取芯和压风驱动煤芯密闭技术工艺。

参考文献

[1]　袁亮.我国深部煤与瓦斯共采战略思考[J].煤炭学报，2016，41(1)：1-6.

[2]　谢和平，周宏伟，薛东杰，等.煤炭深部开采与极限开采深度的研究与思考[J].煤炭学报，2012，37(4)：535-542.

[3]　刘贺.解吸法测定煤层瓦斯含量的影响因素研究[D].焦作：河南理工大学，2009.

[4]　龙威成.煤层瓦斯含量测定过程气成分差异研究[J].安全与环境学报，2020，20(3)：925-929.

[5]　孙四清，张群，龙威成，等.煤矿井下长钻孔煤层瓦斯含量精准测试技术及装置[J].煤田地质与勘探，2019，47(4)：1-5.

[6]　张宏图，魏建平，王云刚，等.煤层瓦斯含量测定定点取样方法研究进展[J].中国安全生产科学技术，2016，12(1)：186-192.

[7]　邹银辉，张庆华.我国煤矿井下煤层瓦斯含量直接测定法的技术进展[J].矿业安全与环保，2009，36(S1)：180-182.

[8]　陈绍杰，徐阿猛，陈学习，等.反转密封取样装置[J].煤矿安全，2012，43(10)：94-96.

[9]　王兆丰，岳高伟，康博，等.低温环境对煤的瓦斯解吸抑制效应试验[J].重庆大学学

报,2014,37(9):106-112.

[10] 安丰华,袁宇,陈向军.基于瓦斯解吸率的煤中瓦斯含量测定新方法[J].煤矿安全,2019,50(9):34-37.

[11] 隆清明.煤层瓦斯含量间接快速测定方法研究[D].重庆:重庆大学,2018.

[12] 张帅,崔永国,任威,等.基于钻屑瓦斯解吸规律的瓦斯含量快速测定方法[J].现代矿业,2016,32(8):215-217.

[13] HE J B,TANG J R,LU Z H,et al.A method for calculating loss of shale gas during coring based on forward modeling[J]. Energy Science & Engineering, 2021, 9(3): 447-460.

[14] 齐黎明,陈学习,程五一,等.新型煤层瓦斯含量准确测定方法研究[J].采矿与安全工程学报,2010,27(1):111-115.

[15] 李红涛,齐黎明,陈学习.密闭液封堵条件下的瓦斯解吸规律实验研究[J].中国安全生产科学技术,2012,8(3):18-21.

[16] 林柏泉,刘谦,朱传杰,等.一种煤矿密封取样装置及其使用方法:CN103115797A[P].2013-05-22.

[17] 国家经济贸易委员会.特殊取心工具:SY/T 5414—2002[S].北京:石油工业出版社,2002.

[18] 国家石油和化学工业局.油田开发井取心资料技术要求:SY/T 5366—2000[S].北京:石油工业出版社,2000.

[19] 景兴鹏.机械密闭取芯瓦斯含量测定集成技术研究[J].中国安全生产科学技术,2015,11(11):59-63.

[20] 龙威成.煤层密闭取心瓦斯含量测试技术及其在定向长钻孔中的应用[J].河南理工大学学报(自然科学版),2018,37(6):16-21.

[21] 冯强,龙威成,李振福,等.基于长距离密闭取心的煤巷条带瓦斯预抽效检研究[J].煤炭科学技术,2021,49(3):106-111.

高瓦斯综采面定向钻孔关键抽采参数数值模拟研究

宋兆雪[1],甘路军[2],王洪权[1]
(1. 兖州煤业股份有限公司,山东济宁,272000;
2. 山西和顺天池能源有限责任公司,山西晋中,032700)

摘　要:为了有效解决高瓦斯综采面上隅角瓦斯超限问题,利用 FLUENT 模拟软件建立了基于山西某矿工作面的定向长钻孔隅角瓦斯抽采模型,对定向钻孔在不同层位、不同负压下的瓦斯抽采效果进行了数值模拟研究。结果表明:高位定向长钻孔随平距的增加瓦斯浓度、纯量逐渐降低;随垂距的增加,瓦斯浓度、瓦斯纯量逐渐升高;随负压的增加,采空区瓦斯浓度逐渐降低。确定了高位定向长钻孔的关键抽采参数,距回风巷的平距约 10 m,距煤层顶板高度约 18 m,合理负压约 20 kPa。现场应用表明,定向钻孔能有效地代替尾巷进行卸压瓦斯抽采,能确保工作面、上隅角、回风巷瓦斯浓度不发生超限,实现了安全生产。

关键词:定向钻孔;卸压瓦斯抽采;布孔层位;数值模拟

0　引言

煤矿瓦斯灾害严重制约我国矿井安全高效生产[1-2]。采煤工作面使用 U 形通风方式时,采空区漏风流场引起上隅角瓦斯积聚超限问题是一个难点和热点[3-4],而卸压瓦斯抽采是防治上隅角瓦斯超限的有效措施之一。

上隅角瓦斯防治主要方法有:插(埋)管、专用尾巷、顶板高抽巷和常规穿层钻孔等[5-9]。瓦斯尾巷由于诸多无法解决的缺点,在 2016 版《煤矿安全规程》中已被禁止使用。在之前采用瓦斯尾巷协同高抽巷等其他抽采手段进行瓦斯治理的矿井,亟需一种高效瓦斯抽采方法来替代尾巷。随着定向钻进技术发展[10-12],高位定向钻孔替代尾巷逐渐应用于现场[13-15]。钻孔抽采广泛应用于瓦斯抽采[16-17]、参数测试[18]、煤层注水[19]、煤层增透[20]等各个方面,是煤矿瓦斯治理的基础手段。一般而言,瓦斯抽采效果与钻孔的合理位置紧密相关。因此,探讨定向钻孔合理位置进行卸压瓦斯抽采具有重要的实践指导意义。

本文以山西某矿为研究背景,利用 FLUENT 模拟软件,分析定向长钻孔瓦斯抽采效果,确定了定向钻孔的合理层位、负压,以提高定向钻孔的瓦斯抽采效果。

1 定向钻孔卸压瓦斯抽采关键参数数值模拟实验

1.1 工作面概况

试验工作面为山西某矿三采区302工作面，主采煤层15#煤，工作面综合地质柱状图见图1，走向2 081 m，倾向180 m，煤层厚度5 m，采高4 m，沿煤层顶板走向一次采全高。302工作面设置进、回风巷及高抽巷三条巷道，其中进、回风巷沿煤层顶板布置，高抽巷距煤层顶板垂高30 m，内错回风巷25 m。该矿以往的工作面设置四条巷道，分别是进、回风巷、高抽巷及瓦斯尾巷，302工作面采用定向钻孔替代瓦斯尾巷。

基于山西某矿302工作面“三带”高度分析，在确定走向高抽巷不同抽采参数下，定向长钻孔合理布置层位与抽采参数布置于冒落带上部，高抽巷下部，对采空区下部卸压瓦斯进行强化抽采，着重解决上隅角瓦斯积聚问题。

通过理论分析、物理模拟实验等得到的302工作面覆岩不规则冒落带高度为6.33 m，规则冒落到高度为17.9 m，为采高的4.48倍，裂隙带高度为60.36 m。采动覆岩裂隙分布特征如图2所示。

1.2 定向钻孔层位布置及抽采参数数值模拟方案设计

根据矿井瓦斯来源分析，瓦斯主要来源于15#煤层，部分来源于邻近层和围岩的瓦斯涌出。为确定高位定向长钻孔的合理位置，在相同抽采负压13 kPa下，对高位定向长钻孔抽采效果进行FLUENT数值模拟，具体的模拟方案见表1。

表1 高位定向长钻孔布置设计方案

序号	模拟条件	模拟目的
1	U形通风，风量为2 850 m^3/min，高位定向长钻孔垂距为15 m，平距为3 m、13 m、23 m	确定高位定向长钻孔合理平距
2	U形通风，风量为2 850 m^3/min，高位定向长钻孔平距由第一步确定，垂距10 m、18 m、26 m	确定高位定向长钻孔合理垂距
3	U形通风，风量为2 850 m^3/min，高位定向长钻孔抽采负压为10 kPa、20 kPa、30 kPa	确定高位定向长钻孔合理负压

2 定向长钻孔关键抽采参数数值模拟结果

2.1 定向长钻孔合理布置平距

平距(与回风巷的水平距离)分别为3 m、13 m、23 m的定向长钻孔瓦斯抽采效果模拟结果如图3所示。

地层单位			柱状	层位	层厚/m	岩性描述
系	统	组				
石炭系	上统	太原组		细砂岩	1～15.14 6.82	细砂岩局部相变为中砂岩或粉砂岩； 细粒砂岩：深灰色，成分以石英、长石为主，含有黄铁矿，层理较发育，分选性较好，磨圆度较好，钙质胶结； 粉砂岩：灰黑色，质纯，平坦状断口，裂隙发育； 中砂岩：浅灰-灰白色，成分以石英为主，长石次之，泥质胶结，含大量暗色矿物，裂隙发育
				泥岩	1.2～9.79 3.13	泥岩：黑色，质纯，贝壳状断口，偶含植物碎屑化石
				K_2	6～8.12 6.9	石灰岩：深灰色，裂隙发育并被方解石脉充填，隐晶质结构，含大量海相生物碎屑化石，灰岩内夹一层厚0.2～1.2 m的泥岩
				14煤	0.2～1.03 0.86	黑色，玻璃光泽，层状或块状结构，裂隙发育，厚度不稳定，局部含有分层
				泥岩	4.59～9.45 7.08	泥岩：黑色，含有大量的植物化石，裂隙发育，局部含细砂岩条带
				14下煤	0～0.4 0.05	黑色，以亮煤镜煤为主，呈粉末状结构
				泥岩	1.5～4.07 1.93	泥岩，黑色，质硬，局部相变为中砂岩或炭质泥岩
				15煤上	0～1.3 0.22	黑色，以亮煤、镜煤为主，呈粉末状
				泥岩	0～1.4 0.45	泥岩：黑色，裂隙发育，局部含黄铁矿结核
				15煤	4.1～5.71 5.20	黑色，以亮煤、镜煤为主，丝炭少量，含黄铁矿晶粒，具条带状结构，层状构造，煤层中含1～3层厚0.01～0.7 m的夹矸
				铝质泥岩	5.5～14.5 9.3	铝质泥岩局部相变为泥岩或炭质泥岩； 铝质泥岩：灰黑色，底部含植物化石，较软，遇水膨胀

图1　302工作面综合地质柱状图

三种平距的定向长钻孔瓦斯抽采效果模拟结果对比见表2。

表2　不同平距的高位定向长钻孔瓦斯抽采效果对比

平距/m	抽采混合量/(m^3/min)	抽采浓度/%	抽采纯量/(m^3/min)	上隅角瓦斯浓度/%
3	10	25～38	2.50～3.80	0.65～0.92
13	10	19～23	1.90～2.30	
23	10	15～18	1.5～1.80	

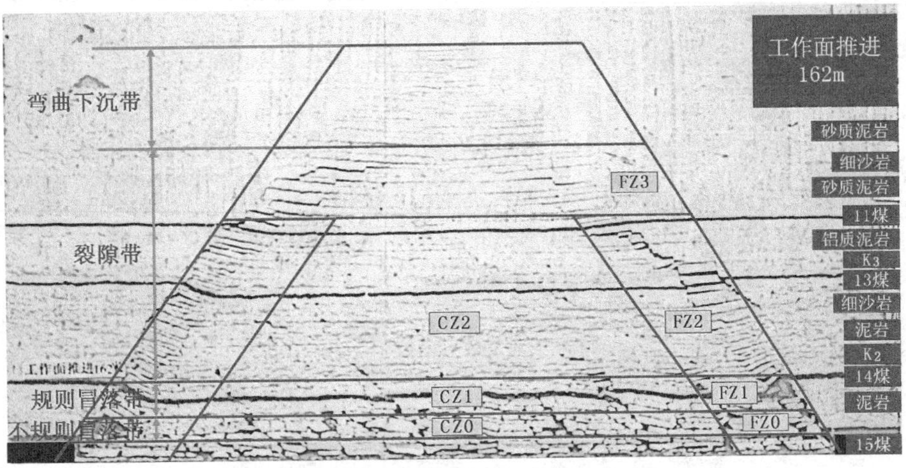

图 2　试验工作面覆岩裂隙“三带”分布特征

由图 3 可以看出，当定向长钻孔距回风巷平距为 3～23 m 时，随着平距的增加瓦斯抽采浓度逐渐降低。但三种平距的定向长钻孔瓦斯抽采都可以将上隅角瓦斯浓度控制在 1%以下。因此，高位定向长钻孔的平距不能超过 23 m，应控制在 3～23 m 以内。

2.2　定向长钻孔合理布置垂距

垂距分别为 10 m、18 m、26 m 条件下定向长钻孔瓦斯抽采效果模拟结果如图 4 所示。三种不同垂距的定向长钻孔瓦斯抽采效果模拟结果对比见表 3。

表 3　不同垂直距离的高位定向长钻孔瓦斯抽采效果对比

垂距/m	抽采混合量/(m^3/min)	抽采浓度/%	抽采纯量/(m^3/min)	上隅角瓦斯浓度/%
10	15	10～15	1.50～2.25	0.77～0.98
18	9	19～23	1.71～2.07	
26	5	28～35	1.40～1.75	

由图 4 可以看出，随着长钻孔垂距的增加，瓦斯抽采浓度逐渐增加。但当钻孔垂距超过 18 m 时，抽采混合量与纯量逐渐降低，高位定向长钻孔的垂距应控制在 10～18 m 范围以内。

2.3　定向长钻孔合理抽采负压

在平距和垂距固定的情况下，对负压分别为 10 kPa、20 kPa、30 kPa 的定向长钻孔瓦斯抽采效果进行模拟，结果如图 5、图 6、图 7 所示。

从图 5、图 6、图 7 可以看出，在 10 kPa、20 kPa、30 kPa 的抽采负压下，由于抽采负压的增大，采空区瓦斯浓度逐渐降低。高浓度瓦斯向高位钻场附近运移，而且沿工作面倾斜方向及工作面走向方向，钻孔层位的上升，钻孔瓦斯抽采浓度达到最大，其抽采效果不断提升。

综上所述，定向长钻孔负压的升高有助于提高卸压区域及采空区的瓦斯抽采，但同时也增

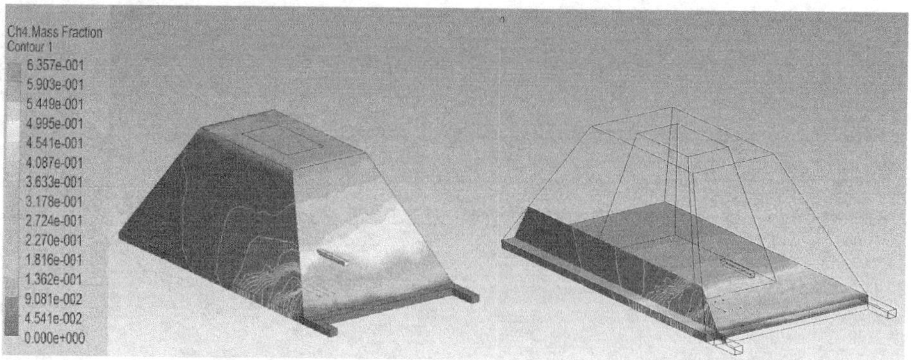

(a)

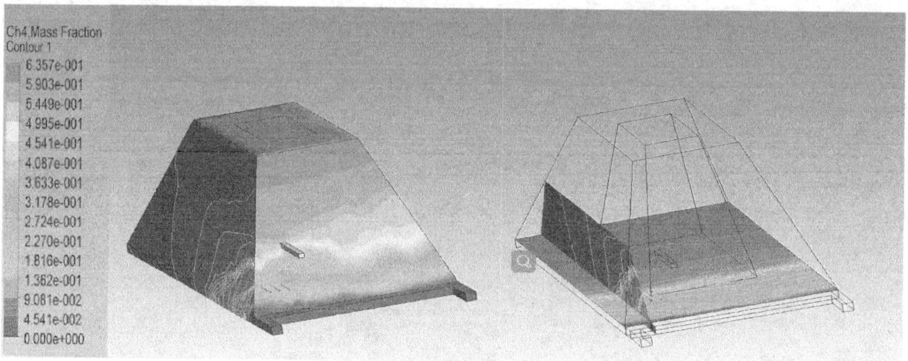

(b)

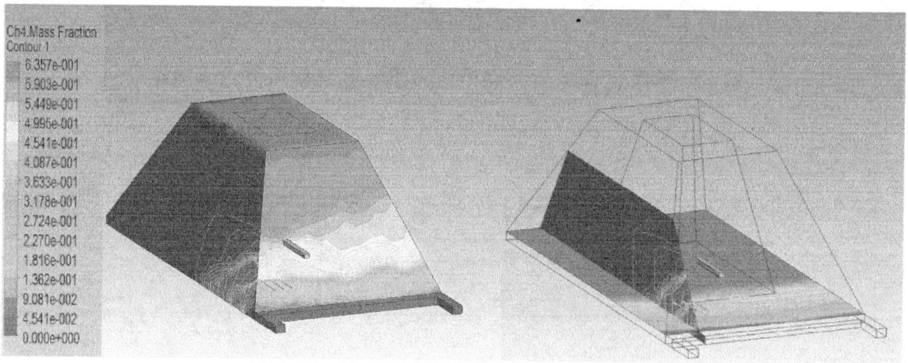

(c)

图 3　不同水平层位布置定向长钻孔瓦斯抽采效果图

(a) 平距为 3 m；(b) 平距为 13 m；(c) 平距为 23 m

加了采空区的漏风量，对于防治采空区自燃发火是不利的。因此，定向长钻孔的最佳负压为 20 kPa。

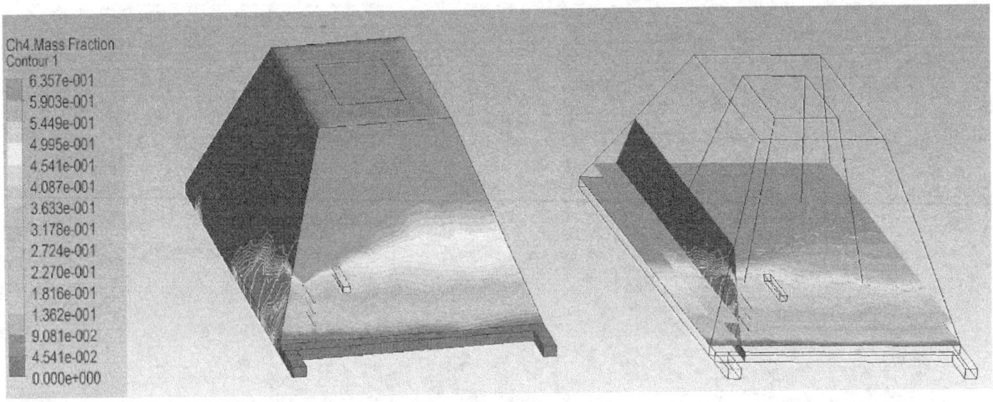

(a)

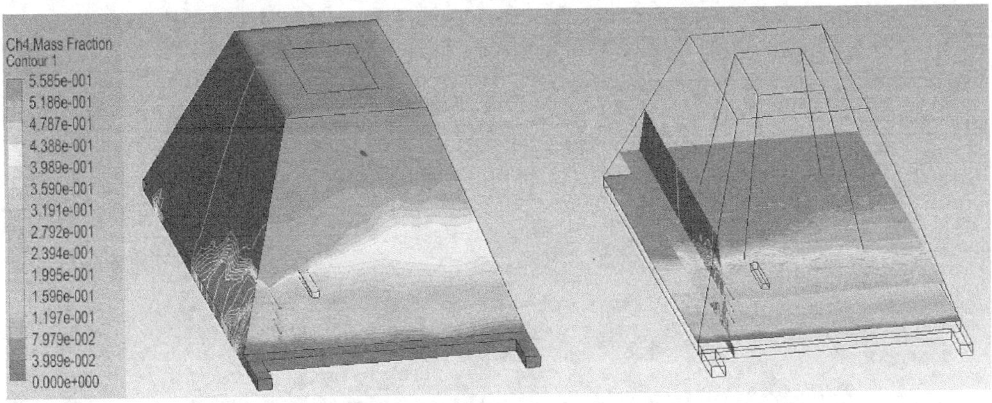

(b)

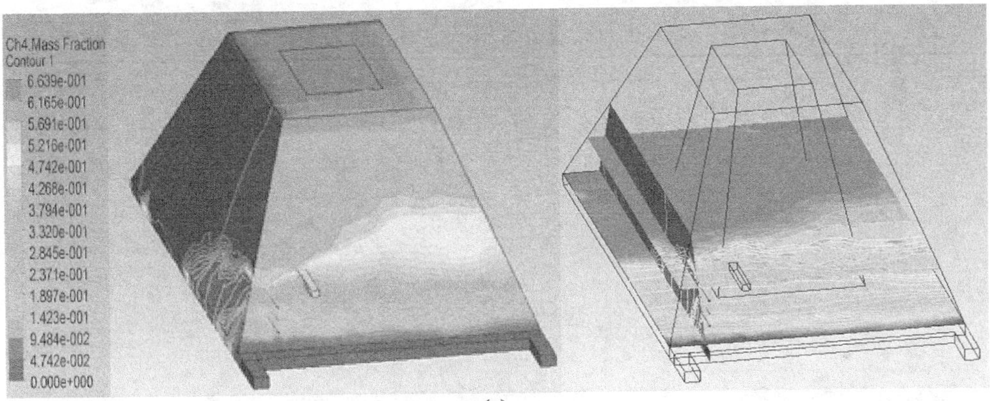

(c)

图 4　不同垂直层位布置定向长钻孔瓦斯抽采效果图

(a) 垂距为 10 m；(b) 垂距为 18 m；(c) 垂距为 26 m

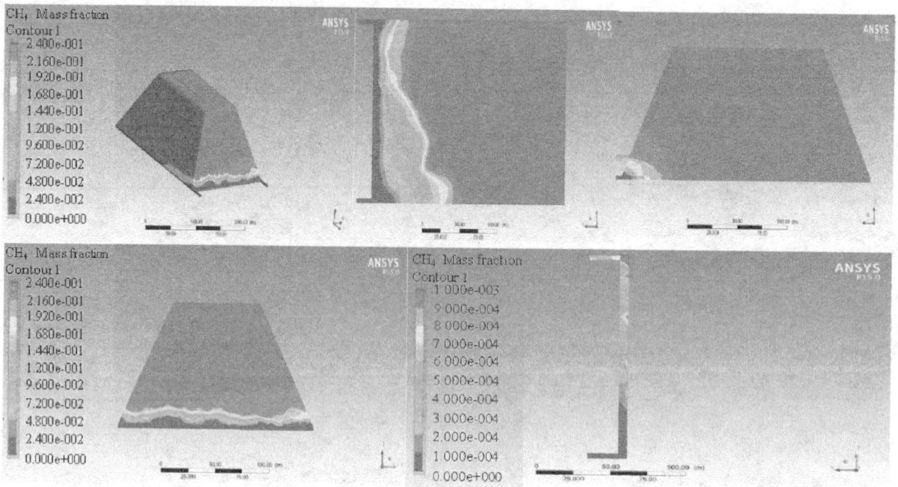

图 5　抽采负压为 10 kPa 时采空区瓦斯浓度分布

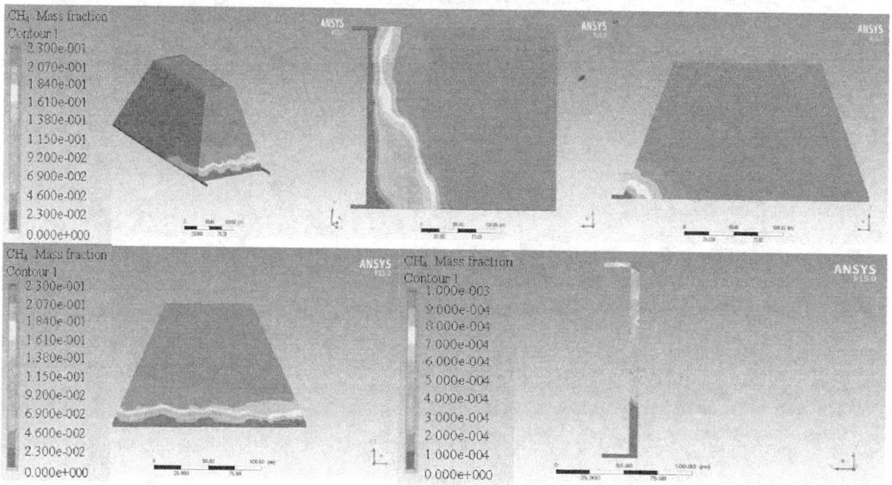

图 6　抽采负压为 20 kPa 时采空区瓦斯浓度分布

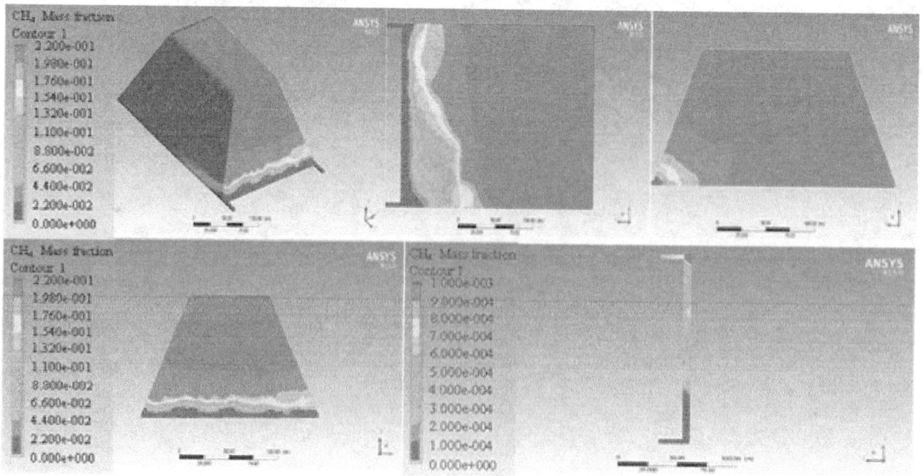

图 7　抽采负压为 30 kPa 时采空区瓦斯浓度分布

3 定位长钻孔卸压瓦斯抽采工程应用及分析

3.1 定向长钻孔施工工艺

试验采用澳大利亚 VALLEY LANGWALL 公司 VLD-1000 型深孔定向千米钻机。结合瓦斯来源分析和其他采区抽采的实践经验，为了保证采空区卸压瓦斯能够进行精准抽采，采用定向长距离高位钻孔，对上隅角瓦斯超限问题进行治理，确保矿井安全高效生产。

利用千米钻机的优势，钻场布置在工作面回风巷侧，如图 8 所示。由 15# 煤层顶板岩层内向工作面后方打顶板走向长距离高位钻孔至采空区上部裂隙带，实施长壁工作面的采空区卸压瓦斯抽放。

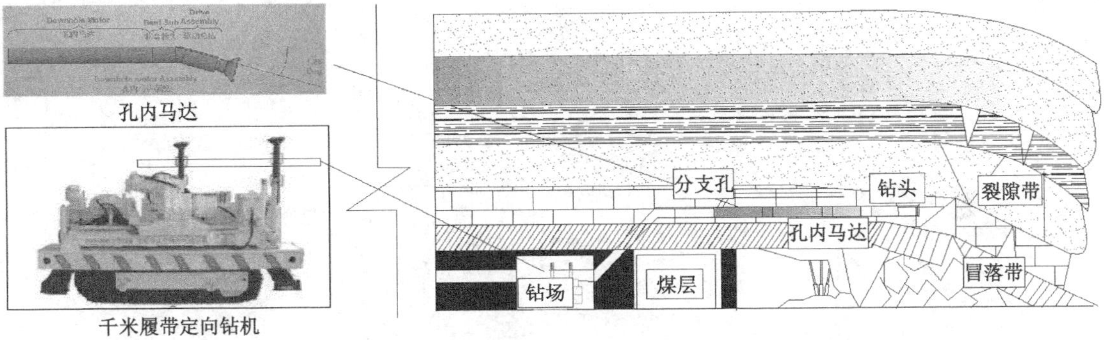

图 8 定向钻孔层位布置示意图

3.2 定位长钻孔施工参数

综合分析“三带”高度结果及数值模拟合理布置层位，结合矿井具体地质条件，最终确定 302 综采面高位定向长钻孔合理布置参数如表 4 所示。

302 工作面长度为 2 046 m，每个钻场间距为 400 m，设置 5 个钻场，每个钻场内布置 3 个高位定向长钻孔，钻场布置平面图如图 9 所示。

表 4 定向长钻孔布置参数

层位	垂距/m	平距/m	抽采负压
K_2 之上粉砂岩	10～18	8～20	20 kPa

3.3 定向长钻孔瓦斯抽采效果

以试验工作面 1 号钻场为例进行分析(其他钻场类似)。1 号钻场中定向钻孔实测轨迹如图 10 所示，各钻孔与煤层顶板垂距及与回风巷平距见图 11～图 12。

由图 11、图 12 可以看出，1 号钻场内各钻孔垂距、平距基本呈均匀分布。1 号钻场内，钻孔垂高为 8～18 m，平距为 3～11 m。钻孔实测层位与设计层位偏移量较小。

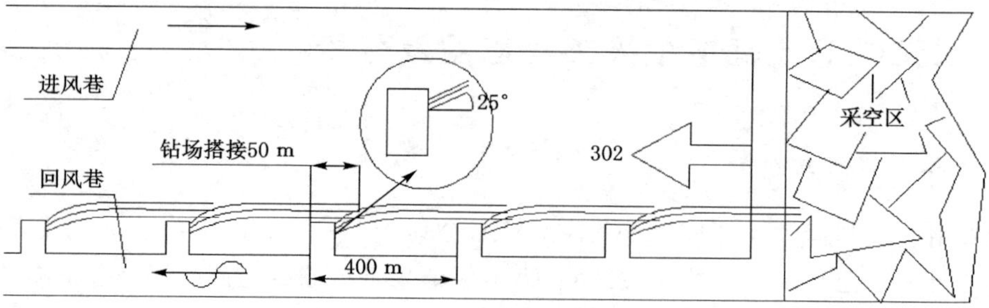

图 9　钻场布置平面图

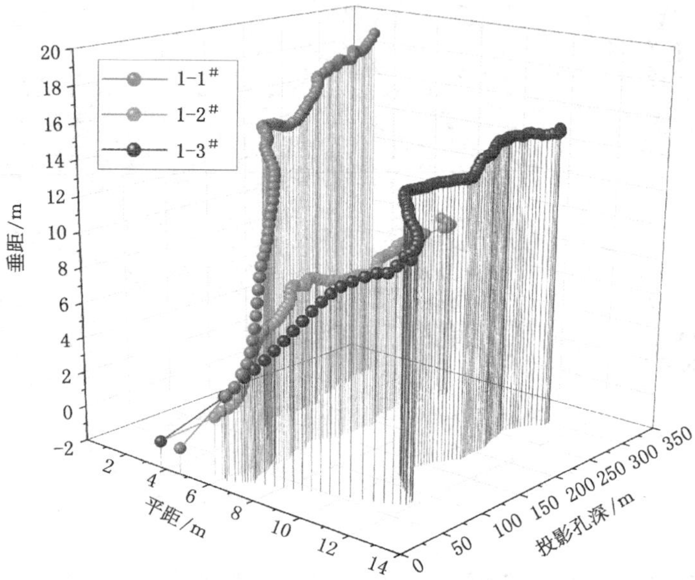

图 10　1 号钻场定向钻孔实测施工轨迹

对 1 号钻场各定向钻孔抽采浓度进行现场监测，各钻场瓦斯抽采浓度、纯量随工作面推进距的变化如图 13 所示。

由图 13 结合图 10～图 12 可知，1 号钻场各钻孔抽采瓦斯浓度与钻孔垂直布置层距呈正相关关系，垂直层距越大其抽采瓦斯浓度越高。随着工作面的推进，各钻孔瓦斯抽采浓度大致经历三个阶段：低位波动区、高位增长区、连续衰减区。而钻孔纯量的变化规律受层位以及钻孔变形影响较大，基本可以分为稳定波动区与连续衰减区两个阶段。

1 号钻场各钻孔抽采瓦斯浓度、纯量综合分析，随垂直布置层距增加各钻孔浓度呈增大的变化规律，钻孔垂距应高于不规则冒落带高度，否则将无法达到较高的瓦斯抽采浓度。而钻孔流量总体变化规律较为复杂，在钻孔垂距布置合理的前提下，钻孔平距位于水平裂隙带范围内将能够保证较高的钻孔瓦斯流量。

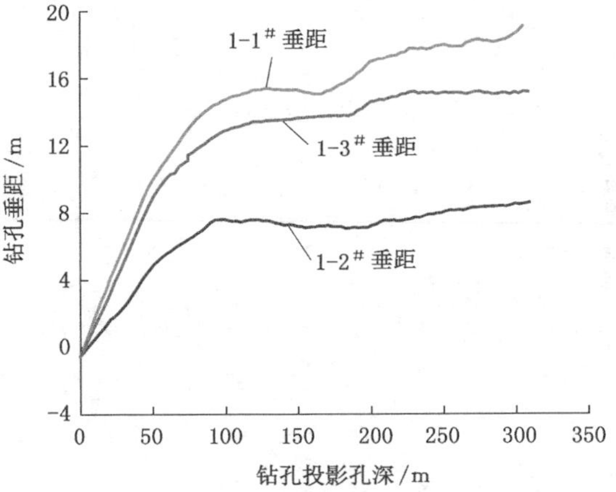

图 11　1 号钻场各钻孔与煤层顶板垂距

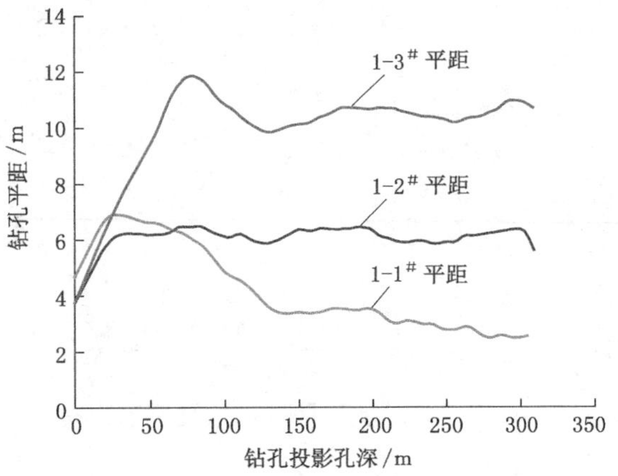

图 12　1 号钻场各钻孔与回风巷平距

3.4　钻孔布置参数相关性分析

根据模拟结果，计算不同平距、垂距下的钻孔瓦斯抽采浓度和纯量如图 14、图 15、图 16、图 17 所示，平均瓦斯抽采浓度、抽采纯量与平距、垂距的变化曲线均呈抛物线。

由图 14、图 15 可知，当平距由 2.82 m 增大到 13.13 m 时，钻孔平均瓦斯抽采浓度由 44.82%降低至 15.45%，降低了 68%；钻孔平均瓦斯抽采纯量由 1.8 m^3/min 降低至 1.03 m^3/min，降低了 43%。但平距到达 9 m 时，下降走势趋于平缓，在 10 m 附近近乎平直，不再继续降低。

由图 16、图 17 可知，当垂距从 7.94 m 上升到 17.92 m 时，钻孔平均瓦斯抽采浓度由 10.34%增加至 44.82%，增大了 3.3 倍；钻孔平均瓦斯抽采纯量由 0.57 m^3/min 增加至 1.63 m^3/min，增大了 1.9 倍。但当钻孔垂距超过 18 m 时，抽采混合量与纯量逐渐降低。

综上所述，高位定向长钻孔随平距的增加，瓦斯抽采浓度、抽采纯量逐渐降低，高位定向长钻孔的平距不能超过 23 m，应控制在 3～23 m 以内，但平距到达 9 m 时，下降走势趋于平缓，在 10 m 附近近乎平直，不再继续降低；随垂距的增加，瓦斯浓度、瓦斯纯量逐渐升高，但当钻孔垂距超过 18 m 时，抽采混合量与纯量逐渐降低。在三个高位定向长钻孔的共同作用下，上隅角瓦斯浓度能够控制在 1%以下，符合《煤矿安全规程》规定的要求。因此，定向长钻孔的最佳平距约为 10 m，最佳垂距约为 18 m。

4　结论

(1) 由 FLUENT 数值模拟结果可知，模拟不同垂距、平距条件下钻孔抽采效果，结合现场试验，保证上隅角瓦斯浓度控制在 1%以下，确定高位定向长钻孔的布置层位：距煤层顶板高度约为 18 m，距回风巷的平距约为 10 m。

(2) 由 FLUENT 数值模拟结果可知，定向长钻孔负压的升高有助于提高卸压区域及采空区的瓦斯抽采，但同时也增加了采空区的漏风量，对于防治采空区自然发火是不利的，结合实地情况综合考虑合理负压范围约为 20 kPa。

(3) 通过 FLUENT 数值模拟确定合理的层位与负压，结合现场试验，得出千米钻机定向

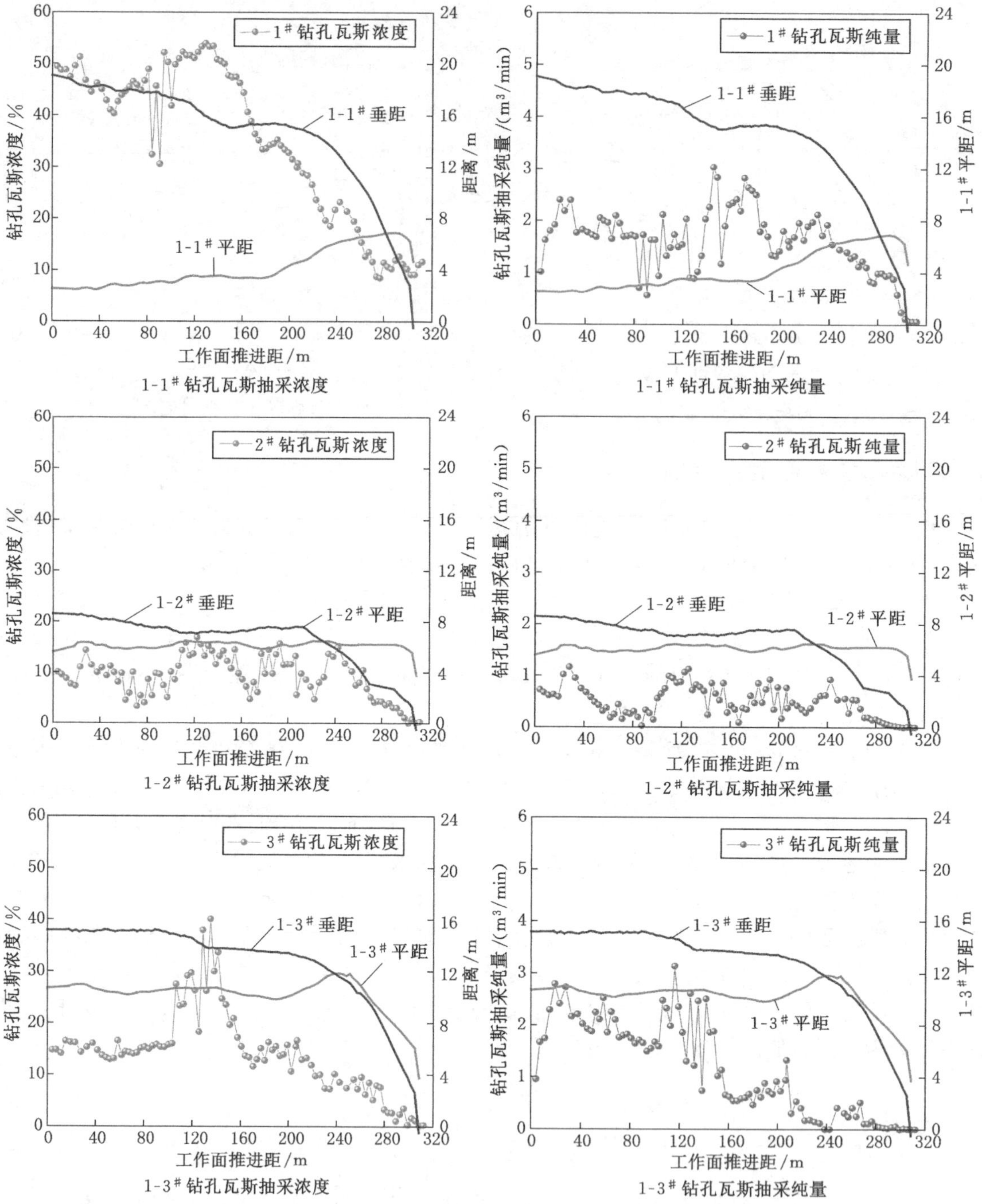

图 13　1 号钻场各钻孔瓦斯抽采浓度、抽采纯量随推进距变化

钻孔能有效地代替尾巷进行卸压瓦斯抽采，从而确保工作面、上隅角、回风巷瓦斯浓度符合生产规定，实现了安全生产。

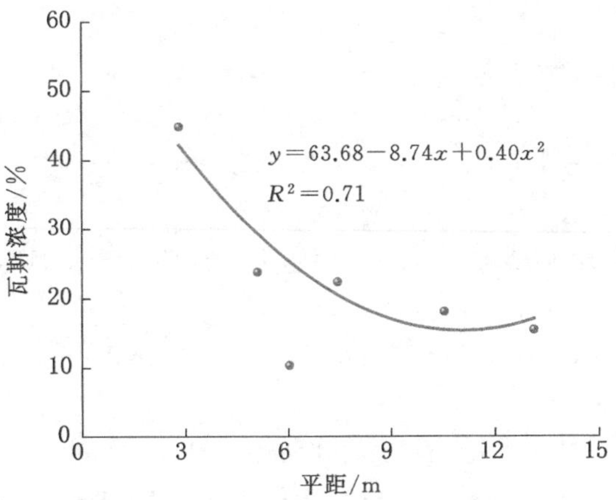

图 14　平距与瓦斯浓度关系

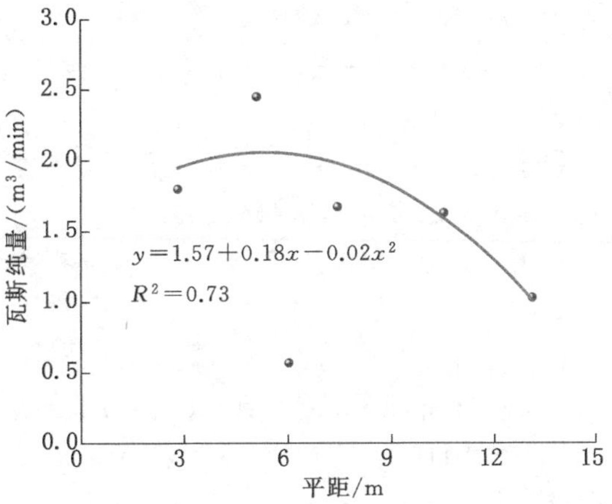

图 15　平距与瓦斯纯量关系

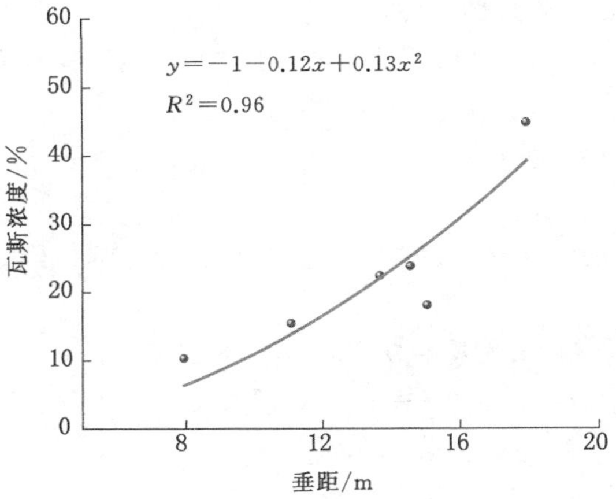

图 16　垂距与瓦斯浓度关系

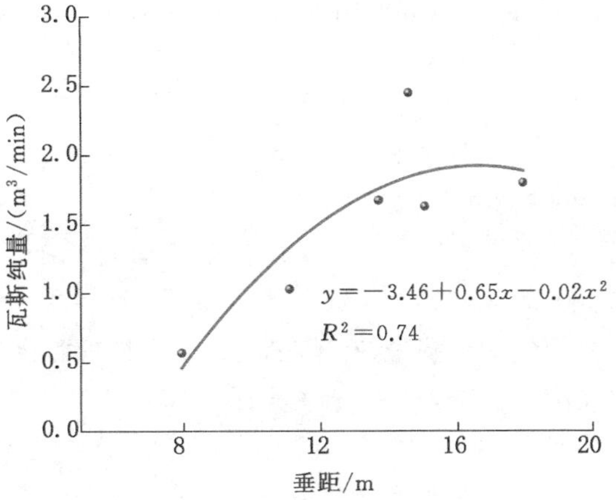

图 17　垂距与瓦斯纯量关系

参 考 文 献

[1]　谢和平,吴立新,郑德志.2025 年中国能源消费及煤炭需求预测[J].煤炭学报,2019,44(7):1949-1960.

[2]　袁亮.煤及共伴生资源精准开采科学问题与对策[J].煤炭学报,2019,44(1):1-9.

[3]　孙建华,米红伟,张锦鹏,等.上隅角瓦斯浓度变化的原因及实证分析[J].矿业安全与环保,2013,40(4):76-78.

[4]　赵建国.煤层顶板高位定向钻孔施工技术与发展趋势[J].煤炭科学技术,2017,45(6):137-141.

[5]　李杰.定向高位长钻孔抽采位置确定及瓦斯治理效果[J].煤炭科学技术,2014,42(12):51-53.

[6]　孙荣军,李泉新,方俊,等.采空区瓦斯抽采高位钻孔施工技术及发展趋势[J].煤炭科

学技术,2017,45(1):94-99.

[7] 赵建国.煤层顶板高位定向钻孔施工技术与发展趋势[J].煤炭科学技术,2017,45(6):137-141.

[8] 马功社,陈冬冬,赵继展,等.高瓦斯油气伴生矿井高位定向长钻孔合理布设参数研究[J].煤炭技术,2018,37(1):136-138.

[9] 王坚志,李彦明.高位定向钻孔技术在唐口煤矿的应用分析[J].煤矿机械,2017,38(11):134-136.

[10] YAO N P,ZHANG J,JIN X,et al.Status and development of directional drilling technology in coal mine[J].Procedia Engineering,2014,73:289-298.

[11] SHI Z J,DONG S N,YAO N P,et al.The underground directional drilling technology and equipments for kilometer deep borehole with MWD in coalmine[J].Procedia Earth and Planetary Science,2011,3:17-22.

[12] SUN X,NIE B S,HUANG S C,et al.Analysis of coal mine methane development technology in China[J].Advanced Materials Research,2013,868:326-330.

[13] 石智军,李泉新,姚克.煤矿井下1 800 m水平定向钻进技术与装备[J].煤炭科学技术,2015,43(2):109-113.

[14] 杜子健,刘子龙.煤矿井下顺煤层千米枝状长钻孔抽采瓦斯技术[J].矿业安全与环保,2007,34(1):27-30.

[15] 赵承方,王金宝.高位定向长钻孔在低透气性突出煤层中的应用研究[J].煤炭与化工,2019,42(9):117-120.

[16] 姚尚文.改进抽放方法提高瓦斯抽放效果[J].煤炭学报,2006,31(6):721-726.

[17] 张景飞,郭德勇,丁开舟.高位钻孔瓦斯抽放技术应用的研究[J].煤矿安全,2004,35(7):5-7.

[18] 张铁岗.矿井瓦斯综合治理技术[M].北京:煤炭工业出版社,2001:192-198.

[19] 马跃龙,林柏泉.煤层透气性系数的测定及其分析[J].辽宁工程技术大学学报(自然科学版),1998,17(3):240-243.

[20] 林柏泉,崔恒信.矿井瓦斯防治理论与技术[M].徐州:中国矿业大学出版社,1998:101-110.

采煤工作面上隅角埋管瓦斯抽采

成晚虎
（山西阳泰集团宇昌煤业有限公司，山西晋城，048105）

摘　要：为防止采煤工作面上隅角局部瓦斯超限，根据采煤工作面瓦斯涌出量预测结果，进行了上隅角埋管瓦斯抽采设计，据此完成了抽采泵选型、抽采管路参数选择与布置以及附属装置安装。依据抽采效果分析了采空区埋管抽采管路的优、缺点。

关键词：移动泵；上隅角；埋管抽采

1　建立矿井移动泵抽采系统的目的

建立矿井移动泵抽采系统是为了防止采煤工作面上隅角局部瓦斯超限，服务范围为井下采煤工作面，抽采系统设计抽采瓦斯纯量为 3 m^3/min。

2　矿井移动泵瓦斯抽采管路系统布置及抽采泵选型

2.1　矿井移动泵抽采瓦斯管路布置及参数选择

2.1.1　瓦斯抽采管路系统选择原则

抽采管路系统应根据井下巷道的布置、抽采地点的分布以及矿井的发展规划等因素确定，避免或减少主干管路系统的频繁改动，确保管道运输、安装和维护方便，并应遵循如下原则：

（1）抽采管路通过的巷道优选曲线段少、距离短的路线。管路安装应保证平直，转弯时角度不应大于 50°。

（2）尽量避开运输繁忙巷道，首选回风巷内铺设；在沿巷道底板敷设管路时，应采用高度 0.3 m 以上的支撑墩，并应保证每节管子下面有两个支撑墩。若敷设在主要运输巷道内，在人行道侧其架设高度不小于 1.8 m，并固定在巷道壁上，与巷道壁的距离应满足检修要求；瓦斯抽采管件的外缘距巷道壁不宜小于 0.1 m。

（3）管路发生故障，管道内的瓦斯不得流入采掘工作面、机房或机电硐室内。

（4）抽采管道井下建（构）筑物及设施的间距，应符合《工业企业总平面设计规范》的有关规定。

（5）瓦斯抽采管路的管径应按最大流量分段计算，并与抽采设备能力相适应，抽采管路按全流速为5～12 m/s和最大通过流量来计算管径，抽采系统管材的备用量可取10%。

(6) 抽采管路系统中必须安装调节、控制、测定、防回气装置。

2.1.2 瓦斯管路敷设路线

按照管路选择原则，矿井抽采瓦斯管网敷设路线为：采区采煤工作面回风巷上隅角→工作面回风巷→采区集中回风巷→移动泵硐室。

2.1.3 瓦斯抽采管径的选择

瓦斯抽采管径选择是否合理，对抽采瓦斯系统的建设投资及抽采系统效果有很大影响。直径太大，投资费用增加；直径过细，管路阻力损失大，同时参照抽采泵的实际能力使之留有备用量。

为说明方便，以下将瓦斯抽放管口到抽采泵站段抽采管路称为负压段管路，将抽采泵站至排放口抽采管路称为正压段管路。

抽采管径一般采用下式计算：

$$D = 0.1457(Q/V)^{1/2} \tag{5-1}$$

式中 D——抽采瓦斯管内径，m；

Q——瓦斯管中混合瓦斯流量，m^3/min；

V——瓦斯管中混合瓦斯平均流速，一般$V=5\sim12$ m/s。

依据工作面的瓦斯抽采量预计结果，按上式计算并留有一定余量。矿井瓦斯抽采管路管径选择直径为800 mm、壁厚为5 mm的焊缝钢管，具体参数见表1。

表1　抽采系统抽采瓦斯管径选择结果

抽采纯量/(m^3/min)	瓦斯浓度/%	混合流量/(m^3/min)	平均流速/(m/s)	计算管径/mm	选择管径/mm	壁厚/mm	材质
3	1.5	200	8	7 285	800	5	焊缝钢管(1.0 MPa)

注：每隔300 m布置灭火沙箱，每隔300 m设置一个接地极，管路长度小于300 m的至少在进气侧和出气侧各安装一个接地极，防止静电和杂散电流。

2.1.4 瓦斯抽采管的连接方式

依据设计抽采管路选用焊缝钢管。为减少进行焊接的次数和时间，抽采管路选择法兰和螺栓固定、连接。

2.1.5 管路敷设及附属装置

(1) 井下管路敷设要求

煤矿井下的环境条件较恶劣，且巷道高低不平，坡度大小不一，巷道受压变形，空气湿润易锈蚀等，为此对煤矿井下抽采瓦斯管路的敷设有如下要求：

① 瓦斯管路附件应采取防腐、防锈蚀措施。

② 在敷设倾斜管路时，应采用管卡将管子固定在巷道支架上。在巷道倾角小于或等于30°时，管卡间距宜采用15～20 m；在巷道倾角大于30°时，管卡间距宜采用10～15 m。

③ 管路敷设要求平直，尽量避免急弯。

④ 当管路敷设在运输巷道内时，应将管路牢固地悬挂或架在专用支架上，在人行道侧管

路架设高度不应小于 1.8 m，管件的外缘距巷道壁不宜小于 0.1 m。

⑤ 管路敷设时，要考虑流水坡度，要求坡度尽量一致，避免高低起伏，低洼处需安装放水器。

⑥ 新敷设的管路要进行气密性检验。

(2) 井下管路的安装

矿井 3 号煤层倾角变化较小，比较平直，抽采管路采用高度不小于 30 cm 的支撑墩架设，并应保证每节管子下面有两个支撑墩。

(3) 附属装置

1) 测压嘴

在管路上应设置测压嘴，以便经常观测抽采管内的压力。测压孔高度设计为 80 mm，选用内径 6 mm 的紫铜管，在安装管路之前预先焊上，平时用密封罩罩住或用细胶管套紧捆死，以防漏气。

2) 排渣器

为防止抽采管路内有杂物，影响真空泵的抽采效果，或损伤泵体，应安设排渣器，人工定期进行检查，排除杂物，排查装置。

3) 计量装置

瓦斯流量是抽采瓦斯工作中的一个重要参数，较准确地测定瓦斯流量才能真实地反映抽采瓦斯效果。目前瓦斯计量方法的种类很多，应用条件也各不相同。本设计选用管道瓦斯参数测定仪作为计量装备，监测流量、CH_4浓度、压力和温度 4 个量。

4) 放水装置

放水装置的种类很多，根据矿井抽采瓦斯实际情况，抽采管路内积水主要为冷凝水，水量较小，设计的放水装置可选用人工放水器。

2.2 矿井移动抽采瓦斯泵设备选型

2.2.1 选型原则

① 瓦斯泵的流量必须满足矿井抽采期间预计最大瓦斯抽出量的需求。

② 瓦斯泵的负压能克服管路系统的最大阻力。

③ 具有良好的真空度。

④ 抽采设备配备电机必须防爆。

2.2.2 抽采泵流量计算

瓦斯抽采泵流量必须满足抽采系统最大抽采量的需要：

$$Q_{泵}=100\cdot Q_Z\cdot K/(x\cdot \eta)$$

式中 $Q_{泵}$——瓦斯抽采泵的额定流量，m^3/min；

Q_Z——矿井瓦斯抽采总量(纯量)，m^3/min；

x——矿井瓦斯抽采浓度，%；

K——备用系数，取 1.2～1.8；

η——瓦斯抽采泵的抽采效率。

所需抽采总量 $Q_Z=3\ m^3/min$，$x=2\%$，$K=1.4$，$\eta=0.8$，计算抽采泵所需的额定流量为 242 m^3/min。

依据上述计算,可以选择ZJW500型井下移动瓦斯抽采泵,其电机功率为400 kW,转速为590 r/min,电压为1 140 V,符合要求。

2.3 抽采管路、设备的安装要求

抽采管路附属装置及设施安装应符合以下要求:

① 抽采管路应装设瓦斯计量装置。

② 管路拐弯、低洼、温度突变处及沿管路适当距离(间距一般为200～300 m,最大不超过500 m)应设置放水器。

③ 在抽采管路的适当部位应设置排渣装置和测压装置。

④ 抽采管路分岔处应设置控制阀门,阀门规格应与安装地点的管径相匹配。

⑤ 在倾斜巷道中,管路应设防滑卡,其间距可根据巷道坡度确定,对28°以下的斜巷,间距一般取15～20 m。

⑥ 抽采管路应有良好的气密性及采取防腐蚀、防砸坏及防带电等措施。

⑦ 抽采瓦斯管路必须进行防腐处理,外部设置警示标志。

3 采空区埋管抽采管路的优缺点

① 彻底改变风流方向,由上隅角至采空区后方,可使上隅角瓦斯恒定保持在0.5%以下,便于瓦斯监控探头的挂设。

② 避免了在顺槽频繁拆装管路造成瓦斯超限情况。

③ 目前该方法在晋城地区得到了广泛的应用。ZJW500型井下移动瓦斯抽采泵额定抽采量为500 m^3/min,实际抽采量为400 m^3/min左右,完全可以抽3 m^3/min纯量。

④ 该方法利用在节假日期间更换管路,而在生产期间只需关闭阀门,增强了瓦斯防治工作的安全管理。

缺点就是浪费一部分管路,但从治理瓦斯角度上讲,真正地从源头上治理了上隅角瓦斯这个较难解决的问题。

大阳煤矿瓦斯抽采方法

黄楠楠，赵震
（山西兰花科技创业股份有限公司大阳煤矿分公司，山西晋城，048105）

摘　要：大阳煤矿为加强3号煤层综放工作面瓦斯抽采效果，通过分析实际中各种抽采方式存在的问题，对抽采方法和布孔方式进行优化分析。实践表明，与传统钻孔瓦斯抽采方法相比，千米定向钻孔抽采瓦斯方法具有明显优势。

关键词：矿井瓦斯；瓦斯抽采；抽采方法；抽采钻孔

煤矿瓦斯抽采的目的是减少煤体内的瓦斯赋存含量，增加煤体强度，避免突出危险；减少瓦斯涌出量，防止瓦斯积聚，为矿井生产安全创造条件；抽出的瓦斯还可作为煤炭伴生的资源，作为清洁能源加以开发利用。

1　瓦斯抽采系统基本情况

大阳煤矿为做好瓦斯抽采工作，保证瓦斯抽采满足安全生产需要，于2012年9月完成了《山西兰花科技创业股份有限公司大阳煤矿分公司3号煤层瓦斯抽采工程初步设计（1.80 Mt/a）》，2013年10月经验收后抽采系统正式投入运行。

大阳煤矿瓦斯抽采方式为地面永久抽放，布置两套抽采系统。瓦斯抽采泵站位于西回风立井工业场地西侧20 m处，在西回风立井西南侧约60 m处布置瓦斯管道井，设计瓦斯抽采规模为46 m^3/min。为满足不同条件的抽采需要，配备高负压瓦斯抽采系统CBF630-2BG3型水环式真空泵2台，低负压瓦斯抽采系统CBF710-2BG3型水环式真空泵2台。各抽采主管、干管、支管均选用螺旋缝埋弧焊钢管，具体管路规格如下：

（1）高负压瓦斯抽采系统：主管规格为D630×10 mm，敷设于地面管路、管道井和回风大巷；干管规格为D508×8 mm，敷设于采区回风巷；支管规格均为D377×6 mm，敷设于工作面顺槽内，用于本煤层瓦斯预抽和高位钻孔抽采。

（2）低负压瓦斯抽采系统：主管敷设于地面管路、管道井和回风大巷，规格为D630×10 mm；干管敷设于采区回风巷内，规格为D610×8 mm；支管敷设于工作面回风顺槽内，用于现采、采空区瓦斯抽采的规格均为D610×6 mm。

2 采煤工作面抽采瓦斯方法与效果

2.1 本煤层立体分层钻孔抽采

在工作面两顺槽内沿煤层走向施工立体交叉钻孔，使钻孔在整个预抽区域内均匀布置。本煤层预抽立体交叉钻孔垂直于煤壁施工，钻孔与顺槽呈90°夹角布置，开孔倾角为“煤层倾角+1.5°(煤层倾角实测确定)”，钻孔长度根据工作面切眼长度而定，每隔3 m布置1个钻孔。立体分层布置钻孔，上下间距为0.3 m。钻孔采用囊袋式“两堵一注”或“AB”胶封孔，封孔后连接到高负压抽采管路，如图1所示。

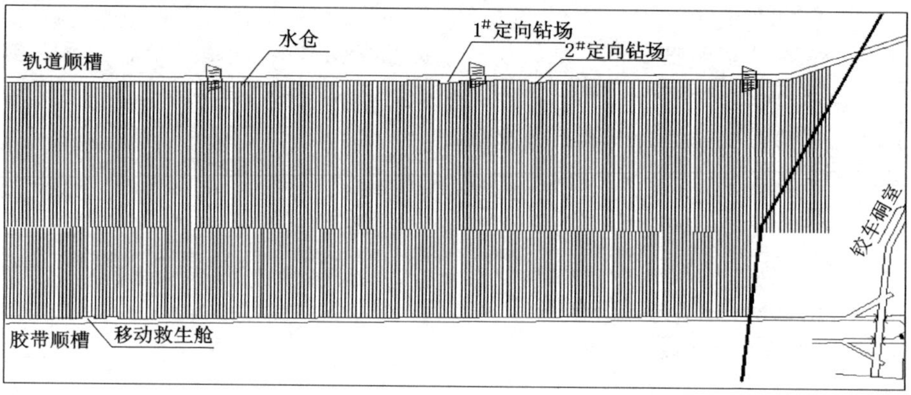

图1 本煤层立体交叉钻孔示意图

2.2 高位顶板裂隙带钻孔抽采

在回风顺槽内的顶板钻场向采空区方向呈扇形施工10个高位钻孔，钻孔终孔位于采空区上方顶板垮落带顶部裂隙带底部(距煤层顶板20～25 m)，孔深120～135 m。为确保回采与打钻平行作业的安全距离，以及抽采效果连续稳定，每隔80 m施工一个钻场。钻孔采用囊袋式“两堵一注”或“AB”胶封孔，封孔长度12 m，封孔后连接到高负压抽采管路。

2.3 低位顶板裂隙带钻孔抽采

裂隙带钻孔布置在回风顺槽超前支护内巷道顶板上，抽采上隅角上方顶板裂隙的瓦斯，每组钻场间距为10 m，每个钻场布置3个钻孔，孔间距为0.5～1 m，孔深为30～40 m，距煤层顶板为9～12 m，孔径为94 mm，钻孔采用A、B胶分段式封孔，封孔长度为12 m，封孔后连接到高负压抽采管路。

2.4 定向水平长钻孔抽采

2.4.1 定向水平长钻孔瓦斯抽采技术原理

根据矿山采动与岩层移动关键层理论，在工作面上方顶板岩层中存在着一个决定采场上覆岩层受力变形破坏的关键层。当采煤工作面开采推进一定距离，关键层出现破断后，位于采空区中部、冒落岩石岩块之间的裂隙将趋于压实，在采空区四周则出现一个连通性较好的采动裂隙发育区，并随着工作面的推进而移动。由于此裂隙发育区位于煤层上部，沟通了煤层卸压瓦斯和采空区上面聚集的瓦斯，在这个采动影响裂隙发育区形成了一个瓦斯富集区。因此，只要将定向抽采钻孔打在这个采场的采动裂隙区内，就可使钻孔较长时间、较大范围、较大量的抽采高浓度瓦斯。

2.4.2 定向水平长钻孔抽采瓦斯情况

顶板定向长钻孔组合理布置层位于靠近回风巷一侧采动裂隙带内，以抽采工作面上隅角集聚的高浓度瓦斯(图 2)。具体布置参数：钻孔布置在距煤层顶板垂高 20～35 m，距离回风侧水平 25～35 m 位置处，每个钻场范围内布置 3 个千米定向钻孔，在空间上形成三角形布置。抽采钻孔孔口负压在 15.8～25.4 kPa，单孔瓦斯抽采量可达 5～12 m^3/min。

由于顶板定向长钻布置孔层位合适，有效抽采时间长，单孔瓦斯抽采量与抽采总量均较高，所以抽采效果明显由于高位钻孔抽采效果。

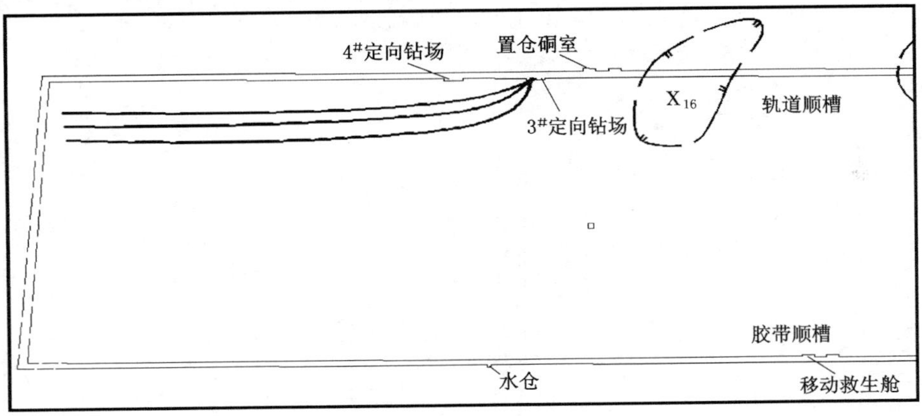

图 2　定向水平长钻孔示意图

2.5 上隅角埋管抽采

在回风顺槽低负压抽放管路敷设将要到达超前支护区前，低负压管路(φ610 mm)由螺旋焊缝钢管与抽采采空区瓦斯管的连接(中间由 PE 管弯头作为与老空区的隔离管)，并安设阀门。抽采立管高 1.5 m(每 3 m 一根立管)，管径为 φ255 mm。随着工作面的推进，在螺旋焊缝钢管(φ610 mm)末端即将进入超前支护前，要及时更换为埋管(φ255 mm)。靠近采空区前，及时安装抽采立管，使抽采立管始终抽采上隅角的瓦斯，如图 3 所示。

2.6 沿空留巷柔模埋管抽采

工作面轨道顺槽进行沿空留巷，随着工作面的推进，将低负压 φ610 mm 抽采管替换为 φ377 mm 抽采管，从 φ377 mm 抽采管路末端开始每隔 12 m 接一个 φ377/φ159 mm 三通，同时在变径三通上安装一个可以开闭的截流阀门，该变径三通与 φ377 汇流器连接，接好后将 φ377 mm 汇流器用胶管与柔模混凝土墙体中的 φ159 抽采管连接，φ377 mm 汇流器每个接口留设测量孔。随着回采推进及时将 φ159 抽采管埋入柔模墙体中，如图 4 所示。

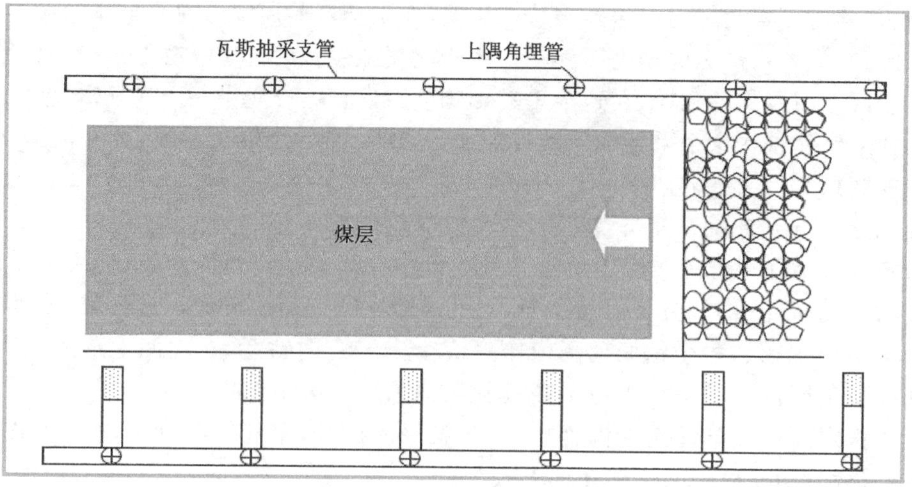

图 3　上隅角埋管抽采示意图

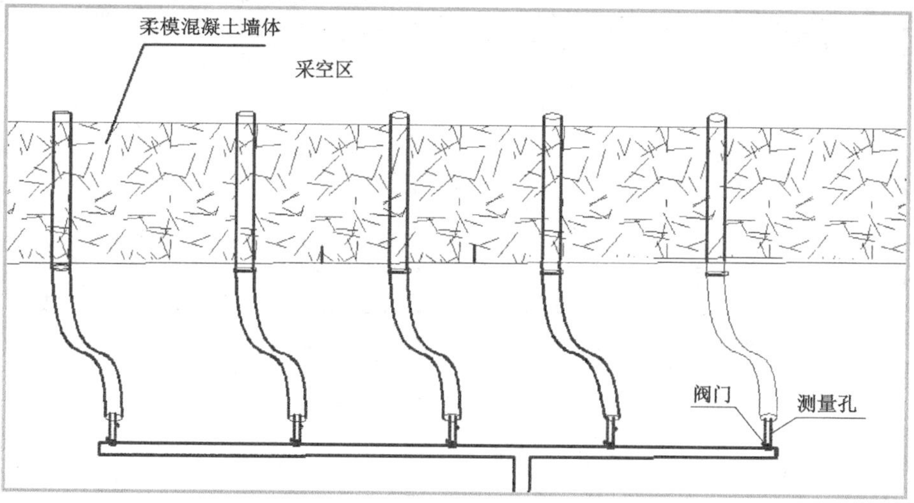

图 4　沿空留巷柔模埋管抽采示意图

2.7　老采空区抽采

当工作面回采结束、回风顺槽密闭后，由于开采方式为综放开采，采空区内丢煤较多，容易产生大量瓦斯，为防止采空区内瓦斯向外涌出，构筑密闭墙时，向采空区密闭墙内插入 ϕ160 mm瓦斯抽采管，抽采管口位置距离密闭里墙面不得小于 0.5 m，高度应大于巷道高度的 1/3，通过变径连接到采区回风巷低负压抽采管，如图 5 所示。

3　结语

大阳煤矿采用定向水平长钻孔抽采、高位顶板裂隙带钻孔抽采、低位顶板裂隙带钻孔抽

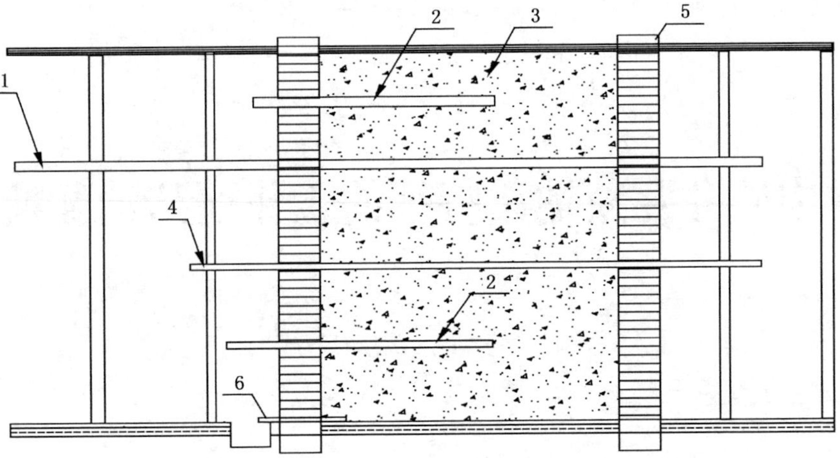

图 5　老采空区抽采

1—抽放瓦斯管；2—注浆管；3—砂(泥浆充填物)；
4—观测管；5—密闭管；6—放水管及放水池

采、本煤层钻孔抽采、上隅角埋管抽采、沿空留巷柔模埋管抽采、老采空区抽采等多种瓦斯抽采方式，有效治理了工作面瓦斯，实践表明，定向水平长钻孔抽采瓦斯效果尤为突出。大阳煤矿在钻孔抽采瓦斯方法与钻孔布置方式上继续研究与优化，为煤矿瓦斯治理探索更加高效的方式方法。

基于牛山矿井瓦斯地质特征的工作面防治瓦斯技术

王晋茂，宋艳彬
(山西高平科兴牛山煤业有限公司，山西晋城，048400)

摘　要：为了深入推进煤矿瓦斯防治工作，提高瓦斯防治技术水平，在厘清区域构造演化、构造控制特征的基础上，研究牛山矿井构造和构造演化对瓦斯赋存的控制，结合瓦斯地质勘探数据和采掘工作面实际瓦斯监测资料的分析，研究矿井瓦斯地质规律，总结构造地质对该矿瓦斯分布的影响。针对复杂地质构造导致采掘工作面局部地点瓦斯涌出量大的情况，采用设置风障、压风管、增大风量、加强瓦斯监测等瓦斯防治技术措施，在牛山煤矿瓦斯防治中取得了良好效果。

关键词：瓦斯地质；地质构造；瓦斯监测；瓦斯防治

1　矿井概况

山西高平科兴牛山煤业公司位于高平市南部约 4 km 处，行政隶属高平市河西镇，距高平市约 4 km，晋城-长治二级公路由井田外东部通过，太焦铁路距井田西部外约 1 km，井田东部边界距长晋高速公路高平收费站约 3.5 km，距太焦铁路高平站约 4 km，牛山煤矿建有铁路专运线一条。通过铁路和公路可和全国公路、铁路网相通，交通条件十分便利。

井田位于太行山山脉的西南侧，沁水盆地的东翼，井田大面积为黄土覆盖，中部区域局部基岩出露较好。井田地貌特征为中等切割至轻微切割的中低山丘陵类型，地表最高点位于井田中部的牛山顶峰，海拔 1 026.5 m；最低点位于井田南部沟谷底部，海拔 808.8 m，最大高差 217.7 m。井田为中部相对较高、南部及东西部相对较低且伴有黄土冲沟的扇状山坡地形，井田内局部植被较发育。

2　煤层瓦斯地质赋存特征

2.1　地质构造对瓦斯赋存的控制特征

煤储层的生成条件和保存条件控制了煤层瓦斯含量的大小，比较而言，煤储层保存条件对瓦斯含量的控制更为重要。不同地质时代发生的地层隆起、剥蚀、沉积、凹陷或岩浆活动，很大程度影响了煤化作用过程与瓦斯生成量，控制了瓦斯的保存或逸散。

沁水盆地是一个复式向斜含煤盆地，四周分别被太行山、中条山、霍山、五台山所固限，是华北板块中生代挤压背景下燕山期形成的总体近NNE向展布的复式向斜，周缘被广泛出露的古生界所环绕，盆地腹部被三叠系覆盖。沁水盆地上古生界煤层埋藏史对应于构造演化分为4个时期：① 海西期-印支期的沉降深埋时期。晚三叠世末，以晋城、阳城一带为沉降中心，最大沉降幅度可达到4 500 m。② 印支-燕山早期的稳定和波动时期。此时，该区整体抬升，广泛遭受剥蚀，地壳最大抬升幅度超过1 000 m。③ 燕山中-晚期的煤层埋藏显著减小时期。此时地壳快速抬升和岩浆的强烈活动，造成该区煤层埋深的进一步减小。④ 喜马拉雅期的埋深持续减小与构造分异时期。喜山运动在盆地内形成了次一级的断陷盆地，局部沉积了新近系和第四系，盆地的西北部最大沉降幅度达1 000 m以上。总体来说，沁水南部的晋城地区，在燕山中期(J_3-K_1)缓慢剥蚀；K_2-N_1时快速剥蚀；煤层大致在N末时埋藏最浅，但仍然保持400～800 m的埋藏，后接受0～100 m的第四系沉积物。

科兴牛山井田位于山西省沁水煤田东南部的高平矿区，晋获褶断带上，区域地层总体走向为NNE向。由于燕山期地壳活动剧烈而且频繁，经历了由伸展→挤压转换→隆升过程，地层抬升遭受长时间的风化剥蚀，煤层中的瓦斯能够得以大量释放。受埋深较浅主控因素和张性裂隙发育较高的影响，瓦斯压力较小，瓦斯积聚现象也不会明显。

2.2 褶曲、断层对瓦斯赋存的影响

断层对瓦斯赋存的影响是多方面的，它不仅影响煤层的完整性和瓦斯的封闭条件，而且对煤体结构、煤岩显微特征及煤的渗透率均有不同程度的影响。此外，大量实际资料表明，断裂构造对煤层瓦斯含量也有重要的影响。断层对瓦斯赋存的影响程度与断层性质及规模有关。从断层性质与瓦斯赋存的关系来看，压性断层（包括逆断层、压性走滑断层或发生反转的正断层）断层面为密闭性，断层面附近成为构造应力集中带，使煤层吸附瓦斯量增多，煤层瓦斯含量相对增高；同时，由于瓦斯不易透过断层面运移散失而有利于瓦斯的保存。张性断层（正断层、拉张走滑断层或发生反转的逆断层）断层面为开放性，断层面附近由于构造应力释放而成为低压区，煤层瓦斯大量解吸，并从断层带逸散，使煤层含气量急剧下降。但是，远离断层两侧煤层中一般形成两个呈对称的条带状构造应力高压区，煤层瓦斯含量相对升高，成为阻止煤层瓦斯进一步向断层运移的天然屏障。

实践证明，断层、褶皱构造发育地段往往煤层厚度、煤体结构会发生变化，有些受断层或褶皱影响，造成煤层增厚或变薄，构造应力相对集中，在构造应力影响下，煤层结构受到破坏而松软，煤层的透气性强，物理性质发生较大变化。因此，当巷道接近或掘至断层、褶曲处时，巷道瓦斯涌出量峰值增高，峰值与构造的位置相对应。

采煤工作面内遇到小构造或煤层变厚变薄带、落差未超过煤层厚度的小断层等规模较小地质构造，对回采瓦斯影响较小。采煤工作面遇到较大范围的地质变化，如煤层变厚、变薄，煤层结构改变等，均较大影响瓦斯涌出量。一般距断层前50 m范围内，回采瓦斯涌出明显增大。施工至地质变化异常点时，回采瓦斯涌出量降低。

科兴牛山井田总体构造形态为一褶曲构造。向斜位于井田西部，向斜轴在中南部为NNE向，向北转为NE向，两翼地层走向随着向斜轴由NNE向转NE向，西翼地层倾向东，倾角为4°～17°，一般在11°左右；东翼地层倾向西，倾角为3°～10°，一般在9°左右。背斜位于井田东部，轴向近SN，其西翼为向斜的东翼，其东翼地层走向近SN，倾向西，倾角一般在2°左右。褶

曲宽缓的向背斜,对瓦斯赋存影响不大,不利于瓦斯的大面积富集。但在向斜轴部、背斜的两翼利于赋存,这在采掘期间已得到印证。

井田内断层不发育,西部矿界外发育一条断层(朴村正断层),落差为 60 m。走向 N19°E～S2°W,倾向东,倾角为 75°,延伸长达 6 km 以上,大部被黄土覆盖。结合勘探结果,朴村正断层未影响到井田内各煤层。井田内地面未发现落差大于煤层厚度的断层构造,仅在开采 3 号煤层时,采掘工作面揭露有断距为 0.9 m、1.50 m、2.50 m 的数条小断层,走向 NE35°,倾向 NW。断裂构造对井田煤层未构成较大破坏。张性正断层会使煤层瓦斯大量解吸,并从断层带逸散,使煤层含气量下降。

2.3 顶、底板泥岩厚度对瓦斯含量的影响

一般来说,当顶板为致密完整的岩层(例如页岩)时,煤层中的瓦斯不容易逸散;顶板为多孔或裂隙发育的岩层(例如砂岩)时,瓦斯就容易逸散。围岩的厚度和质量是影响煤层瓦斯逸散和聚集的重要因素,其对瓦斯封盖能力随碎屑含量减少、颗粒变细和泥质成分增高而增强。各岩石类型的平均孔渗特征和排驱压力如表 1 所示,由此可知,由砂岩、碳酸盐岩、砂泥岩互层组合、泥岩、煤层到油页岩,其封盖能力依次增强。

表 1 岩石类型的平均孔渗特征和排驱压力

物性参数	砂岩		碳酸盐岩		砂泥岩互层	泥岩	煤层	油页岩
	致密	一般	致密	一般				
孔隙率/%	4.86	3.79	1.50	4.60	2.99	0.97	1.7～6.4	3.74
渗透率/($10^{-3}\mu m^2$)	0.1～10.0	0.01～0.7	0.05	1.5～2.5	0.1～1.0	0.03	0.001～1.0	3～10
突破压力/MPa)	2.4	3.6	/	/	4.5	5.0	6.0	15.9

科兴牛山煤业有限公司井田内 9 号煤位于太原组中下部,煤质较硬;9 号煤直接顶板为粗粒砂岩,抗压强度为 36.8～44.8 MPa,平均为 40.5 MPa;抗拉强度为 1.9～2.5 MPa,平均为 2.1 MPa,属半坚硬岩体;底板为砂质泥岩,抗压强度为 28.8～36.0 MPa,平均为 32.3 MPa;抗拉强度为 1.4～1.6 MPa,平均为 1.5 MPa,属半坚硬岩体。

研究表明,泥岩封盖能力与其物性和其成岩演化阶段有关(表 2),随着其成岩程度加深,塑性降低,脆性增强,裂隙发育程度增大,封盖能力有所减弱。由此可见,这样的岩性组合不利于瓦斯的保存,这也是造成 9 号煤层瓦斯含量较小的原因之一。

表 2 泥岩成岩演化及其封盖能力和煤化作用阶段的关系

煤化作用阶段	泥岩成岩特征及封盖能力
褐煤	塑性强,无张开的裂隙,为非渗透性盖层
长焰煤	塑性减弱,脆性增强,但仍为非渗透性盖层
气煤-肥煤	形成张开裂隙,导致岩石封盖能力有所降低,但岩石发生一定膨胀可使部分裂隙闭合,有利于保持封盖能力
焦煤	不膨胀,张开裂隙较为发育,封盖性能明显降低
瘦煤-无烟煤	脆性较大,张开裂隙较为发育,封盖能力进一步降低

2.4 上覆基岩厚度对煤层瓦斯含量的影响

煤层上覆基岩厚度为煤层埋藏深度减去第四纪地层沉积厚度。第四纪地层主要为黄土层，一般分布于地表，胶结性不好，孔隙率大，连通性好，容易释放瓦斯。由于第四系松散沉积物易于搬运，厚度变化较大，这就造成煤层上覆地层垂向上变化较大。在第四系松散沉积厚度较小、垂向差异不大的矿井，上覆基岩厚度和埋藏深度对瓦斯的影响基本上相当。

牛山煤矿覆盖于煤层之上的二叠系下统山西组（P_1s）为大陆泥炭沼泽相沉积，以灰、灰黑色、黑色泥岩、粉砂岩及砂岩为主，本组地层厚度为 36.15～76.85 m，平均厚 52.69 m。二叠系下统下石盒子组（P_1x）以底部 K_8 砂岩与山西组分界，呈整合接触。本组地层厚度为 73.05～89.90 m，平均厚 80.76 m。主要出露于牛山山地地段，依据沉积旋回及岩性组合特征分为上、下两段。二叠系上统上石盒子组（P_2s）岩性以灰黄色、浅紫色各粒级砂岩、砂质泥岩及泥岩组成。井田内大面积出露剥蚀，最大残留厚度为 152 m，主要出露于牛山及其西麓。第四系为井田内广泛分布的松散覆盖层，中上更新统与下伏基岩地层呈角度不整合接触。为浅黄色亚黏土和含风化岩屑的砂层及黄土，分布于低山丘陵之上的广大地区，厚度为 0～24.23 m。

总体而言，上覆岩层厚度是影响煤层瓦斯含量的主要因素。井田范围内基岩呈半裸露特征，下统山西组主要出露于牛山山地地段，下石盒子组主要出露在井田内大面积，上石盒子组地层在井田主要为本组下部层段，其中上部层段在井田范围多消失。由于煤层埋藏较浅而且其上覆地层不全，在缺失地层的长时间内受到风化剥蚀，瓦斯大量逸散，总体上构成了有利于瓦斯逸散的上覆基岩条件。

2.5 陷落柱对瓦斯赋存的影响

陷落柱发育的裂隙沟通强含水地层、地表水或老窑积水，煤矿开采时，水流量会增大，表现为水大瓦斯小的特点。其原因在于一方面水流驱动着裂隙和孔隙中的瓦斯运移，同时，又促使溶于水的瓦斯一起流动；另一方面水被吸附在裂隙和孔隙的表面后降低了煤对瓦斯的吸附能力，并增大了瓦斯排放能力。对于隐伏于地表以下的陷落柱，不存在大量直接和地面沟通的孔隙、通道，瓦斯保存条件较好，陷落柱周围的瓦斯容易积聚。

2.6 水文地质条件对瓦斯含量的影响

由于地下水的运移，一方面驱动着裂隙和孔隙中瓦斯的运移，另一方面又带动溶解于水中的瓦斯一起流动，同时，水被吸附在裂隙和孔隙的表面后还降低了煤对瓦斯的吸附能力，并增大了瓦斯排放能力，因此，地下水的活动有利于瓦斯的排放。

牛山煤矿水文地质类型属中等类型，总体上对煤层瓦斯含量和瓦斯涌出量有一定的减弱作用。

2.7 历史瓦斯涌出量资料分析

根据山西科兴能源发展有限公司晋科司发〔2018〕625 号文、晋科司发〔2020〕848 号文：山西科兴能源发展有限公司关于 2018 年度、2020 年度矿井瓦斯等级鉴定（测定）审查结果的通知，牛山煤矿为低瓦斯矿井，根据现场实际监测数据，矿井仍存在局部瓦斯高地段。

3 工作面瓦斯涌出特点

以 90106 工作面为例说明瓦斯涌出的特点。90106 工作面为 SN 走向，地质构造为单斜构造，总体为下坡，平均坡度为 8°，平均煤层厚度为 1.68 m，采用全部垮落法管理顶板。工作面采用 U 形通风，计划风量为 604 m^3/min，实际配风量为 1 020 m^3/min。90106 回风顺槽掘进工作面使用 EBZ-160 型掘进机进行截割装载，FBCDZNO.6/2×18.5 kW 压入式局部通风机通风，风机吸风范围为 350～500 m^3/min。该工作面在正常生产期间工作面瓦斯浓度为 0.04%～0.08%。其间，在工作面掘进至 1 120 m 时，在距底板 50 cm 的煤与矸层夹缝中瓦斯涌出量急剧增高，涌出的瓦斯浓度高达 20.8%左右。为保证掘进、回采期间的安全，针对 90106 工作面局部地段瓦斯高的特点，牛山煤矿采取了切实可行的治理措施。

4 瓦斯防治技术措施

4.1 掘进期间

(1) 布置压风管

在 90106 回风顺槽 1 120 m 煤与矸层夹缝瓦斯高的地点，铺设压风管路，利用压风风流吹散缝隙中积聚的瓦斯，加快工作面风流与瓦斯混合速度，提高风流稀释瓦斯的效率。通过铺设压风管路，使瓦斯浓度由缝隙中的 20.8%至距缝隙 20 cm 处的瓦斯浓度降至 1.0%，然后距缝隙 50 cm 时已降至 0.18%，最终扩散至巷道中后瓦斯浓度已降至 0.06%，有效防止工作面瓦斯超限现象发生。

(2) 人工落煤

为防止综掘机在割至缝隙附近摩擦产生火花，引起瓦斯事故，在割煤至缝隙 50 cm 处的地方时停止用综掘机割煤，并将工作面内所有非本质安全型电气设备闭锁，然后采用人工落煤工艺进行落煤。同时，将巷道掘进由原来的割底煤逐渐过渡为割顶煤，快速摆脱缝隙瓦斯涌出的风险，有效防止了瓦斯事故发生。

(3) 加强监测

在缝隙前后 50 cm 处各挂一个便携式甲烷报警仪，并安排一专职瓦斯员监测缝隙及其附近的瓦斯浓度，发现距缝隙 50 cm 处的地方超过 0.8%时，及时停止工作面内的一切工作，为工作面安全生产提供了保障。

4.2 回采期间

(1) 设置风障

工作面上隅角瓦斯治理的主要原理是在上隅角形成一个紊流区，使该区域瓦斯与空气稀释，通过挂设风障使一部分风流经过上隅角，稀释排走上隅角瓦斯，避免上隅角局部位置风流不畅引起的瓦斯积聚，降低瓦斯浓度，有效防止瓦斯积聚。90106 采煤工作面在瓦斯高时设置一道风障，平时采用半挂式(风筒一侧固定于煤帮，一侧固定于支架立柱上)挂设，在其不能及时移架导致半挂式风障风流不能稀释上隅角瓦斯时，采用全挂式(风筒一侧固定于煤帮，一侧固定于支架与煤溜搭接处)挂设,且风障随工作面推移前移。

(2) 布置压风管

工作面风流对上隅角局部瓦斯积聚不能有效地稀释排出时,布设压风管路,利用压风风流吹上隅角积聚的瓦斯,加快工作面风流与瓦斯混合速度,提高风流稀释瓦斯的效率,防止上隅角瓦斯浓度超限。90106 工作面上隅角靠煤帮处布置一压风管,压风管端头连接一个有多个细小出风孔,在瓦斯浓度较高时打开压风管,冲散积聚的瓦斯,有效防止瓦斯积聚。

(3) 加大工作面风量

90106 工作面计划风量为 604 m^3/min,为防止工作面上隅角瓦斯超限现象发生,将工作面实际配风量调整为 1 020 m^3/min,有效地排出上隅角的瓦斯。

5 治理效果

(1) 在掘进工作面布设压风管路、改用人工落煤、加强瓦斯检查、改变割煤坡度,有效地防止了掘进工作面瓦斯事故发生,杜绝了瓦斯超限事故的发生,保证了安全生产。

(2) 在采煤工作面设置风障、压风管、增大风量,保证了工作面生产用风量,同时加大了上隅角瓦斯排放速度,使工作面上隅角及其回风流瓦斯浓度降至 0.3%以下,对整个工作面瓦斯治理发挥了作用。

6 结论

科兴牛山煤业有限公司 9 号煤层处于瓦斯风化带,瓦斯含量低,9 号煤层不具有煤与瓦斯区域突出危险性。由于地质条件的复杂性和不可完全预知性,在生产过程中要随时观察瓦斯情况,特别是在遇到复杂地质构造时,应加强对预测预报。针对 90106 工作面局部地段瓦斯高特点,牛山煤矿采取了切实可行的治理措施,杜绝了瓦斯超限事故的发生,保证了安全生产。

参考文献

[1] 俞启香.矿井瓦斯防治[M].徐州:中国矿业大学出版社,1992.
[2] 张子敏,张玉贵.瓦斯地质规律与瓦斯预测[M].北京:煤炭工业出版社,2005.
[3] 张玉贵.构造煤演化与力化学作用[D].太原:太原理工大学,2006.
[4] 宋岩,张新民.煤层气成藏机制及经济开采理论基础[M].北京:科学出版社,2005.

瓦斯发电脱硝技术分析与应用

邵剑波

(胜利油田胜利动力机械集团有限公司,山东东营,257000)

摘　要:通过分析国内瓦斯发电 NO_X 排放浓度限值政策及排放现状,综合对比分析几种烟气脱硝技术,确定了适合瓦斯发电烟气脱硝的技术路线,以此指导的两个工程项目运行情况进一步论证了 SCR 脱硝技术方案适合应用于瓦斯发电烟气脱硝,最后从工程实际应用角度提出了 SCR 脱硝应用技术优化建议。

关键词:瓦斯发电;NO_X 排放;SCR 脱硝;脱硝效果

1　国内瓦斯发电 NO_X 排放浓度限值现状

1.1　国内瓦斯发电 NO_X 排放浓度限值政策

随着中国近年来雾霾现象频频发生,对于发电行业的污染物排放状况受到了环保部门更多关注,国家对瓦斯发电主要污染物(烟尘、SO_2 和 NO_X)排放限值要求不尽相同,但大有愈来愈严格之势,我国已经有相关法律、法规对烟气排放做出了相应的规定。电力行业大气污染物处理重点已经由过去的仅对烟尘、SO_2 治理,逐步转移到对 NO_X 含量治理。2006 年“国家环境保护总局关于内燃式瓦斯发电项目环境影响评价标准请示的复函”(国家环境保护总局环函 359 号)指出:我国还没有发电用内燃机大气污染物排放标准,使用以煤层气为燃料的内燃机发电建设项目,参照执行《车用压燃式、气体燃料点燃式发动机与汽车排气污染物排放限值及测量方法(中国Ⅲ、Ⅳ、Ⅴ阶段》(GB 17691—2005)中的大气污染物排放控制要求,其中 NO_X 排放浓度排放量小于 2 g/(kW·h)以下。2014 年 9 月 12 日,国家发改委、环保部和能源局三部委联合引发了《煤电节能减排升级与改造行动计划(2014—2020 年)》,明确要求 2020 年新建机组接近或达到燃机标准,实现超低排放,其中 NO_X 排放准值为 50 mg/m^3。

1.2　国内瓦斯发电 NO_X 排放现状

为了解国内瓦斯发电 NO_X 实际排放水平与现状,本文采用实地交流和发放问卷方式,对中国主流瓦斯发电企业的 500～1 200 kW 功率机组、不同排烟温度进行了网络和问卷调查,整理出 NO_X 含量排放含量值,见表 1。

表 1　中国主流瓦斯发电烟气 NO_X 排放含量调查汇总表

机组类型	排烟温度	NO_X 持续排放量
500 kW	550 ℃	≤998 mg/Nm³(折合 5.12 g/kW·h)
700 kW	500 ℃	≤682 mg/Nm³(折合 3.5 g/kW·h)
1 200 kW	500 ℃	≤682 mg/Nm³(折合 3.5 g/kW·h)

从表 1 不难看出,目前中国主流瓦斯发电烟气 NO_X 排放含量远远超过国家环保要求,采用烟气脱硝技术,降低 NO_X 含量势在必行,且任重道远。

2　烟气脱硝技术介绍及比较

目前主流的末端烟气脱硝技术主要有三种:

① 选择性非催化还原技术(SNCR)。

② 选择性催化还原技术(SCR)。

③ SNCR/ SCR 联合脱硝技术。

2.1　SNCR 技术

SNCR 是不使用催化剂,将 NH_3、尿素等还原剂喷入锅炉内与 NO_X 进行选择性反应,实现降低 NO_X 含量目的。一般是在 800～1 250 ℃温度区间内无催化剂作用下,氨水等还原剂可选择性地还原烟气中 NO_X,生成 N_2 和 H_2O,且基本上不与烟气中的 O_2 发生反应。SNCR 常用的催化剂还有氨水、尿素和液氮。

SNCR 烟气脱硝主要反应如下:

$$4NH_3+4NO+O_2 \longrightarrow 4N_2+6H_2O \qquad (NH_3\text{为还原剂})$$

2.2　SCR 技术

SCR 技术是使用催化剂,在烟气中加入还原剂与 NO_X 进行选择性反应,实现降低 NO_X 含量的目的。SCR 系统工作时,使用尿素水作为还原剂,通过向烟气中喷入适量的尿素水溶液,借助尿素水的蒸发和氨解生成最终的还原剂氨气。氨气在催化器内的催化剂作用下,与烟气中的氮氧化物进行反应,最终生成对大气无害的氮气和水排放到外界环境中。

首先,尿素溶液在高温排气管(>180 ℃)的排气管中雾化蒸发,发生热裂解生成氨气和异氰酸;接着,异氰酸进一步与水发生反应生成氨气和二氧化碳。主要反应如下:

$(NH_2)_2CO \longrightarrow HNCO + NH_3$ 热解(气态)

$HNCO+H_2O \longrightarrow CO_2+NH_3$ 水解(SCR 催化器)

尿素氨解的过程如图 1 所示。

尿素氨解完成后,在催化剂作用下将与通过催化器载体的烟气中的 NO_X 进行反应,其反应过程主要有以下两种形式:

① 一氧化氮与氨气在氧的参与下,发生反应生成氮气和水。

$$4NO+4NH_3+O_2 \longrightarrow 4N_2+6H_2O \qquad (\text{标准 SCR})$$

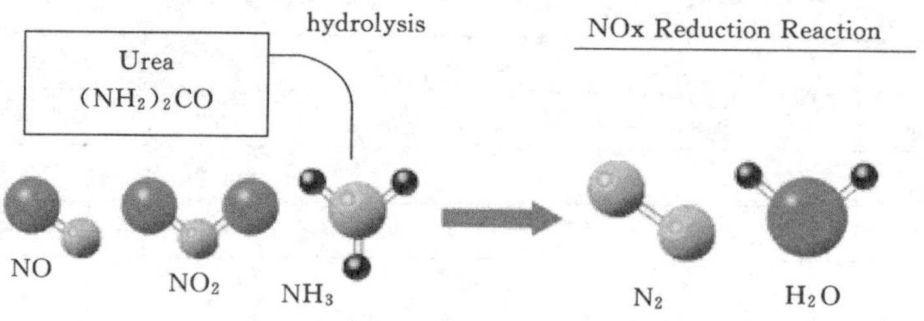

图 1 尿素氨解过程

(2) 二氧化氮与氨气在没有氧参与下,发生反应生成氮气和水。

$$6NO_2+8NH_3 \longrightarrow 7N_2+12H_2O \qquad (慢速\ SCR)$$

催化反应过程中会伴随一些不希望发生的副反应,比较典型的副反应包括:在含硫量较高的燃油场合,将 SO_2 氧化成 SO_3,遇水生成硫酸或硫酸铵。

SCR 系统的催化还原反应过程如图 2 所示。

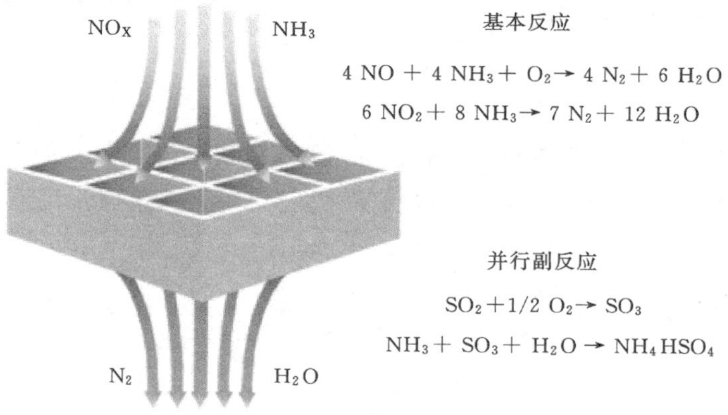

图 2 SCR 催化还原反应过程

2.3 SNCR/ SCR 联合脱硝技术

SNCR/ SCR 联合脱硝技术是将 SNCR 工艺的还原剂喷入锅炉技术同 SCR 工艺利用末端反应氨进行催化反应结合起来,或者是利用 SNCR 和 SCR 还原剂需求量不同,分别匹配还原剂喷入 SNCR 系统和 SCR 系统的工艺有机结合起来,达到脱硝效果,是把 SNCR 工艺中的低费用特点和 SCR 工艺中的高脱硝率进行的一种混合工艺。

2.4 主要烟气脱硝技术综合对比分析

根据上述各种脱硝技术原理和工艺特点,从脱硝效果、NH_3 逃逸、系统压力损失、锅炉负荷变化影响、工程造价等五方面进行技术性能综合对比分析,见表 2 所示。

表 2 SNCR、SCR、SNCR/SCR 联合脱硝技术综合对比

项目	SNCR 技术	SCR 技术	SNCR/SCR 技术
反应温度	800～1 250 ℃	320～600 ℃	前端：800～1 250 ℃ 后端：320～600 ℃
催化剂	不使用催化剂	V_2O_5-WO_3/TiO_2	后端加少量催化器
脱硝效果	30%～60%	80%～90%	50%～80%
反应剂喷射位置	炉膛内喷射	SCR 反应器入口烟道	锅炉负荷不同，喷射位置不同
NH_3逃逸	<8 mg/m³	<2.5 mg/m³	<4 mg/m³
系统压力损失	没有压力损失	新增烟道部件及催化剂层会造成压力损失	催化剂用量较 SCR 少，产生的压力损失较低
锅炉负荷变化影响	多层布置，容易跟随负荷变化	反应器布置需优化，锅炉负荷在一定范围内变化时，进入反应器的烟气温度处于催化剂活性温度区间	跟随负荷变化中等
工程造价	低	高	较高

综合各方面来看，考虑瓦斯发电排烟温度范围在 500～550 ℃，对比脱硝效果、NH_3逃逸含量等因素，选择性催化剂还原（SCR）技术是目前最成熟的主流烟气脱硝技术。

3 SCR 脱硝技术应用

以某集团建成的水城客运站项目（图 3）、东阿阿胶天然气分布式能源站项目（图 4）为例分析 SCR 脱硝技术应用情况。瓦斯发电排放烟气先进入 SCR 脱硝装置进行脱硝处理后，再进入余热利用装置。现场投运后，两个项目脱硝效果显著，见脱硝前后 NO_X含量柱状图（图 5），显示两个项目脱硝效果分别达到 90.97%、94.62%，满足了《煤电节能减排升级与改造行动计划（2014—2020 年）》关于 2020 年新建机组接近或达到燃机标准，实现超低排放，NO_X排放准值为 50 mg/m³ 的要求。

SCR 系统里催化剂是依据排气流量和催化剂的处理能力，核算出具体需要的催化剂体积，通常采用前后两层（或多层）的催化剂布置形式，能够满足不同排量发动机烟气净化需求，且可以预留数层，以便后期设备升级维护等。

4 结论与建议

随着国家对环境保护的重视，燃气电站 NO_X排放标准加严是大势所趋，通过对常规脱硝技术的分析，制定合理的瓦斯发电烟气脱硝工艺路线，选择合适的还原剂和催化剂，并结合现场条件进行安装，实现烟气脱硝处理达标。考虑瓦斯发电排烟温度范围在 500～550 ℃，对比脱硝效果、NH_3逃逸含量等因素，经过两个项目验证，脱硝效果显著，脱硝效果分别达到 90.97%、94.62%，满足了《煤电节能减排升级与改造行动计划（2014—2020 年）》关于 2020 年新建机组接近或达到燃机标准，实现超低排放，NO_X排放准值为 50 mg/m³ 的要求，表明选择

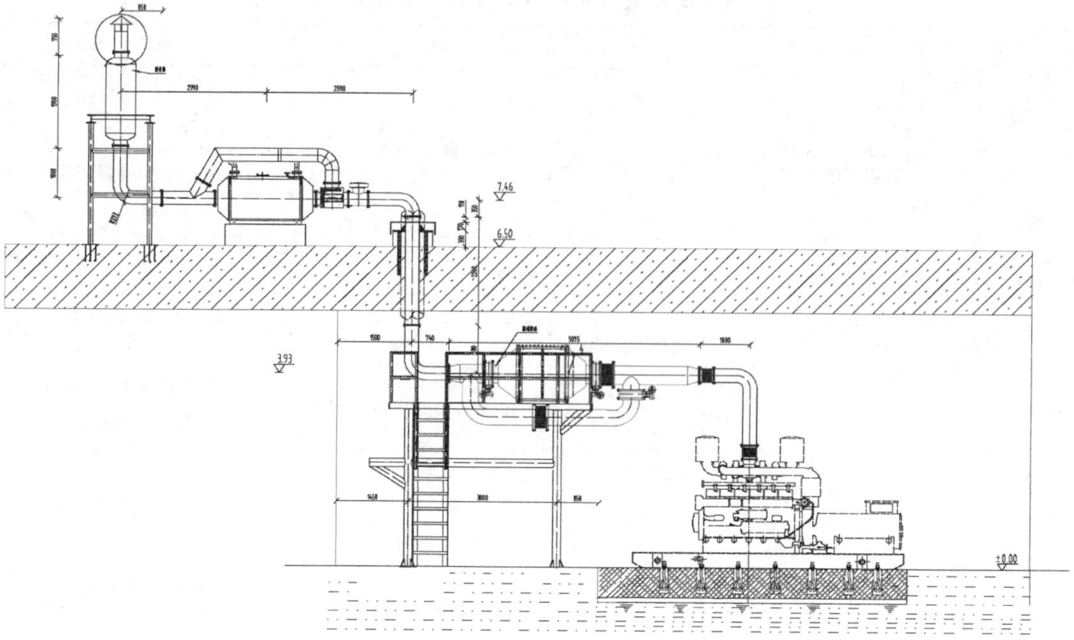

图 3　水城客运站项目 SCR 系统立面安装图

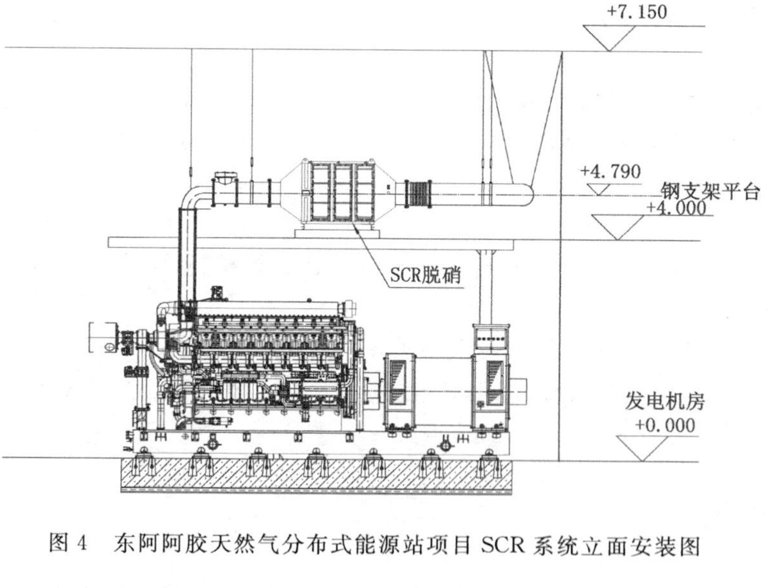

图 4　东阿阿胶天然气分布式能源站项目 SCR 系统立面安装图

性催化剂还原(SCR)技术是目前最成熟的主流烟气脱硝技术。

为了更好地开展瓦斯发电脱硝系统的优化设计，提出以下建议：

(1) 近几年投产的大部分燃气机组虽然在设计阶段考虑了预留脱硝系统位置，但施工现场情况比较复杂，一般预留空间在 3～4 m，空间过于紧张。这样会导致一方面给后期操作、检修 SCR 脱硝系统带来极大不便，另一方面将会影响 SCR 脱硝系统喷氨的均匀性。众所周知，

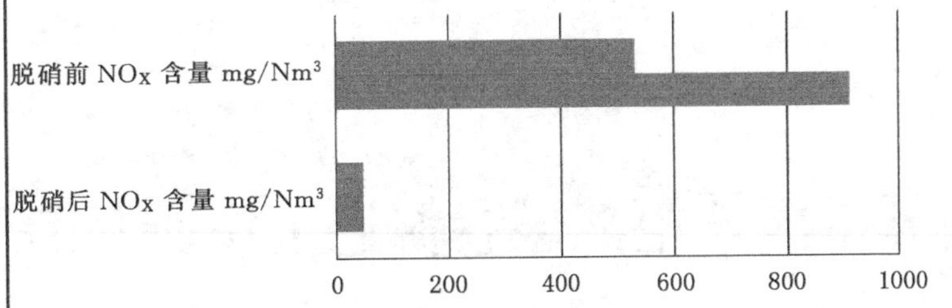

	脱硝前NO_X含量/(mg/Nm^3)	脱硝后NO_X含量/(mg/Nm^3)
■东阿阿胶天然气分布式能源站	531.7	48
■水城客运站	911.5	49

图 5　脱硝前后 NO_X含量柱状图

SCR 脱硝系统预留空间越大，SCR 脱硝系统入口前的喷氨混合越均匀。应根据现场实际情况和机组 NO_X含量，合理预留 SCR 脱硝系统的安装位置。

(2) 与脱硝厂商加强沟通，进一步了解国内外 SCR 脱硝系统配套耗材的选型，优化 SCR 脱硝工艺，降低初期投资成本。

(3) 跟进国家相关政策法规，规范 SCR 系统控制流程，完善在线监测、报警系统，学习借鉴国内外燃气电站 SCR 脱硝系统先进的管理经验。

参考文献

[1]　李璐.火电机组污染物排放模型与减排成本优化模型的研究[D].北京：华北电力大学(北京)，2016.

[2]　郭斌，廖宏楷，徐程宏，等.我国 SCR 脱硝成本分析及脱硝电价政策探讨[J].热能动力工程，2010，25(4)：437-440.

[3]　朱法华，赵国华.燃煤电厂烟气脱硝的政策要求与建议[J].中国电力，2008，41(2)：51-54.

矿井瓦斯异常区长距离煤巷掘进工作面瓦斯治理技术

赵延湘，刘建峰，王斌
(新汶矿业集团有限责任公司，山东泰安，271233)

摘　要：1306N 运输巷埋深超过 800 m，受瓦斯含量梯度及工作面地质构造影响，掘进工作面成为异常区，严重制约到矿井安全生产。通过分析 1306N 运输巷掘进巷道瓦斯涌出量构成，采用优化施工顺煤层条带瓦斯预排钻孔对巷道两帮煤体瓦斯进行超前卸压释放，对“钻孔施工参数”优化调整，双级供风排瓦斯技术等“低瓦斯矿井高瓦斯区”瓦斯治理技术体系，有效解决了瓦斯异常区长距离掘进巷道瓦斯超限问题，确保工作面后期的安全开采。此瓦斯防治技术经济与社会效益显著，应用前景广阔，为煤炭同条件下安全开采提供了强有力的实践经验和技术支撑。

关键词：预排钻孔；瓦斯含量；瓦斯压力；瓦斯涌出异常；煤体增透；释放半径

掘进工作面埋深超过 800 m，受瓦斯涌出量梯度及工作面地质构造影响，瓦斯涌出异常，严重制约到矿井安全生产。新汶矿业集团针对 1306N 综掘工作面瓦斯异常涌出现象，通过实施瓦斯条带顺煤层预排钻孔、大功率局部通风机并联供风、执行迎头“四注四溢”的瓦斯群孔卸压释放措施，加强工作面安全监控系统管理等措施，瓦斯灾害得到有效治理，实现了高瓦斯区域低瓦斯掘进。

1　1306N 运输巷瓦斯地质条件分析

1306N 运输巷埋深 850 m，断面 13.6 m^2，沿本煤层施工，设计长度 2 500 m。工作面地质构造简单，无断层、褶皱及岩浆侵入体等地质构造，亦无河流冲刷、陷落柱造成的煤层厚度变化带。

根据 1306N 运输巷瓦斯地质条件，制定方案测定了瓦斯含量、瓦斯压力等参数。参考 1304N 工作面准备巷道施工期间现场瓦斯观测数据，在现场测定煤层瓦斯压力基础上，通过对煤样进行吸附实验，应用朗缪尔公式进行计算，间接法测定了 1306N 工作面瓦斯含量：

$$W=\frac{abP}{1+bP}\left(\frac{100-A_{\mathrm{d}}-M_{\mathrm{ad}}}{100}\right)\times\frac{1}{1+0.3M_{\mathrm{ad}}}+\frac{10\pi P}{\gamma}$$

式中　W——煤层瓦斯含量，m^3/t；

a——吸附常数，试验温度下的极限吸附量，m^3/t；

b——吸附常数，MPa^{-1}；

P——煤层绝对瓦斯压力，MPa；

A_d——煤的灰分，%；

M_{ad}——煤的水分，%；

π——煤的孔隙率，m^3/m^3；

γ——煤的重度（假比重），t/m^3。

测定与计算结果显示，3-1 煤层瓦斯含量为 3.19～4.01 m^3/t，3-2 煤煤层瓦斯含量为 3.56～4.47 m^3/t，各测点瓦斯参数见表 1、表 2。

表 1　3-1 煤层瓦斯含量测定结果

钻孔编号	测压地点	相对瓦斯压力/MPa	瓦斯含量/(m^3/t)	残存瓦斯含量/(m^3/t)
Z103	1304S 运输巷 T6 导线点处	0.32	3.19	0.94
Z205	1306N 运输巷轨道联络巷 M13 导线点北 30 m 处	0.48	4.01	
Z304	1305N 运输巷 B19 导线点北 23 m 处	0.38	3.51	
Z402	1305N 运输巷 B24 导线点北 19 m 处	0.34	3.30	

表 2　3-2 煤层瓦斯含量测定结果

钻孔编号	测压地点	相对瓦斯压力/MPa	瓦斯含量/(m^3/t)	残存瓦斯含量/(m^3/t)
Z103	1304S 运输巷 T6 导线点处	0.32	3.56	1.07
Z205	1306N 运输巷轨道联络巷 M13 导线点北 30 m 处	0.48	4.47	
Z304	1305N 运输巷 B19 导线点北 23 m 处	0.38	3.92	
Z402	1305N 运输巷 B24 导线点北 19 m 处	0.34	3.68	

结合表 1、表 2 瓦斯参数及巷道掘进期间现场实际揭露情况，1306N 运输巷上分层炮眼瓦斯浓度达到 27%～30%，下分层炮眼瓦斯浓度达到 44%～85%，掘进期间迎头瓦斯达到 0.38%，回风流瓦斯浓度达到 0.52%，确定 1306N 运输巷煤层瓦斯含量较高，施工期间必须提前实施瓦斯防治措施，确保现场施工安全。

因此，1306N 运输巷掘进期间现场实施瓦斯条带顺层预排钻孔、加大工作面供风量、执行“四注四溢”的瓦斯群孔卸压释放措施、加强工作面安全监控系统管理等措施，进行综合瓦斯防治管理。

2　1306N 运输巷掘进工作瓦斯治理措施

2.1　1306N 运输巷掘进巷道瓦斯涌出量构成

理论分析和现场观测表明，掘进巷道的瓦斯涌出量主要由四部分构成，即：

$$Q_1 = Q_a + Q_b + Q_c + Q_d \quad ①$$

式中 Q_1——掘进巷道瓦斯涌出总量,m^3/min;

Q_a——掘进工作面掘进煤瓦斯涌出量,m^3/min;

Q_b——掘进巷道移动煤壁瓦斯涌出量,m^3/min;

Q_c——掘进巷道固定煤壁瓦斯涌出量,m^3/min;

Q_d——掘进巷道中的邻近层瓦斯涌出量,m^3/min。

(1) 掘进煤瓦斯涌出量

对于匀速掘进的巷道,掘进煤瓦斯涌出量按下式计算:

$$Q_a = hbv\rho(X - X_c) \times 1/1\ 440 \quad ②$$

式中 h——巷道高度,m;

b——巷道宽度,m;

v——巷道掘进速度,m/d;

ρ——煤的密度,t/m^3;

X——煤层瓦斯含量,m^3/t;

X_c——1个大气压下掘进煤残存瓦斯含量,m^3/t。

根据1306N运输巷相关参数:$h=3.6$ m,$b=4.4$ m,$v=13.6$ m,$\rho=1.4$ t/m^3,$X=4.01$ m^3/t,$X_c=0.94$ m^3/t,$\beta=0.9$,$v=8$ m/d,得到1306N运输巷掘进面瓦斯涌出量$Q_a=0.376$ m^3/min。

(2) 移动煤壁瓦斯涌出量

掘进巷道中,刚暴露的新鲜煤壁为移动煤壁。与后部长时间暴露煤壁相比,这个移动区域内的新鲜煤壁,其暴露时间近似可取$t=0$,所以移动煤壁瓦斯涌出强度可近似取初始煤壁涌出强度,即$q_t=q_0(q_0=0.59/1\ 440 \cdot X)$,则按下式可计算掘进巷道移动煤壁的瓦斯涌出量:

$$Q_b = (DL_r + hb) \cdot q_0 \quad ③$$

式中 D——巷道沿煤层的周边长,m;

L_r——巷道日推进长度,m;

q_0——暴露煤壁初始($t=0$时)瓦斯涌出强度,$m^3/(min \cdot m^2)$;

其他符号意义同前。

1306N运输巷移动煤壁瓦斯涌出量$Q_b=0.027\times8+0.026=0.242$ (m^3/min)。

(3) 固定煤壁瓦斯涌出量

掘进巷道中相对于刚暴露的新鲜煤壁,后部长时间暴露煤壁称为固定煤壁,其瓦斯涌出强度$q_0=0.001\ 64$ $m^3/(min \cdot m^2)$。设掘进巷道长度为L,不移动煤壁的瓦斯涌出量为:

$$Q_c = v \cdot D \cdot q_0/(1-\beta) \cdot [(1+L/v)(1-\beta)-\beta] \quad ④$$

式中 β——煤壁瓦斯涌出特征系数;

$Q_c=0.27v\times[(1+L/8)\times0.1-0.9]$。

固定煤壁瓦斯涌出量随巷道掘进长度变长而增加,当巷道掘进至800 m时,$Q_c=0.27v\times[(1+L/8)\times0.1-0.9]=1.523$ (m^3/min)。

(4) 邻近层瓦斯涌出量分析

$3_上$、$3_下$、5煤层之间层间距较小,$3_下$煤、5煤层在$3_上$煤底板以下10 m范围内,现场检测$3_下$煤层瓦斯浓度较$3_上$煤大,因此,下邻近层瓦斯涌出对工作面瓦斯涌出量影响较大,约占瓦斯涌出量的 50%。

(5) 进巷道最大瓦斯涌出量分析

巷道固定煤壁瓦斯涌出强度随暴露时间的延长而衰减(即随着掘进巷道的长度增长而衰减),根据式④,如果暴露时间无限长时,开口段瓦斯涌出量已经枯竭,涌出瓦斯量接近于零。对于长距离掘进巷道,存在一个最大瓦斯涌出量值,与其相对应的有一个巷道瓦斯涌出量达到最大时的巷道最大长度,即当巷道的掘进长度超过此值后,掘进巷道的瓦斯涌出量不再增加。

根据 1306N 运输巷巷道有关基础参数及计算公式:

$$Q_c = 0.27v \times [(1 + L/8) \times 0.1 - 0.9]$$

根据计算,1306N 运输巷掘进至 800 m 时,瓦斯涌出量达到最大值,即当掘进巷道超过 800 m 后,掘进巷道瓦斯涌出量不再增加,并随巷道掘进巷道长度的增加而衰减,见表 3 所示。

表 3　1306N 运输巷掘进瓦斯涌出量计算

<table>
<tr><th>序号</th><th colspan="3">瓦斯涌出源</th><th>$Q/(m^3/min)$</th><th>最大涌出量构成比例/%</th></tr>
<tr><td>1</td><td colspan="3">Q_a</td><td>0.376</td><td>18</td></tr>
<tr><td>2</td><td colspan="3">Q_b</td><td>0.242</td><td>11</td></tr>
<tr><td rowspan="10">3</td><td rowspan="10">Q_c</td><td rowspan="10">巷道长度 L/m</td><td>100</td><td>0.397</td><td rowspan="10">71</td></tr>
<tr><td>200</td><td>1.048</td></tr>
<tr><td>300</td><td>1.168</td></tr>
<tr><td>400</td><td>1.256</td></tr>
<tr><td>500</td><td>1.327</td></tr>
<tr><td>600</td><td>1.387</td></tr>
<tr><td>700</td><td>1.438</td></tr>
<tr><td>800</td><td>1.523</td></tr>
<tr><td>900</td><td>1.500</td></tr>
<tr><td>1000</td><td>1.423</td></tr>
</table>

2.2　掘进巷道增透钻孔参数设计

(1) 根据巷道断面布置情况及巷道施工进度,巷道开口后采用先排后掘煤层瓦斯技术对 1306N 运输巷进行本煤层瓦斯超前增透释放。

① 排钻孔设计斜长 150 m,搭接距离 15 m。

② 增透范围控制在掘进巷道两侧轮廓线外,距离上帮轮廓线 20 m,下帮轮廓线 10 m。

③ 钻孔实行扇形布置,对掘进巷道两侧轮廓线范围进行布孔,确保危险区域全面预排,对钻孔终孔按照 10 m 间距布置,确保实现预排无盲区无死角。

钻孔设计如图 1 所示。

(2) 依据设计要求及现场瓦斯增透效果监测,对 1306N 运输巷增透钻孔进行了优化。在设计中对钻孔布置情况进行研究、分析,并结合三层煤最优释放半径,在确保超前预排保护区

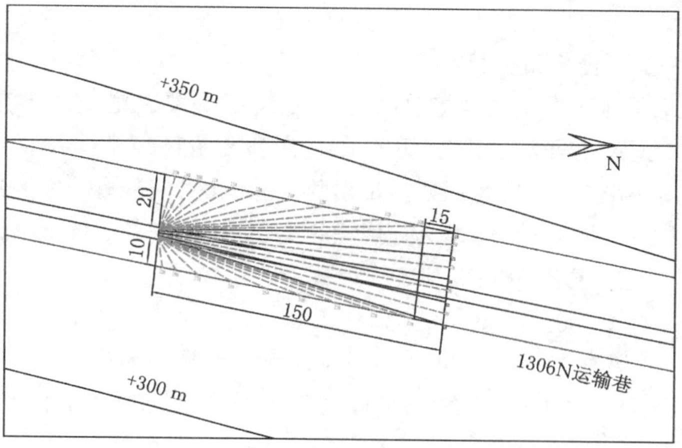

图 1　掘进巷道增透钻孔设计图

域无死角全覆盖的前提下，钻孔由 29 个优化为 19 个，呈扇形布置，均匀覆盖保护区域全部范围，做到无死角无盲区(表 4)。1306N 运输巷共施工预排钻孔 8 组 80 个孔 8 000 m。

表 4　1306N 运输巷瓦斯预排钻孔参数设计

编号	钻孔斜长/m	真方位角度	真方位角度
1#	151.490	0°13′9″	顺煤层角度
2#	150.577	3°14′25″	顺煤层角度
3#	150.090	6°10′9″	顺煤层角度
4#	150.006	9°3′41″	顺煤层角度
5#	150.319	12°7′22″	顺煤层角度
6#	150.979	1°43′40″	顺煤层角度
7#	150.286	4°40′53″	顺煤层角度
8#	149.998	7°35′4″	顺煤层角度
9#	150.102	10°34′5″	顺煤层角度
10#	134.366	359°7′59″	顺煤层角度
11#	117.596	357°51′46″	顺煤层角度
12#	100.903	356°10′16″	顺煤层角度
13#	84.333	353°48′43″	顺煤层角度
14#	67.975	350°18′31″	顺煤层角度
15#	52.496	344°50′35″	顺煤层角度
16#	41.085	337°51′11″	顺煤层角度
17#	32.843	329°5′47″	顺煤层角度
18#	27.103	318°27′55″	顺煤层角度
19#	23.372	306°6′44″	顺煤层角度
20#	21.291	292°31′47″	顺煤层角度

表 4(续)

编号	钻孔斜长/m	真方位角度	真方位角度
21#	133.852	12°37′53″	顺煤层角度
22#	114.924	13°23′46″	顺煤层角度
23#	96.025	14°27′44″	顺煤层角度
24#	77.175	16°3′1″	顺煤层角度
25#	59.406	18°28′56″	顺煤层角度
26#	41.835	22°58′18″	顺煤层角度
27#	24.884	33°44′31″	顺煤层角度
28#	15.352	52°44′59″	顺煤层角度
29#	11.457	78°37′34″	顺煤层角度

(3) 钻孔施工设备选型。针对钻孔长度及角度要求，1306N 运输巷预排钻孔施工采用 ZDY3200S 型煤矿用全液压坑道钻机，配备 94 mm 钻头及 73.5 mm 钻杆进行施工。ZDY3200S 型煤矿用坑道钻机主要用于瓦斯抽放孔、水文勘探及其他工程用孔的钻进施工。本系统采用全液压传动，同轴式双泵驱动，传动平稳，速度调节简便，并可组态多种联动方式，工艺适应性强，操纵简单。

3 巷道掘进期间瓦斯防治效果

根据 1306N 运输巷掘进期间瓦斯涌出量观测及现场实际巷道施工情况，对巷道瓦斯涌出情况及瓦斯浓度进行现场观测，数据见表 5。

表 5 1306N 运输巷巷道掘进期间的瓦斯浓度表

序号	巷道长度/m	瓦斯浓度/%		炮眼瓦斯浓度/%	
		迎头	回风巷	$3_{上}$	$3_{下}$
1	200	0.34	0.26	32	75
2	400	0.33	0.30	38	75
3	600	0.35	0.34	38	80
4	800	0.36	0.38	35	75
5	1 000	0.38	0.35	25	50
6	1 200	0.32	0.32	7	15
7	1 400	0.25	0.28	10	15
8	1 600	0.21	0.26	7	16
9	1 800	0.18	0.24	5	12
10	2 000	0.12	0.22	7	12
11	2 200	0.06	0.22	5	10
12	2 400	0.03	0.22	5	10

表5显示1306N运输巷掘进期间瓦斯涌出具有以下特点：

① 掘进巷道开口以里800 m范围内，煤体瓦斯涌出量逐渐变大，掘进至800 m时，瓦斯涌出量达到最大值，瓦斯浓度为0.38%，瓦斯绝对涌出量为3.42 m^3/min。

② 工作面掘进至1 000 m后，迎头煤体瓦斯含量变小，回风巷风流瓦斯浓度最终保持在0.22%。开口以里1 000 m以里确定为瓦斯异常区，1 000 m以外掘进巷道进入非瓦斯异常区域。

4 掘进巷道非瓦斯异常区瓦斯治理技术

1306N运输巷掘进至1 000 m，进入非瓦斯异常区域后，巷道不再施工瓦斯增透钻孔。为防止保障掘进期间的瓦斯防治安全，对前方煤体施工测压钻孔超前进行压力监测，同时加强煤体瓦斯监测，提高工作面供风量等防治措施落实，确保工作面瓦斯治理到位。

前方煤体瓦斯压力分析：在巷道掘进长度900～2 400 m范围内，每隔200 m沿顺煤层角度向前方煤体施工1组测压钻孔，孔口安设压力表，每班对前方煤体瓦斯压力进行监测记录，现场压力表监测数据记录见表6。

表6 1306N运输巷非瓦斯异常区煤体瓦斯压力

序号	巷道长度/m	压力表数值/MPa	
		1#	2#
1	900	0.30	0.42
2	1 100	0.08	0.14
3	1 300	0.08	0.10
4	1 500	0.06	0.08
5	1 700	0.04	0.06
6	2 200	0.04	0.06

掘进巷道超过900 m后，煤层瓦斯压力逐渐下降，最终稳定在0.04 MPa。

5 双级供风排瓦斯技术

1306N运输巷巷道掘进期间，前400 m通过单组风机双级供风稀释排出巷道瓦斯；掘进至600 m后，回风巷瓦斯浓度增大，由于风筒内部漏风率增大，单组风机不能满足巷道稀释瓦斯需要。系统分析通风与瓦斯排放数据，得出如下结论：

(1) 掘进头风量随掘进长度增加适当减少。经过观测，掘进巷道长度达到2 400 m时，内部漏风率达到10%。

(2) 回风巷风流瓦斯浓度达到最大值后(0.38%)逐渐减小，最终保持在0.22%。

(3) 排瓦斯效果明显，最大风排瓦斯量3.42 m^3/min。

为此，笔者决定改用两组风机(均双级供风)，增加掘进头，加强对巷道瓦斯进行稀释，具体参数见表7。

表 7　1306N 运输巷掘进期间“风排”瓦斯数据观测

序号	掘进长度/m	风量/(m^3/min)	回风巷瓦斯浓度/%	备注
1	200	420	0.26	一组风机双级供风
2	400	420	0.30	一组风机双级供风
3	600	640	0.34	两组风机双级供风
4	800	905	0.38	两组风机双级供风
5	1 000	900	0.35	两组风机双级供风
6	1 200	880	0.32	两组风机双级供风
7	1 400	870	0.28	两组风机双级供风
8	1 600	830	0.26	两组风机双级供风
9	1 800	800	0.24	两组风机双级供风
10	2 000	800	0.22	两组风机双级供风
11	2 200	780	0.22	两组风机双级供风
12	2 400	774	0.22	两组风机双级供风

6　掘进巷道综合瓦斯防治措施

(1) 提高掘进工作面供风量，配备两组 2×45 kW 局部通风机，风筒直径为 800 mm，双风机、双电源，主、备局部通风机自动切换，实现“三专两闭锁”。当正常工作的局部通风机发生故障时，备用局部通风机能自动启动，保持掘进工作面正常通风，通过加大迎头供风量，有效稀释巷道瓦斯。

(2) 严格执行“四注四溢”的瓦斯群孔卸压释放措施。每班施工前，必须在迎头均匀布置施工 8 个注水和瓦斯释放钻孔，注水和瓦斯释放钻孔交叉布置，钻孔深度必须比当班循环进度大 2 m，利用注水对迎头前方煤体瓦斯卸压加速释放。

(3) 加强工作面安全监控系统管理、维护工作，确保矿井安全监控系统安全可靠，运行正常。巷道所有瓦斯传感器一旦瓦斯浓度达到 0.8%时，监测系统能够立即自动切断巷道内所有非本质安全型电器设备的电源，监测队每 15 d 校验一次，确保瓦斯传感器的正常使用和断电功能的正常动作。

(4) 掘进 50 m，由通防专业管理人员对 1306N 运输巷检查一次瓦斯浓度，分别检查上、下分层炮眼瓦斯浓度，通防项目组瓦斯检查员每天用 100%精度光瓦检查一次炮眼内瓦斯浓度，并现场将数据汇报工区值班室，工区做好数据汇总。每周将整理好的全部数据一次上报通防项目部技术组。1306N 运输巷掘进工作面，配备专职瓦斯检查员，每班至少检查三次，要求班与班、次与次检查间隔时间在 2～4 h 之间，每次检查取最大数据填写在瓦斯检查牌板和记录手册上。

(5) 迎头瓦斯传感器(便携式甲烷检测报警仪)显示瓦斯浓度超过 0.4%时，综掘工作面减小截割速度，工作面排查局部通风情况，使用风筒短节，加大迎头供风量，确保施工期间瓦斯浓度不超限。出现瓦斯超限事故，严格落实“瓦斯超限分析上报及分析处理制度”；传感器、声光报警器、断电器及电缆等安全监控设备，由使用单位的区队长、班组长负责保管和使用，如有损坏使用单位必须及时向安全监测队汇报。

(6) 综掘机必须使用“无火花”截齿，掘进区队每班对巷道内所有机电设备失爆、水幕雾化效果、粉尘积聚进行排查，并将排查结果发送通防项目部技术组平台。

(7) 加强培训教育，强化井下作业人员瓦斯防范意识，确保瓦斯治理措施可靠、有效。

通过实施瓦斯综合防治措施，1306N 运输巷巷道掘进期间迎头瓦斯浓度下降至 0.06%，回风流瓦斯浓度下降至 0.12%，煤层瓦斯得到有效释放，确保了 1306N 运输巷掘进期间的瓦斯防治安全，为后期矿井深部瓦斯异常区长距离煤巷掘进提供了实践经验和技术支撑。

7 结语

应用瓦斯异常区长距离煤巷掘进工作面瓦斯治理技术，确保瓦斯异常区长距离煤巷掘进期间的“瓦斯灾害综合治理”效果，形成了“低瓦斯矿井高瓦斯区”瓦斯治理技术体系，优化施工顺煤层条带瓦斯预排钻孔对巷道两帮煤体瓦斯进行超前卸压释放，通过对“钻孔施工参数”优化调整，摸清了增透钻孔施工最佳“释放半径”(5 m)，有效地解决了瓦斯异常区长距离掘进巷道瓦斯超限问题，确保工作面后期的安全开采。此瓦斯防治技术经济与社会效益显著，应用前景广阔，为煤矿同条件下安全开采提供了强有力的实践经验和技术支撑，在同类型矿井中具有较强的推广应用价值。

参考文献

[1] 于不凡.煤矿瓦斯灾害防治及利用技术手册[M].修订版.北京：煤炭工业出版社，2005.

[2] 张国枢.通风安全学[M].徐州：中国矿业大学出版社，2007.

[3] 国家安全生产监督管理总局，国家煤矿安全监察局.煤矿安全规程[S].北京：煤炭工业出版社，2016.

[4] 国家安全生产监督管理总局.煤矿井下煤层瓦斯压力的直接测定方法：AQ/T 1047—2007[S].北京：煤炭工业出版社，2007.

[5] 国家质量监督检验检疫总局，国家标准化管理委员会.煤的工业分析方法：GB/T 212—2008[S].北京：中国标准出版社，2008.

高位钻孔瓦斯抽采技术研究与应用

赵庆刚，郑孝全
（山东万祥矿业有限公司潘西煤矿，山东济南，271107）

摘　要：为消除瓦斯异常带采煤工作面瓦斯超限的隐患，通过对采空区顶板活动规律进行分析，利用高位钻孔瓦斯抽采技术，对采空区高浓度瓦斯进行抽采，解决隅角和架间瓦斯超限问题，确保了工作面的安全生产。

关键词：采空区；顶板；瓦斯；规律；高位钻孔；瓦斯抽采

潘西矿历年瓦斯鉴定为低瓦斯矿井，后六采区被定为瓦斯异常区，通过对瓦斯涌出异常带掘进期间锚杆眼瓦斯浓度的检测数据分析，接近瓦斯异常带 100 m 时，瓦斯涌出量逐渐加大，锚杆眼气体浓度逐步升高，炮眼瓦斯浓度达到 10%，综掘机割煤时回风流瓦斯浓度达到0.25%左右；掘进到瓦斯异常带时，炮眼瓦斯浓度高达 30%，综掘机割煤时掘进工作面瓦斯涌出量最高达到 0.65 m^3/min。分析认为，如采取的防治瓦斯措施不当极易造成采煤工作面回风隅角、架间或工作面回风流瓦斯超限，不仅影响工作面正常推采，甚至发生瓦斯事故。因此，需要对采空区瓦斯采取有效的治理措施，消除瓦斯超限对工作面的威胁。

1　工作面采空区顶板活动规律

根据矿山采动岩层的移动关键层理论，在工作面上方采动岩层中，存在着一个决定采场上覆岩层矿山压力变形破坏的关键层，当关键层出现破断之后，位于采空区中部的采动裂隙即将趋于压实，而且在采空区四周则出现一个连通的采动裂隙发育区，并随着工作面的推进而移动。

当使用长壁式全垮落采煤方法开采煤层时，随着工作面的不断推进，工作面上覆的顶板受采动的影响，形成两类裂隙：一类是离层裂隙，是指随岩层下沉在不同岩性地层之间出现的沿层裂隙，它是由于各个岩层之间的不同岩性、厚度所导致的岩层之间下沉不同步而造成的；另一类是竖向破断裂隙，是指随岩层下沉破断形成的穿层裂隙，它是由于岩层受拉剪作用超过其强度造成。与此同时，采空区上覆岩层由下向上依次存在垮落带、裂隙带、弯曲下沉带；沿工作面推进方向，分为煤壁支撑影响区、离层区以及重新压实区。采空区顶板充分垮落后，采空区中部岩层和下方的矸石紧密接触，使得采空区中部顶板岩层裂隙被压实。采空区四周由于煤壁的支撑作用以及各岩层断块长度的不同，使得上下位岩层的离层仍能在一定程度保留。采场上覆岩层结构分区如图 1 所示。

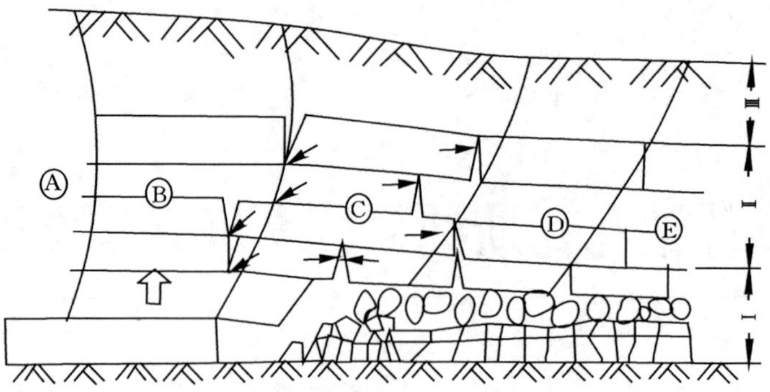

图 1 采场上覆岩层结构分区图

A—原始应力区；B—煤壁支撑区；C—离层区；D—重新压实区；E—稳定区

Ⅰ—垮落带；Ⅱ—裂隙带；Ⅲ—弯曲下沉带

2 高位钻孔抽采原理

高位钻孔就是在风巷向煤层顶板进行施工的钻孔，高位钻孔瓦斯抽放即为应用工作面的回采压力来产生出离层裂隙，并使之成为瓦斯抽放的主要通道。受抽采负压力值的影响，瓦斯会顺着裂隙到达抽采钻孔以及开采井巷当中，进而借助于抽采管路而被输送至地面，或是输送至回风巷道当中。

在工作面推过后，垮落带内岩块破断后呈不规则垮落，冒落矸石处于自然堆积状态，孔裂隙较大；在裂隙带中，煤岩层裂隙较为发育，适应于瓦斯以渗流的形式流动，受工作面风量的影响较小，释放瓦斯浓度较高；在弯曲下沉带岩层内，由于岩层保持原有的完整性，裂隙小透气性差。随着工作面的不断推进，横三区逐渐移动，竖三带的离层区也同时随之被压实，这样在采空区中部的裂隙被压实，四周关键层下部形成一个横向连通的采动裂隙发育区，这一区域成为瓦斯运移的主要通道，也是瓦斯积聚的主要场所，受采动影响较小，不易破坏，便于钻孔长期稳定地抽出高浓度的瓦斯气体。只要将高位抽放的钻孔打在这个采场的采动裂隙带内，就可使钻孔具有较长抽采时间、较大抽采范围和较高抽采量，瓦斯抽放效果最佳。

3 高位钻孔的设计

3.1 高位钻孔抽采高度的确定

(1) 冒落带高度的预计

采空区冒落带高度根据煤层顶板坚硬程度和采高确定，一般为采高的 3～5 倍，潘西矿开采的 19 层煤顶板岩石为中硬岩石，采高为 2.5 m，因此采空区冒落带高度为 7.5～12.5 m。

(2) 裂隙带高度的预计

采空区裂隙带高度根据煤层顶板坚硬程度和采高确定，一般为采高的 8 倍左右，潘西矿开采的 19 层煤顶板岩石为中硬岩石，采高为 2.5 m，因此，采空区裂隙带高度为 20 m 左右。

(3) 高位钻孔终孔位置的确定

根据潘西矿采煤工作面冒落带和裂隙带高度及高位钻孔瓦斯抽采原理，同时考虑采空区顶板活动规律，确定高位钻孔终孔位置控制在煤层顶板 10～20 m 范围，可确保瓦斯抽采效果。

3.2 钻场间距的确定

在工作面上巷下帮施工钻场，钻场尺寸为长 4 m，宽 3.5 m，高 2.5 m。从实际角度分析，因为受到地质条件与钻机性能的影响，导致钻场间距存在差异。因为钻机性能较高，在地质条件优良条件下，可以延长钻场的间距，一般控制在 60～80 m，钻孔长度控制在 100～130 m，随着工作面的推进，逐步施工高位钻孔。当高位钻孔进入采空区 20 m 时连管进行抽放，钻孔压茬距离为 40 m 左右。

3.3 高位钻孔的设计与要求

在每个钻场设计施工 15 个钻孔，其中 12 个长钻孔和 3 个中位钻孔，高位钻孔参数见表 1(每个钻场的高位钻孔参数根据现场实际条件确定)。每个钻孔深度在 100～130 m(中位孔为 60 m)，平均孔深为 120 m，钻孔沿顶板走向呈扇形布置，覆盖至工作面的中上部。1#、2#、3#、4#、5#、6# 开孔位置位于钻场底板以上 1.0 m 处，7#、8#、9#、10#、11#、12# 开孔位置位于钻场底板以上 2.0 m 处，13#、14#、15# 开孔位置位于钻机窝底板以上 1.5 m 处。钻孔开孔上下左右间隔 0.5 m；1#、7# 钻孔开孔位置距钻场门子口 1.5 m，终孔位置距巷道下帮 10 m，其余终孔位置左右间隔 5 m。钻孔终孔位置距离煤层顶板控制在 10～20 m，采用 ZDY-3200 型钻机、ϕ73 mm×1 m 的钻杆、ϕ108 mm 钻头进行钻进施工；钻孔内下套管 10 m，然后用 ϕ94 mm 钻头钻进至终孔，在孔口安设阀门控制；3 个中位钻孔，每个钻孔深度为 60 m，与钻场长钻孔形成多钻孔分层抽采。采煤工作面抽采瓦斯顶板钻孔平面布置示意图见图 2 所示；采煤工作面高位钻孔布置示意图见图 3 所示；高位钻孔剖面图见图 4 所示。

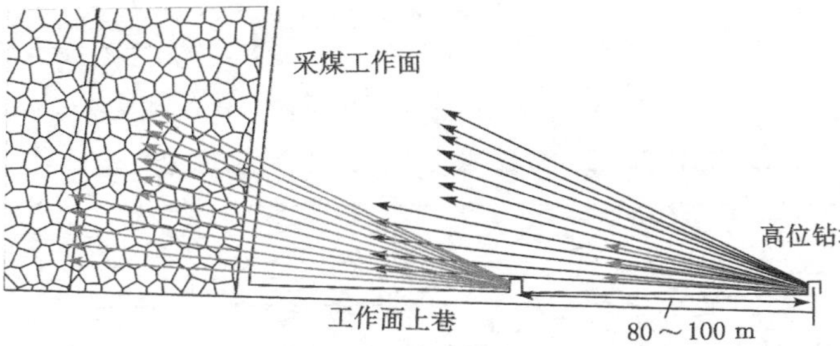

图 2　工作面抽采瓦斯顶板钻孔平面布置示意图

表 1　工作面钻场高位钻孔参数

孔号	方位角	倾角	孔深/m	孔径/mm	备注	距顶板高度/m
1#	298°3′	仰角 2°55′	120	ϕ94	1#、2#、3#、4#、5#、6#开孔位置位于钻机窝底板以上1.0 m处；7#、8#、9#、10#、11#、12#开孔位置位于钻机窝底板以上2.0 m处；13#、14#、15#开孔位置位于钻机窝底板以上1.5 m处；钻孔开孔上下左右间隔0.5 m；1#、7#钻孔开孔位置距钻场门子口1.5 m，终孔位置距巷道下帮10 m，其余终孔位置左右间隔5 m	10
2#	300°22′	仰角 1°27′	120	ϕ94		10
3#	302°44′	0°	120	ϕ94		10
4#	304°19′	俯角 1°29′	120	ϕ94		10
5#	306°59′	俯角 2°57′	120	ϕ94		10
6#	308°57′	俯角 4°25′	120	ϕ94		10
7#	298°3′	仰角 7°11′	120	ϕ94		20
8#	300°22′	仰角 5°44′	120	ϕ94		20
9#	302°44′	仰角 4°16′	120	ϕ94		20
10#	304°19′	仰角 2°48′	120	ϕ94		20
11#	306°59′	仰角 1°20′	120	ϕ94		20
12#	308°57′	俯角 0°7′	120	ϕ94		20
13#	301°19′	仰角 9°29′	60	ϕ94		15
14#	304°07′	仰角 6°36′	60	ϕ94		15
15#	306°02′	仰角 3°41′	60	ϕ94		15

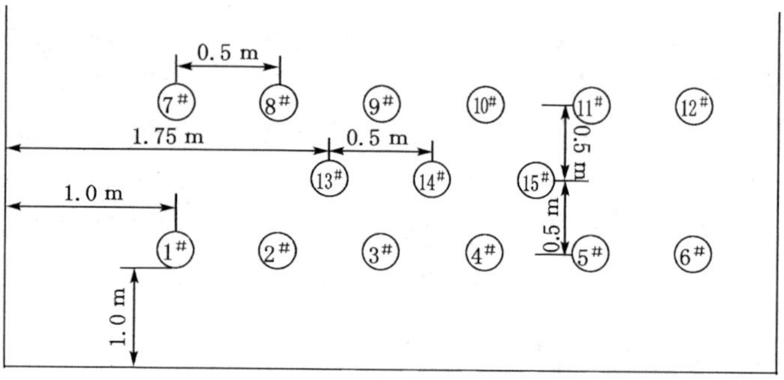

图 3　采煤工作面高位钻孔布置示意图

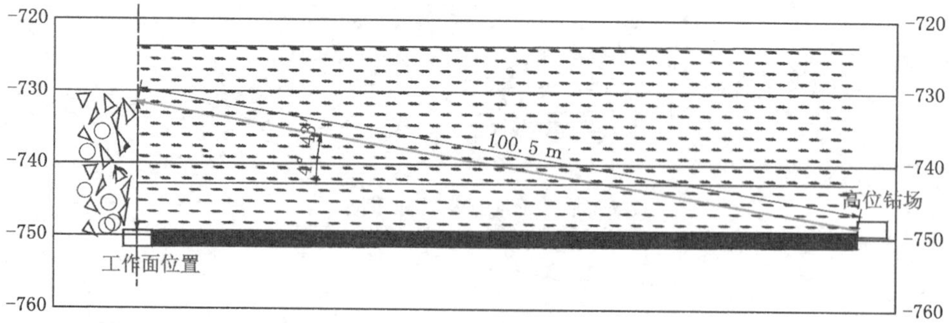

图 4　高位钻孔剖面图

4 高位钻孔抽放效果分析

工作面未进行抽放前，工作面计划风量为 1 092 m^3/min，实际风量为 1 300 m^3/min，工作面回风流瓦斯浓度为 0.18%，回风隅角瓦斯浓度为 0.65%，瓦斯绝对涌出量为 2.34 m^3/min。通过实行高位钻孔抽放后，通风系统未发生变化，工作面风量也未变化，回风流瓦斯浓度降至 0.10%，回风隅角瓦斯浓度降至 0.30%以下，瓦斯绝对涌出量降至 1.3 m^3/min，瓦斯绝对涌出量降低了 1.04 m^3/min，降低了 44.45%，回风隅角及回风流的瓦斯浓度明显降低，因此工作面采用高位钻孔抽放的效果比较理想。

5 提高抽放效果的方法

(1) 合理布置钻孔。必须在工作面进回风顺槽内施工钻场，施工高位钻孔前，要探明前方顶板煤岩情况，使终孔位于顶板冒落带（下层高位钻孔）和裂隙带（上层高位钻孔）区域内，并且实现多钻孔分层抽采。

(2) 主抽抽放浓度较高的钻孔。在同一个钻场中，把抽放浓度最小或其他钻孔相对较小的钻孔关闭不抽，其他钻孔负压明显升高，抽放量增加数日后，再打开已关闭的钻孔进行抽放，如此交叉施工。

(3) 钻孔内下花管。为防止钻孔受采动影响而塌孔，影响抽放效果，钻孔施工完毕后，立即下花管，并下到孔底。

(4) 每个钻孔直接连到抽放支管路。不能采用串并联的方式进行高位抽放钻孔连接，在钻场支管路上安装孔板流量计加以考核，优化系统，提高抽放效果。

6 结论

通过高位钻孔抽放数据分析，找出符合矿井实际情况的钻场布置位置和高位抽放钻孔的角度、高度、平距及相邻高位钻孔重合距离等参数，同时通过加强抽放管理，降低了工作面、下隅角及采空区瓦斯浓度，使工作面推采瓦斯异常区段的瓦斯治理取得了较好的效果，杜绝了瓦斯超限，提高了采面生产能力，为以后的综采工作面瓦斯治理提供了经验，保障了矿井的安全生产。

采空区不同高位抽采效果差异性及影响因素分析

李学臣,郭艳飞,郝殿
(焦作煤业(集团)有限责任公司科学技术研究所,河南焦作,454000)

摘　要:采空区高位抽采是采煤工作面瓦斯治理的重要手段,通过对比分析不同开采工艺和抽采方式下采空区高位抽采效果,对影响采空区瓦斯抽采的因素进行了探讨。研究表明:焦作矿区采煤工作面顶板高位巷抽采率高于高位钻孔,分层开采工作面高位钻孔抽采率高于综采放顶煤工作面。受工作面布置、煤壁瓦斯涌出、采空区顶板垮落等因素影响,不同工作面采空区高位钻孔抽采效果虽然有所差异,但其抽采率具有一致性。

关键词:采空区;瓦斯抽采;高位孔;高位巷;抽采率

0　前言

虽然随着煤矿瓦斯治理理念的转变和监管措施的严格,瓦斯灾害逐步得到有效控制,但释放煤层瓦斯作为产煤过程中必然存在的一个环节,瓦斯致灾因素仍然会以多种方式存在[1]。近些年来,煤与瓦斯突出事故逐步减少,但瓦斯积聚、瓦斯超限等问题仍然未得到有效解决。随着高突矿井综合机械化开采、放顶煤开采等高强度开采工艺的逐步推广,即使实现了采前抽采达标,但采煤工作面瓦斯涌出量较大仍然在一定程度上制约产能提高和效率提升[2-3]。在采空区漏风等多重因素共同作用下,工作面上隅角附近采空区顶板裂隙中往往聚集大量的高浓度瓦斯,并极易涌入工作面造成上隅角瓦斯超限,迫使工作面停产,甚至可能酿成瓦斯爆炸等安全事故[4]。为解决工作面采空区瓦斯因素影响,国内多数矿井采用了上隅角埋管或插管抽采、顶板高位巷抽采、采空区高位钻孔抽采等技术,形成了卸压瓦斯抽采、瓦斯抽采"O"形圈及椭-抛带学说等理论体系[5-6]。近年来随着煤矿井下定向钻进技术发展与大规模推广,顶板高位定向长钻孔已成为现阶段工作面采空区瓦斯治理的重要技术手段[7]。

焦作矿区作为严重的煤与瓦斯突出矿区之一,近年来形成了以底板岩巷穿层钻孔预抽煤层瓦斯的区域瓦斯治理技术模式[8],瓦斯综合治理工作取得了较为显著的进步,综采放顶煤开采工艺得到了推广应用。工作面高位抽采在矿区各矿井不断实践,采空区瓦斯治理逐步由回风巷常规高位孔(短孔)技术转变为顶板高位巷、定向高位孔抽采,并取得了较好的效果。古汉山矿 16031 工作面定向高位孔瓦斯抽采浓度几乎达到 100%,1604 综放工作面高位巷平均抽采纯量达到 3.65 m^3/min,有效保证了矿井高产高效、安全生产。布置在煤层顶板以上一定距离的高位巷,在工作面开采后虽然能够形成较为顺畅的瓦斯运移通道,但由于高位巷空间大、瓦斯浓度容易处于爆炸范围之内;同时,高位巷施工成本相对较高,因此,近些年来高突矿井逐步淘汰了高位巷抽采,转而以顶板定向高位钻孔抽采代替。2020 年以来,随着焦作矿区各矿井多个综放工作面相继投入生产,顶板定向高位长钻孔抽采效果与以往分层开采工作面高位钻孔抽采或高位巷抽采效果出现较大的差异,分析查找其中原因,对于正确认识高位抽采措施的作用,加强采空区瓦斯治理有着重要意义。

1 前期采空区高位抽采情况分析

大量的研究和实践表明,随着工作面的推进,采空区直接顶板垮落堆积,形成了冒落带,其上覆岩层则会因下部岩层垮落生成岩层离层裂隙和法向穿层裂隙,二者相互连接形成裂隙网,裂隙网又与采空区相互贯通形成采动裂隙带[9]。采空区内遗煤及邻近区段释放的瓦斯,在采空区漏风和瓦斯扩散、渗透以及升浮的作用下,运移并富集在采动裂隙带内。采空区瓦斯积聚达到一定程度后将从工作面上隅角等处涌出。采空区瓦斯抽采技术即是利用抽采负压从上隅角处将瓦斯抽出,或者在上隅角以里利用顶板钻孔或高位巷形成负压流场,使得采空区瓦斯顺着顶板钻孔通道或高位巷抽出[10-11]。顶板高位钻孔一般处于冒落带上部、裂隙带中下部的位置,容易达到高浓度、大流量的抽采效果;高位巷则在处于顶板冒落带内时,可以实现大流量低浓度的抽采[12]。

为加强采空区高位抽采,有效消除瓦斯因素对高产高效化生产的制约,前期在焦作矿区古汉山矿、九里山矿、中马村矿等矿井开展了高位抽采技术的研究实践。研究表明:在采用分层开采的情况下,顶板高位钻孔的合理抽采参数为垂向上距煤层顶板 15～30 mm,平距为距回风巷中线 10～20 m,顶板定向高位钻孔抽采量可以达到工作面总瓦斯涌出量(采空区抽采量＋工作面风排瓦斯量)的 66%。古汉山矿 1604 综放工作面采用高位巷抽采采空区瓦斯时,抽采纯量平均为 3.63 m^3/min,达到工作面总瓦斯涌出量的 56.9%。高位抽采有效解决了工作面回风流瓦斯涌出量大、瓦斯超限的隐患,实现了工作面高产高效。因此,随着千米定向钻机的普及,焦作矿区各矿井普遍开始推广了顶板定向高位钻孔采空区抽采技术措施。

2 不同开采工艺工作面高位抽采差异性分析

2.1 近期综放工作面高位抽采情况

随着河南省煤矿瓦斯防治“双六”标准的出台,焦作矿区瓦斯治理步入了新的台阶,在瓦斯抽采治理达到残余瓦斯含量小于 6 m^3/t、残余瓦斯压力小于 0.6 MPa 后,各矿井逐步开始推广综合机械化放顶煤开采工艺,采空区瓦斯治理技术参数也随之进行了调整,并在多个工作面进行了优化布置。

(1) 古汉山矿 1606 工作面

1606 工作面采用综放开采工艺,工作面平均走向长度为 535 m,倾斜宽度为 142 m,煤层厚度为 5～7.75 m,平均厚度为 6.2 m。工作面先后利用 5 个钻场施工常规伪倾斜向高位钻孔,从巷道顶板开孔,斜向钻至煤层顶板以上;在工作面外段布置一个钻场,利用定向钻机施工 4 个顶板定向高位长钻孔(平均深度为 321.3 m)。钻孔与煤层顶板垂距 30.8～53.2 m、距回风巷平距 13.1～32.2 m 的范围，并配合上隅角插管抽采治理采空区瓦斯。1606 工作面顶板定向高位孔布置如图 1 所示。

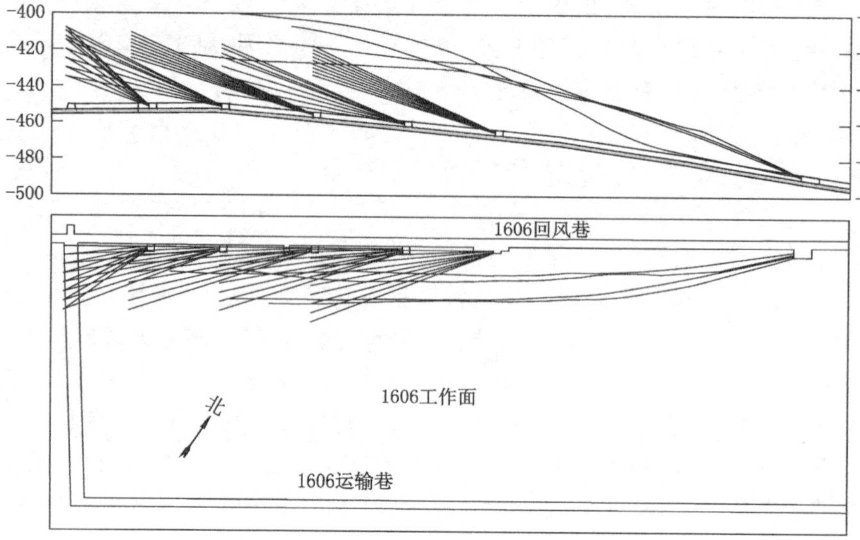

图 1　古汉山矿 1606 工作面高位孔布置图

2020 年 12 月 8 日回采以来，工作面平均日产量为 2 527 t，回风流瓦斯涌出整体稳定，瓦斯浓度为 0.11%～0.33%，平均为 0.20%；绝对瓦斯涌出量为 1.20～3.48 m^3/min，平均为 2.11 m^3/min。统计工作面回采以来日产量、高位抽采量、风排瓦斯量等数据，绘制曲线如图 2 所示。可以看出：工作面上隅角插管抽采纯量 0.003～0.379 m^3/min，平均为 0.029 m^3/min，抽采效果较差，仅个别时间点抽采纯量较大(2021 年 1 月 2 日抽采纯量为 0.38 m^3/min，2 月 22 日为 0.32 m^3/min)，采空区抽采主要依靠高位钻孔。回采以来，高位孔总抽采浓度为 4%～23%，平均为 12.51%，抽采纯量为 0.055～1.403 m^3/min，平均为 0.763 m^3/min。其中前期以 1$^{\#}$～5$^{\#}$ 常规高位孔为主，2021 年 1 月份以来顶板定向高位孔发挥作用，平均抽采浓度为 17.0%，抽采混量为 3.84 m^3/min，抽采纯量为 0.66 m^3/min；常规高位孔平均抽采浓度为 5.77%，抽采混量为 3.67 m^3/min，抽采纯量为 0.22 m^3/min。工作面平均总瓦斯涌出量为

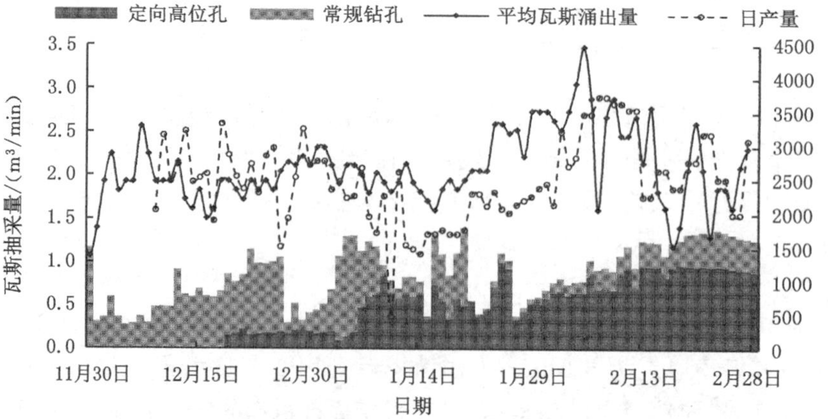

图 2　1606 工作面高位抽采量、风排瓦斯量随时间变化曲线图

2.907 m^3/min，采空区高位孔抽采瓦斯量占比 26.42%。

（2）九里山矿 1509 工作面

1509 工作面同样为综放开采工艺，走向长度为 484 m，倾向宽度为 120 m，煤层厚度为 4.5～8.0 m，平均为 6.5 m。在上部 15051 车场布置 1# 定向钻机钻场，设计一组共 6 个顶板定向高位孔，受 1509 工作面中部 F_{15-14} 断层（落差 3 m）影响，实际定向高位孔施工至 240～300 m 范围时钻进困难。经调整施工设计，钻孔深度由平均 474 m 缩短至 300 m。在 1509 回风巷统尺 180 m 位置，布置 2# 定向钻机钻场补充施工 6 个顶板高位孔，掩护整个采煤工作面。定向高位钻孔距煤层顶板垂距 12.5～47.0 m，距回风巷平距 6.45～36.6 m，布置见图 3 所示。

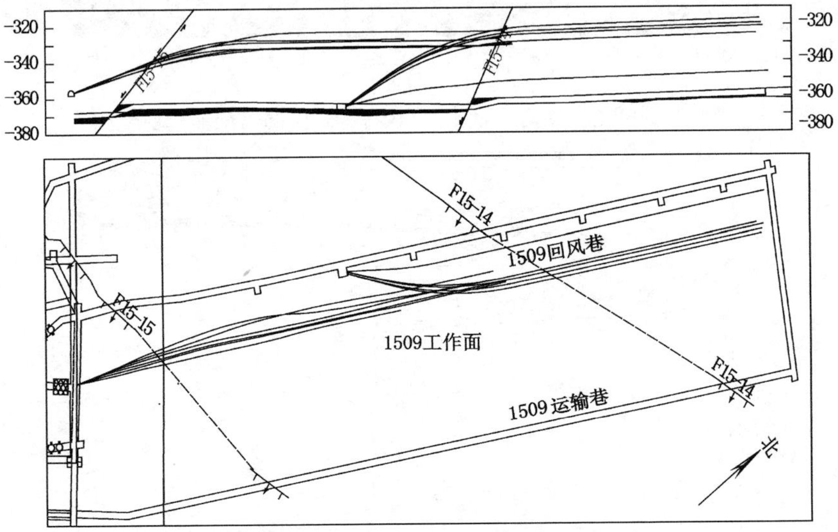

图 3　九里山矿 1509 工作面定向高位孔布置图

工作面回采以来平均日产量 2 515 t，回风流瓦斯浓度为 0.07%～0.26%，平均为 0.18%；绝对瓦斯涌出量为 0.84～3.17 m^3/min，平均为 2.07 m^3/min。统计工作面回采以来日产量、高位抽采量、风排瓦斯量等数据，绘制曲线如图 4 所示。可以看出：1509 工作面上隅角埋管抽采平均抽采纯量为 0.03 m^3/min，其抽采效果基本可以忽略。高位钻孔抽采浓度为 1%～15%，平均为 2.5%；抽采纯量为 0.17～0.71 m^3/min，平均仅为 0.31 m^3/min。工作面平均总瓦斯涌出量为 2.41 m^3/min，高位钻孔抽采量占比 12.86%。

（3）中马村矿 3906 工作面

3906 工作面采用综放开采工艺，工作面走向长度为 513 m，倾斜宽度为 127.8～146 m，煤厚 2.1～10.8 m，平均为 6.3 m。在 3906 回风巷统尺 230 m 下帮布置 2# 定向钻机钻场，设计一组共 6 个顶板高位钻孔，钻孔平均深度为 281.5 m，终孔距煤层顶板垂距为 8.56～50.33 m，距回风巷平距为 9.27～29.02 m。在回风巷统尺 480 m 处下帮 1# 钻场施工常规高位孔 7 个，钻孔倾角为 17°～20°，与巷道中线夹角为 4°～12°，平均孔深为 84.5 m。在 3906 工作面回风巷统尺 388.5 m 处补 1# 钻场巷道顶板，补充施工常规高位孔 5 个，平均孔深为 82.5 m，钻孔终孔层位距回风巷平距为 0～15 m，距煤层顶板垂距为 17～19 m。钻孔布置见图 5 所示。

工作面回采以来平均日产量为 2 183 t，回风流瓦斯浓度为 0.01%～0.42%，平均为 0.28%；绝对瓦斯涌出量为 0.11～4.78 m^3/min，平均为 3.08 m^3/min。统计工作面回采以来日

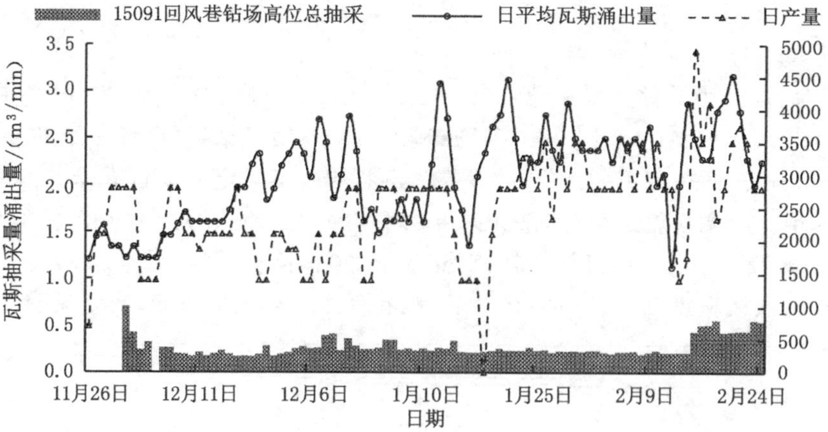

图 4　1509 工作面高位抽采量、风排瓦斯量随时间变化曲线图

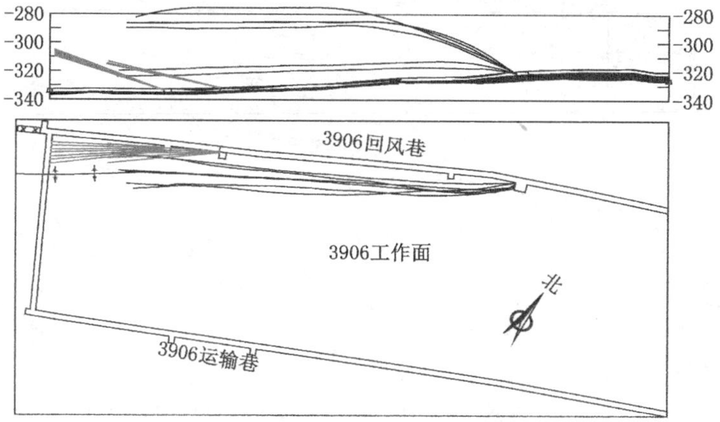

图 5　中马村矿 3906 工作面高位钻孔布置图

产量、高位抽采量、风排瓦斯量等数据，绘制曲线如图 6 所示。可以看出：工作面上隅角插管抽采纯量为 0.117～0.50 m^3/min，平均为 0.225 m^3/min；高位孔总抽采浓度为 2%～41%，平均为 21.09%；抽采纯量为 0.027～2.391 m^3/min，平均为 1.242 m^3/min。前期以 1# 钻场、补 1# 钻场常规高位孔为主，10 月下旬以定向高位孔抽采为主，常规高位孔平均抽采浓度为 9.90%，抽采混量为 6.43 m^3/min，抽采纯量为 0.516 m^3/min；定向高位孔平均抽采浓度为 23.57%，抽采混量为 4.80 m^3/min，抽采纯量为 1.247 m^3/min。工作面平均总瓦斯涌出量为 4.55 m^3/min，采空区高位抽采占比 27.30%。

2.2　采空区高位抽采效果差异性对比

综合以上三个工作面的高位钻孔抽采情况，以工作面风排瓦斯量+高位抽采量(包括上隅角抽采量)为总涌出量，高位钻孔抽采量与总涌出量占比为高位钻孔抽采率进行对比，可以看出：

(1) 古汉山矿 1606 工作面和中马村矿 3906 工作面斜长、采高和高位钻孔的控制垂距、平距都基本相近，高位孔的抽采浓度都较低，高位钻孔抽采率在 26.4%～27.3%之间。

(2) 九里山矿 1509 工作面同样采用综放开采工艺，但高位钻孔抽采效果具有明显异常现

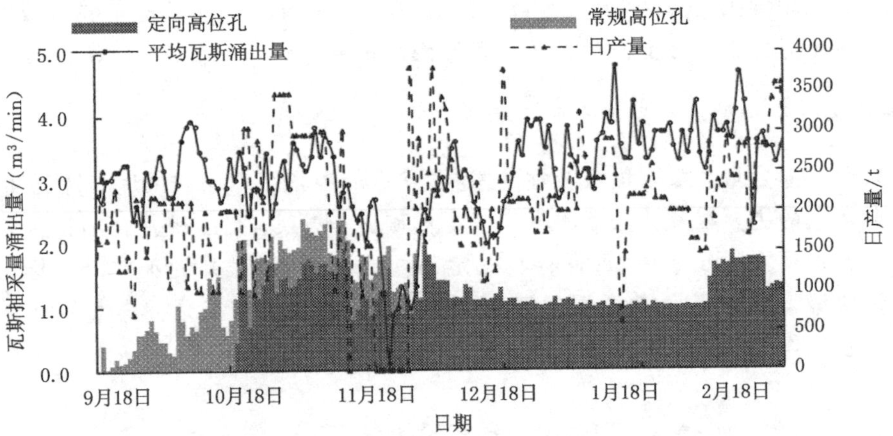

图 6　3906 工作面高位抽采量、风排瓦斯量随时间变化曲线图

象，高位钻孔抽采量平均仅为 0.31 m^3/min，高位钻孔抽采率仅为 12.86%。

与前期考察的分层开采工作面高位钻孔抽采率达到 66%，以及古汉山矿 1604 综放工作面高位巷抽采率达到 56.9%的效果对比，目前 3 个工作面的抽采效果明显降低。为分析不同开采工艺、不同抽采方式情况下高位抽采效果存在的差异，进一步统计了焦作矿区 7 个不同工作面的高位抽采参数，具体见表 1 所示。

表 1　不同开采工艺工作面高位抽采效果对比

序号	工作面	高位抽采量/(m^3/min)	风排瓦斯量/(m^3/min)	高位抽采率/%	开采工艺
1	古 16031	2.54	2.99	46	分层
2	古 1604	3.63	2.75	56.9	综放
3	古 1606	0.763	2.11	26.42	综放
4	九 1508	1.02～2.08	2.29	30.8～47.6	综放
5	九 1509	0.31	2.07	12.86	综放
6	中 3906	1.24	3.08	27.30	综放
7	赵固 14030	0.38	3.71	9.3	采全高

备注：九里山矿 1508 工作面里段为高位钻孔抽采，外段为高位巷抽采。

可以看出，古汉山矿 16031 分层开采工作面高位钻孔抽采率与采用高位巷抽采采空区瓦斯的 1604 工作面、九里山矿 1508 工作面相近；16031 分层开采工作面高位钻孔抽采量为 2.54 m^3/min，达到综放工作面（3906 工作面、1606 工作面、1508 工作面里段）高位孔抽采量的 2 倍以上；古汉山矿 1604 工作面、九里山矿 1508 工作面（外段）高位抽采率分比为 47.6%、56.9%，明显大于高位钻孔抽采方式。

3　采空区不同高位抽采方式差异性影响因素分析

目前，正在开采的 1606 工作面、1509 工作面、3906 工作面高位抽采钻孔抽采效果与其他已开采工作面高位抽采效果的差异,导致人们对以上工作面高位抽采技术的科学性产生了质疑,为此,进一步对以上工作面高位抽采差异性影响因素进行分析。

3.1 煤层残余瓦斯含量对瓦斯涌出的影响

煤层残余瓦斯含量和吸附解吸特性的差异,是可能导致工作面回采后煤壁瓦斯涌出、采空区丢煤瓦斯解吸的主要因素。按照河南省及焦作矿区的规定,突出矿井瓦斯抽采达标标准都为残余瓦斯含量不大于 6 m^3/t,即使存在一定的差异,但同一矿井的工作面达标后煤层可解吸瓦斯含量应该可视为一致,影响采空区瓦斯涌出的因素主要应该是丢煤量多少、高位抽采方式等。统计各工作面相关参数见表 2 所示。

表 2　不同工作面残余瓦斯含量及吸附常数对比

序号	工作面	残余瓦斯含量 /(m^3/t)	吸附常数		开采工艺
			a/(m^3/t)	b/MPa^{-1}	
1	古 16031	3.46～5.64	43.345	1.304	分层
2	古 1604	2.72～5.84	43.451	1.250	综放
3	古 1606	3.65～5.80	43.451	1.250	综放
4	九 1508	2.00～5.46	41.841	0.985	综放
5	九 1509	3.45～5.13	40.010	1.060	综放
6	中 3906	2.68～5.46	44.880	1.156	综放
7	赵固 14030	3.11～5.31	52.945	1.063	采全高

3.2 工作面布置参数对高位抽采的影响

工作面的布置参数不同,一方面在于工作面煤壁暴露解吸瓦斯量存在一定的差异,另一方面在采空区丢煤解吸瓦斯方式也会存在不同。同时,根据工作面开采相关矿压理论,在采空区后方形成的“O”形圈分布也会有所差异。因此,无论是高位巷还是高位钻孔,都应该依据工作面布置参数的不同,进行相关的钻孔布置参数优化,否则会在一定程度上影响高位抽采效果。对比统计综放和采全高工作面的相关参数和抽采数据,具体见表 3 所示。

表 3　不同工作面布置参数与抽采数据对比

序号	工作面	工作面斜长/m	风排瓦斯量 /(m^3/min)	平均涌出强度 /[m^3/(min·m)]	高位孔距煤层顶板垂距/m	高位孔回风巷平距/m	高位抽采量 /(m^3/min)	开采工艺
1	九 1509	110	2.07	0.018 8	34.6～47.0	21.2～37.3	0.31	综放
2	中 3906	130.5	3.08	0.023 6	40.1～50.3	9.8～31.9	1.24	综放
3	古 1606	142	2.11	0.014 9	30.8～53.2	13.1～32.2	0.763	综放
4	九 1508	157.5	2.29	0.014 5	20.4～25.8	14.0～23.0	1.02～2.08	综放
5	赵 14030	201	3.71	0.018 5	21.2～34.5	11.2～48.0	0.38	全高

以上除赵固二矿 14030 工作面为大采高工作面（采高 6 m）之外，其他综放工作面采高一般为 2.8 m，在不考虑顶煤瓦斯释放的情况下，工作面单位长度煤壁瓦斯涌出强度基本相近。分析认为：工作面斜长越大，则煤壁瓦斯涌出量也相对越高。中马村矿 3906 煤壁平均涌出强度最大，其风排瓦斯量和高位钻孔抽采量也相对高于古汉山矿 1606 工作面和九里山矿 1508 工作面里段，主要受煤层赋存不稳定影响，采空区丢煤较多。九里山矿 1509 工作面煤壁平均瓦斯涌出强度虽然较高，但由于工作面斜长短，因此风排瓦斯量相对较低，在高位抽采效果并不理想的状态下，采空区瓦斯也并没有造成风排瓦斯量大幅增加。赵固二矿 14030 工作面斜长最大，折合相同采高情况下的煤壁平均瓦斯涌出强度约为 0.008 4 m^3/min，反映出赵固矿区煤层吸附能力强、可解吸瓦斯量小的特点，这也是其高位孔抽采量低的一个原因。

3.3 不同高位抽采方式对抽采率的影响

不同的高位抽采方式对抽采效果存在一定的差异。以上统计的工作面中：古汉山矿 1604 综放工作面采用高位巷抽采方式，九里山矿 1508 工作面里段因煤厚仅 3 m 左右，采用高位钻孔抽采，外段则为高位巷抽采。表 1～表 3 显示：古汉山矿 1604 工作面采用高位巷抽采采空区瓦斯期间，高位巷抽采纯量平均为 3.63 m^3/min，占工作面总瓦斯涌出量（采空区抽采量＋风排瓦斯量）的 56.9％。九里山矿 1508 工作面外段为高位巷抽采，高位巷抽采纯量平均为 2.08 m^3/min，占工作面总瓦斯涌出量的 47.6％。3906 工作面、1606 工作面、1508 工作面里段高位钻孔平均抽采量在 0.763～1.24 m^3/min 之间，高位抽采率为 26.42％～30.8％，三个工作面高位孔平均抽采量和抽采率基本一致。九里山矿 1509 工作面高位钻孔抽采量平均仅为 0.31 m^3/min，高位钻孔抽采率仅为 12.86％，结合 1509 工作面地质构造情况分析，由于顶板定向高位钻孔穿过了断层面，可能导致了高位长钻孔抽采短路。

分析认为：高位巷抽采与高位钻孔抽采相比，因采空区顶板塌落后，冒落带或裂隙带与高位巷导通，面积增大，因此必然更利于采空区瓦斯抽采。顶板高位钻孔布置在采空区顶板裂隙带内，即使布置多个钻孔，其有效断面之和与高位巷相比也是微乎其微。以顶板高位孔孔径 120 mm、孔数 4 个为例，其面积之和不足 0.05 m^2，与高位巷断面至少 8 m^2 以上相比，其接触面积及孔内容积相差甚远。同时，由于 1604 工作面进风巷采取沿空留巷方式，留巷段内存在采空区漏风，大量采空区瓦斯漏入高位巷，导致采用综放开采工艺情况下，高位巷抽采瓦斯量仍然较高，甚至高于工作面风排瓦斯量（平均为 2.75 m^3/min）。

4 结论

高位抽采作为治理采空区瓦斯的有效技术手段，因工作面布置参数、开采工艺和顶板高位抽采方式不同，在实际抽采效果上可能存在一定的差异，直接影响高位抽采率的因素还是采空区丢煤量和采空区漏风量。

（1）不同开采工艺条件下，焦作矿区分层开采工作面高位钻孔抽采率几乎达到工作面绝对瓦斯涌出量 50％，综采放顶煤工作面高位钻孔抽采率基本在 30％左右。相较综采放顶煤回采工艺，分层开采高位钻孔抽采量达到综放工作面的 2 倍以上，高位抽采作用更为重要。

（2）不同抽采方式条件下，顶板高位巷抽采率高于高位钻孔。相较于高位钻孔，工作面顶板高位巷抽采断面大、流量高，抽采率达到 50％左右，采取沿空留巷方式将进一步加大采空区漏风，增大高位巷抽采纯量。

(3) 受工作面布置参数、煤壁瓦斯涌出、采空区顶板垮落等因素影响，不同工作面采空区高位钻孔抽采效果虽然有所差异，但其抽采率具有一定的一致性。高位抽采在一定程度上能够有效消除上隅角瓦斯积聚和采空区瓦斯涌出，实现工作面安全高效生产，需要从根本上降低开采煤层的瓦斯含量。

参考文献

[1] 宁德义.我国煤矿瓦斯防治技术的研究进展及发展方向[J].煤矿安全，2016，47(2)：161-165.

[2] 谢和平，周宏伟，薛东杰，等.我国煤与瓦斯共采：理论、技术与工程[J].煤炭学报，2014，39(8)：1391-1397.

[3] 袁亮，薛俊华，张农，等.煤层气抽采和煤与瓦斯共采关键技术现状与展望[J].煤炭科学技术，2013，41(9)：6-11.

[4] 何志刚，卢杰，韩兆彦，等.采空区瓦斯流动规律及分源抽放技术的应用[J].煤炭科学技术，2011，39(6)：33-35.

[5] 孙荣军，李泉新，方俊，等.采空区瓦斯抽采高位钻孔施工技术及发展趋势[J].煤炭科学技术，2017，45(1)：94-99.

[6] 李宏，刘明举，高宏.高突矿井大采高工作面瓦斯抽采技术及实践[J].中国安全生产科学技术，2019，15(6)：99-104.

[7] 赵建国.煤层顶板高位定向钻孔施工技术与发展趋势[J].煤炭科学技术，2017，45(6)：137-141.

[8] 贾明魁，李学臣，郭艳飞，等.定向长钻孔超前预抽煤层瓦斯区域治理技术[J].煤矿安全，2018，49(12)：68-71.

[9] 于士芹，杨宏民，鲁小凯，等.王家岭煤矿高位定向长钻孔抽采顶板卸压瓦斯技术[J].河南理工大学学报(自然科学版)，2018，37(4)：31-36.

[10] 黄森林.覆岩垮落带高度对高位钻孔瓦斯抽放效果影响的研究[J].矿业安全与环保，2013，40(6)：15-18.

[11] 郝光生，陈宾，申凯.采空区顶板高位定向钻孔差异化布置与抽采效果分析[J].煤炭科学技术，2018，46(8)：101-106.

[12] 吕晓来，杨宏民，范尚崇，等.高抽巷联合高位钻孔治理上隅角瓦斯合理层位研究[J].煤炭技术，2021，40(4)：69-73.